普.通.高.等.学.校

计算机教育“十二五”规划教材

网页制作案例教程

（第3版）

DESIGN AND CASE ON THE WEB PAGES

(3rd edition)

高林 胡强 ◆ 主编

羊秋玲 宾彬超 任晓智 ◆ 副主编

人 民 邮 电 出 版 社

北 京

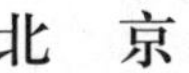

图书在版编目（CIP）数据

网页制作案例教程 / 高林，胡强主编. -- 3版. --
北京 : 人民邮电出版社，2013.1（2015.2 重印）
普通高等学校计算机教育“十二五”规划教材
ISBN 978-7-115-29963-5

Ⅰ. ①网… Ⅱ. ①高… ②胡… Ⅲ. ①网页制作工具
－高等学校－教材 Ⅳ. ①TP393.092

中国版本图书馆CIP数据核字(2012)第282274号

内 容 提 要

本书是一本指导初学者快速掌握“网页设计与制作”方法的普及类教材，每章内容都按照高等院校普遍使用的教学大纲进行编排，在编写上采用理论介绍和案例讲解相结合的方式。

全书共 12 章，详细地介绍了初学者必须掌握的网页设计基本知识，常用网页制作软件——Dreamweaver CS5、Flash CS5、Photoshop CS5 的使用方法和操作步骤，并针对初学者在制作网页时经常会遇到的问题进行了指导，以免初学者在起步的过程中走弯路。书中提供了大量的实例和使用技巧，每章后面还给出了一些实践练习题。

本书既可以作为高等院校和高职高专“网页设计与制作”课程的教材，也可作为初学者的自学用书。

普通高等学校计算机教育“十二五”规划教材

网页制作案例教程（第 3 版）

◆ 主　　编　高　林　胡　强
副 主 编　羊秋玲　宾彬超　任晓智
责任编辑　邹文波
◆ 人民邮电出版社出版发行　北京市丰台区成寿寺路 11 号
邮编　100164　电子邮件　315@ptpress.com.cn
网址　http://www.ptpress.com.cn
大厂聚鑫印刷有限责任公司印刷
◆ 开本：787×1092　1/16
印张：17.75　2013 年 1 月第 3 版
字数：476 千字　2015 年 2 月河北第 4 次印刷

ISBN 978-7-115-29963-5

定价：36.00 元

读者服务热线：(010)81055256　印装质量热线：(010)81055316
反盗版热线：(010)81055315

第3版前言

现代社会是信息化社会，网络知识已成为多类从业人员必备的知识之一。Internet 给我们今天的生活带来了很大的影响，随着时间的推移，还将产生更大的影响。随着各行各业以及家庭上网用户的急剧增加，越来越多的单位和个人更加重视网络这一特殊媒体，纷纷在网络上建立自己的网站、网页，网页的设计与制作成为许多人渴望掌握的技能之一。

按照社会对各类人才网络知识和技能的需求，许多高等院校都开设了“网页设计与制作”课程。作者根据多年的教学经验，结合当前高等教育大众化的趋势，在分析国内、外多种同类教材的基础上，编写了本书。

在 2009 年，作者曾经编写《网页制作案例教程》，并作为教材在教学中使用，前后共印刷多次，被国内许多高校采用。随着计算机应用的发展，“网页设计与制作”的技术发展很快，原来的教材已经不能适应新形势下的教学需要。

本书在继承前一版教材特色的基础上，结合作者多年的教学经验，并特别根据近几年教学改革的实践以及对人才培养的高标准要求，对其内容做了进一步的优化、补充和完善。

本书章节内容按照高等院校普遍使用的教学大纲进行编排，并具有如下特点。

1. 内容新。本书包含了目前最流行的、最新的 3 款网页制作软件——Dreamweaver CS5、Flash CS5、Photoshop CS5。这 3 个软件组成了一套优秀的网页制作和网站管理软件，它们越来越受到网页制作专业人员的青睐。

2. **实用**。本书最为突出的特点是实用性。既注重了网页制作过程的讲解，同时还较为全面地介绍了网页设计的方法等。不但有理论的阐述，更注重实践的操作，使读者读完本书后，即可独立地制作、发布功能完善的网页。

3. **系统性**。从网页设计的入门基础知识开始，全面系统地介绍了网页设计、制作与发布的全过程，以及网站开发的基本知识。其中包括非可视化的网页编辑语言 HTML，构建网页基本结构的软件，图像处理软件，动态网页制作软件等，使读者在阅读过程中不必再参考更多的书籍。

4. **案例丰富**。每章都使用各种例子进行讲解，而且每章后基本上都有使用该软件制作网页的综合实例，给出了相关的技巧提示。每章还给出相应的练习题，可作为学生作业和上机实验时的内容。

5. **配套资源丰富**。本书将配有教学用的 PPT 外，还配有教学素材、习题答案、教学视频等，需要的教师可以通过人民邮电出版社教学服务与资源网（http://www.ptpedu.com.cn）下载。

本书课堂教学安排约 54 学时，上机实验约 36 学时，有条件的可适当增加上机时间。建议课堂教学在多媒体教室中进行，考试以课程设计形式进行，以检验学生的综合实践能力。

本书作者由青岛科技大学教师和软件培训学校的教师组成，他们都具有丰富的教学经验和实践技能，并将这些经验渗透到本书的编写中。

本书由高林、胡强担任主编，羊秋玲、宾彬超、任晓智、担任副主编，书中例子是作者根据实际项目提供的。

本书既可以作为高等院校和高职高专“网页设计与制作”课程的教材，也可作为初学者的自学用书。

由于编者水平有限，书中难免存在不妥与疏漏之处，敬请广大读者批评指正。

编　者

2012 年 10 月

目　录

第 1 章 网页制作基础知识

Internet 给我们今天的生活带来了巨大的变化，随着时间的推移，还将产生更大的影响。随着各行各业以及家庭上网用户的急剧增加，越来越多的单位和个人更加重视网络这一特殊媒体，纷纷在网络上建立自己的网站、网页，网页的设计与制作成为许多人渴望迫切掌握的技能之一。

制作网页的软件很多，而 Dreamweaver 就是其中比较出众的一个。本章将介绍制作网页的一些基础知识和制作网页的一些基本工具。

【学习目标】

- 了解网页与网站的关系。
- 了解制作网页的常用软件。
- 熟悉 HTML 语言。
- 能够用 HTML 语言制作简单网页。
- 熟悉网页制作的基本步骤。

1.1 网页简介

本节将介绍网页与网站的基础知识、当前制作网页的相关软件以及网页制作的流程。

1.1.1 网页与网站

网页就是通过各种浏览器看到的一幅幅画面，图 1-1 所示就是一幅网页。一个个功能多样的网站就是由一幅幅多彩的网页组成的。要想观看网页，计算机中必须装有网页浏览器，它的作用是可以将网页打开呈现在浏览者面前。常见的网页浏览器包括 Microsoft 公司的 Internet Explorer（IE）、Maxthon（傲游）等，图 1-1 所示就是通过 IE 浏览器打开的网页。

下面通过一个简单的例子来介绍网页文件。首先使用 IE 浏览器随意打开一个网页，然后在浏览器窗口内单击鼠标右键，选择【查看源文件】命令，如图 1-2 所示。这时浏览器会通过记事本（Windows 中一个简单的文本编辑器，可以通过选择【开始】/【所有程序】/【附件】/【记事本】命令打开）打开一个文本文件，如图 1-3 所示。这些文字就是网页的真正面目了，它们是 HTML 格式的代码，浏览器就是把这些代码文字转换成五颜六色的画面的工具，也就是我们看到的网页。

如果我们把网站看做一本书，那么网页是“该书”中的一“页”，即网页是构成网站的基本元素，是承载各种网站应用的平台。人们通过浏览器可以访问各种网站，首先在浏览器的地址框中输入网址，然后经过一段复杂而又快速的程序，这个网站的某一个网页文件会被传送到用户的计算机上，然后再通过浏览器解释网页的内容，展示给浏览者。常见的网页一般由文字与图片组成，它们是构成一个网页的两个最基本的元素。除此之外，网页的元素还包括动画、音乐、程序等。

图 1-1　通过 IE 浏览器打开的网站和网页

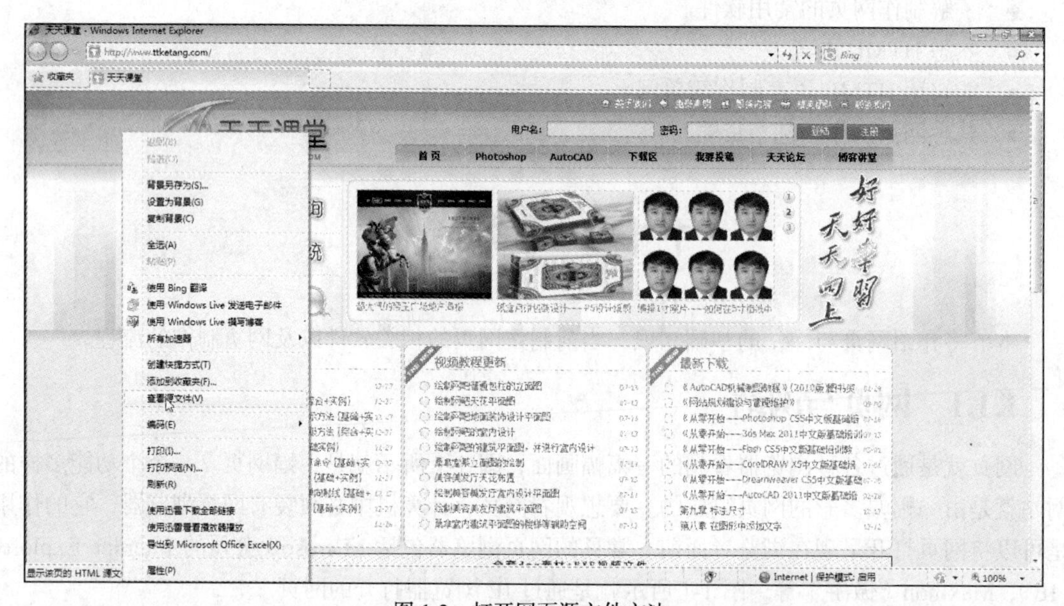

图 1-2　打开网页源文件方法

人们可以通过网站来发布自己想要公开的资讯或者利用网站来提供相关的网络服务，也可以通过网页浏览器来访问网站，获取自己需要的资讯或者享受网络服务。许多公司都拥有自己的网站，他们可以利用网站宣传公司的形象、进行产品资讯发布、招聘员工等。随着网页制作技术的普及，很多人也开始制作个人网页，这些网站通常是制作者用来自我介绍、展现个性的地方。也有以提供网络资讯为盈利手段的网络公司，这些公司的网站上通常会提供人们生活各个方面的资讯，如时事新闻、旅游、娱乐、财经等。

http://www.ttketang.com/ - 原始源

文件(F) 编辑(E) 格式(O)

```
1  <!DOCTYPE html PUBLIC "-//W3C//DTD XHTML 1.0 Transitional//EN" "http://www.w3.org/TR/xhtml1/DTD/xhtml1-
   transitional.dtd">
2  <html xmlns="http://www.w3.org/1999/xhtml">
3  <head>
4  <meta http-equiv="Content-Type" content="text/html; charset=utf-8" />
5  <title>天天课堂</title>
6  <meta name="robots" content="all" />
7  <meta name="revisit-after" content="1 days" />
8  <meta name="description" content="CAD、Photoshop教育培训专业网站，致力于为艺术爱好者及大中专院校学生提供高质量、多元化、立体
   化的专业教程和信息交流咨询平台。技术人生，天天课堂；好好学习，天天向上。" />
9  <meta name="keywords" content="PS,Photoshop,AutoCAD,CAD,教程,视频" />
10 <meta name="Copyright" content="天天课堂 天天向上" />
11 <link href="http://www.ttketang.com/skin/ttketang/css/style.css" rel="stylesheet" type="text/css" />
12 <script src="http://www.ttketang.com/skin/ttketang/js/scroll.js" type="text/javascript"></script>
13 <SCRIPT src="http://www.ttketang.com/skin/ttketang/js/mootools.js" type=text/javascript></SCRIPT>
14 <SCRIPT src="http://www.ttketang.com/skin/ttketang/js/mod_tabarts.js" type=text/javascript></SCRIPT>
15 <script type="text/javascript" src="http://www.ttketang.com/skin/ttketang/js/tabs.js"></script>
16
17 </head>
18 <body class="homepage body1" id="channle">
19 <div id="main-container">
20 <!--头部开始-->
21 <div id="topbar">
22 <div class="sitelogo"><a href="http://www.ttketang.com"><img
   src="http://www.ttketang.com/skin/ttketang/images/t7.gif" alt="天天课堂" width="236" height="96" /></a></div>
23 <div class="rhgtbar">
24 <div class="toplinelinks"><a href="http://www.ttketang.com/about/2009-05-02/94.html"><img
   src="http://www.ttketang.com/skin/ttketang/images/t2.gif" /></a><a href="http://www.ttketang.com/about/2009-05-
   02/95.html"><img src="http://www.ttketang.com/skin/ttketang/images/t3.gif" /></a><a
   href="http://www.ttketang.com/about/2009-05-02/96.html"><img
   src="http://www.ttketang.com/skin/ttketang/images/t4.gif" /></a><a href="http://www.ttketang.com/about/2009-05-
   02/97.html"><img src="http://www.ttketang.com/skin/ttketang/images/t5.gif" /></a><a
```

图 1-3 记事本打开的网页源文件

网页文件通常是 HTML 格式，文件扩展名为“.html”、“.htm”、“.asp”、“.aspx”、“.php”、“.jsp”等。

在 Internet 发展的早期，网站还只能保存单纯的文本。自从万维网（WWW）出现之后，图像、声音、动画、视频及 3D 技术开始在 Internet 上流行起来。通过动态网页技术，人们还可以与网络中的其他用户或者网站管理者进行交流。由一个个网站组成的网络世界已经成为人们生活中不可或缺的重要组成部分。

1.1.2 精彩网页欣赏

一个好的网站必然要有好的网页，怎样的网页才算是好网页呢？这不仅是一个技术问题，而且是一门艺术。好的网页会让人感觉赏心悦目、主题分明、条理清楚，图 1-4 至图 1-8 所示为几种不同风格的网页。

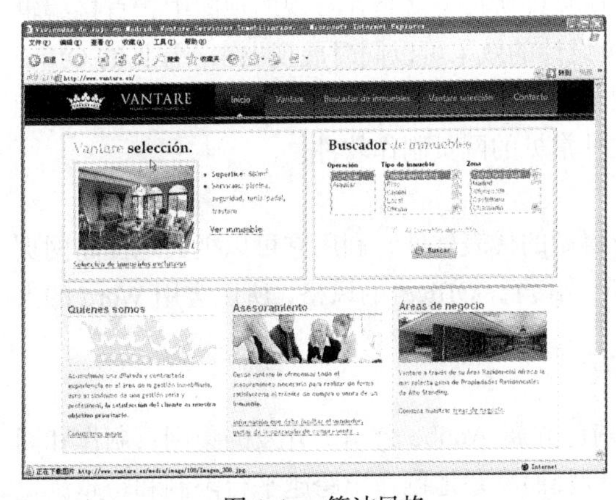

图 1-4 简洁风格

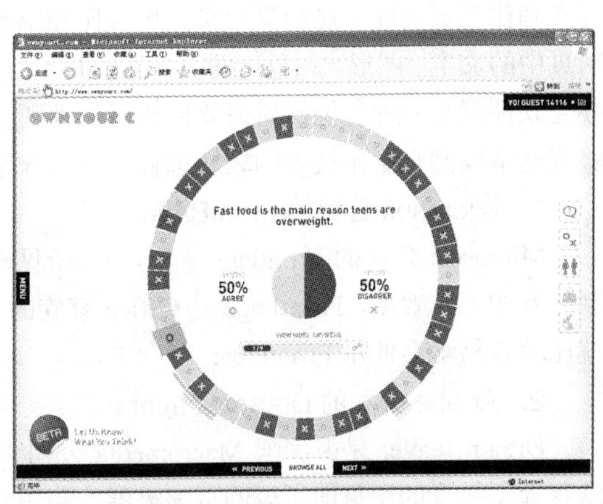

图 1-5 Flash 风格

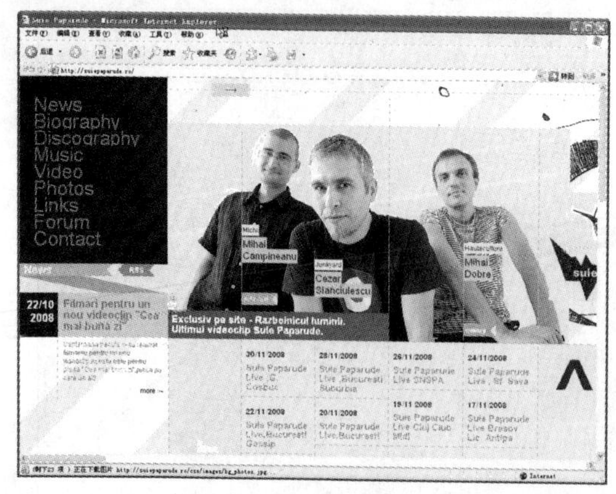

图 1-6　极具个性风格

图 1-7　中国水墨风格

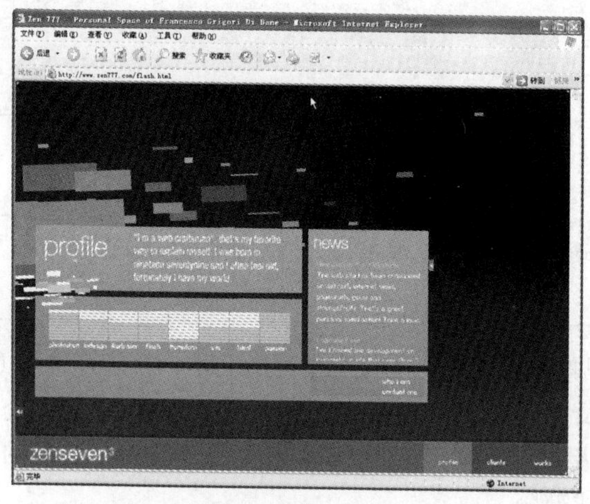

图 1-8　绿色调风格

1.1.3　网页制作软件介绍

使用网页制作软件可以大大提高编制网页的效率。目前，国际上比较流行的网页制作软件可以分为两类，即代码型和所见即所得型。对网页制作来讲，代码型就是通过直接编写程序代码的方式制作网页文件，对初学者来说上手比较困难。所见即所得型就是在直观的视图中，直接编辑网页中的文本、图形、颜色等网页元素及属性，网页设计的效果可以同时展现出来。常见的 Office 办公软件就是一种所见即所得软件。所见即所得型给网页制作带来了极大的方便，也是初学者能够快速掌握网页制作技术的较好选择。下面介绍几种常见的网页制作软件。

1. Microsoft 公司的 FrontPage

Microsoft 公司的 FrontPage 作为一种所见即所得型的代表软件，利用它可以极大地提高网页制作者的工作效率。FrontPage 是 Office 家族的一员，沿袭着 Office 的风格，所以会用 Word 的人就比较容易学会使用 FrontPage。

2. Adobe 公司的 Dreamweaver

Dreamweaver 是由美国 Macromedia 公司（目前已并属 Adobe 公司）开发的集网页制作和网站管理于一身的所见即所得网页编辑器，利用它可以轻而易举地制作出跨越平台限制和跨越浏览器限制的充满动感的网页。Dreamweaver 具有如下特点。

（1）可视化的专业网页编辑器。

（2）友好的工作界面。

（3）强大的网站管理功能。

（4）强大的多媒体处理功能。

（5）提供行为等控件来进行动画处理和产生交互式响应。

（6）能够和其他软件（Flash 和 Photoshop）完美协作。

Dreamweaver 为用户提供了极其强大的网页和网站制作功能，是当前最流行、应用最广泛的网页制作软件之一。

3. 网页制作工具的综合运用

Microsoft 公司的 FrontPage 和 Adobe 公司的 Dreamweaver 是使用最多的网页制作工具。它们都支持多种媒体类型，都可以通过 ActiveX 定义接口并与脚本编程语言 JavaScript 和 VBScript 相配合，从而创建动态交互的 Web 系统。

1.1.4 网页制作流程

要想制作网页，制作者首先需要了解一些有关网页制作方面的知识，其中主要包括网页的一些基本概念、网页制作的工具（即如何编写网页）等；另外，还要选择一种合适的网页制作软件，并且花些时间学习它。当具备了一定的知识和操作技能后，就可以针对一个特定的任务进行网页制作了，制作流程如下。

（1）需求分析。网页制作的第一步就是要弄清制作的目的和要求，只有对制作需求分析清楚了，才能有条不紊地进行后期的制作工作，即所谓“磨刀不误砍柴工”。

（2）设计规划。把需要设计的任务进行分类、分工。

（3）网页制作。利用网页制作软件，针对每张页面进行细致的设计。

（4）测试阶段。这一步属于细化的过程，针对每张网页出现的问题进行修改，直到所有功能达到要求。

（5）发布网页。最后，将制作的网页作为成品进行发布。

1.2 HTML 入门

在学习网页制作之前，需要先了解一下 HTML，因为无论使用什么工具制作网页，都是在 HTML 基础之上完成的，使用制作工具只是通过可视化的操作软件实现了烦琐的编程操作，提高了工作效率。

1.2.1 什么是 HTML

HTML（Hyper Text Markup Language）直译为超文本标记语言，它不是程序语言，而是一种描述文档结构的标记语言。它与操作系统平台的选择无关，只要有浏览器就可以运行 HTML 文档，显示网页内容。HTML 使用了一些约定的标记，对网页上的各种信息进行标记，浏览器会自动根据这些标记，在屏幕上显示出相应的内容，而标记符号不会在屏幕上显示出来。自从 1990 年 HTML 首次用于网页制作以后，几乎所有的网页都是由 HTML 或以其他语言（如 JavaScript 语言等）镶嵌在 HTML 中编写的。

使用 HTML 编写 HTML 程序（即制作网页文件），是学习制作网页的基础。目前，有许多操作方便的网页制作工具（如 Microsoft 公司的 FrontPage 和 Adobe 公司的 Dreamweaver、Flash 等），虽然不需要直接用 HTML 编写 HTML 程序，但是了解一些 HTML 知识，将有利于学习网页制作工具、编辑修改网页和提高网页制作的水平。

1.2.2　创建一个简单的 HTML 程序

可以在 Windows 记事本内编写 HTML 程序，在保存文件时，一定要把文件的扩展名输入为“.htm”或“.html”。下面给出一个用记事本编写的简单的 HTML 网页文档（名字为 1_1.html），如图 1-9 所示。在 IE 浏览器中观察 HTML 网页文档，可以看到如图 1-10 所示的网页。

HTML 文档中的各种英文标记要在英文输入方式下输入。为了便于管理，可在磁盘根目录下建立一个文件夹（如名字为“WEB1”的文件夹），用来存储编写的 HTML 程序文档，再在该文件夹下建立一个名字为“GIF”的文件夹，用来保存网页中的图像文件。

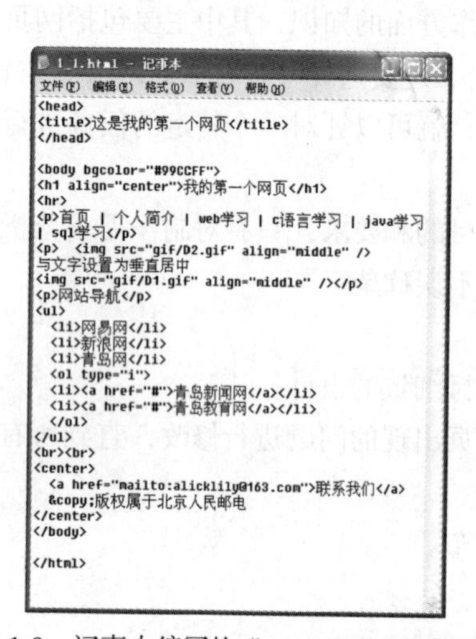

图 1-9　记事本编写的“1_1.html”网页文档

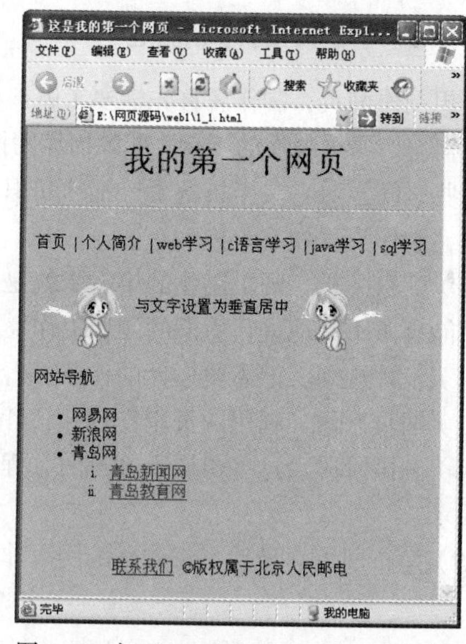

图 1-10　打开 IE 看到的“1_1.html”网页

1.2.3　浏览和修改网页

要想观看网页的内容，就需要通过工具打开网页进行浏览。如果想设计出美观的网页，对网页的修改也是必不可少的。

1. 浏览网页

通过双击某一个 HTML 文档图标，可以打开浏览器窗口，同时打开该网页。另外，还可以通过如下方法打开网页。

（1）双击浏览器图标，打开浏览器窗口。在浏览器窗口中选择【文件】/【打开】菜单命令，如图 1-11 所示，系统弹出【打开】对话框，如图 1-12 所示。

（2）单击 浏览(R)... 按钮，打开【Windows Internet Explorer】（网页窗口）对话框，如图 1-13 所示，选择 HTML 文件，单击 打开(O) 按钮，回到【打开】对话框，如图 1-12 所示。

（3）单击 确定 按钮，即可在浏览器中打开选择的网页。

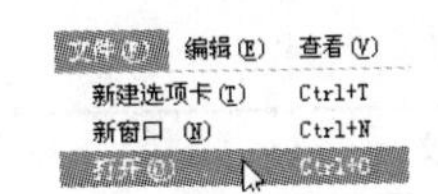

图 1-11 【文件】菜单选项

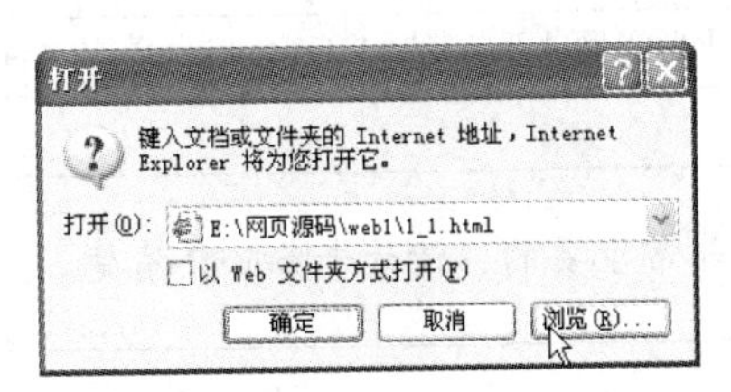

图 1-12 【打开】对话框

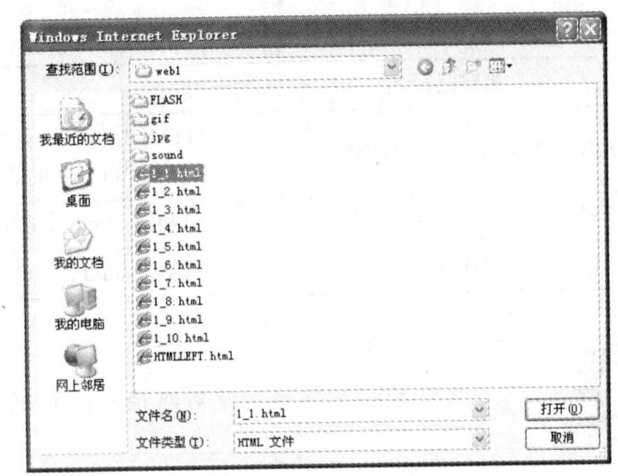

图 1-13 【Windows Internet Explorer】对话框

2. 修改网页

（1）在浏览器窗口中选择【查看】/【源文件】菜单命令，系统打开 Windows 记事本窗口，在该窗口中将显示该网页的 HTML 代码文件，如图 1-9 所示，此时用户即可修改网页程序。

（2）修改完程序之后，在 Windows 记事本内选择【文件】/【保存】菜单命令，将修改后的 HTML 程序保存。然后，在如图 1-10 所示的网页中，单击工具栏上的按钮，刷新当前页面将显示修改后的网页。

1.2.4 文件的路径名和 URL

当我们要查找一个文件时，需要知道文件具体保存的位置，即文件的路径。上网时，我们都是通过在浏览器地址框中输入网页地址，即网页的路径进行网页浏览的。实际上，我们都是通过路径名来找到期望的内容。

1. 文件的路径名

（1）绝对路径：绝对路径就是全部路径，系统按照全部路径进行文件的查找。绝对路径中的盘符后用“:\”或“:/”，各个目录名之间以及目录名与文件名之间，应用“\”或“/”分隔开。绝对路径名的写法及其含义如表 1-1 所示。

表 1-1　绝对路径名的写法及其含义

绝对路径名	含　义
HREF= “http://www.th.edu.cn/CODE/HTML0.html”	“HTML0.html”文件在域名为 www.th.edu.cn 的服务器中的 CODE 目录下
HREF= “E:\HTML\CODE\ HTML0.html”	“HTML0.html” 文件放在 E 盘的 HTML 目录下的 CODE 子目录中

（2）相对路径：相对路径是以当前文件所在路径和子目录为起始目录，进行相对的文件查找。通常都采用相对路径，这样可以保证站点中的文件整体移动后，不会产生断链现象。相对路径名的写法及其含义如表 1-2 所示。

表 1-2　相对路径名的写法及其含义

相对路径名	含　义
HREF= “HTML1.htm”	“HTML1.html” 是当前目录下的文件名
HREF= “HTML/HTML1.html”	“HTML1.html” 是当前目录中 “HTML” 目录下名字为 “HTML1.html” 的文件

续表

相对路径名	含　义
HREF= “HTML/CODE/HTML1.html”	“HTML1.html”是当前目录中，“HTML/CODE”目录下名字为“HTML1.html”的文件
HREF= “../ HTML1.html”	“HTML1.html”是当前目录的上一级目录下名字为“HTML1.html”的文件
HREF= “../../ HTML1.html”	“HTML1.html”是当前目录的上两级目录下名字为“HTML1.html”的文件

文件的相对路径和绝对路径在网页制作中是非常重要的，请读者务必搞清楚。

2. URL

URL（Uniform Resource Locator）即统一资源定位符，URL 上的地址编码指出了文件在 Internet 中的位置。它存在的目的在于统一 WWW 上的地址编码，给每一个网页指定的地址，这样就不会出现重复或由于编码不统一而出现无法浏览等问题。当用户查询信息资源时，只要给出 URL 地址，WWW 服务器就可以根据它找到网络资源的位置，并将它传送给用户的计算机。通常，当用户用鼠标单击网页中的链接点时，就将 URL 地址的请求传送给了 WWW 服务器，从而打开此链接。

一个完整的 URL 地址通常由通信协议名、Web 服务器地址、文件在服务器中的路径和文件名 4 部分组成，如“http://www.microsoft.com/intl/cn/file1.html”，其中，“http://”是通信协议名，“www.microsoft.com”是 Web 服务器地址，“/intl/cn/”是文件在服务器中的路径，“file1.html”是文件名。URL 地址中的路径只能是绝对路径。

1.3 HTML 程序设计基础

一个 HTML 文件是包含有 HTML 标记的文本文件，HTML 标记指定 Web 浏览器如何显示网页，本节将详细介绍常用的 HTML 标记。

HTML 标记用两个尖括号“< >”括起来，一般是双标记，如<B>和</B>，前一个标记是起始标记，后一个标记为结束标记，两个标记之间的文本是 HTML 元素的内容。某些标记为单标记，因为它只需单独使用就能完整地表达意思，如<HR>。

一些标记有自己的属性，如图 1-9 所示，在该源代码<body bgcolor="#99CCFF">中，<body>是标记，bgcolor 就是<body>标记的属性，“#99CCFF”就是该属性的值，属性和属性值之间用“=”隔开。如果一个标记有多个属性，属性和属性之间用空格隔开。

HTML 不区分大小写，如<HTML>、<hTML>、<html>都是一样的，在本书中主要以大写表示。

1.3.1 HTML 中的常用标记

HTML 的标记种类很多，下面介绍一些常用标记。

1. 网页基本结构标记

（1）<HTML>……</HTML>：文档开始与结束标记，是 HTML 文档中最基本的标记，不可缺少。<HTML>表示 HTML 文档的开始，</HTML>表示 HTML 文档的结束。

（2）<HEAD>……</HEAD>：网页标题标记，它可以提高网页文档的可读性，向浏览器提供一个网页标题信息。它可以忽略，但一般不予忽略。

（3）<TITLE>……</TITLE>：网页名称标记，它是<HEAD>……</HEAD>标记内不可缺少的标记。有<HEAD>……</HEAD>标记就一定要有<TITLE>……</TITLE>标记，该标记内的文字显示在浏览器的标题栏上。

（4）<BODY>……</BODY>：网页主题内容标记，其中包含了网页的全部内容，一般不可缺少。

（5）<BODY　BGCOLOR = COLOR>：使用<BODY>标记中的 BGCOLOR 属性，可以设置网页的背景颜色。使用的格式有以下两种：

```
<BODY  BGCOLOR=#RRGGBB>
<BODY  BGCOLOR=颜色的英文名称>
```

第 1 种格式中，RR、GG、BB 可以分别取值为 00~FF 的十六进制数。RR 用来表示颜色中的红色成分多少，数值越大，颜色越深；GG 用来表示颜色中的绿色成分多少；BB 用来表示颜色中的蓝色成分多少。红、绿、蓝三色按不同比例混合，可以得到各种颜色。

例如，RR = FF，GG = FF，BB = 00，表示为黄色；如果 RRGGBB 取值为 000000，则为黑色；RRGGBB 取值为 FFFFFF，则为白色；RRGGBB 取值为 FF8888，则为浅红色。

第 2 种格式是直接使用颜色的英文名称来设定网页的背景颜色，例如：

```
<BODY  BGCOLOR=blue>用来设置网页的背景颜色为蓝色；
<BODY  BGCOLOR=red>用来设置网页的背景颜色为红色；
<BODY  BGCOLOR=white>用来设置网页的背景颜色为白色。
```

（6）<IMG>：图像标记，用来加载图像与 GIF 动画。在网页中加载 GIF 动画的方法与加载图像的方法一样。

SRC 是可以依附于其他标记的一个属性，依附于<IMG>标记时，用来导入图像与 GIF 动画。其格式如下：

```
<IMG SRC="目录与文件名" >
```

如果图像文件“Picture1.gif”在该 HTML 文档所在文件夹内的“GIF”文件夹内，则应写为<IMG SRC = "GIF/Picture1.gif ">。如果文件的目录或文件名不对，则在浏览器中显示网页时，图像的位置处会显示一个带“×”的小方块。

（7）
：换行标记，表示以后的内容移到下一行。它是单向标记，没有</BR>。

（8）<PRE>……</PRE>：保留文本原来格式的标记。它的作用是将其中的文本内容按照原来的格式显示，否则浏览器会自动取消文本中的空格。

（9）<B>……</B>：粗体标记，可使其中的文字变为粗体。

（10）<OL>……</OL>与<LI>：<OL>……</OL>是有序列表标记，其内用<LI>标记引导文字，显示网页中的这些文字后，文字前会自动加上“1”、“2”……序号。

（11）<UL>……</UL>与<LI>：<UL>……</UL>是无序列表标记，其内用<LI>标记引导文字，显示网页中的这些文字后，文字前会自动加上“○”。

2. 其他常用标记

（1）<H1>……</H1>：正文的第一级标题标记。还有第二、三、四、五、六级标题标记，分别为<H2>……</H2>、<H3>……</H3>、<H4>……</H4>、<H5>……</H5>和<H6>……</H6>。H6的级别最高，其次为H5、H4、H3、H2，H1的级别最低。级别越高，文字越小。

（2）<P>……</P>：段落标记。它的作用是将其内的文字另起一段显示，段与段之间有一个空行。

（3）<HR>标记是一条水平线，是单标记。

1.3.2 图像处理

图像可以丰富网页的内容，使网页图文并茂、形式多样。要想使图像的显示达到期望的效果，就需要对图像进行处理，即使用标记实现对图像的大小、位置和显示效果的处理。

1. 调整图像的大小和边框

（1）调整图像的大小：使用<IMG>标记的 HEIGHT 和 WIDTH 属性可以调整图像的大小。HEIGHT（决定图像的高）和 WIDTH（决定图像的宽）的取值单位为“像素”。

（2）调整图像的边框：使用<IMG>标记的 BORDER 属性可以给图像加边框。BORDER 的取值单位为“像素”，当它的取值为“0”或者不加 BORDER 属性时，则没有边框。

下面的实例是在网页内显示不同大小和边框的3朵玫瑰的图像，在记事本中输入的HTML程序（1_2.html）如下：

```
<HTML>
<HEAD>
<TITLE>图像的大小和边框</TITLE>
</HEAD>
<BODY>
<IMG  SRC="JPG\IMAGE001. JPG"  HEIGHT=197  WIDTH=255  BORDER=6>
<IMG  SRC="JPG\IMAGE001. JPG"  HEIGHT=156  WIDTH=168  BORDER=3>
<IMG  SRC="JPG\IMAGE001. JPG"  HEIGHT=97   WIDTH=118  BORDER=1>
</BODY>
</HTML>
```

在浏览器中的显示效果如图1-14所示。

图1-14 调整图像的大小和边框的网页

2. 调整图像和文本的相对位置

在实际的网页中，经常需要将图像和文本放在一起进行显示。使用<IMG>标记的 ALIGN 属性可以调整图像与文本的相对位置。使用<IMG>标记的 VSPACE 和 HSPACE 属性可以调整图像与文本间的距离。VSPACE（图像与文本上下的距离）和 HSPACE（图像与文本左右的距离）的单位均为“像素”。

- ALIGN 项默认：图像的底部与其他文本或图像的底部对齐。
- ALIGN = top：图像的顶部与其他文本或图像的顶部对齐。
- ALIGN = middle：图像的中间与其他文本或图像的中部对齐。
- ALIGN = bottom：图像的底部与其他文本或图像的底部对齐。
- ALIGN = left：图像位于屏幕左边。
- ALIGN = right：图像位于屏幕右边。

下面的实例是在网页内显示不同的图像与文本相对位置属性的网页，在记事本中输入的 HTML 程序（1_3.html）如下：

```
<HTML>
<HEAD>
<TITLE>文本和图像的相对位置</TITLE>
</HEAD >
<BODY>
<P>
<IMG SRC="GIF\D14.GIF" ALIGN=top VSPACE =0  HSPACE=0>
  文本和图像顶部对齐
</P>
<P>
<IMG SRC="GIF\D15.GIF" ALIGN=middle VSPACE=10  HSPACE=10>
  文本和图像中部对齐
</P>
<P>
<IMG SRC="GIF\D16.GIF" ALIGN=bottom VSPACE=20  HSPACE=20>
  文本和图像底部对齐
</P>
</BODY>
</HTML>
```

在浏览器中的显示效果如图 1-15 所示。

3. 背景平铺图像和图像文字说明

（1）设置背景平铺图像：使用<BODY>标记中的 BACKGROUND 属性，可设置网页的平铺背景图像，其格式如下：

```
<BODY  BACKGROUND="图像文件名或 URL">
```

（2）添加图像文字说明：为了增强图像在网页中的显示效果，可以为图像添加文字说明。当鼠标移到图像上方时，会出现说明文字。在关闭浏览器中的载入图像命令时，说明文字可以替代图像。使用<IMG>标记的 ALT 属性可以为图像添加文字说明。

下面的实例是在网页内设置背景平铺图像和给图像添加文字说明。在记事本中输入的 HTML 程序（1_4.html）如下：

```
<HTML>
<HEAD>
<TITLE>给网页背景平铺图像和给图像添加文字说明</TITLE>
</HEAD>
<BODY BACKGROUND="JPG\IMAGE002.JPG">
<PRE>
<H2 ALIGN=CENTER> 用图像平铺网页背景</H2>
</PRE>
<IMG SRC=" JPG\IMAGE003.JPG " ALT="这是一幅温馨的图片" >
</BODY>
</HTML>
```

在浏览器中的显示效果如图 1-16 所示。

图 1-15　调整图像和文本相对位置的网页

图 1-16　给网页背景平铺图像和给图像添加文字说明的网页

1.3.3　添加背景音乐和插入动画

要想使网页活泼、生动、引人入胜，可以为网页添加多媒体的效果，即通过使用一些标记，在网页中添加音乐和动画，使网页生动起来。

1．添加背景音乐

使用<BGSOUND>标记可以在网页中插入背景音乐。<BGSOUND>标记可以放在<HTML>与</HTML>内的任何位置。引导 MIDI 等音乐文件的标记是<SRC>，其格式如下：

```
<BGSOUND SRC ="文件目录与文件名或 URL">
```

2．插入 Flash 动画

使用<EMBED>标记可以在网页中插入 Flash 等对象。同添加背景音乐的方法一样，<EMBED>标记可以放在<HTML>与</HTML>内的任何位置。引导 Flash 文件的标记是<SRC>，其格式如下：

```
<EMBED SRC ="文件目录与文件名或 URL">
```

下面给出一个有不断播放背景音乐和 Flash 动画的网页实例。在记事本中输入的 HTML 程序（1_5.html）如下：

```
<HTML>
<HEAD>
<TITLE>背景 MP3 音乐和 Flash 动画</TITLE>
<BGSOUND  SRC="SOUND\XINGKONG.MP3"  LOOP="-1">
</HEAD>
<H2 ALIGN=CENTER>背景 MP3 音乐和 FLASH 动画</H2>
<CENTER>
<EMBED SRC ="Flash\CLOCK.SWF">
</CENTER>
</BODY>
</HTML>
```

在浏览器中的显示效果如图 1-17 所示。

图 1-17　不断播放的背景音乐和 Flash 动画的网页

1.3.4　不同文件间的链接

上网时，通过单击某些文字或图标，可以打开相应的页面，这种通过单击文字或图标实现页面跳转的功能是通过链接实现的。

1. 使用文字的链接

文字的链接也叫超文本链接。在网页中加入超文本链接，就是通过单击一部分文字、图像或图像中的一个区域，从而调出另一个网页或本网页的另一部分内容。

HTML 文件的链接是通过链接标记“<A>……</A>”来实现的。在<A>标记中除标记名“A”外还包括一些属性。HREF 是链接标记中一个最常用的属性，该属性用来指出所要链接的文件的路径（或目录）和名称或 URL。其简单的结构形式如下：

```
<A HREF="被链接的文件名或 URL">热字 </A>
```

所有写在起始标记<A>和结束标记</A>之间的文字构成一个实际的链接，当网页在浏览器内显示时，这些文字将以带有下画线的形式出现。HREF 后面的内容是所链接的网页文件的路径与文件名字或 URL。具体示例如图 1-18 所示。

如果需要链接的文件都放在本机磁盘上，这种链接叫做本地链接，它不必链接网络，只要本地的机器上有一个编辑器和浏览器就足够了，这里需要注意区别是应该使用绝对路径还是相对路径。如果需要链接的文件在网络上，则需要网络链接。网络链接就需要知道网址（URL）。

2. 使用图像或动画的链接

使用图像或动画的链接，就是在单击图像或动画后，即可调出与之链接的网页文件。加入了链接的图像或动画会自动产生一个外框，以示与一般的图像或动画的区别。建立图像或动画的链接方法是在链接标记<A>……</A>的中间加入一个<IMG　SRC>标记，其格式如下：

```
<A  HREF="被链接的网页的文件名"><IMG  SRC="图像或动画的文件名"></A>
```

下面给出一个有文字、图像和动画链接的网页实例。在记事本中输入的 HTML 程序（1_6.html）如下：

```
<HTML>
<HEAD>
<TITLE> 文字、图像和动画链接</TITLE>
</HEAD>
<BODY>
<H2 ALIGN=CENTER>文字、图像和动画链接</H2>
<A HREF="1_5.HTML">链接到 1_5.html 网页 </A>
<A HREF="1_3.HTML"><IMG SRC="GIF\D17.GIF"></A>
<A HREF="1_4.HTML"><IMG SRC="GIF\D18.GIF"></A>
</BODY>
```

```
</HTML>
```

在浏览器中观察该网页的结果如图 1-18 所示，单击“链接到 1_5.html 网页”热字，便会调出“1_5.html”网页；单击女孩图像，便会调出“1_3.html”网页；单击动画，便会调出“1_4.html”网页。

图 1-18　有文字、图像和动画链接的网页

1.3.5　网页框架

在制作网页的时候，经常需要在一个页面中显示不同的内容或者提供不同功能的操作区，这就需要对页面进行分栏，实现分栏的工具就是框架。对框架进行合理操作，就会在网页中呈现出丰富的网页分栏效果。

1．设置框架

网页框架就是把一个网页页面分成几个单独的区域（即窗口），每个区域显示一个独立的网页，该部分可以是一个独立的 HTML 文件。对于一个有 n 个区域的框架网页来说，每个区域有一个 HTML 文件，整个框架结构也是一个 HTML 文件，因此该框架网页有 $n+1$ 个 HTML 文件。设置框架需要使用标记<FRAMESET>……</FRAMESET>来取代标记<BODY>……</BODY>。<FRAMESET>标记有以下两个属性：

ROWS="n1，n2，n3……"：纵向设置框架；

COLS="n1，n2，n3……"：横向设置框架。

其中，n1，n2，n3 为开设的框架占整个页面的百分数。

2．修饰框架

修饰框架窗口需要使用<FRAME>标记，它在<FRAMESET>……</FRAMESET>标记之间。<FRAME>标记有如下 6 个属性。

（1）SRC = "URL"属性：用来链接一个 HTML 文件，如果没有该属性，则窗口内无内容。

（2）NAME = "窗口名称"属性：用来给窗口命名。

（3）MARGINWIDTH = n 属性：用来控制窗口内的内容与窗口左右边缘的间距。n 为像素个数，默认值为 1。

（4）MARGINHEIGHT = n 属性：用来控制窗口内的内容与窗口上下边缘的间距。n 为像素个数，默认值为 1。

（5）SCROLING = yes、no 或 auto 属性：用来确定窗口是否加滚动条。选择 yes，要滚动条；选择 no，不要滚动条；选择 auto，则根据内容是否可以完全在窗口内全部显示出来，来决定是否要滚动条。默认为 auto。

（6）NORESIZE 属性：如果设置了此属性，则窗口不可被用户用鼠标调整大小；如果没设置此属性，则窗口可以被用户用鼠标调整大小。

3．网页框架举例

（1）开设纵向窗口：纵向开设 3 个窗口，各占 50%、30%和 20%，各窗口内分别加载 HTML 文件为“1_1.html”、“1_2.html”和“1_5.html”。

```
<HTML>
<HEAD>
<FRAMESET ROWS="50%,30%,20%">
   <FRAME SRC="1_1.HTML">
   <FRAME SRC="1_2.HTML">
```

```
    <FRAME SRC="1_5.HTML">
</FRAMESET>
</HEAD>
</HTML>
```

在浏览器中显示该网页的结果如图 1-19 所示。

（2）开设横向窗口：横向开设 3 个窗口，各占 50%、30%和 20%，各窗口内分别加载 HTML 文件为“1_1. html”、“1_2. html”和“1_5. html”。

```
<HTML>
<HEAD>
<FRAMESET COLS= "50%,30%,20%">
    <FRAME SRC="1_1.HTML">
    <FRAME SRC="1_2.HTML">
    <FRAME SRC="1_5.HTML">
</FRAMESET>
</HEAD>
</HTML>
```

在浏览器中显示该网页的结果如图 1-20 所示。

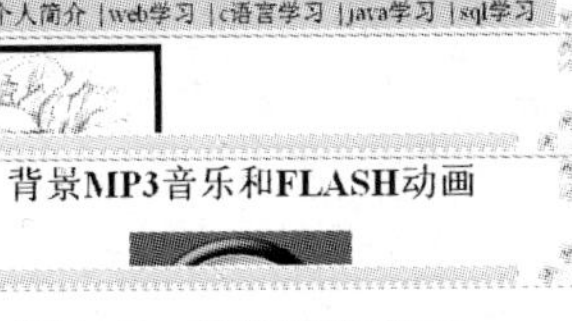

图 1-19　开设纵向窗口

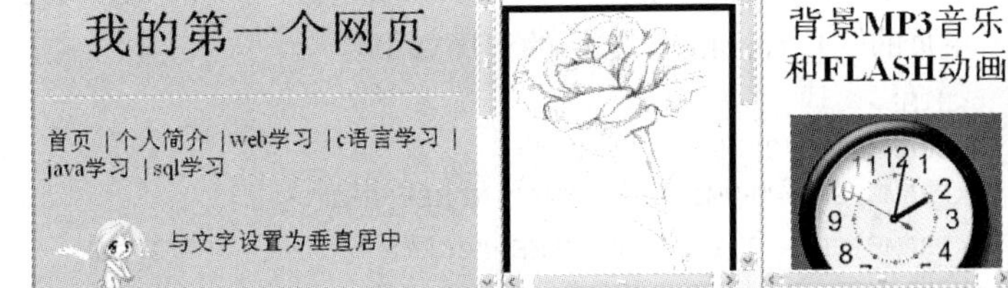

图 1-20　开设横向窗口

（3）同时开设横向和纵向窗口：纵向开设两个窗口，各占 40%和 60%，上边的窗口横向开设两个窗口，各占 50%和 50%，下边的窗口横向开设两个窗口，各占 40%和 60%。分别加载 HTML 文件为“1_1. html”、“1_2. html”、“1_4. html”和“1_5. html”。

```
<HTML>
<HEAD>
<FRAMESET ROWS="40%,60%">
  <FRAMESET COLS="50%,50%">
     <FRAME SRC="1_1.HTML">
     <FRAME SRC="1_2.HTML">
  </FRAMESET>
  <FRAMESET COLS="40%,60%">
     <FRAME SRC="1_4.HTML">
     <FRAME SRC="1_5.HTML">
  </FRAMESET>
</FRAMESET>
</HEAD>
</HTML>
```

在浏览器中显示该网页的结果如图 1-21 所示。

4. 窗口间的链接

实现窗口间的链接需要使用 TARGET 属性，TARGET 属性可以在 HTML 的多个标记内使用，其中常用的方式有以下两种。

图 1-21　同时开设横向和纵向窗口

（1）在<A>标记中使用 TARGET 属性，<A>标记的格式如下：

```
<A HREF="URL" TARGET="窗口的名字">
```

例如，横向开设两个窗口，各占 40%和 60%，名字分别为 CK1 和 CK2。左边窗口加载的 HTML 文件为“HTMLLEFT. html”，右边窗口加载的 HTML 文件为“1_1. html”。左边窗口中有 4 行热字。如果单击左边窗口内的“调整图像的大小和边框”热字，则可以在右边窗口（名字为 CK2）内显示出“1_2. html”文件的内容。如果单击左边窗口内的“调整图像和文本的相对位置”热字，则可以在右边窗口内显示出“1_3. html”文件的内容。如果单击左边窗口内的“背景平铺图像和图像文字说明”热字，则可以在右边窗口内显示出“1_4. html”文件的内容。如果单击左边窗口内的“背景 MP3 音乐和 Flash 动画”热字，则可以在右边窗口内显示出“1_5. html”文件的内容。

主页的“1_10. html”文档的程序如下：

```
<HTML>
<FRAMESET  COLS="40%,60%">
<FRAME SRC="HTMLLEFT.HTML" NAME="CK1">
<FRAME SRC="1_1.HTML" NAME="CK2">
</FRAMESET>
</HTML>
```

其中，“HTMLLEFT.HTML”的 HTML 文档如下：

```
<HTML>
<BODY>
<H2 ALIGN=center>左框架窗口内的链接文字</H2>
<A HREF=1_2.HTML TARGET="CK2">调整图像的大小和边框</A><BR>
<A HREF=1_3.HTML TARGET="CK2">调整图像和文本的相对位置</A><BR>
<A HREF=1_4.HTML TARGET="CK2">背景平铺图像和图像文字说明</A><BR>
<A HREF=1_5.HTML TARGET="CK2">背景 MP3 音乐和 FLASH 动画</A><BR>
</BODY>
</HTML>
```

在浏览器中观察该网页的结果如图 1-22 所示，单击“调整图像的大小和边框”热字的结果如图 1-23 所示。

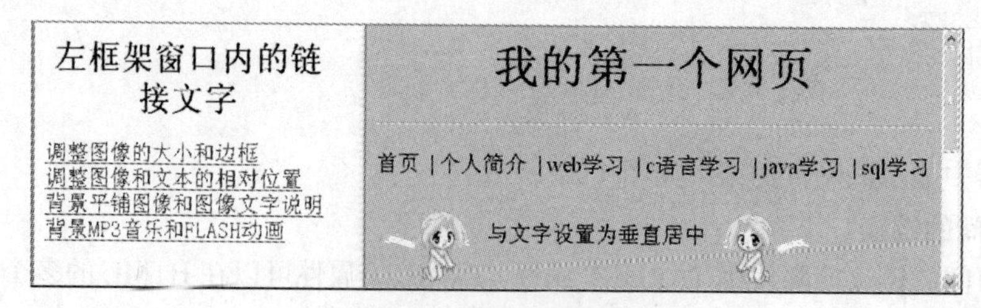

图 1-22　窗口间的链接

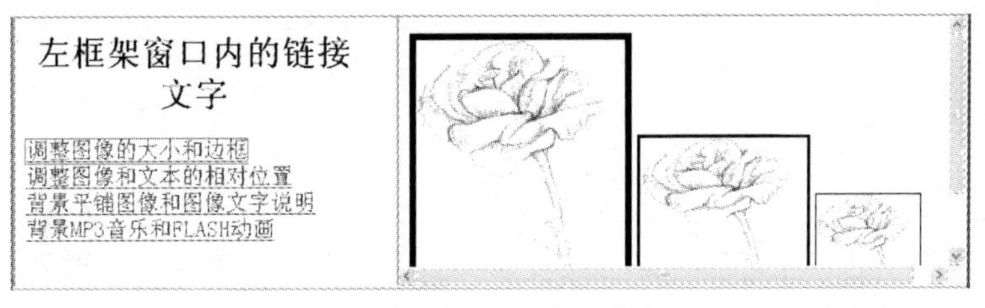

图 1-23　单击"调整图像的大小和边框"热字后页面显示的内容

（2）在<BASE>标记中使用 TARGET 属性。

如果链接的文件均在一个窗口内显示，则可以使用<BASE>标记。<BASE>标记的格式如下：

```
<BASE TARGET="window-name">
```

其中，window-name 可以是窗口的名字，也可以是以下几种。

- _blank：在一个新的浏览器窗口中打开链接的文档。
- _parent：在框架的父框架或父窗口打开链接的文档。
- _self：默认打开方式，将链接的文档载入链接所在的同一框架或窗口。
- _top：将链接的文档载入整个浏览器窗口，从而删除所有框架。

小　　结

本章首先介绍了网页和网站的基本概念以及它们之间的相互关系，然后简单介绍了网页制作的常用软件，如 Adobe Dreamweaver CS5 和 Microsoft FrontPage，最后介绍了什么是 HTML 及 HTML 中常用的标记。HTML 是深入学习网页编程的基础内容，读者需仔细阅读这部分内容。

习　　题

1. 浏览一些知名网站，观察它们各自的风格、网页的布局和组成元素，然后思考网站与网页的关系。

2. 浏览网页有哪些常见的浏览器？制作网页又需要哪些工具软件的支持？

3. 用 HTML 创建一个简单的网页文档"HT1.HTML"。要求该网页背景填充一幅图像，有背景 MP3 音乐，插入有图像、Flash 动画和 GIF 动画，有不同大小和字体的标题文字。

4. 用 HTML 创建一个简单的网页文档"HT2.HTML"。要求该网页中有文字链接、图像链接和动画链接。

5. 用 HTML 创建一个简单的网页文档"HT3.HTML"。要求该网页中有纵向的 3 个框架窗口，它们的水平比例分别为 25%、35%和 40%。

6. 用 HTML 创建一个简单的网页文档。要求该网页中有横向两个框架窗口，它们的水平比例分别为 30%和 70%。左边的框架窗口内有可以链接的文字、图像和动画。单击文字后，在右边的框架窗口内可以显示"HT1.HTML"网页；单击图像后，在右边的框架窗口内可以显示"HT2.HTML"网页；单击动画后，在右边的框架窗口内可以显示"HT3.HTML"网页。

第 2 章 Dreamweaver CS5 基础

在第 1 章中介绍了什么是 HTML 及 HTML 中的常用标记，虽然 HTML 并不难，但是若只想通过编写代码来制作各种各样的网页也不是一件容易的事。

那么有什么方法既可以减轻工作量又可以提高效率呢？答案是有的，即使用 Dreamweaver CS5 这个“所见即所得”的软件来提高网页的制作效率。利用它能够在很短的时间内设计、编辑多种形式的网页，而且它能很好地支持 CSS 样式表设计，是制作、修改及维护网站的有力工具。

【主要内容】

- 认识 Dreamweaver CS5 工作区。
- 掌握文档的基本操作。
- 掌握文本的编辑。
- 掌握图像的插入及编辑。
- 了解插入媒体的方法。
- 掌握插入特殊字符和水平线的方法。

2.1 Dreamweaver CS5 工作区简介

在介绍如何使用 Dreamweaver CS5 之前，先来了解一下其工作界面。

2.1.1 运行 Dreamweaver CS5

第 1 次运行 Dreamweaver CS5 时，系统会弹出【默认编辑器】对话框，如图 2-1 所示。通过该对话框可以设置 Dreamweaver CS5 采用什么类型的文件作为其默认编辑工具。当勾选了相应类型文件之后，以后再双击打开该类型文件时就会自动调用 Dreamweaver CS5 打开。初学者只需要按其提供的默认设置就可以了，直接单击 确定 按钮进入工作区界面如图 2-2 所示。

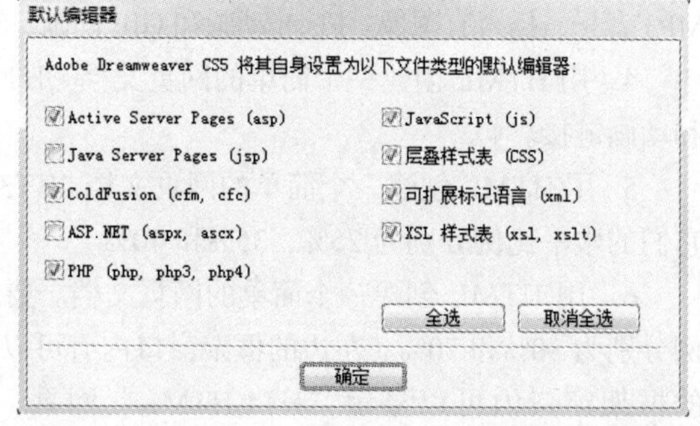

图 2-1 Dreamweaver CS5 的【默认编辑器】对话框

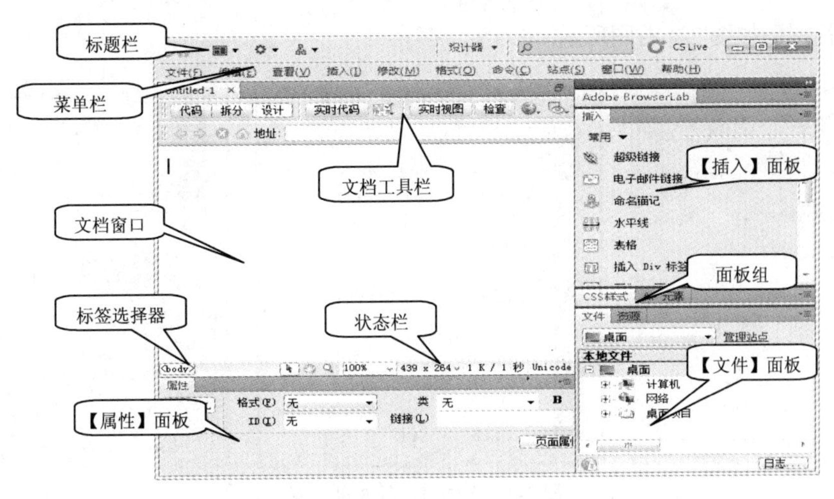

图 2-2　Dreamweaver CS5 工作区

由图 2-2 可以看出，Dreamweaver CS5 的工作区主要由标题栏、菜单栏、文档窗口、状态栏、【插入】面板、文档工具栏、【属性】面板、面板组等组成。选择【窗口】/【属性】菜单命令，即可打开或关闭【属性】面板。选择【查看】/【隐藏面板】菜单命令，即可隐藏面板组和【属性】面板，再次单击该菜单命令，又可重新显示面板组和【属性】面板。

Dreamweaver CS5 的工作区有 3 种布局模式，可以通过选择【窗口】/【工作区布局】菜单命令，更换 Dreamweaver CS5 的工作区模式，如图 2-3 所示。

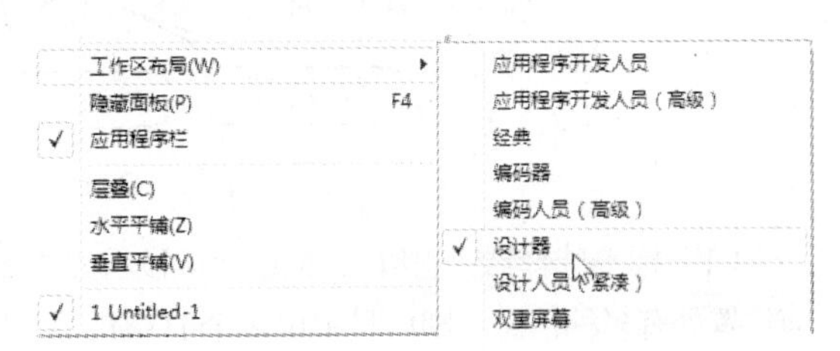

图 2-3　Dreamweaver CS5 工作区的 3 种布局模式

（1）【设计器】模式：一个使用 MDI（多文档界面）的集成工作区，其中全部文档窗口和面板被集成在一个更大的应用程序窗口中，并将面板组停靠在右侧。这也是系统默认的工作区布局模式。

（2）【编码器】模式：采用与【设计器】模式相同的集成工作区，但是它将面板组停靠在左侧，而且文档窗口在默认情况下显示代码视图。

（3）【双重屏幕】模式：该布局将所有面板都放置在辅助显示器上，而将文档窗口和【属性】面板保留在主显示器上。如果用户有一个辅助显示器，则可用此种模式来组织布局。

2.1.2　文档窗口和状态栏

文档窗口用来显示和编辑当前的文档页面。文档窗口的底部有状态栏，可以提供多种信息。

1. 文档窗口

文档窗口有 3 种视图，单击文档工具栏中的 代码 | 拆分 | 设计 按钮，可进行视图的切换，也可以通过选择【查看】/【代码】或【代码和设计】或【设计】菜单命令实现此功能。

（1）【设计】视图：一个用于可视化页面布局、可视化编辑和快速应用程序开发的设计环境。在该视图中，显示的效果与在网络浏览器中浏览时非常相似，可以直接进行编辑，如图 2-4 左图所示。

（2）【代码】视图：一个用于编写和编辑 HTML、JavaScript、服务器语言代码（如 ASP 或 ColdFusion 标记语言）以及任何其他类型代码的手工编码环境，如图 2-4 中图所示。

（3）【代码和设计】视图：可以使用户在 Dreamweaver 中同时看到同一文档的【代码】视图

和【设计】视图，如图 2-4 右图所示。

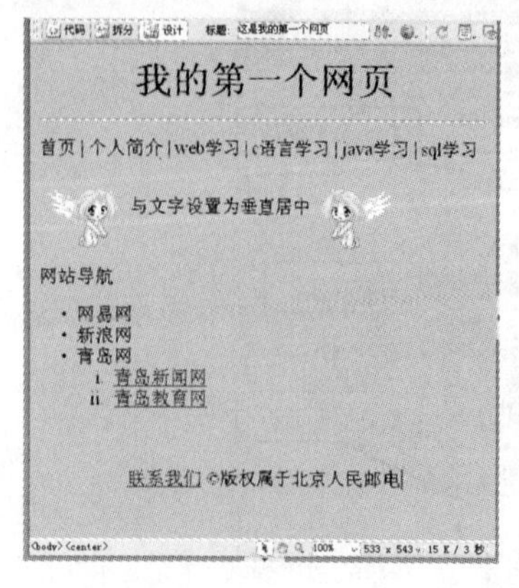

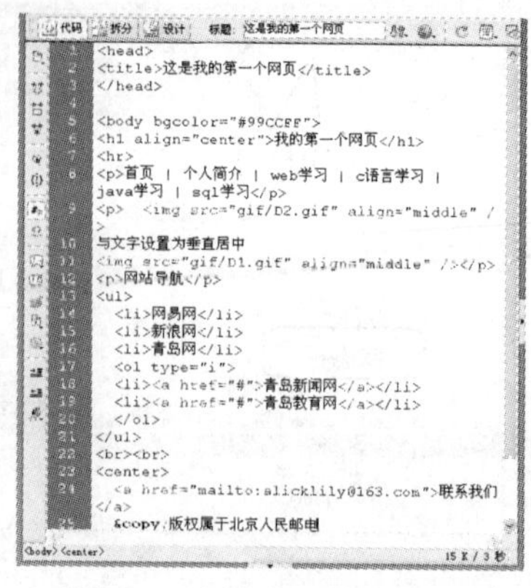
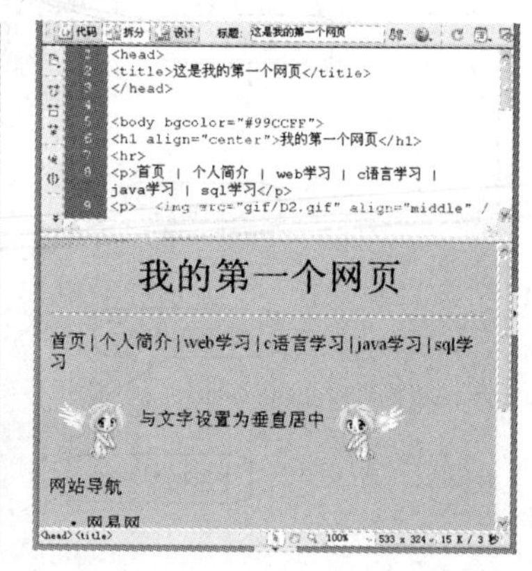

图 2-4　文档窗口的 3 种视图

2. 状态栏

Dreamweaver CS5 中文档窗口的状态栏位于文档窗口的底部，如图 2-5 所示。

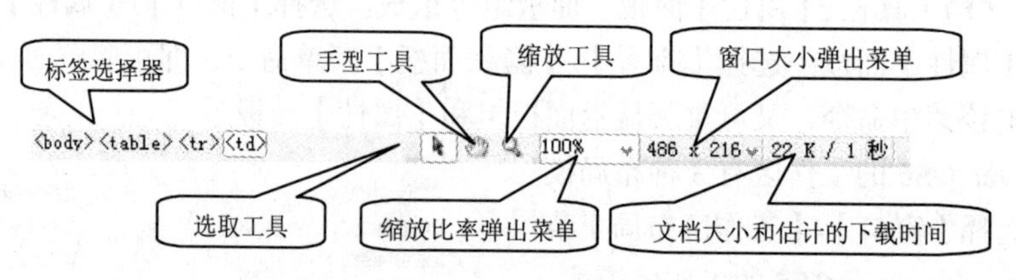

图 2-5　Dreamweaver CS5 的状态栏

（1）标签选择器：它以 HTML 标记显示方式来表示光标当前位置处的网页对象信息。如果光标当前位置处有多种信息，则可显示出多个 HTML 标记。不同的 HTML 标记表示不同的 HTML 元素信息。例如，<body>表示文档主体，<table>表示表格，<tr>表示行，<td>表示单元格等。

单击某一个 HTML 标记，Dreamweaver CS5 会自动选取与该标记相对应的网页对象，用户可对该对象进行编辑。

（2）选取工具：启用和禁用手形工具。

（3）手形工具：用于在【文档】窗口中单击并拖动文档。

（4）缩放比率弹出菜单：用户可以为文档设置缩放比率。

（5）窗口大小弹出菜单：用来显示与调整窗口大小。单击它会调出一个快捷菜单，在还原状态下单击该快捷菜单上边一栏中的一个命令，可立即按照选定的大小改变窗口的大小。

（6）文档大小和估计的下载时间：给出了文档大小的字节数和网页的预计下载时间。

2.1.3　标尺和网格

在调整网页中一些对象的位置和大小时，利用 Dreamweaver 提供的标尺和网格工具，可以使操作更准确。标尺和网格只在网页文档编辑窗口内显示，在浏览器中不会显示出来。

1. 标尺

（1）显示标尺：选择【查看】/【标尺】/【显示】菜单命令，可显示标尺，如图 2-6 所示。选择【查看】/【标尺】菜单命令中的【像素】、【英寸】或【厘米】命令，可以更改标尺的单位。

（2）改变原点位置：改变标尺之前原点的默认位置，如图 2-7 左图所示，用鼠标拖曳标尺左上角处的小正方形，此时鼠标指针呈十字形状，如图 2-7 中图所示。拖曳鼠标到文档窗口内合适的位置后松开鼠标左键，即可将原点位置改变，如图 2-7 右图所示。如果要将标尺的原点位置还原，可选择【查看】/【标尺】/【重设原点】菜单命令。

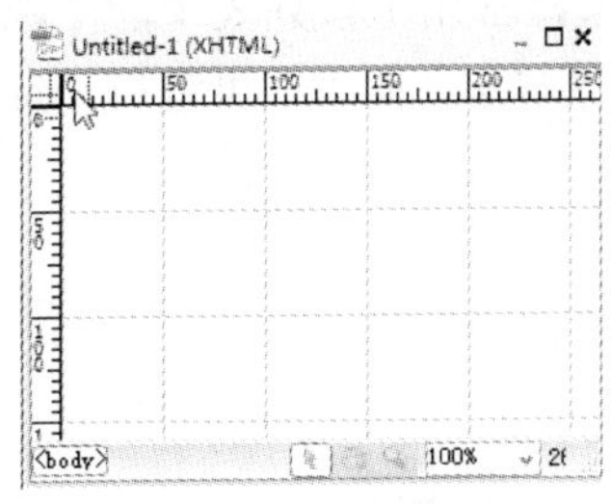

图 2-6　标尺和网格

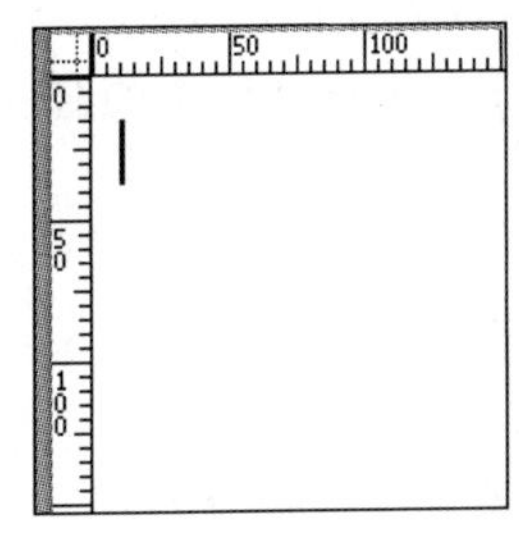

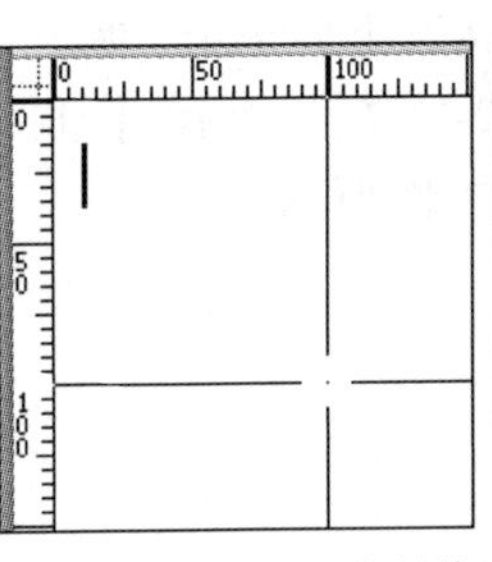

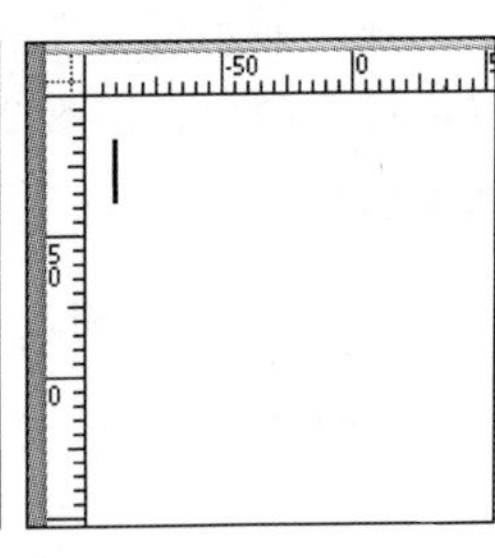

图 2-7　改变标尺原点的位置

2. 网格

（1）显示网格线：选择【查看】/【网格设置】/【显示网格】菜单命令，可以在显示网格和不显示网格之间切换。

（2）靠齐功能：如果没选择【查看】/【网格设置】/【靠齐到网格】菜单命令，则移动元素或改变元素的大小时，最小的单位是一个像素，在移动元素时不容易与网格对齐；如果选择该命令，则移动元素或改变元素的大小时，最小的单位是 5 个像素，且在移动层时可以自动与网格对齐。

（3）网格的参数设置：选择【查看】/【网格设置】/【网格设置】菜单命令，打开【网格设置】对话框，如图 2-8 所示。利用该对话框，可对网格参数进行设置。

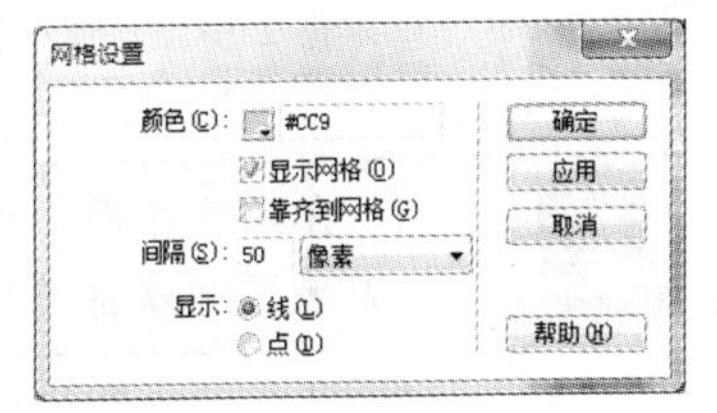

图 2-8　【网格设置】对话框

2.1.4　【属性】面板和【插入】面板

【属性】面板和【插入】面板是 Dreamweaver CS5 可视化软件中非常重要的两个工具，熟练地利用它们能大大地减少代码的输入，提高网页的设计效率。

1.【属性】面板

利用【属性】面板可以显示并精确调整网页中选定对象的属性，如【宽】、【高】等。【属性】面板具有智能化的特点，选中网页中的不同对象，其【属性】面板的内容会随之发生变化。【属性】面板可以展开也可以收缩，当【属性】面板处于收缩状态时，如图 2-9 左图所示，双击【属性】面板左上角的“属性”两字，可以展开【属性】面板，如图 2-9 右图所示；当【属性】面板处于展开状态时，双击【属性】面板左上角的“属性”两字，可收缩【属性】面板，得到效果如图 2-9 左图所示。

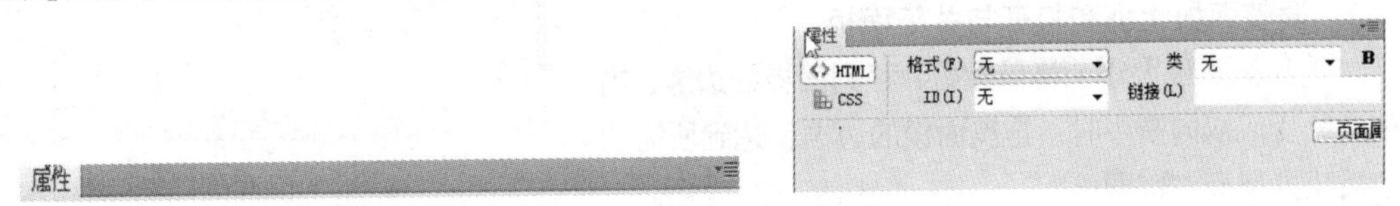

图 2-9　【属性】面板的两种形式

2.【插入】面板

在 Dreamweaver CS5 中，【插入】面板可以显示为“显示标签”（见图 2-10 左图）和“隐藏标签”（见图2-10右图）两种外观效果。【插入】面板由许多分组组成，每个分组又由一组按钮组成，每个按钮代表一个命令或者一系列操作过程的开始，默认状态的【插入】面板是“显示标签”外观。

在“显示标签”状态下，单击 常用▼ 图标右侧的向下箭头，选择常用下拉列表中的【隐藏标签】命令，如图2-11左图所示，【插入】面板将切换为隐藏标签状态。同理，可进行相反状态切换，如图2-11右图所示。

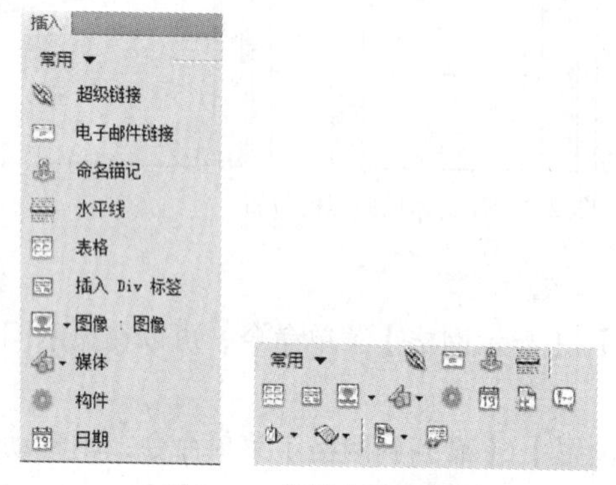

图2-10 【插入】面板

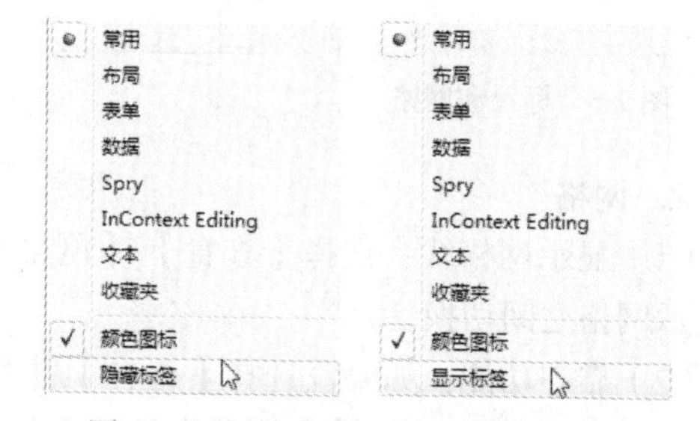

图2-11 切换【插入】面板的显示模式

在操作界面中所有面板的标题栏都是相同的，单击左上角的名称或者旁边的小箭头▼，可以将面板展开或者折叠。

2.1.5 面板的基本操作

在Dreamweaver CS5工作区中，有很多不同形式的面板，面板集合了在网页设计过程中的各种功能，下面介绍面板的基本操作。

1. 面板的拆分与组合

（1）面板的拆分：将鼠标指针随意移到任意面板左上角图标处，当鼠标指针变为✥状时，可将面板拖曳离开原来的位置，即可使面板成为一个可以用鼠标拖曳的浮动面板，如图2-12所示。

（2）面板的组合：将鼠标移到任意浮动面板左上角图标处，当鼠标指针变为✥状时，再将该浮动面板拖动到要组合的位置即可。

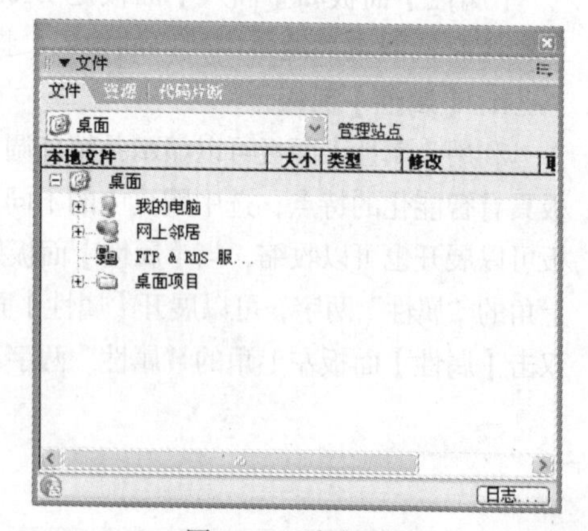

图2-12 浮动面板

2. 调整面板大小和打开与关闭面板

（1）调整面板大小：将鼠标指针移到面板的边缘，当鼠标指针变成双向箭头时，拖曳面板的边框，达到所需的大小后松开鼠标左键即可。

（2）打开面板：选择【窗口】/【×××】（面板名称）菜单命令，即可打开指定的面板。例如，选择【窗口】/【文件】菜单命令，打开【面板】文件。

（3）关闭面板：单击面板（组）标题栏右上角的☒按钮，即可关闭面板组。

（4）隐藏所有面板：选择【查看】/【隐藏面板】菜单命令或按F4键，即可隐藏所有打开的面板。再进行相同的操作，又可以将隐藏的面板（原来打开的面板）显示出来。

2.2　文档基本操作

要使用 Dreamweaver CS5 制作精美的网站，首先需要了解一下 Dreamweaver CS5 是如何操作网页文档的。本节主要介绍如何创建本地站点以及如何在本地站点中操作文档。

2.2.1　文档的快速打开与创建

启动 Adobe Dreamweaver CS5，首先显示【欢迎屏幕】，如图 2-13 所示。该对话框主要由 3 部分组成，分别为【打开最近的项目】、【新建】和【主要功能】。

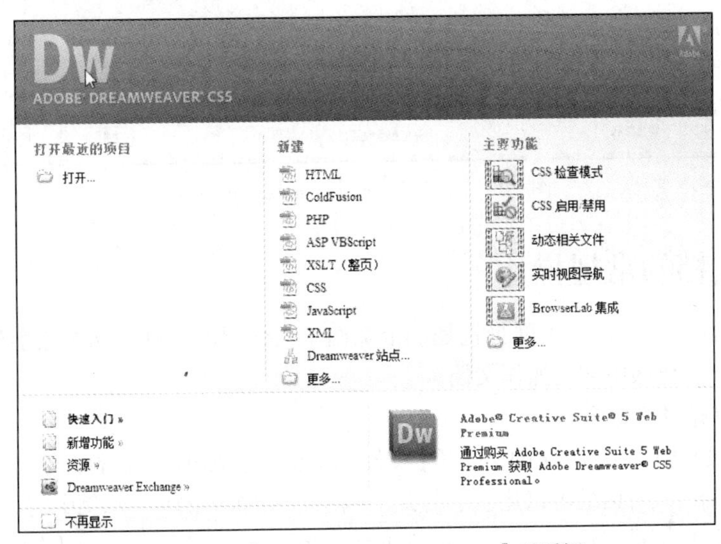

图 2-13　【Adobe Dreamweaver CS5】对话框

如果选中【不再显示】复选框，下次启动 Dreamweaver 时就不会再出现此对话框。

1. 快速打开文档

在【打开最近的项目】栏中列出了 Dreamweaver 最近打开过的文档名称，单击其中的项目可以快速打开已经编辑过的文档。单击 打开... 按钮，可以打开【打开】对话框，利用该对话框可以选择其他要编辑的网页文档。

2. 快速新建文档

【新建】栏中列出了各种类型的项目，利用它可以快速创建一个新的文档或者创建一个站点。如果单击“HTML”到“XML”中的任一选项便可创建一个该类型的网页；如果单击“Dreamweaver 站点”则可创建一个新站点。

单击 更多... 按钮，系统弹出【新建文档】对话框，如图 2-14 所示，利用该对话框可以新建一个相应的文档。在图 2-13 中单击左下方的 Dreamweaver Exchange » 按钮，将链接到 Dreamweaver Exchange 网站，该网站是一个英文网站，可从该网站下载大量的 Dreamweaver CS5 软件上所能使用的扩展插件。

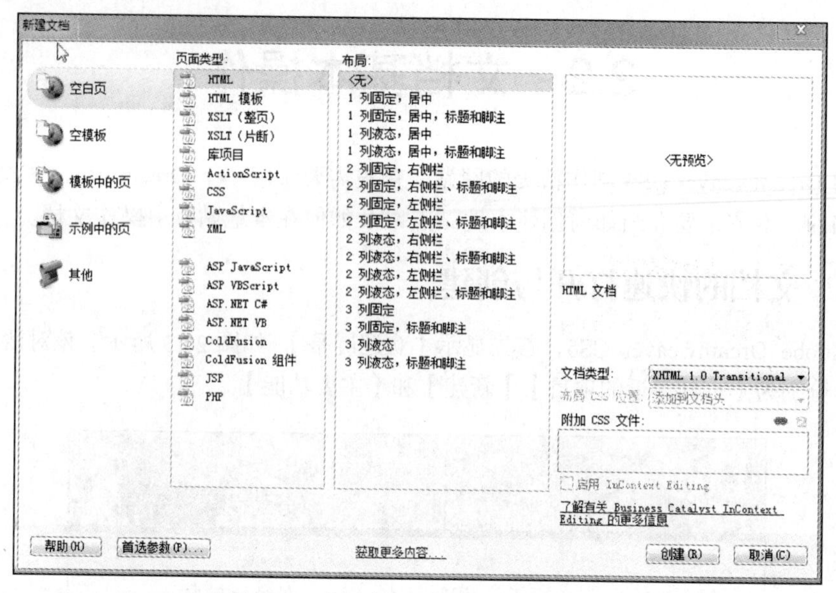

图 2-14 【新建文档】（常规）对话框

2.2.2 文档的常规操作

网站是由网页组成的，一个网页就是一个文档，在介绍如何制作网页之前先来了解一下在 Dreamweaver CS5 工作区中如何操作文档。

1. 新建和打开网页文档

（1）新建网页文档：在图 2-2 中，选择【文件】/【新建】菜单命令，打开【新建文档】对话框，如图 2-14 所示。利用该对话框可以建立空白页、空模板、模板中的页、示例中的页和其他 5 大类文档。在该对话框中单击 首选参数(P)... 按钮，打开【首选参数】对话框并切换至【新建文档】分类，如图 2-15 所示，将【默认编码】改为“简体中文（GB2312）”，单击 确定 按钮进行确认。

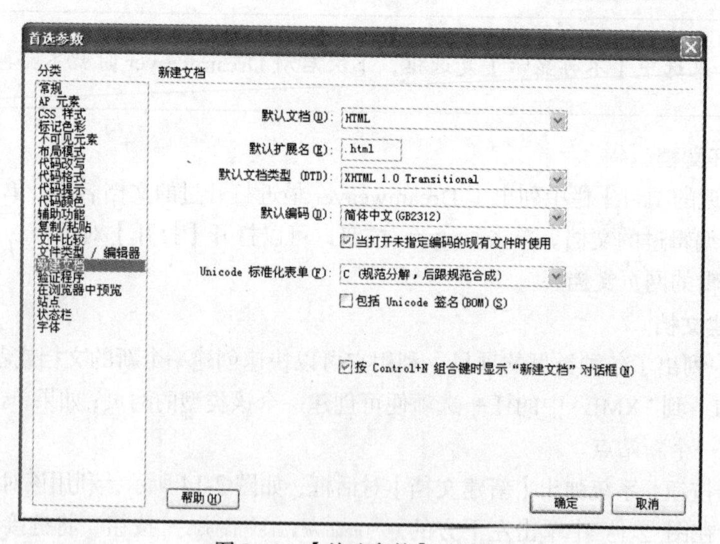

图 2-15 【首选参数】对话框

【默认编码】一般选择“简体中文（GB2312）”，这是简体中文格式，而当文件中包含日本、韩国等其他国家特殊字符时最好选择“Unicode（UTF-8）”。

（2）打开网页文档：选择【文件】/【打开】菜单命令，打开【打开】对话框。在该对话框内选中要打开的网页文档，单击【打开】按钮，即可将选定的网页文档打开。

2. 保存文档和关闭文档

（1）选择【文件】/【保存】菜单命令，可以按原名保存当前的文档。

（2）选择【文件】/【另存为】菜单命令，打开【另存为】对话框。利用该对话框可以将当前的文档以其他名字保存。

（3）选择【文件】/【保存全部】菜单命令，将当前正在编辑的所有文档以原名保存。

（4）选择【文件】/【关闭】菜单命令，关闭打开的当前文档。如果当前文档在修改后没有存盘，则会弹出一个提示框，提示用户是否保存文档。

（5）选择【文件】/【全部关闭】菜单命令，关闭所有打开的文档。

2.2.3 建立本地站点

建立本地站点就是将本地主机磁盘中的一个文件夹定义为站点，然后将所有文档都存放在该文件夹内以便于管理。通常，在设计网页前，应先建立本地站点。建立本地站点的方法如下。

（1）在图 2-2 所示的【文件】面板中单击【管理站点】，打开【管理站点】对话框，如图 2-16 所示。在该对话框中单击 新建(N)... 按钮，弹出站点设置对话框，如图 2-17 所示。

图 2-16 【管理站点】对话框

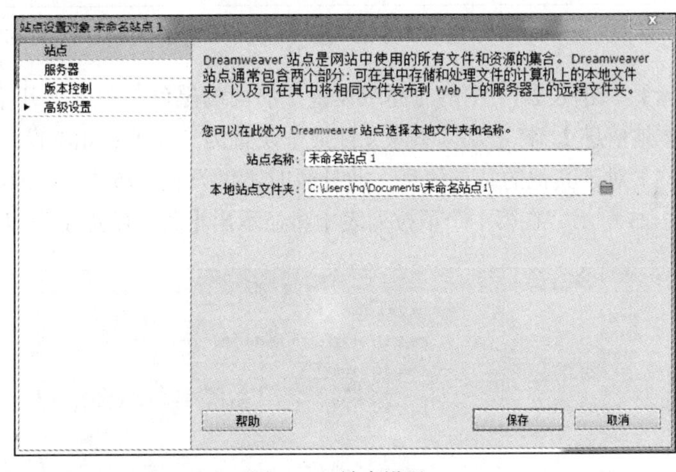

图 2-17 站点设置

（2）选择对话框左侧的【站点】命令，设置【站点名称】和【本地站点文件夹】选项。如输入站点的名称为“我的站点”，本地站点文件夹设置为“D:\Web”，如图 2-18 所示。

这里假设在本地磁盘 D 盘已经建立文件夹“Web”，并且在“Web”内部建立一个文件夹“IMG”，该文件夹用于存放网站中所使用的图片。

（3）如果要使用服务器技术（如 ASP.NET 等），可单击图 2-17 对话框中的【服务器】选项，然后按照提示进行添加，如图 2-19 所示。单击 + 按钮，进入服务器设置界面，分为【基本】和【高级】两个选项卡，用户可以进行相关设置，分别如图 2-20 和图 2-21 所示。

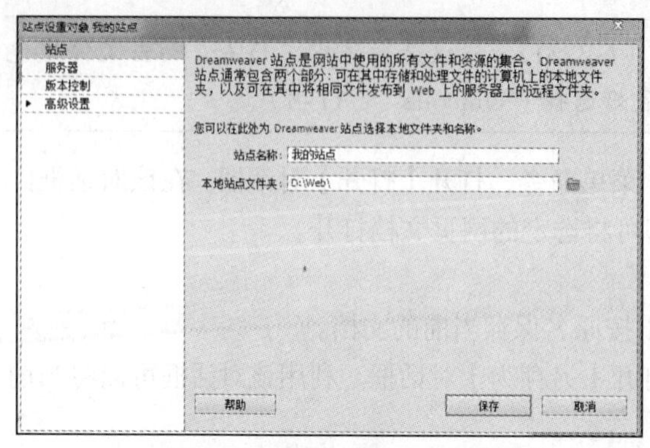

图 2-18　定义站点名称对话框

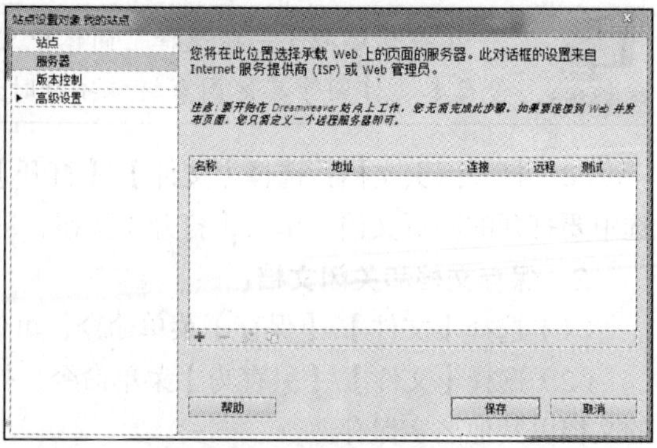

图 2-19　服务器设置

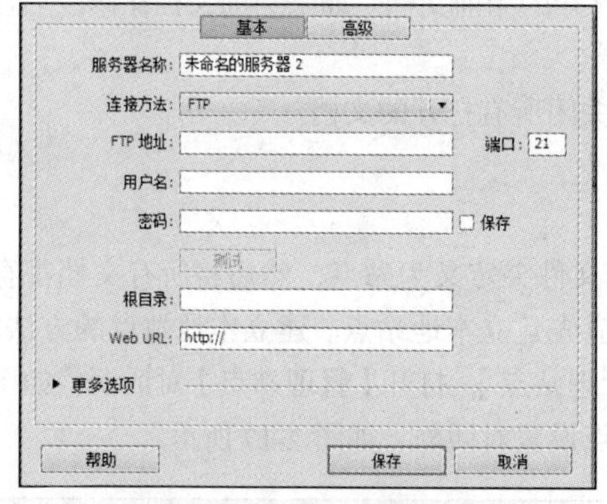

图 2-20　【基本】选项卡

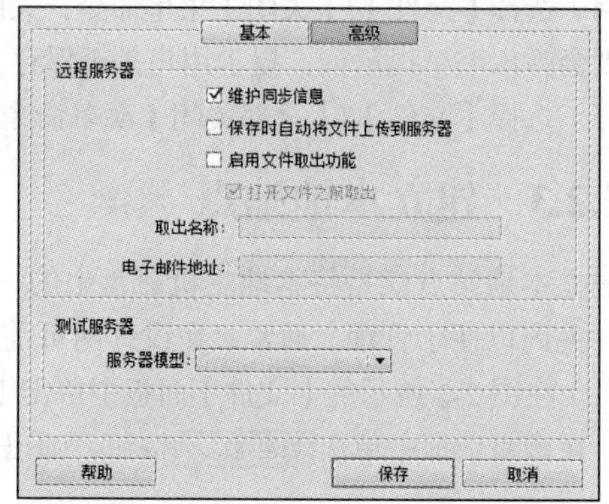

图 2-21　【高级】选项卡

（4）单击图 2-17 中的【高级设置】前面的黑色三角，展开【高级设置】中的具体内容，选择【本地信息】，将【默认图像文件夹】设置为“D:\Web\IMG”，如图 2-22 所示。

（5）对于其他的站点信息，此处暂时不做设置。单击 保存 按钮，此时【文件】面板如图 2-23 所示，在第 1 个下拉列表中将显示出【我的站点】列表项目。

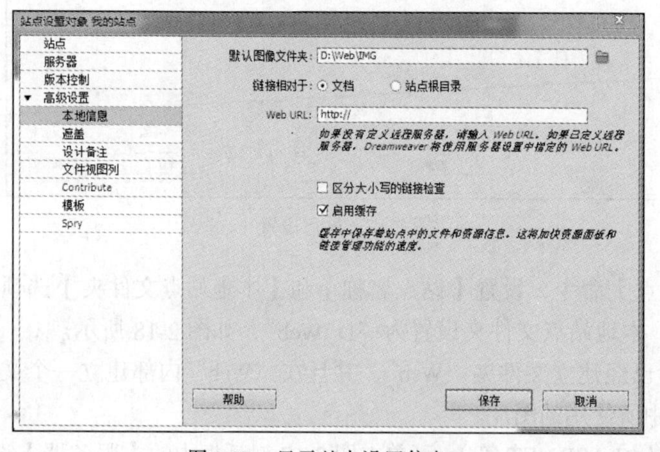

图 2-22　显示基本设置信息

图 2-23　【文件】面板

（6）如果要重新进行站点设置，可在图 2-2 中选择【站点】/【管理站点】菜单命令，重新打开【管理站点】对话框，然后可以对相应的站点设置进行调整。

站点能够很好地组织文件，所以设计者最好将制作的网页及各种素材放到一个站点里面。

2.2.4　网页页面属性的设置

将鼠标指针移到【文件】面板中，在如图 2-23 所示【站点-我的站点】文件夹上单击鼠标右键，弹出一个快捷菜单，如图 2-24 所示，再单击快捷菜单中的【新建文件】命令，可以新建一个网页文档，如图 2-25 所示，然后输入网页的名字“HTML11.HTML”。双击该文档名字，进入该网页的编辑窗口，即【文档窗口】，在该窗口中，可以编辑网页的内容。

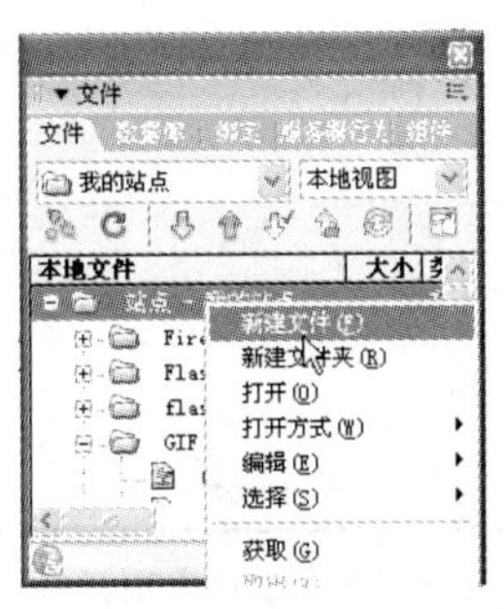

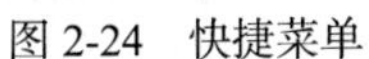
图 2-24　快捷菜单

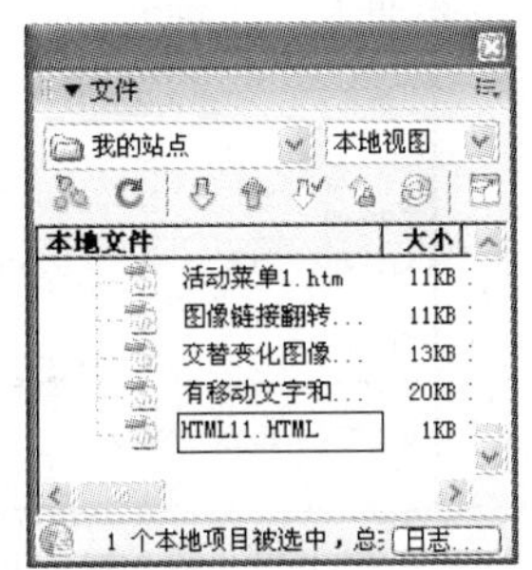

图 2-25　建立新网页文档

在【文档窗口】的空白处单击鼠标右键，弹出一个快捷菜单，如图 2-26 所示。单击【页面属性】命令，打开【页面属性】对话框，如图 2-27 所示，利用该对话框可设置页面的各种属性。

图 2-26　“HTML11.HTML”文件的文档窗口

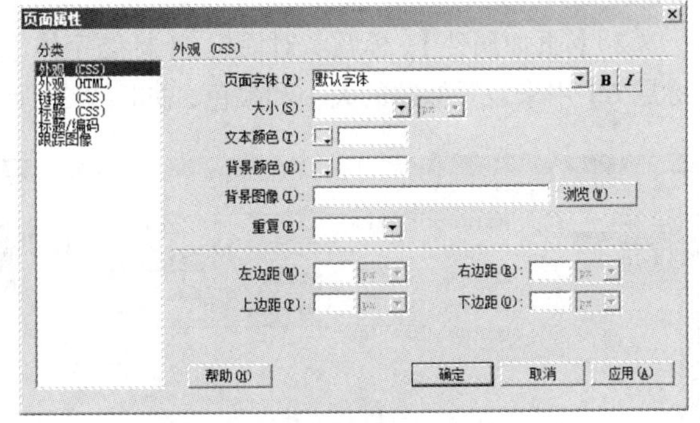

图 2-27　【页面属性】对话框

1. 页面外观设置

（1）背景图像设置：在【页面属性】对话框的【分类】栏中选择【外观】选项，进入【页面属性】(外观）对话框，如图 2-27 所示。

单击该对话框中【背景图像】文本框右边的 浏览(B)... 按钮，打开【选择图像源文件】对话框，如图 2-28 所示。利用该对话框选择网页的背景图像后，单击 确定 按钮，即可为网页背景填充选中的图像。如果图像文档不在本地站点的文件夹内，则在单击 确定 按钮后，系统会提示用户将该图像文档复制到本地站点的图像文件夹内。

（2）背景颜色设置：单击【背景颜色】按钮，弹出【颜色】面板如图 2-29 所示，用户可以设置一种背景颜色。

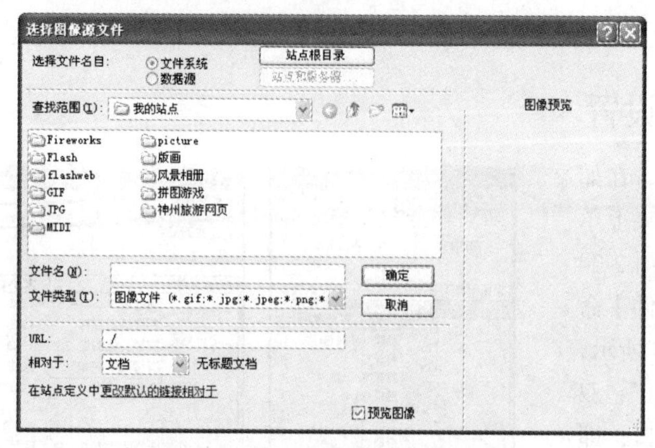

图 2-28 【选择图像源文件】对话框

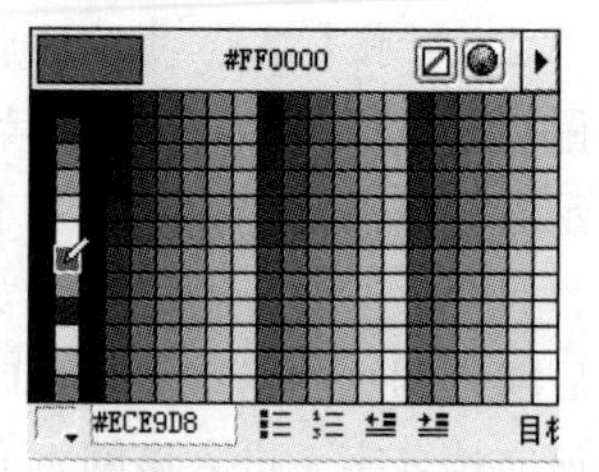

图 2-29 【颜色】面板

（3）页面文字设置：利用图 2-27 所示的对话框还可以设置页面中文字的字体、大小、颜色和页面 4 个方向的边距（单位为像素）等。

2. 其他页面属性的设置

在图 2-27 的【分类】栏中选择不同的选项，可以进行不同类型的设置，现简要介绍如下。

（1）【页面属性】（链接）对话框：【链接字体】和【链接颜色】用来设置链接字（热字）的字体、大小、风格、颜色等；【变换图像链接】的作用是当图像不能显示时，将显示变换为该处设置的颜色；【已访问链接】的作用是设置单击过的链接字的颜色；【活动链接】的作用是设置获得焦点的链接字的颜色；【下划线样式】的作用是设置链接字的下划线样式，如图 2-30 所示。

（2）【页面属性】（标题）对话框：【标题字体】用于设置标题包含的字体样式；【标题 1】到【标题 6】用来设置标题的大小和颜色，如图 2-31 所示。

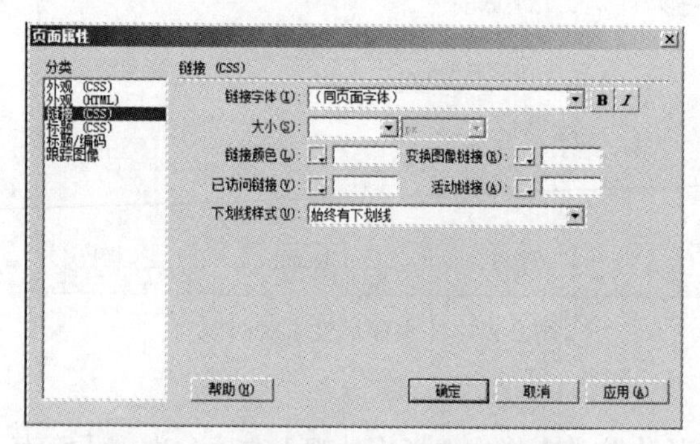

图 2-30 【页面属性】（链接）对话框

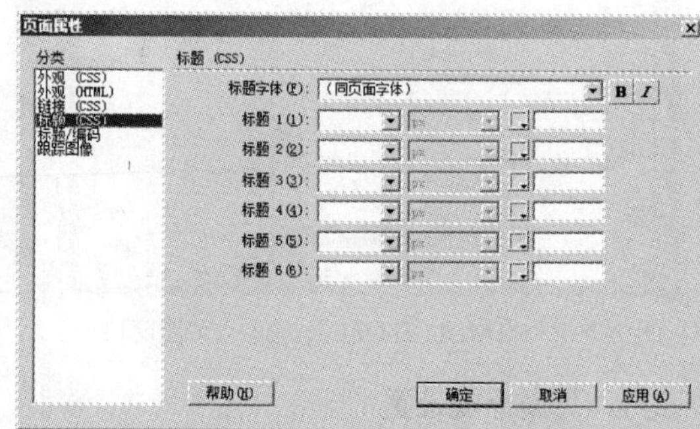

图 2-31 【页面属性】（标题）对话框

（3）【页面属性】（标题/编码）对话框：【标题】文本框用来设置网页要显示的标题，该标题会在浏览器的标题栏内显示出来，帮助用户识别网页；【编码】下拉列表用来设置网页的编码，默认为简体中文（GB2312）；对话框底部显示【站点】文件夹的位置等信息，如图 2-32 所示。

（4）【页面属性】（跟踪图像）对话框：跟踪图像也叫描图。【跟踪图像】文本框用来设置在页面编辑过程中使用的描图图像的地址和名称；【透明度】的作用是调整描图的透明度，如图 2-33 所示。

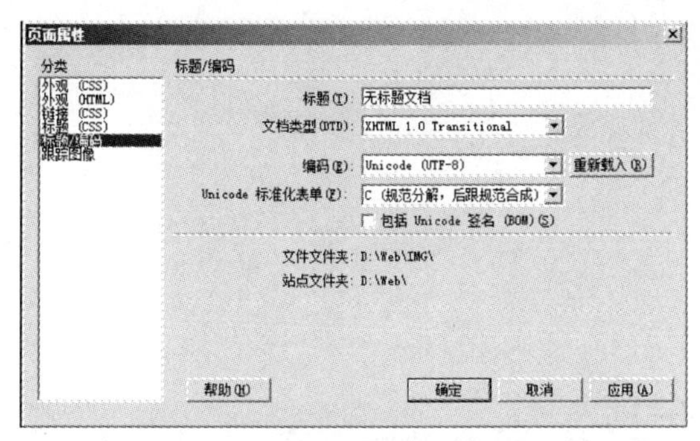

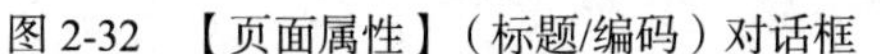

图 2-32　【页面属性】（标题/编码）对话框

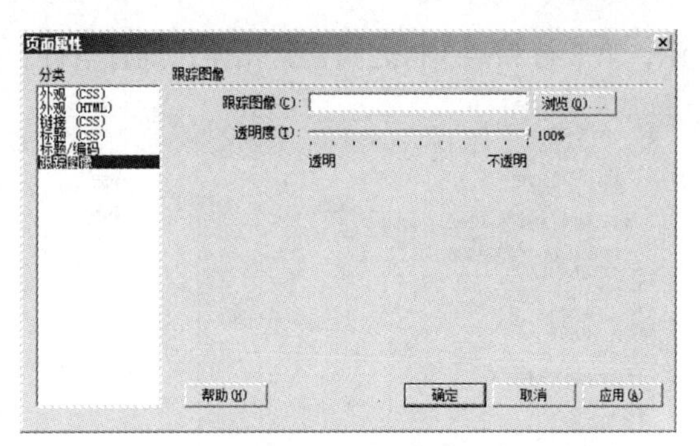

图 2-33　【页面属性】（跟踪图像）对话框

2.3　插入和编辑文本

在网页中，文本是最基本的元素之一，每个网页都有大量的文本，因此，如何设计文本并使其看起来既整齐又美观，对于网页制作来说是非常重要的。

2.3.1　插入文本

网页设计离不开文本的设计，文本设计一般分为两种情况：一是将现有的 Word 文档保存成网页格式；二是根据自己的需要在网页中输入文本。

1. 将 Word 文档保存成网页

将 Word 文档保存成网页的操作步骤如下。

（1）打开 Microsoft Word 并打开要转换的 Word 文档。选择【文件】/【另存为 Web 页】菜单命令，将打开的 Word 文档存成网页 HTML 格式文件。

（2）在 Dreamweaver CS5 中打开用 Word 编辑的网页文件，选择【命令】/【清理 Word 生成的 HTML】菜单命令，打开【清理 Word 生成的 HTML】对话框，在此对话框中选择需要清理的内容，如图 2-34 所示。

（3）单击 确定 按钮，系统将按照设置自动对 Word 生成的 HTML 格式文件进行清理和优化。这样就完成了 Word 文档的导入。

2. 直接输入和使用

最简单和最直接的输入文本的方法是键盘输入。也可以在其他的程序或窗口中选中一些文本，按 Ctrl + C 组合键将文字复制到剪贴板上，然后回到 Dreamweaver CS5【设计】视图的文档窗口中，按 Ctrl + V 组合键将其粘贴到光标所在位置。在 Dreamweaver CS5 中，对从外部导入数据的功能已经进行了改善，通过这种方法不仅可以保留文字，还可以保留段落的格式和文字的样式。

要注意的是，在 Dreamweaver CS5【设计】视图文档窗口中（见图 2-4 左图），换行的操作与 Word 等软件中的操作有些差别，如果直接按 Enter 键的效果相当于插入代码<p>，除了换行外，还会多空一行，这表示将开始一个新的段落。如图 2-35 所示，第 1 行和第 2 行之间有一个空行。如果觉得这样换行后间距过大，可在输入文字后，按 Shift + Enter 组合键，这相当于插入代码
，表示一个新行将产生在当前行的下面，但仍属当前段落，并使用该段落的现有格式。如图 2-35 所示，第2行和第3行之间紧紧相连，没有空行。

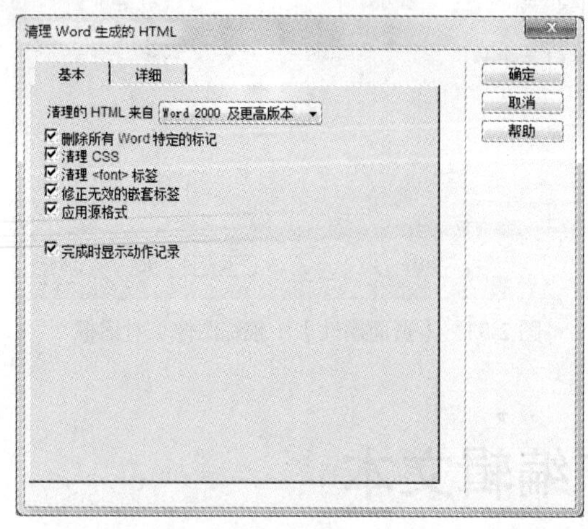

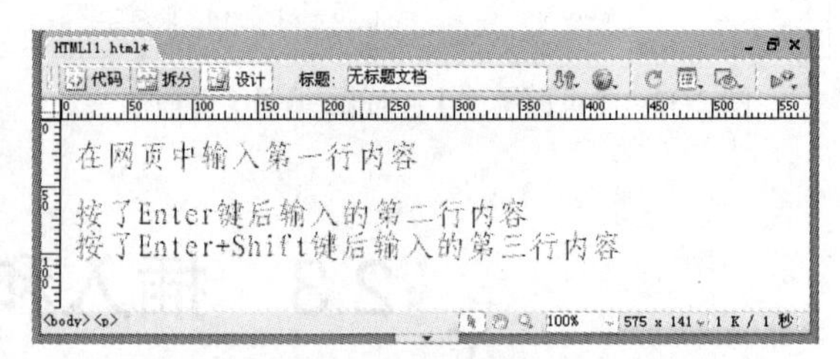

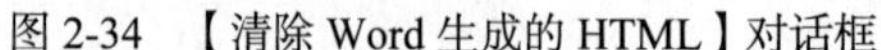

图 2-34　【清除 Word 生成的 HTML】对话框　　　　图 2-35　【设计】视图文档窗口中插入换行

在【设计】视图文档窗口中，如图2-35所示，对文本的许多操作与在Word中的操作基本一样，如选取文字、删除文字、复制文字等。

2.3.2　文本属性的设置

文本的属性（标题格式、字体、字号、大小、颜色、对齐格式等）可由图2-36所示的文本【属性】栏来设定，分为【HTML】和【CSS】两类属性。

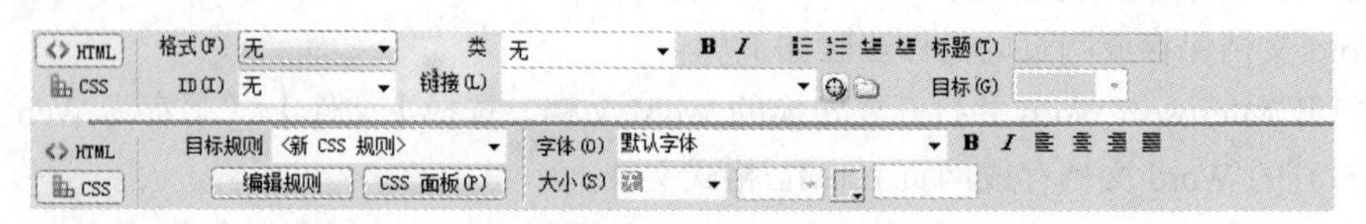

图 2-36　文本【属性】栏

1. 文本标题格式的设置

根据HTML规定，页面的文本有6种标题格式，它们所对应的字号大小和段落对齐方式都是设定好的。在【格式】下拉列表中，可以选择各种格式，其中各选项的含义如下。

- “无”选项：无特殊格式的规定，仅决定于文本本身。
- “段落”选项：正文段落，段前段后间距较大，段内各行的文字间距较小。
- “标题1”~“标题6”选项：是标题1~标题6，文本分别从大到小。
- “预先格式化的”选项：预定义的格式。

2. 字体的设置

（1）单击【字体】设置的按钮，结果如图2-37左图所示。

（2）选择【编辑字体列表...】选项，打开【编辑字体列表】对话框，如图2-37右图所示。

（3）在【可用字体】列表框中选择所需字体后单击按钮，就可将自己所需的字体加入。若连续多次使用该按钮，则会将选中的字体组合，程序在调用字体时将依次从系统中寻找组合字体，哪种字体先被找到则将文字显示为哪种字体。若想新加入一种字体，则需要单击 + 按钮。

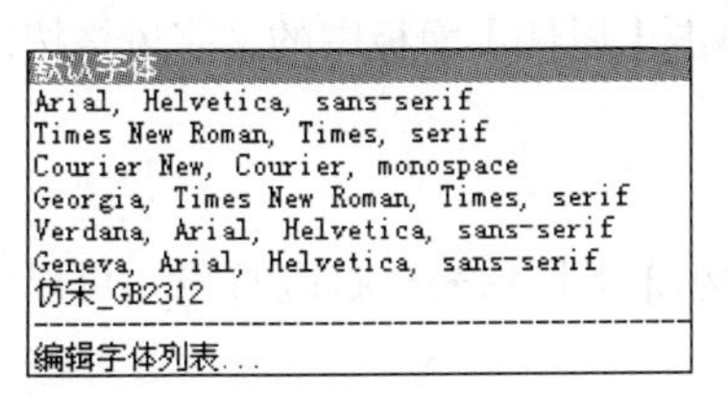

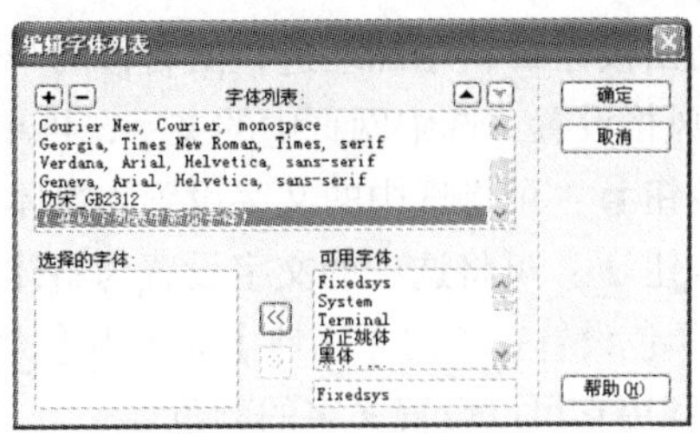

图 2-37　字体设置

3. 文字属性的设置

（1）文字大小设置：在文档窗口中输入的文本大小是系统默认的，当网页被提交到用户的浏览器端后，网页中的文本将会按照浏览器默认的文本大小显示，这就使得使用浏览器浏览页面和使用 Dreamweaver CS5 软件设计页面时字体的大小有很大区别，这就影响了网页的美观度。所以，要在设计网页时就把字体的大小定义清楚。字号的数字越大，文字也越大。在 Dreamweaver CS5 中，定义字体的大小主要有以下两种方式。

- 如果是对指定文字定义大小，则先选中这些文字，然后单击【属性】面板的【大小】下拉列表中的一种字号数字，即可完成字号的设定，如图 2-38 所示。在【大小】下拉列表中还可以通过选择“极小”到“极大”以及“较小”和“较大”列表项目的方法设置文字的大小。
- 如果对整个页面设置成同一种字体，单击【属性】面板的 页面属性... 按钮，弹出如图 2-39 所示对话框，在该对话框中的大小即对本页面的所有字体设置成同一大小。另外，在该对话框中还可以设置该页面的其他属性，如文本颜色等。

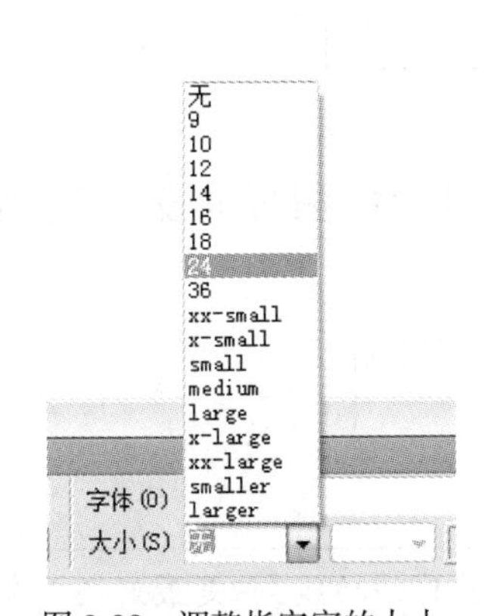

图 2-38　调整指定字的大小

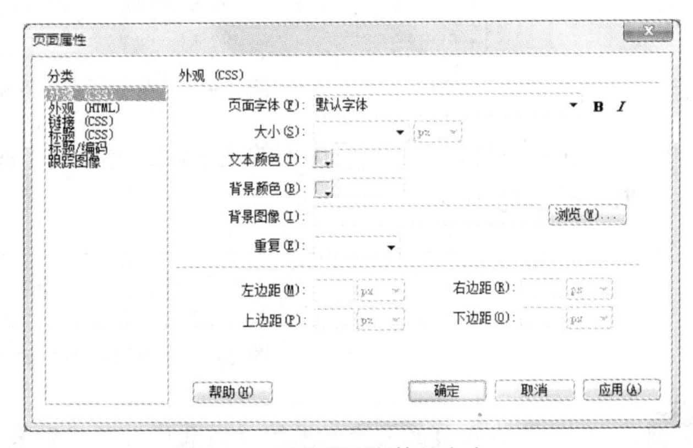

图 2-39　调整页面字体的大小

（2）文字对齐设置：文字的对齐是指一行或多行文字在水平方向的位置对齐，经常使用的有左对齐、居中对齐和右对齐 3 种。可以通过在选中页面内的文字后，单击【属性】面板内的对齐按钮。如果文字是直接输入到页面中，则会以浏览器的边界线进行对齐。

- 左对齐按钮：网页中的内容向文档的左边对齐。
- 居中对齐按钮：网页中的内容向文档的中间对齐。
- 右对齐按钮：网页中的内容向文档的右边对齐。

（3）文字缩进设置：要改变段落文字的缩进量，可以选中文字，再单击【属性】面板的文字缩进按钮。

- 文本缩进按钮：减少缩进，向左移两个单位。

- 文本凸出按钮：增加缩进，向右移两个单位。

（4）文字风格设置：选中网页中的文字，再单击【属性】面板中的文字风格按钮。

- 粗体按钮 **B**：可将选中的文字设置为粗体。
- 斜体按钮 *I*：可将选中的文字设置为斜体。

（5）文字颜色设置：单击【属性】面板中【大小】下拉列表框右边的，可以调出颜色面板（见图 2-29），利用它可以设置文字的颜色。

2.3.3　文字的列表设置

文字列表也是网页中对文字进行排版时常用到的，文字列表常见的有编号列表、项目列表及定义列表，利用文字的列表设置可使得文章整齐，排版简单。下面就其在 Dreamweaver CS5 工作区中的设置分别进行介绍。

1. 设置列表

（1）设置有序列表：选中要排列的文字段，如图 2-40 所示，再单击【属性】面板中的按钮，可设置有序列表，效果如图 2-41 所示。

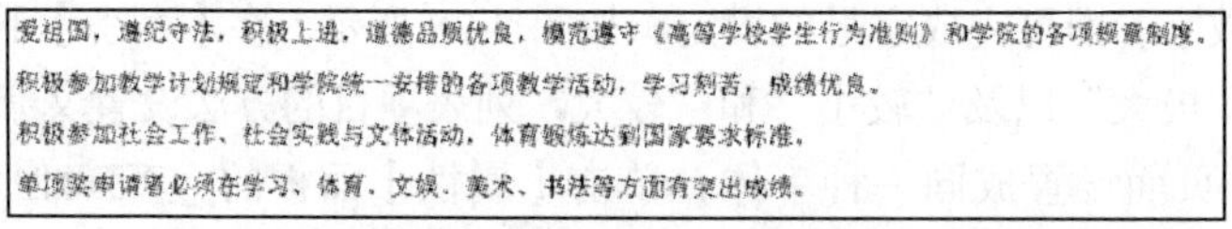

爱祖国，遵纪守法，积极上进，道德品质优良，模范遵守《高等学校学生行为准则》和学院的各项规章制度。

积极参加教学计划规定和学院统一安排的各项教学活动，学习刻苦，成绩优良。

积极参加社会工作、社会实践与文体活动，体育锻炼达到国家要求标准。

单项奖申请者必须在学习、体育、文娱、美术、书法等方面有突出成绩。

图 2-40　要排列的文字段

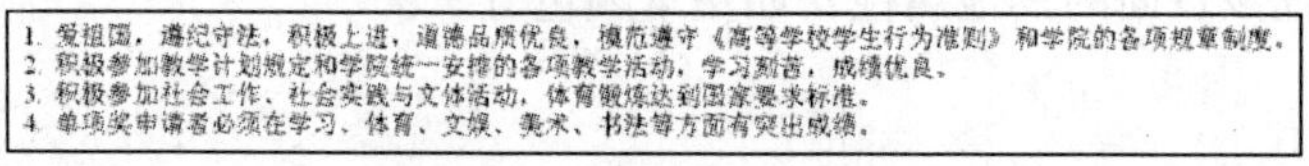

1. 爱祖国，遵纪守法，积极上进，道德品质优良，模范遵守《高等学校学生行为准则》和学院的各项规章制度。
2. 积极参加教学计划规定和学院统一安排的各项教学活动，学习刻苦，成绩优良。
3. 积极参加社会工作、社会实践与文体活动，体育锻炼达到国家要求标准。
4. 单项奖申请者必须在学习、体育、文娱、美术、书法等方面有突出成绩。

图 2-41　“编号列表”效果

（2）设置无序列表：选中要排列的文字段，再单击【属性】面板中的按钮，可设置无序列表，效果如图 2-42 所示。

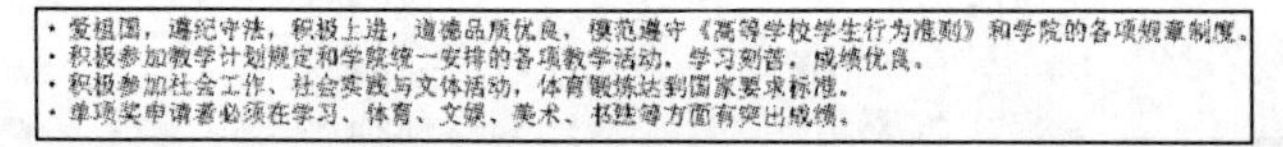

- 爱祖国，遵纪守法，积极上进，道德品质优良，模范遵守《高等学校学生行为准则》和学院的各项规章制度。
- 积极参加教学计划规定和学院统一安排的各项教学活动，学习刻苦，成绩优良。
- 积极参加社会工作、社会实践与文体活动，体育锻炼达到国家要求标准。
- 单项奖申请者必须在学习、体育、文娱、美术、书法等方面有突出成绩。

图 2-42　“项目列表”效果

虽然表面上无论采用编号列表还是项目列表都能完成同样的功能，但是最好还是分开操作，不要混用，但在嵌套列表中是可以的。

（3）定义列表方式：选中要排列的文字段，再选择【文本】/【列表】/【定义列表】菜单命令，如图 2-43 左图所示，效果如图 2-43 右图所示。

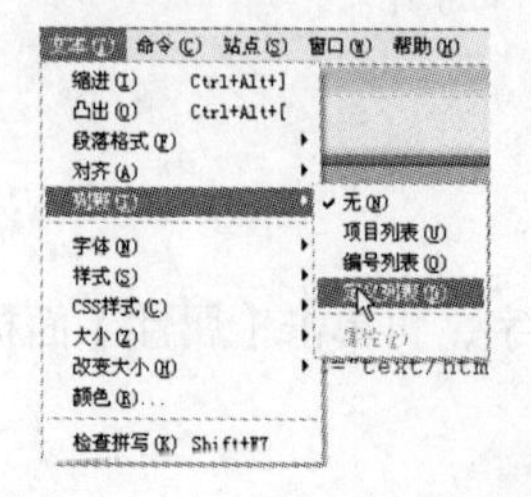

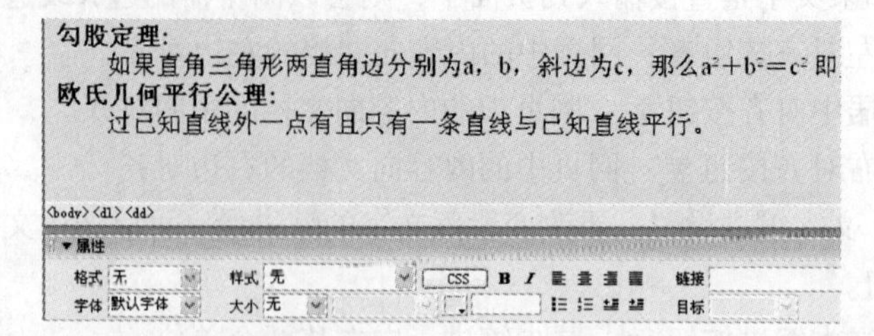

图 2-43　“定义列表”效果

2. 修改列表属性

修改列表属性的操作步骤如下。

（1）首先将列表的文字按照编号或项目列表等方式进行列表，然后将鼠标指针移到列表文字中，再选择【属性】面板中的【列表项目】，打开【列表属性】对话框，如图 2-44 所示。

（2）在【列表类型】下拉列表中有“项目列表”、“编号列表”、“目录列表”和“菜单列表”4 种。项目列表的段首为图案标志符号；编号列表的段首是数字。

（3）在【列表属性】对话框的【样式】下拉列表中可以选择列表的风格，其中各选项的含义如下：“默认”选项是默认方式，段首标记为实心圆点；“项目符号”选项段首标记为项目的符号；“正方形”选项段首标记为实心方块。

（4）在【列表属性】对话框的【新建样式】下拉列表中也有 3 个选项，分别是“默认”、“项目符号”、和“正方形”，用来设置光标所在段或所选各段的列表属性。

（5）在【列表类型】下拉列表中选择“编号列表”，【列表属性】对话框如图 2-45 所示。在【样式】下拉列表中可以选择列表的风格，选择“默认”选项和“数字”选项，段首标记为阿拉伯数字；选择“小写罗马数字”选项，段首标记为小写罗马数字；选择“大写罗马数字”选项，段首标记为大写罗马数字；选择“小写字母”选项，段首标记为英文小写字母；选择“大写字母”选项，段首标记为英文大写字母。

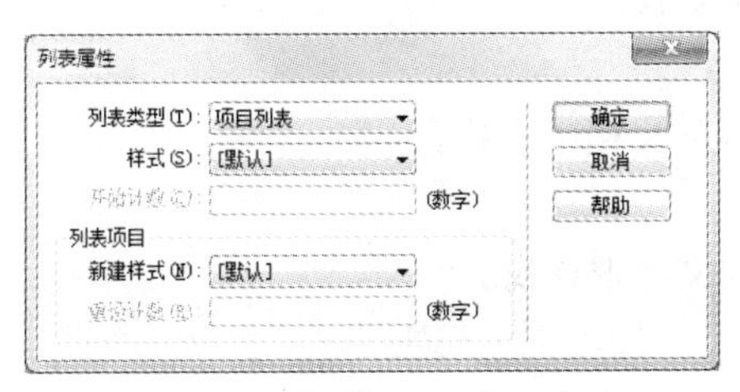

图 2-44　【列表属性】对话框

图 2-45　编号列表的【列表属性】对话框

（6）在【列表属性】对话框的【开始计数】文本框中可以输入起始的数字，以后各段的编号将根据起始数字定义的序号自动排列。

（7）在【列表属性】对话框的【列表项目】栏中，【新建样式】下拉列表中也有 6 个选项，用来设置光标所在段或所选各段的列表为另一种新属性。在【重设计数】文本框内输入光标所在段或所选各段的列表的起始数字或者字母的序号。

2.3.4　文字基本操作

在 Dreamweaver CS5 中，文字的操作基本上和 Word 中对文字的操作相同，下面介绍几个常用的操作。

1. 文字的复制与移动

在网页文档的【设计】视图和【代码】视图状态的文档窗口中，可以进行文字的复制与移动操作，其方法跟 Word 中的方法基本一样。按住 Ctrl 键的同时用鼠标拖曳选中的文字，可以复制文字；用鼠标拖曳选中的文字，可以移动文字（也可以采用剪贴板进行复制与移动）。

2. 文字的拼写检查

选择【文件】/【检查页】/【拼写】菜单命令，Dreamweaver CS5 会检查网页页面内所有英文单词的拼写是否正确，如果全部正确，则系统弹出检查完毕提示框；如果有不正确的英文单词，系统将弹出【检查拼写】对话框，如图 2-46 所示。这是由于在 html 文档中把单词“hello”错拼成“helllo”，所以弹出该对话框。该对话框中会列出错误的英文文字和推荐更改的英文单词，供用户修改错误的单词。

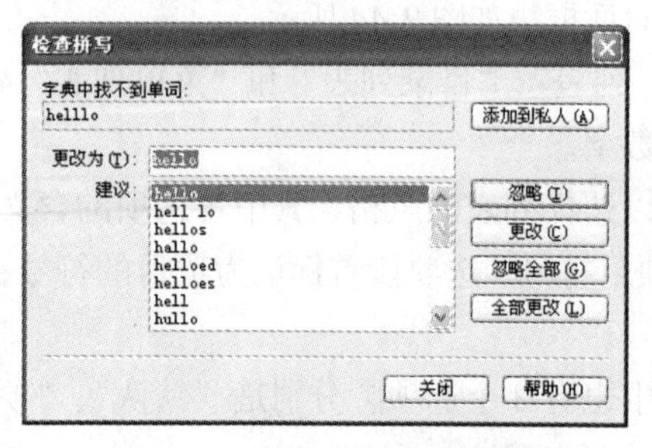

图 2-46 【检查拼写】对话框

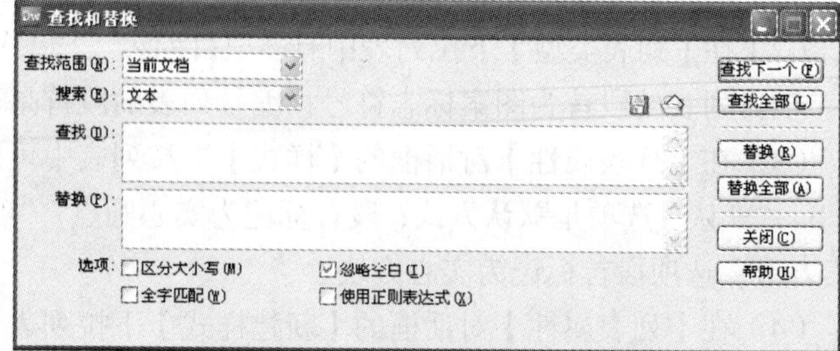

图 2-47 【查找和替换】对话框

3. 文字的查找与替换

在图 2-2 中选择【编辑】/【查找和替换】菜单命令，可以打开【查找和替换】对话框，如图 2-47 所示。该对话框内各选项的作用如下。

（1）【查找范围】：用来选择查找的范围，在其下拉列表中有 6 个选项，其含义如下。

- “所选文字”：在当前网页中所选中的文字中查找。
- “当前文档”：在当前文件中查找。
- “打开的文档”：在 Dreamweaver 中已经打开的文档中查找。
- “文件夹”：在指定的文件夹中查找。
- “站点中选定的文件”：在当前站点中选中的文档中查找。
- “整个当前本地站点”：在当前站点中查找。

（2）【搜索】：用来选择查找内容的类型，在其下拉列表中有 4 个选项，其含义如下。

- “文本”：在网页中的文本中查找。
- “源代码”：在 HTML 源代码中查找。
- “文本（高级）”：用高级方式查找。
- “指定标签”：查找 HTML 标记。

（3）【查找】列表框：用来输入要查找的内容。

（4）【替换】列表框：可输入要替换的字符或选择要替换的字符。

（5）【选项】栏：4 个复选框的含义如下。

- 【区分大小写】：选中它后，可以区分大小写。
- 【忽略空白】：选中它后，可以忽略文本中的空格。
- 【全字匹配】：选中它后，查找的内容必须和被查内容完全匹配。
- 【使用正则表达式】：选中它后，可以使用规定的表达式。

（6）6 个按钮：6 个按钮的作用如下。

- 查找下一个(F) 按钮：查找从鼠标指针处开始的第 1 个要查找的字符，光标会移至查到的字符处。
- 查找全部(L) 按钮：在指定的范围内，查找全部符合要求的字符，并在【查找和替换】对话框下边延伸出的列表内显示出来。双击列表内的某一项，可立即定位到页面的相应字符处。
- 替换(R) 按钮：替换从光标处开始第 1 个查找到的字符。

- 替换全部(A) 按钮：在指定的范围内，替换全部查找到的字符。
- （保存）按钮：单击该按钮，系统会打开一个保存查找内容的对话框，输入文件名后，单击 保存(S) 按钮，即可将要查找的文字保存到文件中。
- （打开）按钮：单击该按钮，系统会打开一个装载查找内容文件的对话框，输入文件名后，单击 打开(O) 按钮，即可将文件中的查找文字加载到【替换】文本框内。

2.4　插入和编辑图像

只有文字没有图片的网页是难以引人入胜的，设计者最先得到的初始图片往往和网站的风格并不一致，需要进行一定的加工，这就需要使用 Photoshop 等图片处理工具来处理。本节主要介绍如何将经过加工的图片使用 Dreamweaver CS5 插入到网页中及如何编辑这些图片。

2.4.1　在网页中加载图像

在编辑图片之前要先了解一下如何把图片加载到网页之中。

1. 用鼠标拖曳图像

在用户的本机资源中，选中一个图像文件，并用鼠标拖曳该图标到网页文档窗口内，即可将图像加入到页面内的指定位置。

双击页面内的图像，可以调出【选择图像源文件】对话框（见图 2-28），供用户更换图像。在【选择图像源文件】对话框中选中图像文件后，单击 确定 按钮，即可将选定的图像加入到页面的光标处。通常所选图像应放在站点文件夹下的图像文件夹内。

在【选择图像源文件】对话框中，【URL】文本框内会给出该图像的路径。在【相对于】下拉列表中，如果选择“文档”选项，则【URL】文本框内会给出该图像文件相对于当前网页文档的路径和文件名，如 JPG/L1.jpg。如果选择“站点根目录”选项，则【URL】文本框内会给出以站点目录为根目录的路径，如/JPG/L1.jpg。

如果是新建的文档并且没有被保存，在【URL】文本框中显示的是图像文件在本地计算机硬盘中的绝对路径；一旦文档被保存，【URL】选项就变成了相对于文档或者站点根目录的路径名。

2. 利用【插入图像】按钮或菜单命令插入图像

单击图 2-10 所示的【插入】（常用）面板内的【插入图像】按钮，或用鼠标拖曳按钮到网页内，可以打开【选择图像源文件】对话框。如果【图像】按钮处显示的不是【插入图像】按钮，可以单击旁边的倒三角，在弹出的菜单中选择【插入图像】。也可以在菜单栏中选择【插入】/【图像】命令插入图像。

2.4.2　在网页中编辑图像

1. 图像的移动、复制和删除

（1）移动和复制图像：单击要编辑的图像，这时图像周围会出现小控制柄。如果要移动或复制图像，可以像移动文字那样，用鼠标拖曳图像到目标点，即可移动图像；按住 Ctrl 键并用鼠标拖曳图像到目标点，即可复制图像。

（2）简单调整图像大小：单击要调整的图像，用鼠标拖曳其控制柄。

拖曳下面的控制柄，可调整图片的高度，如图 2-48 所示；拖曳右边的控制柄，可调整图片的宽度，如图 2-49 所示；拖曳右下角的控制柄，可同时调整图片的宽度和高度，如图 2-50 所示。

图 2-48　调整高度

图 2-49　调整宽度

图 2-50　同时调整高、宽

（3）删除图像：先选中要删除的图像，再按 Delete 键即可。还可以将图片剪切到剪贴板中。

若按住 Shift 键，同时用鼠标拖曳图像周围的小控制柄，可以在保证图像长宽比不变的情况下调整图像大小。

2. 通过图像【属性】面板简单调整图像

在页面中加入图像后，如果要精确调整图像的大小、图像的位置等属性，可以使用图像【属性】面板进行调整。需选中图像，这时【属性】面板即变为图像【属性】面板，如图 2-51 所示。

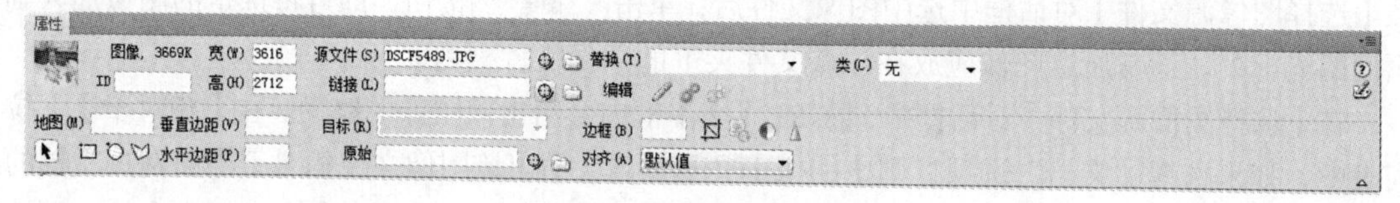

图 2-51　图像【属性】面板

（1）图像命名：在图像【属性】面板的左上角会显示选中图像的缩略图，图像的右边会显示它的字节数。可以在图像右边的文本框内输入图像的名字，以后可以使用脚本语言（如 JavaScript、VBScript 等）对它进行引用。

（2）精确调整图像的大小：调整图片的大小可以精确地控制图片的宽和高，如在【宽】文本框内输入图像的宽度为“150”，在【高】文本框内输入图像的高度为“162”，单位都是像素。调整图片的大小也可以设置成百分比，%表示图像占文档窗口的宽度和长度百分比，设置后，图像的大小会跟随文档窗口的大小自动进行调整。若不管页面大小，只想占页面宽度的 30%，可在【宽】文本框中输入“30%”。

如果要还原图像大小的初始值，可单击**宽**和**高**文字或删除【宽】和【高】文本框中的数值；要想将宽度和长度全部还原，可单击【重设大小】按钮。

（3）图像的路径：【源文件】文本框中给出了图像文件的路径。文件路径可以是绝对路径（例如，file:///F|/images/image003.jpg，图像文件不在站点文件夹内），也可以是相对路径（例如，JPG/L1.jpg 或/JPG/L1.jpg，图像文件在站点文件夹内）。单击【源文件】文本框右边的按钮，即可调出【选择图像源文件】对话框（见图 2-28），利用它可以更换图像。

（4）【链接】：该文本框中给出被链接文件的路径。超级链接所指向的对象可以是一个网页，也可以是一个具体的文件。设置图像链接后，用户在浏览网页时只要单击该图像，即可打开相关的网页或文件。建立超级链接有以下 3 种方法。

- 直接输入链接地址 URL。
- 拖曳指向文件图标到【站点】窗口要链接的文件上。
- 单击该文本框右边文件夹按钮，打开【选择文件】对话框，利用该对话框选定文件。

（5）给图像加文字提示说明：选中要加文字提示说明的图像，再在图像【属性】面板内的【替换】下拉列表中输入图像的文字提示说明，如图 2-52 所示，在【替换】下拉列表中输入“一个小女孩”。用浏览器打开图像页面后，如果将鼠标移到加文字提示说明的图像上，或者在发生断链现象时，即可出现相应的文字提示，如图 2-53 所示。

图 2-52　【属性】面板内的【替换】下拉列表框内输入图像的文字提示说明

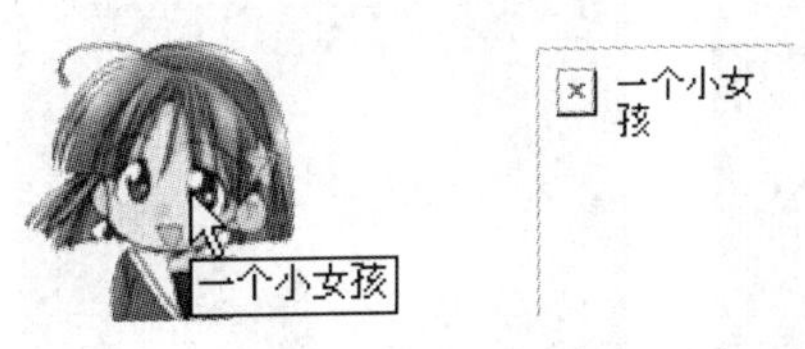

图 2-53　显示图像的文字提示说明

2.4.3　编辑网页图像

在 Dreamweaver CS5 中，用户可以将外部图像处理软件变为 Dreamweaver 的附属图像处理软件。利用附属图像处理软件，可以对图像进一步进行编辑。另外，不调用外部的图像编辑软件也能实现图像的简单编辑。利用图像【属性】面板内的编辑工具，如图 2-54 所示，可对图像进行简单编辑。

图 2-54　【编辑】栏中的图像编辑工具

1. 使用【编辑】栏中的编辑工具对网页图像进行编辑

（1）优化图片：选中图像后，单击按钮，弹出【图像预览】对话框，如图 2-55 所示，然后对它进行优化处理。

（2）裁切图像：单击【裁切】按钮，弹出一个提示框，单击 确定 按钮后，选中的图像四周会显示 8 个黑色控制柄。用鼠标拖曳这些控制柄，按 Enter 键即可裁切图像，如图 2-56 所示。

（3）调整图像的亮度和对比度：单击【亮度和对比度】按钮，弹出【亮度/对比度】对话框，利用该对话框可以调整选中图像的亮度和对比度，如图 2-57 所示。

（4）调整图像的锐度：单击【锐度】按钮，弹出【锐化】对话框，利用该对话框可以调整选中图像的锐度，如图 2-58 所示。

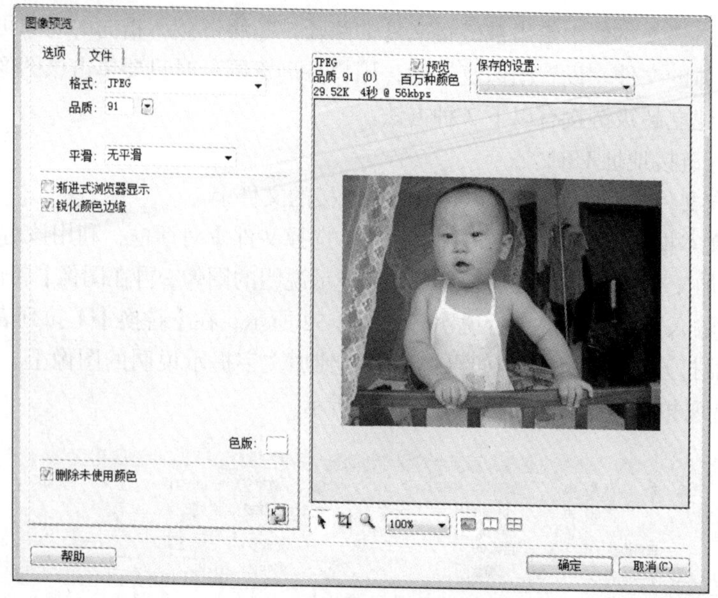

图 2-55　图片【图像预览】对话框

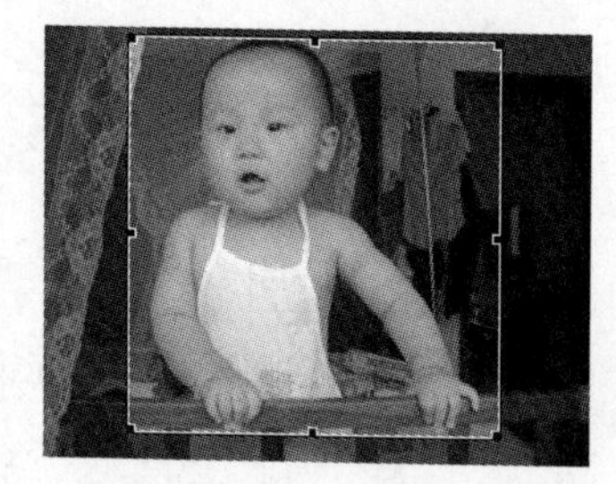

图 2-56　图片的裁切

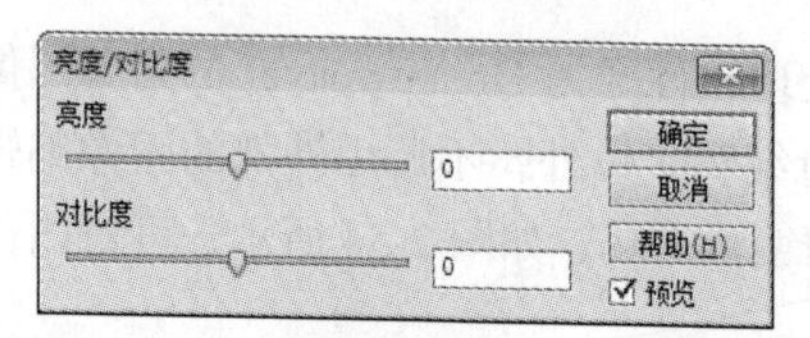

图 2-57　调整图片亮度、对比度

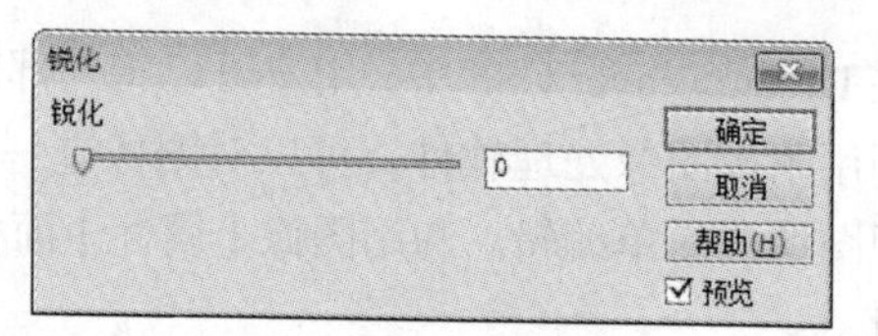

图 2-58　调整图片的锐度

2. 设置外部图像处理软件为其附属图像处理软件

设置外部图像处理软件为 Dreamweaver CS5 附属图像处理软件的方法如下。

（1）选择【编辑】/【首选参数】菜单命令，打开【首选参数】对话框。再单击【分类】栏内的【文件类型/编辑器】选项，此时的【首选参数】对话框如图 2-59 所示。

（2）单击【扩展名】列表框内的一个列表项，再单击【编辑器】列表框中原来链接的外部文件名字，如图 2-59 所示。然后单击【编辑器】列表框上边的 − 按钮，并单击 确定 按钮，删除原来链接的外部图像处理软件。

（3）单击【编辑器】列表框上边的 + 按钮，打开【选择外部编辑器】对话框，如图 2-60 所示。利用该对话框，选择外部图像处理软件的执行程序，再单击 打开(O) 按钮，将该外部图像处理软件设置成 Dreamweaver CS5 的附属图像处理软件编辑器，还可以设置多个外部图像处理软件。

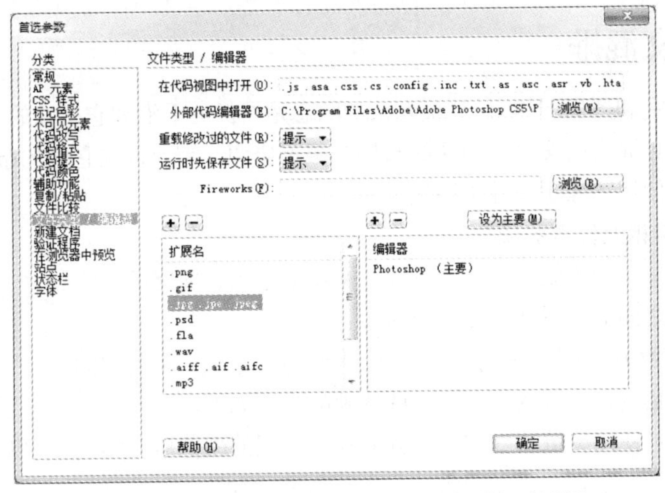

图 2-59　【首选参数】（文件类型/编辑器）对话框

（4）设置多个外部图像处理软件后，单击【编辑器】列表框内的一个图像处理软件的名字，再单击【编辑器】列表框上边的 设为主要(M) 按钮，方能设置选中的图像处理软件为 Dreamweaver CS5 默认的附属图像处理软件。如果在安装了 Photoshop 软件之后安装 Dreamweaver CS5，就以 Photoshop 为默认的附属图像处理软件，否则，需要在手动设置外部图像处理软件并设为主要之后才能将其设为图像默认处理软件。

（5）单击该对话框中的 确定 按钮，即可完成外部图像处理软件的设置。

图 2-60　【选择外部编辑器】对话框

3. 用外部图像处理软件编辑网页图像

在设置了外部图像处理软件后，如果要用它编辑网页图像，可采用下述几种方法。

- 按住 Ctrl 键，双击页面中的图像。
- 单击选中网页中的图像，再单击图像【属性】面板中的【编辑】按钮 Ps，此处要求必须为要编辑的图像提前关联外部编辑器。图 2-59 是为 jpg 类型的图像关联了 Photoshop 编辑器，此时在属性面板中就会出现图标按钮 Ps，如果不关联则不存在此按钮。

利用外部图像处理软件编辑器编辑完图像后，存盘退出，即可返回 Dreamweaver CS5 的网页文档窗口状态。

2.4.4 图文混排

当网页内有文字和图像混排时，系统默认的状态是图像的下沿和它所在的文字行的下沿对齐。如果图像较大，则页面内的文字与图像的布局会很不协调，需要调整它们的布局。调整图像与文字混排的布局需要使用图像【属性】面板。

1. 图像与文字相对位置的调整

文字的上沿、文字的中线、文字的基线、文字的下沿、文字的左边缘和文字的右边缘之间的关系如图 2-61 所示。

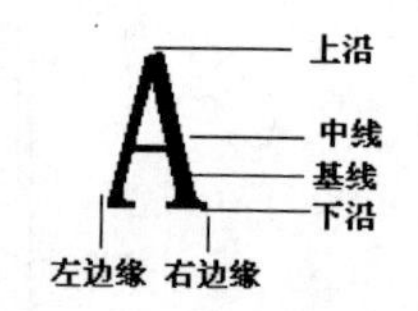

图 2-61 文字对齐含义

图像【属性】面板内的【对齐】下拉列表中有 10 个选项，利用它们可以对图像与文字相进行位置的调整。这些选项的含义如下。

- 【默认值】：使用浏览器默认的对齐方式，不同的浏览器会稍有不同。
- 【基线】：图像的下沿与文字的基线水平对齐。
- 【顶端】：图像的顶端与当前行中最高对象（图像或文本）的顶端对齐。
- 【居中】：图像的中线与文字的基线水平对齐。
- 【底部】：图像的下沿与文字的基线水平对齐。
- 【文本上方】：图像的顶端与文本行中最高字符的顶端对齐。
- 【绝对中间】：图像的中线与文字的中线水平对齐。
- 【绝对底部】：图像的下沿与文字的下沿水平对齐。文字的下沿是指文字的最下边，而基线不到文字的最下边。
- 【左对齐】：图像在文字的左边缘，文字从右侧环绕图像。
- 【右对齐】：图像在文字的右边缘，文字从左侧环绕图像。

以上“顶端”、“居中”、“底部”、“左对齐”和“右对齐”的效果如图 2-62 所示。

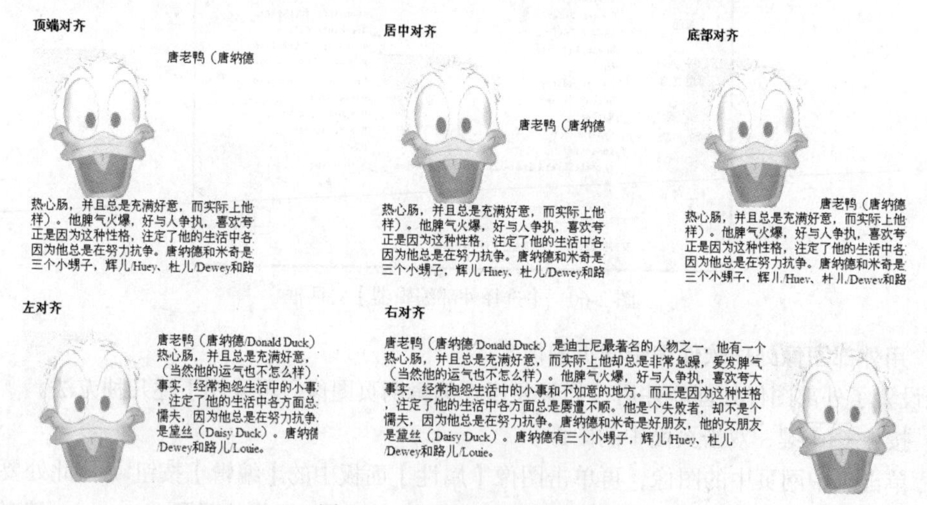

图 2-62 图片的各种对齐效果

2. 图像与文字间距的调整

图像与文字的间距是指图像与文字水平方向和垂直方向的间距。用户可以通过改变【水平边距】和【垂直边距】文本框内的数值来实现，数值的单位是像素。如果在【对齐】下拉列表中选择“右对齐”选项，在【水平边距】文本框内输入“30”，在【垂直边距】文本框内输入“20”，则图文混排的效果如图 2-63 所示。

图像与文字间距的调整

唐老鸭（唐纳德 Donald Duck）是迪士尼最著名的人物之一，他有一个热心肠，并且总是充满好意，而实际上他却总是非常急躁，爱发脾气（当然他的运气也不怎么样）。他脾气火爆，好与人争执，喜欢夸大事实，经常抱怨生活中的小事和不如意的地方。而正是因为这种性格，注定了他的生活中各方面总是屡遭不顺。他是个失败者，却不是个懦夫，因为他总是在努力抗争。唐纳德和米奇是好朋友，他的女朋友是黛丝（Daisy Duck）。唐纳德有三个小甥子，辉儿/Huey、杜儿/Dewey和路儿/Louie。

图 2-63　设置图文间距后的图文混排效果

2.4.5　鼠标经过图像

鼠标经过图像即翻转图，它是一种既简单又有趣的动态网页效果。当浏览器调入有翻转图的网页页面时，页面显示的是翻转图的初始图像，当鼠标指针移到该图像上边时，该图像会迅速变为另一幅图像；当鼠标指针移出图像时，图像又会恢复为初始图像。图 2-64 左图所示为翻转图的初始图像，右图所示为翻转图变化后的图像。创建翻转图的方法如下。

准备两幅最好一样大小的图像，而且有一定的含义和联系，如图 2-64 所示。选择【插入】/【图像对象】/【鼠标经过图像】菜单命令，打开【插入鼠标经过图像】对话框，如图 2-65 所示。

图 2-64　翻转图的初始和翻转后的图像

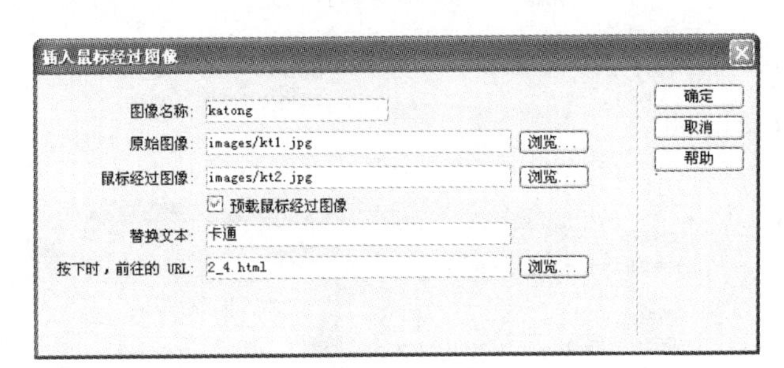

图 2-65　【插入鼠标经过图像】对话框

【插入鼠标经过图像】对话框中各选项的作用如下。

- 【图像名称】：在文本框中输入图像的名字，以后可以使用脚本语言（如 JavaScript 和 VBScript 等）对它进行引用。
- 【原始图像】：单击 浏览... 按钮，可以调出【原始图像】对话框，利用该对话框可以加载初始图像。
- 【鼠标经过图像】：单击 浏览... 按钮，可以调出【鼠标经过图像】对话框，利用该对话框可以加载翻转图。
- 【预载鼠标经过图像】：选中该复选框（默认状态）后，当页面载入浏览器时，会将翻转图预先载入，而不必等到鼠标指针移到图像上边时才下载翻转图，这样可使翻转图变化连贯。通常均选中该复选框。
- 【按下时，前往的 URL】：单击 浏览... 按钮，可以调出【按下时，前往的 URL】对话框，利用它可以建立与翻转图像链接的网页文件。

2.5　在网页中插入媒体等对象

现在网页的元素多种多样，虽然依旧以文本和图片为主，但是为了丰富网页的内容及增加网页的趣味性，已经有越来越多的网站上增加了各种各样的多媒体，其中包括 Flash 动画、Shockwave 影片、Applet 小程序及 ActiveX 等。另外，Dreamweaver CS5 还提供了插入特殊字符和水平线的方法，下面进行简要介绍。

2.5.1 插入 SWF 动画

一个好的 Flash 动画可以为整个网页增色不少，对于一个普通设计者，要想制作一个优秀的 Flash 需要花上一定的时间，可是一旦动画被制作好后，把它插入到网页中是非常简单的一件事。

1. 插入 Flash 动画的操作过程

（1）在【插入】（常用）面板中，选择【媒体】快捷菜单中的 SWF 按钮，打开【选择 SWF】对话框，如图 2-66 所示。

（2）在【选择 SWF】对话框中选择要导入的 SWF 文件，单击 确定 按钮，导入 Flash 文件。Flash 动画在网页文档中的显示效果如图 2-67 所示。

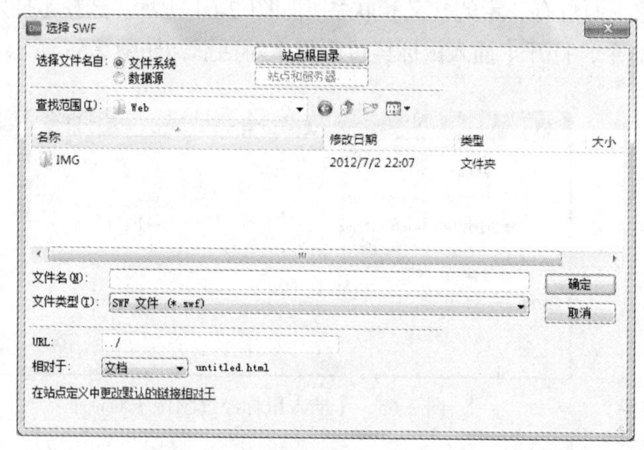

图 2-66 【选择 SWF】对话框

图 2-67 网页编辑状态下的 Flash 动画

2. Flash 对象【属性】面板中各选项的含义

图 2-68 所示为 Flash 对象【属性】栏的显示效果。【属性】栏中各选项的作用如下。

图 2-68 SWF 动画的【属性】面板

- 【SWF】：输入 SWF 动画的名字。该名字可以在脚本语言中使用。
- 【宽】与【高】文本框：输入 SWF 动画的宽与高。
- 【文件】文本框与文件夹按钮：用来选择 swf 格式的 Flash 动画文件。
- 【循环】：单击该复选框后，可循环播放。
- 【自动播放】：单击该复选框后，可自动播放动画。
- 【垂直边距】：可设置 Flash 影片与边框间垂直方向的空白量。
- 【水平边距】：可设置 Flash 影片与边框间水平方向的空白量。
- 【品质】：用于设置图像的质量。
- 【比例】：用于选择缩放参数。
- 【对齐】：用于设置 Flash 影片的对齐方式。

- 编辑...按钮：单击它，可对 Flash 文件进行编辑。
- 重设大小按钮：单击它，可使 Flash 动画恢复原大小。
- 【背景颜色】文本框与按钮：设置 Flash 动画的背景颜色。
- 播放按钮：单击它，可播放 Flash 影片。
- 参数...按钮：单击它，可打开一个【参数】对话框，如图 2-69 所示，输入附加参数，用于传递给 Flash 动画。
- 【Wmode】：设置 Flash 显示的模式，分为“窗口”、“透明”和“不透明”3 种。

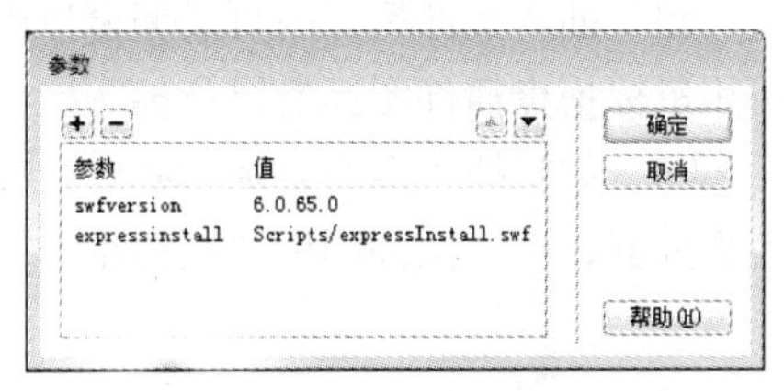

图 2-69　Flash【参数】对话框

2.5.2　插入 Shockwave 影片

Shockwave 是 Web 上用于交互式多媒体的一种标准，并且是一种压缩格式。Shockwave 影片是 Adobe 公司的 Director 软件创建的，插入它的方法如下。

（1）在【插入】（常用）面板中，选择【媒体】快捷菜单中的【Shockwave】按钮，打开【选择文件】对话框，如图 2-70 所示。利用该对话框可以调入 Shockwave 影片文件（它的扩展名为“.dcr”）。

（2）插入 Shockwave 影片文件后，网页文档窗口内会显示一个 Shockwave 影片图标，如图 2-71 所示。用鼠标拖曳 Shockwave 影片图标右下角的黑色控制柄，可调整它的大小。

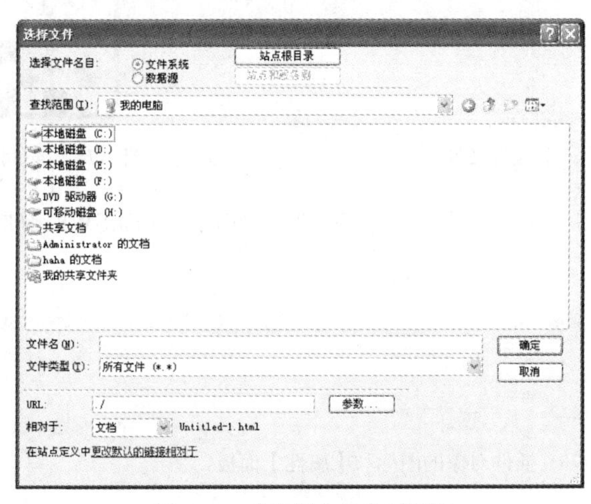

图 2-70　【选择文件】对话框

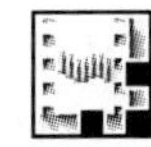
图 2-71　Shockwave 影片图标

（3）图 2-72 所示为 Shockwave 影片对象的【属性】面板，其中各选项的作用与前面 SWF 动画属性设置基本一样，这里不再赘述。

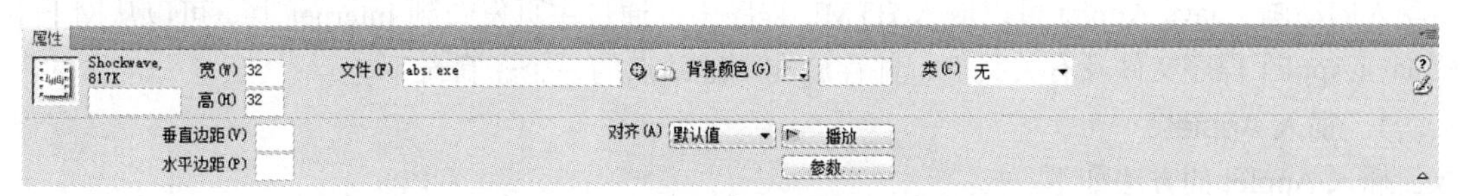

图 2-72　Shockwave 影片对象的图标和【属性】面板

2.5.3　插入插件

插件可以是各种格式的音乐（如 MP3、MDID、WAV、AIF、ra 和 ram 等）、Director 的

Shockwave 影片、Authorware 的 Shockwave 及 Flash 电影等。插入插件的方法如下。

（1）在【插入】（常用）面板中，选择【媒体】快捷菜单中的【插件】按钮，打开【选择文件】对话框，如图 2-73 所示，利用它来选择一个要插入的文件。

（2）插入文件后，网页文档窗口内会显示一个插件图标，如图 2-74 所示。单击该图标后，可用鼠标拖曳插件图标的黑色控制柄，来调整它的大小，其大小决定了浏览器窗口中显示的大小。

（3）如果插入声音，则加载时会在浏览器中播放，浏览器内会显示出一个播放器。如果要取消播放器，可将插件图标调至很小。

图 2-73　选择一个插件文件

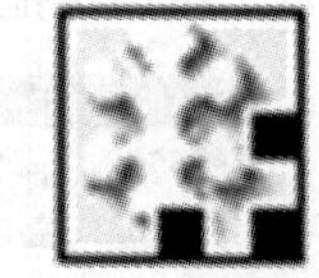

图 2-74　插件图标

（4）图 2-75 所示为插件对象的【属性】栏，其中各选项的作用与前面 SWF 动画属性设置基本一样，这里不再赘述。

图 2-75　插件对象的图标和【属性】面板

2.5.4　插入 Applet

Applet 是 Java 的小型应用程序。Java 是一种可以在 Internet 上应用的语言，用它可以编写许多动人的动画。Java Applet 可以嵌入 HTML 程序中，通过主页发布到 Internet 上。可以从网上下载 Java Applet 程序文件及有关文件，并存放在本地站点的一个子目录下。

1. 插入 Applet

插入 Applet 的方法如下。

（1）在【插入】（常用）面板中，选择【媒体】快捷菜单中的【Applet】按钮，即可弹出【选择文件】对话框（见图 2-70）。利用该对话框可以调入扩展名为“.class”的 Java Applet 程序文件。

（2）插入文件后，网页文档窗口内会显示一个 Java Applet 图标，（见图 2-76）。选中该图标后，可以用鼠标拖曳插件图标的黑色控制柄，来调整它的大小。

要点提示

使用 Java Applet 程序时应看 Java Applet 程序作者给出的说明，再按照说明进行操作。

2. Applet 对象的【属性】栏

Java Applet 对象的【属性】栏如图 2-76 所示。其主要选项的作用如下。

图 2-76　Java Applet 对象的【属性】面板

- 【代码】文本框与文件夹按钮：文本框用来输入 Java Applet 程序文件的地址和名字。单击文件夹按钮可选择 Java Applet 文件。
- 【基址】：输入 Java Applet 程序文件的名字。
- 【替代】文本框与文件夹按钮：设置当 Java Applet 程序不能在网页中显示时，该位置显示的图像。

2.5.5　插入 ActiveX

ActiveX 控件是 Microsoft 公司对浏览器的功能扩展，其作用与插件基本一样。所不同的是，如果浏览器不支持网页中的 ActiveX 控件，则浏览器会自动安装所需的软件。如果是插件，则需要用户自己安装所需的软件。

1. 插入 ActiveX

插入 ActiveX 的操作步骤如下。

（1）在【插入】（常用）栏中选择【媒体】快捷菜单中的 ActiveX 按钮，即可在网页文档窗口中显示一个 ActiveX 图标。单击该图标后，可以用鼠标拖曳插件图标的黑色控制柄，来调整它的大小。调整大小后的 ActiveX 图标如图 2-77 左图所示，ActiveX 对象的【属性】面板如图 2-77 右图所示。

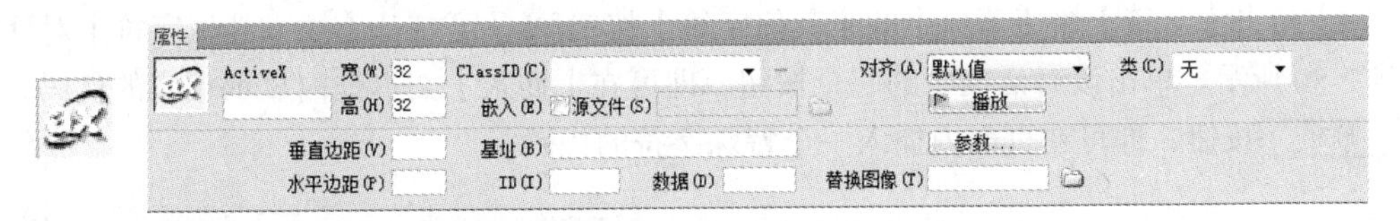

图 2-77　ActiveX 图标和 ActiveX 对象的【属性】面板

（2）选中【源文件】前的嵌入 ☑后，单击 ActiveX【属性】面板【源文件】文件夹按钮，即可打开【选择 Netscape 插件文件】对话框，如图 2-78 所示。利用该对话框可以选择要加载的文件。

2. ActiveX 对象的【属性】栏中其他选项的作用

- 【ClassID】：该下拉列表中给出了 3 个类型代码，标明了 ActiveX 类型，其中一个用于 Shockwave 影片，另一个用于 Flash 电影，还有一个用于 Real Audio。如果要使用其他控件，则需要用户自己输入相应的代码。选择不同类型代码后，【属性】面板会产生相应的变化。
- 【ID】：输入 ActiveX 的 ID 参数。

- 【数据】：输入加载的数据文件名字。
- 【基址】：输入加载的 ActiveX 控件的 URL。
- 【嵌入】：给出文件的嵌入状态。

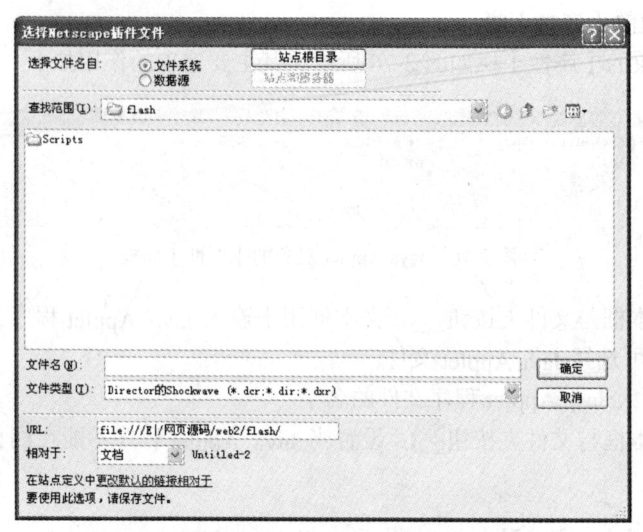

图 2-78 【选择 Netscape 插件文件】对话框

2.5.6 插入特殊字符和水平线

一些特殊符号是无法直接输入到网页文档中的，如“©®”或水平线等，Dreamweaver CS5 提供了简单的输入方式，使得输入特殊字符不再困难。

1. 插入特殊字符

插入特殊字符的操作步骤如下。

（1）单击【插入】（文本）面板内的字符按钮，如图 2-79 所示，可插入一些特殊字符。单击【插入】（文本）面板的【字符】按钮前的黑色三角符号可以选择不同的特殊字符，选择某一个字符后会在页面编辑窗口内显示“©®”等代码，在浏览器中会显示“©®”等字符。

（2）单击【字符】快捷菜单中的【其他字符】按钮，可打开【插入其他字符】对话框，如图 2-80 所示。单击该对话框中的一个按钮，即可在【插入】文本框内显示相应的代码，再单击 确定 按钮，即可在页面内插入一个特殊字符的代码。

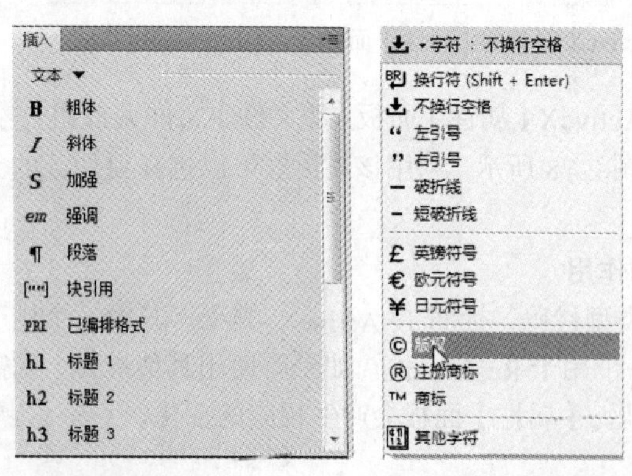

图 2-79 【插入】（文本）面板内及其字符按钮

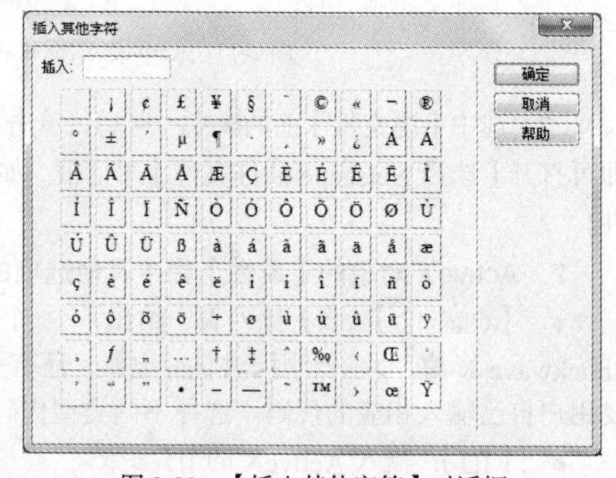

图 2-80 【插入其他字符】对话框

2．插入水平线

在页面内可以利用水平分割线将标题与文字或图像等对象分开，使页面的信息分布清晰。当然，用线条图像来分割，效果会更好些，但会使文件变大。插入水平线的方法如下。

（1）选择【插入】/【HTML】/【水平线】菜单命令，即可在光标所在的行插入一条水平线，并打开水平线【属性】面板，如图 2-81 所示。

图 2-81　水平线的【属性】面板

（2）在水平线【属性】面板内，在【宽】文本框中输入水平线的水平长度数值，在【高】文本框中输入水平线的垂直宽度数值，单位有像素和百分数（%）两种选择。在【对齐】下拉列表中选择“默认”、“左对齐”、“居中对齐”或“右对齐”选项。

（3）选择【阴影】复选框，则水平线是中空的；不选择【阴影】复选框，则水平线是亮实心的。

（4）在【插入】面板中还有一些其他的按钮，利用它们还可以在网页中插入日期、换行符、电子邮件地址等。因为使用方法比较简单，这里不再叙述。

2.6　应 用 实 例

在学习了 Adobe Dreamweaver CS5 的基本操作之后，相信读者已经可以制作一个较完整的网页了。下面从 HTML 和 Flash 技术角度来举两个例子。

2.6.1　“HTML 技术综合练习”网页

“HTML 技术综合练习”网页在浏览器中的显示效果如图 2-82 所示。在网页中包括文本、图像、导航条等元素，单击网页中的热字或者单击导航条中的图像，即可链接到相应的页面。

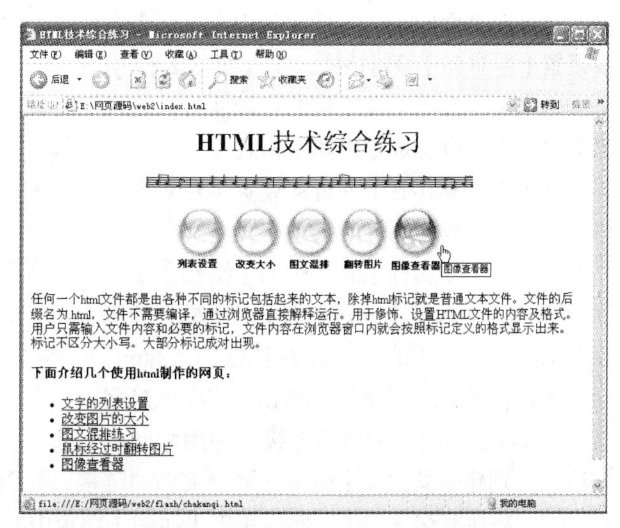

图 2-82　“HTML 技术综合练习”网页在浏览器中的显示效果

1．制作网页

制作网页的操作步骤如下。

（1）在已经建立好的“MySite”站点中创建一个网页（index.html）。进入网页的编辑状态后，利用【页面属性】对话框进行页面属性的设置：链接字的颜色和已访问链字的颜色接均为黑色，网页标题为“HTML 技术综合练习”。

（2）将光标移到页面的第 1 行，利用【属性】面板设置【居中对齐】、【标题 1】字体格式，然后输入“HTML 技术综合练习”文字，如图 2-83 所示。

（3）在第 2 行插入一幅图像（images/top.gif），设置成居中显示，如图 2-84 所示。

图 2-83　index.html 第 1 行文字效果

图 2-84　index.html 第 2 行图片效果

（4）将光标移到页面中的第 3 行，选择【插入】\【表格】菜单命令，建立一个 1 行 5 列的没有边框线的表格，具体设置如图 2-85 所示。单击 确定 按钮，即可插入表格，该表格用来排版即将插入的图片。将光标定位到插入的表格的单元格中，在 5 个单元格中分别插入图片“top1.jpg”到“top5.jpg”，并将它们调整美观，如图 2-86 所示。为每个图片添加超级链接，分别链接到 2_1.html 到 2_5.html 页面。

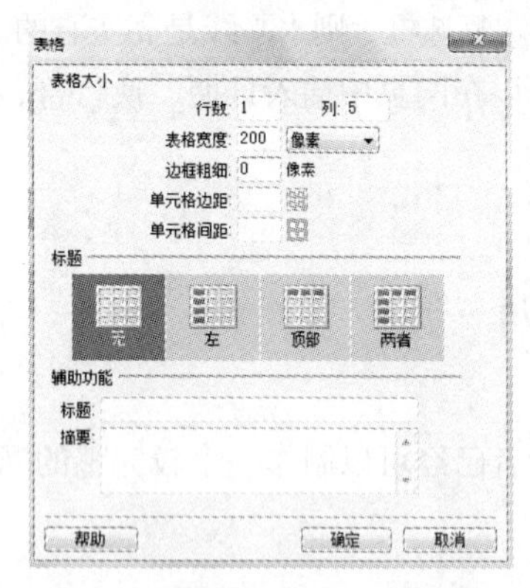

图 2-85　设置【表格】对话框

图 2-86　index.html 文档中带有链接的图片

（5）在页面中的第 4 行，利用【属性】面板设置【左对齐】段落格式，输入如图 2-87 中所示的文字。在第 1 段结束的位置换行，输入第 2 段文字后设置成【粗体】格式。

（6）将光标移到下一行并设置【左对齐】格式。输入“改变图片的大小”几个文字并将其选中。单击【属性】面板中的【链接】文本框右边的📁，打开【选择文件】对话框，利用该对话框选择“WEB2”文件夹下的“2_2.html”网页文档，再单击 确定 按钮，建立该热字与“2_2.html”网页文档的链接。利用相同的方法，分别建立其他 4 个热字与网页文档的链接，如图 2-88 所示。

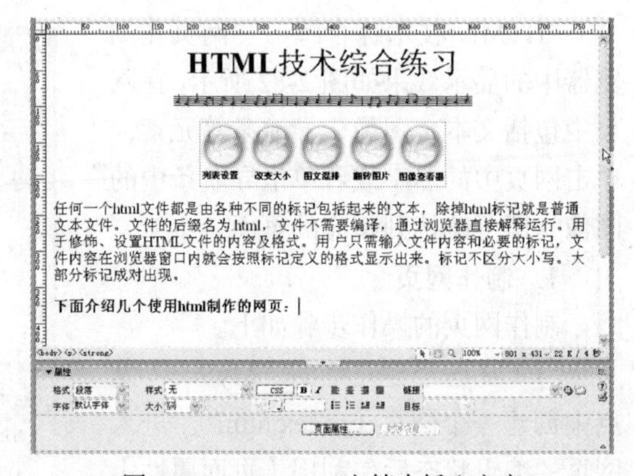

图 2-87　index.html 文档中插入文字

（7）将所有热字选中，然后单击【属性】面板中的【项目列表】按钮☰，设置文字的【项目列表】格式，如图 2-89 所示。

（8）选择【文件】/【保存】菜单命令，保存制作好的网页文档。按 F12 键，用浏览器打开“index.html”网页文档，浏览其内容，效果如图 2-82 所示。

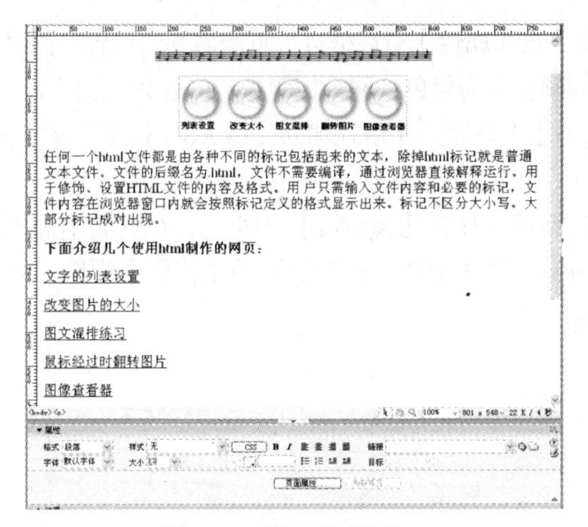

图 2-88 设置超级链接

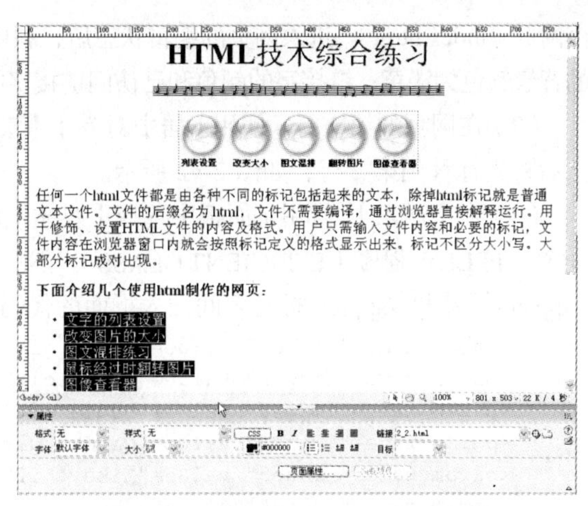

图 2-89 对超级链接文字设置项目列表

2. 改变文档窗口的视图内容

（1）使用【代码】视图文档窗口：单击【文档】工具栏中的代码按钮，切换到【代码】视图文档窗口，其内显示出“index.html”HTML 程序的源代码，如图 2-90 所示。读者可以将代码窗口内的代码与前面用 HTML 编写的第一个网页程序进行比较，从而进一步了解标记符的含义。

（2）使用【拆分】视图文档窗口：单击文档工具栏中的拆分按钮，既可显示网页的【代码视图】，又可显示【设计】视图，如图 2-91 所示。

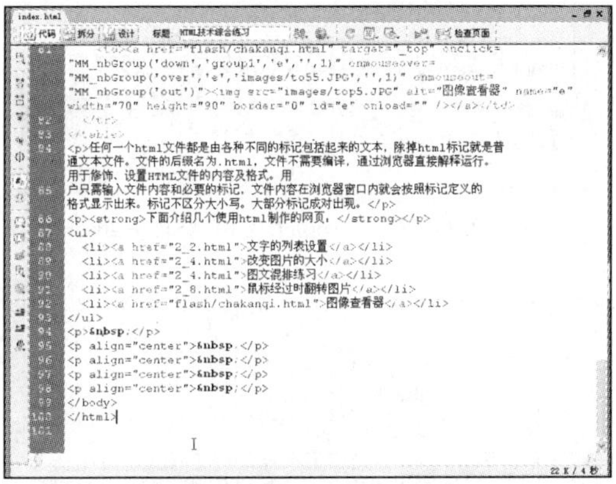

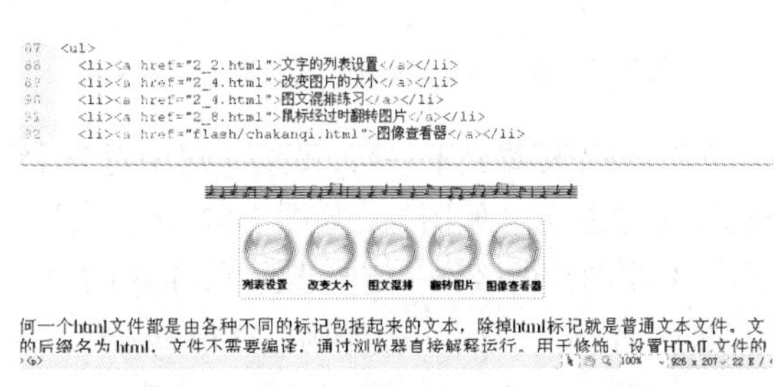

图 2-90 【代码】视图

图 2-91 显示【代码】和【设计】视图

单击选中设计窗口中的对象时，代码窗口内的光标也会定位在相应的代码处；如果在代码窗口内移动光标位置，则设计窗口内显示的内容也会随之变化。总之，这两个窗口内代码与设计对象之间有非常好的对应性，这有利于修改 HTML 代码。

（3）使用【设计】视图文档窗口：单击文档工具栏中的设计按钮，可回到原【设计】视图文档窗口。

2.6.2 “Flash 技术”网页

制作 Flash 本来应该使用 Flash 软件，但 Dreamweaver CS5 也可以实现简单的 Flash 效果，它可以制作网站上非常流行的相册效果，也就是图片依次被展示的效果，制作步骤如下。

（1）在已经建立好的“MySite”站点中建立一个文件夹，取名为“flash”，在该文件夹内新建一个网页（index.html）。进入网页的编辑状态后，利用【页面属性】对话框进行页面属性的设置：网页的背景颜色为淡黄；链接字的颜色和已访问链接字的颜色均为黑色；网页标题为“FLASH 技术”。

（2）在网页的第 1 行，使用【居中对齐】、【隶书】、【标题一】格式输入“FLASH 技术”文字。然后将光标移到第 2 行，如图 2-92 所示。

（3）在【插入】（常用）面板中选择【媒体】快捷菜单中的【Applet】按钮，在页面中插入一个 APPLET 程序（EFFICIENT.CLASS）。然后单击代码按钮，打开网页的【代码】视图。在<applet>标签和</applet>标签之间插入下面的代码：

```
<param name="image1" value="Mikey.gif">
<param name="image2" value="baige.gif">
<param name="image3" value="hudie.gif">
<param name="image4" value="qingwa.gif">
<param name="image5" value="Mikey.gif">
<param name="delay" value="3000">
```

此处插入的 APPLET 程序的作用是使设置的几幅图像交替显示，并且产生渐变的效果。

（4）回到【设计】视图，在 Applet 程序的下一行输入一段关于 Flash 的介绍文字，使用【左对齐】格式，如图 2-93 所示。

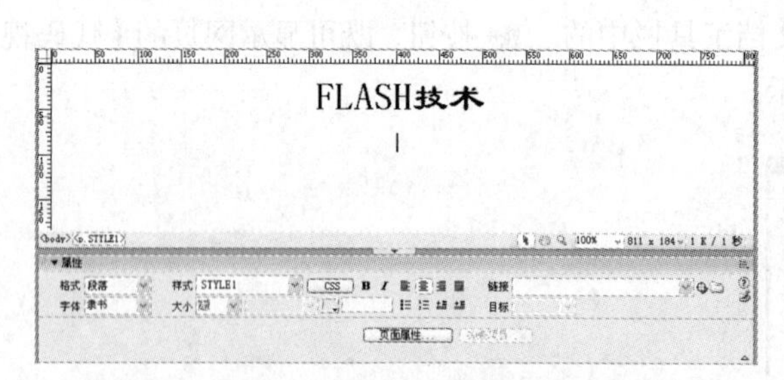

图 2-92　在“index.html”中输入第 1 行文本

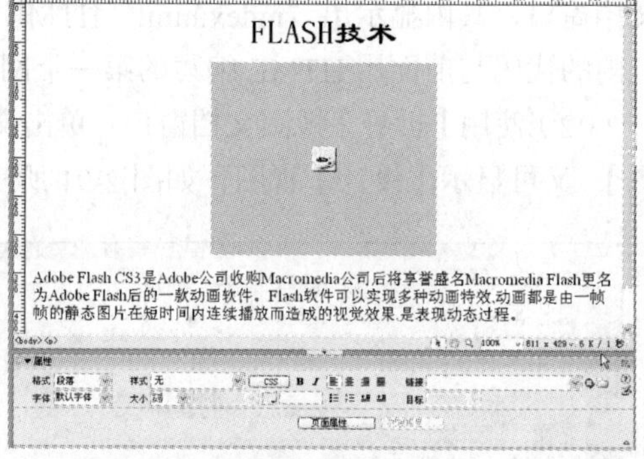

图 2-93　插入 Applet 及 FLASH 介绍

（5）将光标移到下一行，设置【居中对齐】格式，依次插入 4 幅图像，如图 2-94 所示，注意这 4 幅图片的名称一定与步骤（3）中的 4 幅图片名称一致，分别为“Mikey.gif”、“baige.gif”、“hudie.gif”和“qingwa.gif”。

（6）选中第 1 幅图像后，单击【属性】面板中【链接】文本框右边的，打开【选择文件】对话框，利用该对话框为该图像建立链接，链接的网页是“01.html”，如图 2-95 所示。

（7）使用相同的方法分别为另外 3 幅图像建立链接，链接的网页分别是“02.html”、“03.html”和“04.html”。

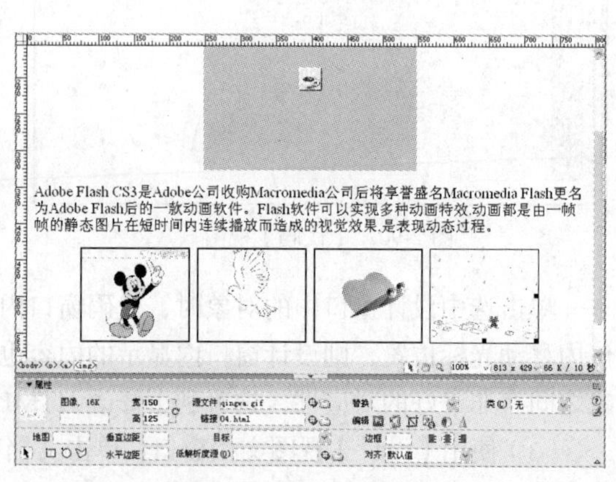

图 2-94　插入 4 副图片

（8）完成后选择【文件】/【保存】菜单命令，保存制作好的网页文档。

预览“首页.html”网页效果如图 2-96 所示。

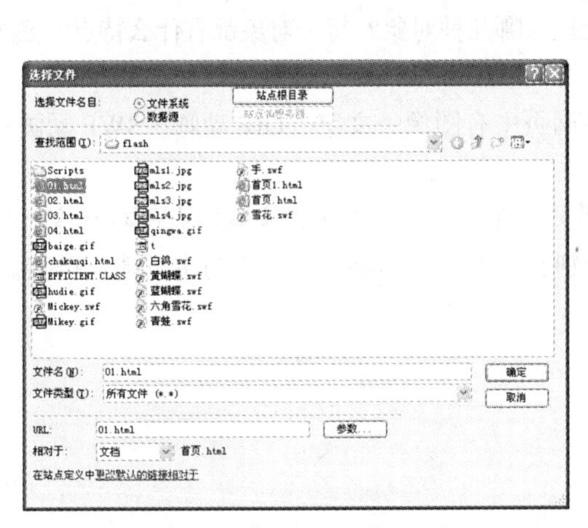

图 2-95　【选择文件】对话框

图 2-96　“Flash 技术”网页效果

小　　结

本章详细介绍了 Adobe Dreamweaver CS5 工作区及常用的几项技术。

介绍了 Dreamweaver CS5 中的文档和文本操作，其中建立、打开、保存文档的操作都和普通软件的操作相差不大，但是有一些操作如创建站点的操作是 Dreamweaver、FrontPage 等网页制作软件中所特有的，其中的标题设置、字体设置、文字属性设置、列表设置等，都需要读者细细体会。

介绍了如何使用 Dreamweaver CS5 给网页插入图像及如何在该软件中调整图像，其中讲到了移动、复制、删除图像，图像的缩放、裁切、图文混合排列及移动鼠标时翻转图像等操作。实际上通过对软件的这些操作是在修改网页的 HTML 代码，读者可在每一步操作后通过【代码】视图细细地比较，这样可迅速提高读者的代码阅读能力。

介绍了通过 Dreamweaver CS5 在网页中加入各式各样的多媒体内容，其中包括插入 SWF 动画、Shockwave 影片、Applet 插件及 ActiveX 等内容。这部分内容是极具趣味性的，只有读者多动手才能感受到其中的快乐。

最后通过具体实例将目前所学内容综合起来，这样就向熟练操作 Dreamweaver CS5 这个软件又迈进了一步。

习　　题

1. 在硬盘上建立一个名称为“WEB1”的文件夹，然后利用该文件夹创建一个名称为“Dreamweaver CS5 学习天地”的本地站点。在站点文件夹内创建“PIC”、“MIDI”、“Flash”和“MP3”4 个文件夹和一个名称为“INDEX.HTM”的网页文件。

2. 如何调整网页中图像等对象的大小和位置？

3. 在 Dreamweaver CS5 中，如何设置图像的首选编辑器？

4. 使用 Dreamweaver CS5 制作一个简单的网页，该网页中有图像和文字。

5. 网页中除图像和文字等基本对象以外，还能插入哪几种对象？每个对象都有什么特点？熟练掌握插入和设置各种对象的方法。

6. 使用 Dreamweaver CS5 制作一个网页，该网页中有图像、文字、GIF 动画、SWF 动画、水平线、翻转图像等对象。

7. 使用 Dreamweaver CS5 建立 3 个简单的网页，其中 1 个是主页，主页内有两行热字，热字分别与其他两个网页建立链接。2 个子网页中分别有“返回”热字，它们均与主页建立链接。

第3章 框架、表格和AP Div

框架、表格和AP Div都是设计和布局页面的重要工具，其中的表格是最常用的工具。另外，Div标记以其灵活和易于控制的优点越来越受到网页设计者的青睐。

【学习目标】

- 能够使用框架布局网页。
- 熟练掌握表格的创建和编辑过程。
- 熟练掌握表格的嵌套方法。
- 熟练掌握表格的宽度、边框、背景色及背景图像的设置方法。
- 熟练掌握Div标签的使用方法。
- 掌握AP Div的使用方法。

3.1 在网页中使用框架

利用框架可以非常方便地对网页进行布局，Dreamweaver CS5为设计者提供了许多框架模板，这些模板可以满足普通框架布局的使用，而且利用它还能手动修改框架的结构，以满足设计的需要。

3.1.1 框架操作

下面介绍怎样来创建框架，如何对创建的框架进行调整、删除以及对框架集属性进行设置的方法。

1. 创建框架

创建框架有以下几种方法。

- 方法一：选择【文件】/【新建】菜单命令，打开【新建文档】对话框。单击该对话框左边【类别】栏中【示例中的页】，再单击【示例文件夹】中的【框架页】选项，选中【示例页】中的一种框架选项，然后单击【创建】按钮，即可创建有框架的网页，如图3-1所示。
- 方法二：单击【插入】/【布局】面板的【框架】快捷菜单中的一个按钮，即可得到相应的框架，如图3-2所示。
- 方法三：利用【修改】/【框架集】菜单下相应的命令或利用【插入】/【HTML】/【框架】菜单下相应的命令创建框架。

建立框架之后，要增加框架的个数，可采用如下方法。

单击框架内部，再选择【查看】/【可视化助理】/【框架边框】菜单命令，使该命令左边有✔。

然后将鼠标指针移到框架的边缘处，当鼠标指针为“↔”或“↕”形状时，向鼠标指针箭头指示的方向拖曳鼠标，即可在水平或垂直方向增加一个框架。

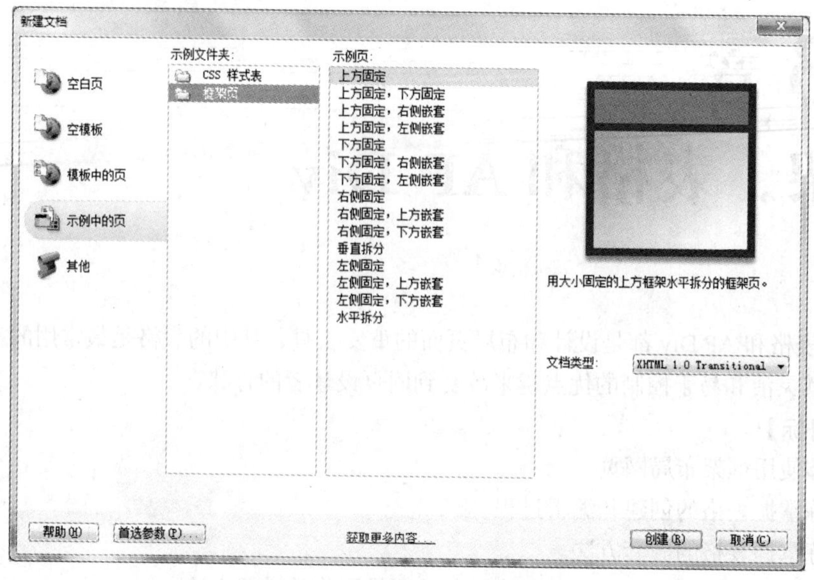

图 3-1　在页面内创建上下两个框架

2. 调整框架

用鼠标拖曳框架线，即可调整框架的大小，如图 3-3 所示。

3. 删除框架

用鼠标拖曳框架线，一直拖曳到另一条框架线或边框处，即可删除框架，如图 3-4 所示。

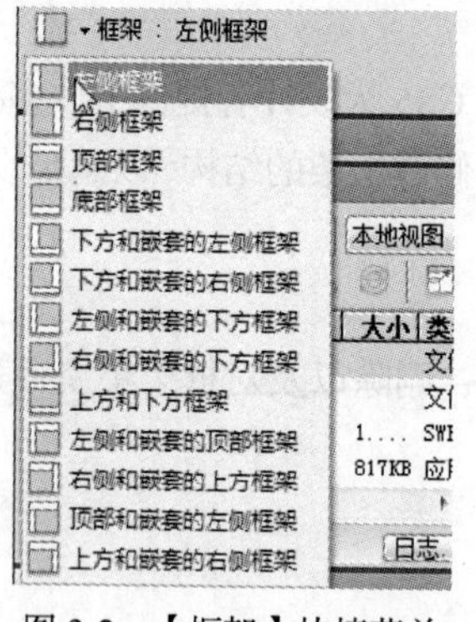

图 3-2　【框架】快捷菜单

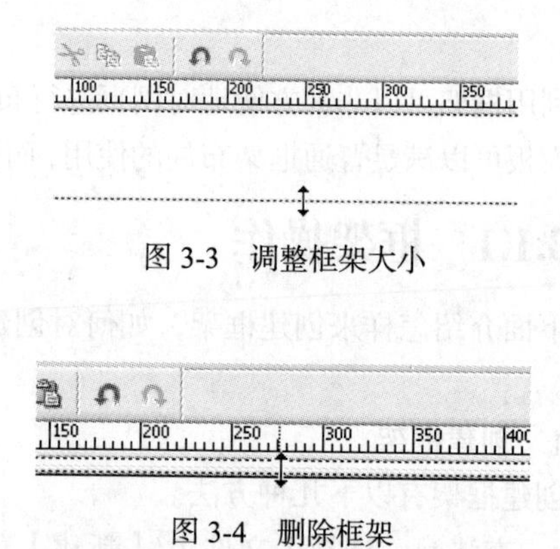

图 3-3　调整框架大小

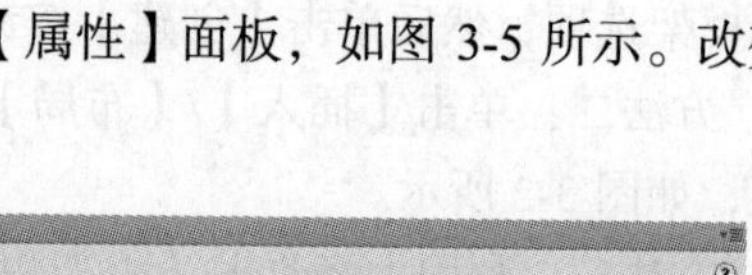

图 3-4　删除框架

4. 设置框架集属性

单击框架的外边框，可使【属性】面板变为框架集【属性】面板，如图 3-5 所示。改变总框架属性需要通过框架集【属性】面板来完成。

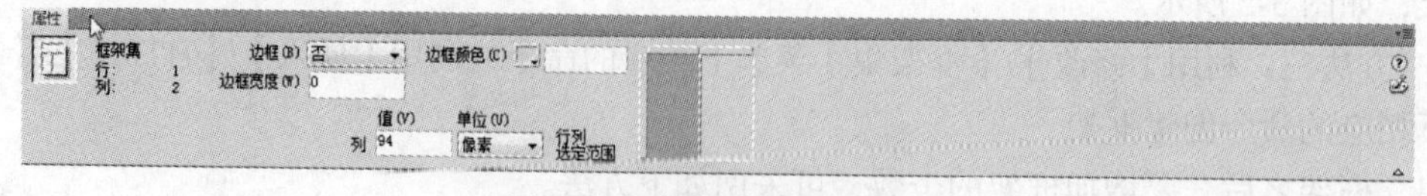

图 3-5　框架集【属性】面板

- 【边框】：用来确定是否要边框。在其下拉列表中选择“是”选项保留边框，选择“否”选项不保留边框，选择“默认”选项表示采用默认状态，通常选择要边框。
- 【边框颜色】按钮与文本框：用来确定边框的颜色。单击该按钮，可调出颜色板，利用它可确定边框的颜色，也可在文本框中直接输入颜色数据。
- 【边框宽度】：用来输入边框的宽度数值，其单位是像素。如果在该文本框中输入“0”，则没有边框。如果【查看】/【可视化助理】/【框架边框】命令被选中，则网页文档窗口中会显示辅助的边框线（不会在浏览器中显示）。

5. 设置分栏框架属性

按住 Alt 键，单击分栏框架的内部，可使【属性】面板变为分栏框架【属性】面板，如图 3-6 所示。分栏框架的框架【属性】面板中几个选项的作用如下。

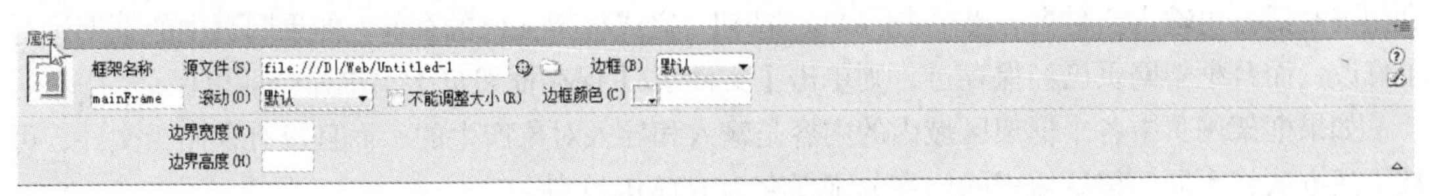

图 3-6　分栏框架【属性】面板

- 【框架名称】：用来输入分栏框架的名字。
- 【源文件】：用来显示该分栏内 HTML 文件的相对路径和文件的名字。
- 【滚动】：用来选择分栏是否需要滚动条。在其下拉列表中选择“是”选项，表示要滚动条；选择“否”选项，表示不要滚动条；选择“自动”选项，表示根据分栏内是否能够完全显示出其中的内容来自动选择是否要滚动条；选择“默认”选项，表示采用默认状态。
- 【不能调整大小】：选中该复选框，则不能用鼠标拖曳框架的边框线，调整分栏大小；没有选择该复选框，则可以用鼠标拖曳框架的边框线，调整分栏大小。
- 【边框】：用来确定是否要边框。当此处的设置与总框架【属性】栏的设置矛盾时，以此处设置为准。

3.1.2　框架观察器

选择【窗口】/【框架】菜单命令，或按下 Shift+F2 组合键，调出【框架】面板（又称为框架观察器），如图 3-7 所示。

框架观察器的作用是显示出框架网页的框架结构（也叫做分栏结构）。单击某一个框架，即可选中该分栏框架，同时【属性】面板变为该分栏框架【属性】面板。如果单击框架的外框线，可以选中整个框架，如图 3-8 所示，同时【属性】面板变为框架集【属性】面板。

图 3-7　框架观察器

图 3-8　选中整个框架后的观察器

3.1.3 在框架内插入HTML文件内容与保存框架文件

1. 在框架内插入HTML文件内容

在框架内插入HTML文件内容的操作步骤如下。

（1）单击网页框架的某一个区域内部，使光标在该区域内出现。

（2）在选中的框架区域内输入文字和导入对象。也可以选择【文件】/【在框架中打开】菜单命令，打开【选择HTML文件】对话框，如图3-9所示。利用该对话框可将外部的HTML文件加载到选定的框架区域内。

2. 保存框架文件

保存框架文件的方法为：选择【文件】/【框架集另存为】菜单命令，打开【另存为】对话框。利用该对话框可输入文件名，再单击 保存(S) 按钮，完成框架文件的存储。如果网页中的框架进行了修改，而且框架网页已经保存过，则单击【文件】/【保存框架页】菜单命令即可保存。

如果框架网页中各个框架区域内的内容是输入和导入对象产生的，而且没有存储为文件，可按下述方法将不同框架区域中的内容分别保存为HTML文件。

（1）单击一个框架窗口内部，使光标出现在该框架窗口内，选择【文件】/【框架另存为】菜单命令，打开【另存为】对话框。输入网页的名字，单击 保存(S) 按钮，即可将该框架窗口中的内容存储。按此方法存储各个窗口中的内容和整个框架文件。

（2）修改后再存储，可单击【文件】/【保存全部】菜单命令。先保存框架，再依次保存各个框架内的HTML文件。

（3）修改后单击【文件】/【关闭】菜单命令关闭框架文件时，系统会弹出一个提示框，提示是否存储各个HTML文件，图3-10所示为提示保存其中的页面“Untitled-1.html”的提示框。单击 是(Y) 按钮即可依次保存各框架（先保存整个框架，再保存光标所在的框架）。

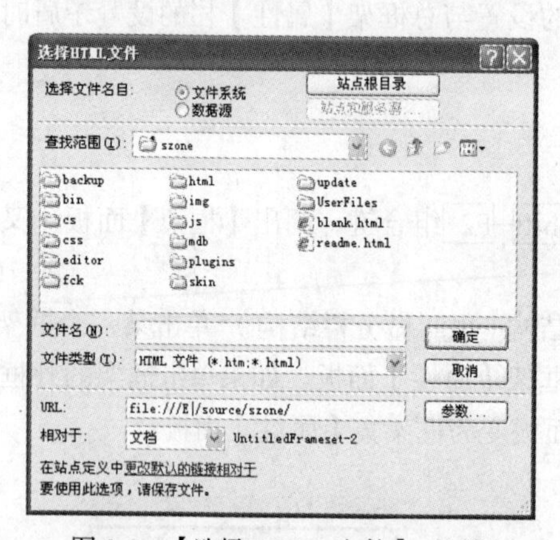

图3-9 【选择HTML文件】对话框

图3-10 保存页面提示框

3.2 在网页中创建表格

在网页设计中，表格是最常用的页面布局工具。在Dreamweaver CS5中，对表格进行可视化的创建和修改非常方便，几乎不用手动写代码就可以完成网页表格布局。

3.2.1　制作简单的表格与调整表格大小

将光标移到需要插入表格的位置，单击【插入】(常用)面板内的【表格】按钮，打开【表格】对话框，如图 3-11 所示。

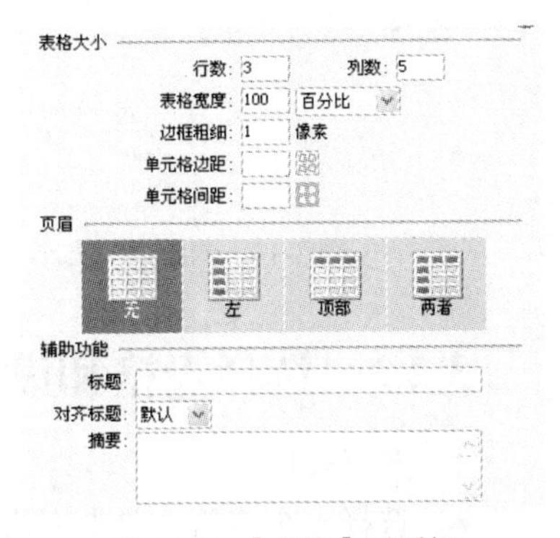

图 3-11　【表格】对话框

1.【表格】对话框内各选项的作用

(1)【行数】和【列数】：用来设置表格的行数和列数。

(2)【表格宽度】：用来设置表格宽度值，其单位为“像素”或“百分比”。如果选择“百分比”，则表示表格占页面或它的母体容量宽度的百分比。

(3)【边框粗细】：用来设置表格边框的宽度数值，其单位为“像素”。当它的值为 0 时，表示没有表格线。

(4)【单元格边距】：用来设置单元格之间两个相邻边框线（左与右、上和下边框线）间的距离。

(5)【单元格间距】：用来设置单元格内的内容与单元格边框间的空白数值，其单位为“像素”。这种空白存在于单元格内容的四周。

(6)【页眉】栏：用来设置表格的页眉单元格样式。被设置为页眉的单元格，其中的字体将被设置成居中和黑体格式。

(7)【辅助功能】栏：该栏中各选项的作用如下。

- 【标题】：设置表格的标题。
- 【对齐标题】：设置标题与表格的位置关系，默认为表格的顶部。
- 【摘要】：设置表格的摘要。

通过上述设置后，单击 确定 按钮，即可插入符合要求的表格，如图 3-12 所示。

2. 调整表格大小

(1) 调整整个表格的大小：单击表格的边框，选中该表格，此时表格右边、下边和右下角会出现 3 个方形的黑色控制柄，再用鼠标拖曳控制柄，即可调整整个表格的大小，如图 3-13 所示。

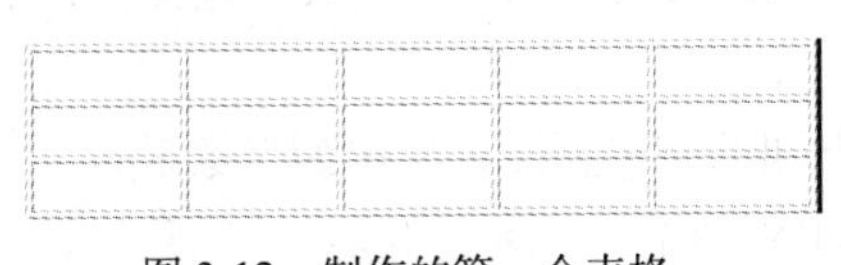

图 3-12　制作的第一个表格

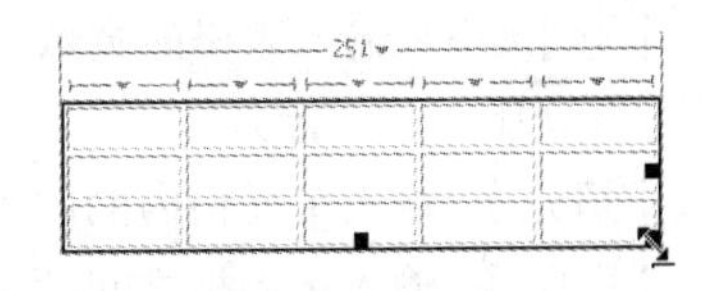

图 3-13　调整表格大小

(2) 调整表格中行或列的大小：将鼠标指针移到表格线处，当鼠标指针变为双箭头横线或双箭头竖线时，拖曳鼠标，即可调整表格线的位置，改变表格行或列的大小，如图 3-14 所示。

3. 表格快捷菜单

选中表格后，在表格的下面用绿色显示出了表格的宽度。单击下边的三角按钮，可以调出【表格】快捷菜单，利用此菜单可以对表格进行选择、清除列的宽度、左侧插入列、右侧插入列等操作，如图 3-15 所示。

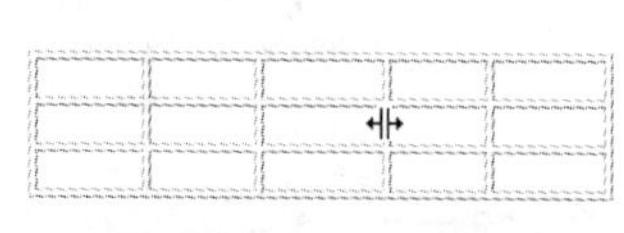

图3-14　调整列的大小

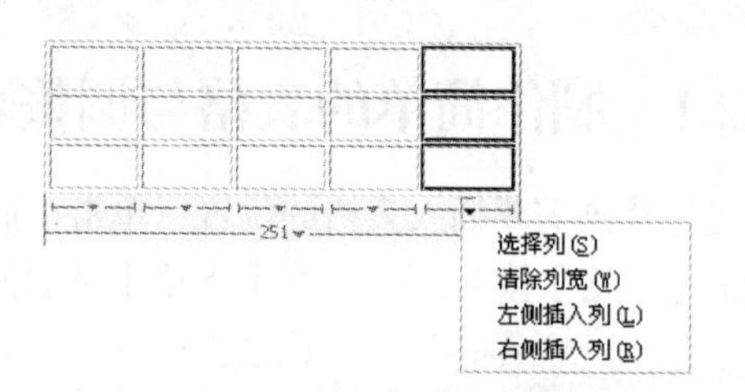

图3-15　选中表格时的快捷菜单

3.2.2　选择表格和设置表格的属性

1. 选择表格

- 选择整个表格：单击表格的外边框，可选中整个表格，此时表格右边、下边和右下角会出现3个方形黑色控制柄。
- 选择多个表格单元格：按住Ctrl键，同时依次单击所有要选择的表格单元格。
- 选择表格的一行或一列单元格：将鼠标移到一行的最左边或一列的最上边，当鼠标指针呈黑色箭头时单击鼠标，即可选中一行或一列。
- 选择表格的多行或多列单元格：按住Ctrl键，将鼠标依次移动到要选择的行或列，当鼠标指针呈黑色箭头时单击鼠标，即可选中多行或多列。还可以将鼠标移到要选择的多行或多列的起始处，当鼠标指针呈黑色箭头时，拖曳鼠标也可选择多行或多列单元格。

2. 设置整个表格的属性

单击表格的外边框，选中整个表格，此时表格的【属性】面板如图3-16所示。表格【属性】面板内各选项的作用如下。

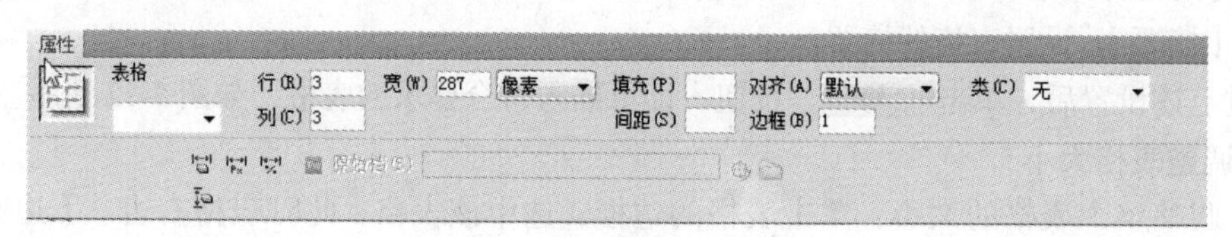

图3-16　表格的【属性】面板

- 【行】和【列】：用来输入表格的行数与列数。
- 【宽】：用来输入表格的宽数。它们的单位可利用其右边的下拉列表框选择，其中的选项有“%”（百分比）和“像素”。
- 【填充】：输入单元格内的内容与单元格边框间的空白宽度，单位为“像素”。
- 【间距】：输入单元格之间两个相邻边框线间的距离。
- 【对齐】：该下拉列表中有“默认”、“左对齐”、“居中对齐”和“右对齐”4个选项。
- 【边框】：输入表格边框宽度，单位为“像素”。
- 4个按钮：按钮用来清除行高，按钮用来清除列宽，按钮用来将表格宽度的单位转换为“像素”，按钮用来将表格宽度的单位改为“百分比”。
- 【类】：用于设置表格的样式。

3. 设置表格单元格的属性

按住Ctrl键，单击表格中的单元格，选中几个单元格，此时【属性】面板变为表格单元格【属性】面板，如图3-17所示。表格单元格【属性】面板中，上半部分用来设置单元格内文本的属性，它与文本【属性】面板的选项基本一样；下半部分用来设置单元格的属性。各选项的作用如下。

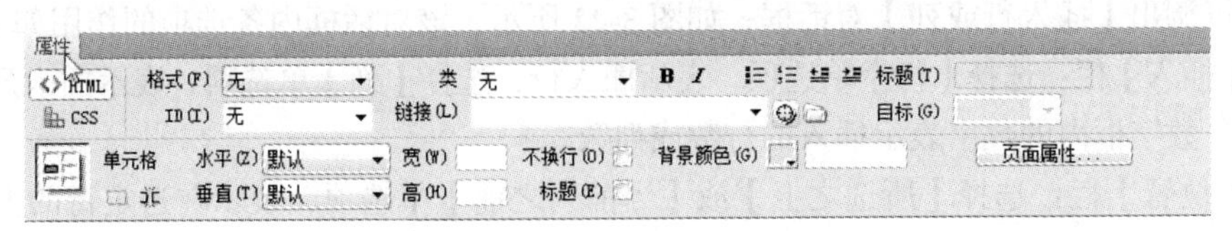

图 3-17　表格单元格【属性】面板

- 【合并所选单元格】按钮：选中要合并的单元格，再单击按钮，即可将选中的单元格合并。图 3-18 所示为将表格左上角的第 1 行的第 1 和第 2 个单元格合并后的效果。
- 【拆分单元格】按钮：单击选中一个单元格，再单击按钮，打开【拆分单元格】对话框，如图 3-19 所示。单击选中【行】单选项，表示要拆分为几行；单击选中【列】单选项，表示要拆分为几列。在【行数】数字框内选择行或列的个数，再单击【确定】按钮即可。图 3-20 所示为将图 3-18 中表格左上角的单元格拆分为两列的效果。

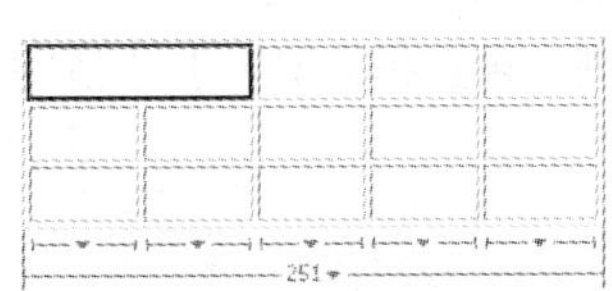

图 3-18　合并单元格后的效果

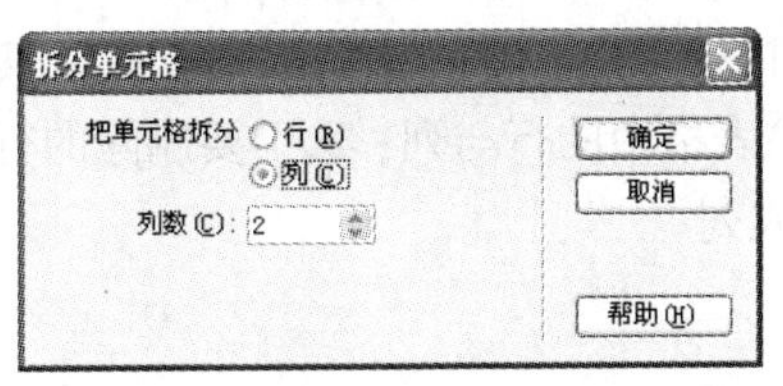

图 3-19　【拆分单元格】对话框

图 3-20　拆分单元格

- 【水平】和【垂直】：用来选择水平对齐方式和垂直对齐方式。
- 【宽】和【高】：设置单元格的宽度与高度。
- 【不换行】：选中该复选框，则当单元格内的文字超过单元格的宽度时，不换行，自动将单元格的宽度加大到刚刚可以放下文字；若没选中该复选框，则当单元格内的文字超过单元格的宽度时，自动换行。
- 【标题】：如果选中该复选框，则单元格中的文字以标题的格式显示（粗体、居中）；如果没选中该复选框，则单元格中的文字不以标题的格式显示。
- 【背景颜色】矩形按钮与文本框：用来设置表格单元格的背景色。
- 【类】下拉框：用来设置表格单元格所使用的 CSS 样式。
- 【链接】下拉框：用来设置表格单元格的超级链接。
- 编辑按钮：这里提供了一组对单元格中的文本进行排版修饰的按钮，包括加粗、倾斜、编号以及缩进。

3.2.3　编辑表格

将鼠标指针移到表格内，单击鼠标右键，选择【表格】命令，调出它的快捷菜单，如图 3-21 所示。利用该快捷菜单，可对表格进行许多编辑操作。

1．在表格中插入行或列

（1）在表格中插入一行或一列：选中一行或一列单元格，再单击图 3-21 所示的菜单中的【插入行】或【插入列】命令，即可在选中行的上边插入一行或在选中列的左边插入一列。按 Tab 键可以在表格单元格内移动鼠标光标，当光标在最后一个单元格时，再按 Tab 键，即可在表格的下边增加一行。

（2）在表格中插入多行或多列：选中一行或一列，单击图 3-21 所示菜单中的【插入行或列】命令，即可调出【插入行或列】对话框，如图 3-22 所示。该对话框内各选项的作用如下。

- 【插入】栏：选择【行】单选项，表示插入行；选择【列】单选项，表示插入列。【行数】或【列数】数字框内的数字表示插入的行数或列数。
- 【位置】栏：选择【所选之上】或【当前列之前】单选项，表示在选定行的上边或选定列的左边插入行或列；选择【所选之下】或【当前列之后】单选项，表示在选定行的下边或选定列的右边插入行或列。

进行选择后，单击 确定 按钮，即可在选中的一行的上边或下边插入多行，或者在选中的一列的左边或右边插入多列。

2. 删除表格中的行或列

删除表格中的行或列可采用以下几种方法。

（1）利用表格的快捷菜单删除表格中的行与列：选中要删除的行或列，再单击图 3-21 所示菜单中的【删除行】或【删除列】命令，即可删除选定的行或列。例如，在图 3-20 所示表格的最右侧右击，选择调出的表格快捷菜单，单击【删除列】后，其效果如图 3-23 所示。

（2）利用【清除】命令删除表格中的行与列：选中要删除的行或列，再选择【编辑】/【清除】菜单命令，即可删除选定的行或列。

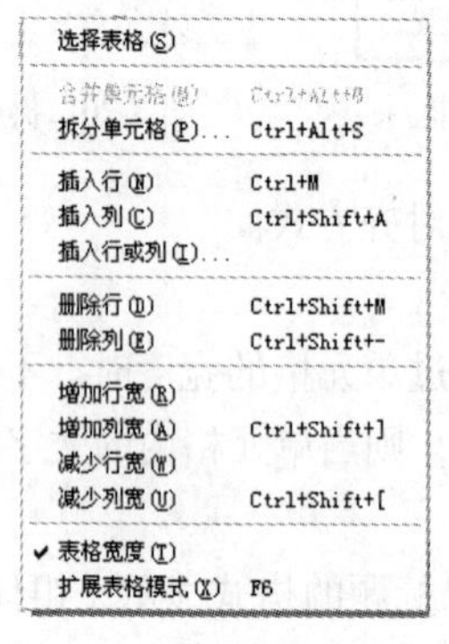

图 3-21 表格的快捷菜单

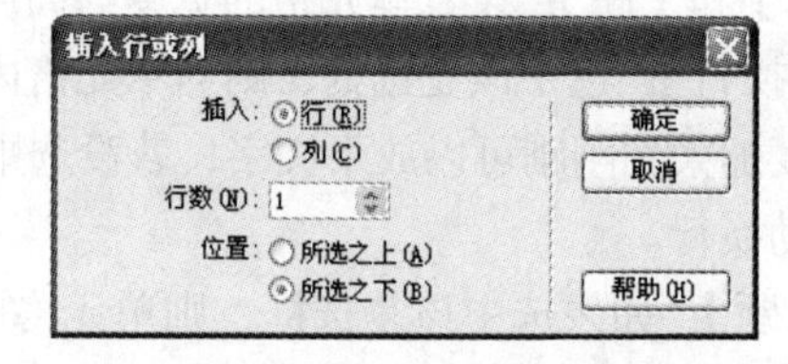

图 3-22 【插入行或列】对话框

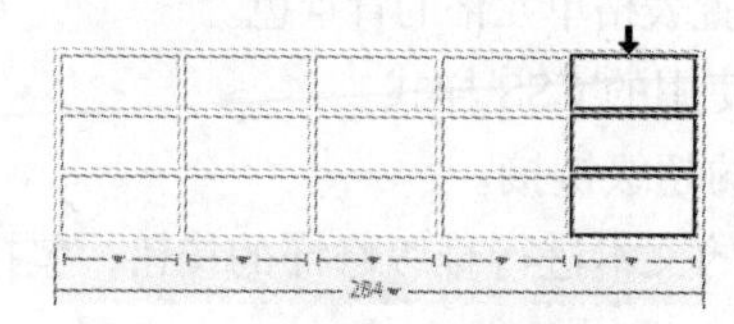

图 3-23 删除图 3-20 所示表格右边 1 列及其效果

3. 复制和移动表格的单元格

复制和移动表格的单元格操作如下。

（1）选中要复制或移动的表格的单元格，它们应构成一个矩形。然后选择【编辑】/【复制】或【编辑】/【剪切】菜单命令。

（2）将光标移到要复制或移动处，再选择【编辑】/【粘贴】菜单命令，即可完成单元格的复制或移动。

4. 在表格中插入对象

（1）在表格中插入表格：单击要插入表格的一个单元格内部，再按照上述创建表格的方法建立一个新的表格，如图 3-24 所示。

（2）在表格中插入图像或文字：单击要插入对象的一个单元格内部，再按照以前所述方法在单元格内输入文字或粘贴文字。也可以在单元格内插入图像或动画，如图 3-25 所示。

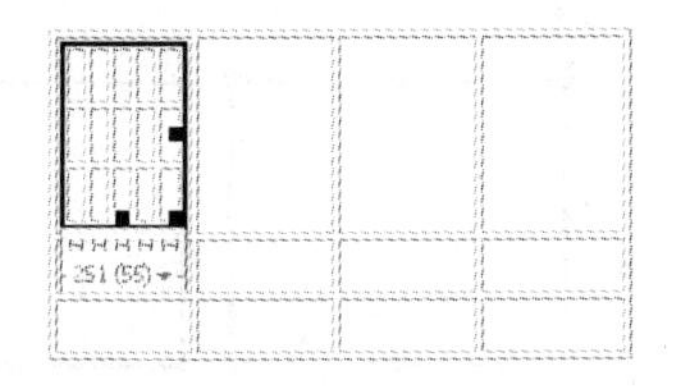

图 3-24　在表格单元格内插入表格

图 3-25　在表格单元格内插入文字和图像

3.3　AP Div 与 Div 标签

本节介绍用 AP Div 和 Div 标签工具实现布局的方法。

Dreamweaver CS5 中的层，称为 AP Div，它是一种被定义了绝对位置的特殊的 HTML 标签，可包含其他网页元素。AP Div 主要有以下几方面功能。

（1）由于 AP Div 是绝对定位的，因此，AP Div 可以游离在文档之上。利用 AP Div 可以浮动定位网页元素，它可以包含文本、图像甚至其他 AP Div。

（2）AP Div 的 *z* 轴属性使多个 AP Div 可以发生堆叠，即产生多重叠加的效果。

（3）可以控制 AP Div 的显示和隐藏，使网页的内容变得更加丰富。

3.3.1　创建 AP Div

首先新建一个网页文档，然后使用下列 3 种方法中的任何一种来创建 AP Div。

- 将光标置于文档窗口中欲插入 AP Div 的位置，选择【插入】/【布局对象】/【AP Div】菜单命令，插入一个默认的 AP Div，如图 3-26 所示。
- 将【插入】/【布局】面板上的按钮拖曳到文档窗口中，插入一个默认的 AP Div，插入的 AP Div 同样如图 3-26 所示。
- 单击【插入】/【布局】面板上的按钮，将鼠标光标移至文档窗口中，光标变为十字形，此时拖曳鼠标画出一个自定义大小的 AP Div，如图 3-27 所示。

创建好 AP Div 以后，将光标置于 AP Div 内，然后在其中插入一幅图片，如图 3-28 所示。

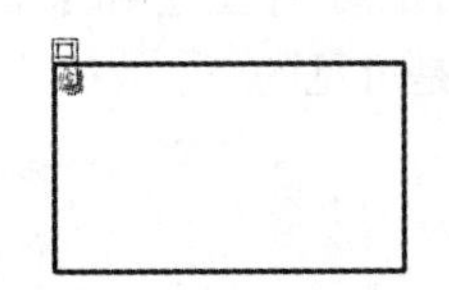

图 3-26　在文档中插入 AP Div

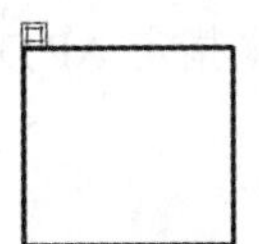

图 3-27　在文档窗口中绘制 AP Div

图 3-28　在 AP Div 内插入图片

由图 3-28 可知，AP Div 会随着插入图像的增大而自动增大。

3.3.2　选定 AP Div

在 Dreamweaver CS5 中，要想对一个元素进行编辑，首先必须选定该元素。选定 AP Div 有以下几种方法。

- 单击文档中的图标来选定 AP Div。
- 单击 AP Div 的边框线。
- 在 AP 元素面板中单击 AP Div 的名称。
- 如果要选定两个以上的 AP Div，只要按住 Shift 键，逐个单击 AP Div 边框，就可将 AP Div 同时选定。图 3-29 所示为被选中的两个 AP Div。

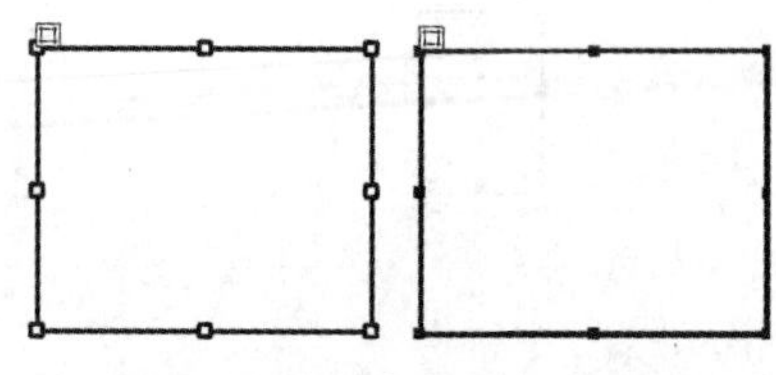

图 3-29　被选中的两个 AP Div

以上几种方法都可以方便地选定 AP Div。选定 AP Div 以后，就可以在属性面板中查看其各项参数的属性。

3.3.3　AP Div 属性

确认 AP Div 处于被选定状态，选择【窗口】/【属性】菜单命令，打开 AP Div 的【属性】面板。可以看到，AP Div 宽值为“200px”、高值为“115px”。单击“属性”面板右下角的按钮，打开【扩展】面板，AP Div 的全部属性如图 3-30 所示。AP Div 的【属性】面板中包含以下选项。

图 3-30　AP Div 的“属性”面板

- 【CSS-P 元素】：AP Div 的名字，现在保持默认即可。
- 【左】和【上】：指的是 AP Div 左边框、上边框距文档左边界、上边界的距离。
- 【宽】和【高】：指的是 AP Div 的宽度和高度。
- 【Z 轴】：指的是在垂直平面方向上 AP Div 的顺序号。
- 【可见性】：指的是 AP Div 的可见性，包括【default】（默认）、【inherit】（继承父 AP Div 的该属性）、【visible】（可见）和【hidden】（隐藏）4 个选项。
- 【背景图像】：用来为 AP Div 设置背景图像。
- 【背景颜色】：用来为 AP Div 设置背景颜色。
- 【类】：添加对所选 CSS 样式的引用。
- 【溢出】：当标签参数设置为 DIV 或 SPAN 选项时才出现，指的是 AP Div 内容超过 AP Div 大小时（例如图 3-28 中插入的图像）的显示方式，其下拉列表中包括 4 个选项。
- 【剪辑】：【左】和【右】中输入的值均是距离 AP Div 左边界的距离，【上】和【下】中输入的值均是距离 AP Div 上边界的距离。用来指定 AP Div 的哪一部分是可见的。

3.3.4　AP Div 的默认设置

当 AP Div 被插入时，其属性是默认的，但这些默认属性不是固定不变的，它们随时可以被修改。下面来介绍 AP Div 的默认属性。

选择【编辑】/【首选参数】菜单命令，打开【首选参数】对话框，在其中的【分类】列表框中选择【AP 元素】选项，如图 3-31 所示。

此时可以看到关于 AP Div 的默认属性。

- 【显示】：用来定义 AP Div 是否可见，其下拉列表中的“default”选项表示默认，“inherit”选项表示继承父 AP Div 的该属性，“visible”选项表示可见，“hidden”选项表示隐藏。

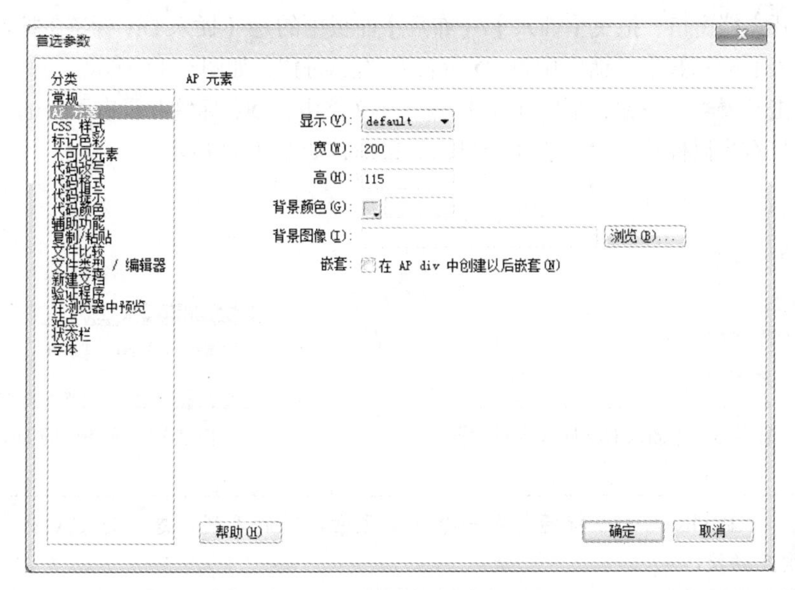

图 3-31　【首选参数】对话框

- 【宽】和【高】：用来定义默认 AP Div 的宽度和高度。
- 【背景颜色】：用来定义默认 AP Div 的背景颜色。
- 【背景图像】：用来定义默认 AP Div 的背景图像。
- 【嵌套】：勾选该选项，当插入点位于 AP Div 内时，插入或绘制 AP Div 将采用嵌套的方式。

AP Div 的默认属性被修改后，当下一次插入 AP Div 时，其默认的属性会变为修改后的数值。

3.3.5　AP 元素面板

在 Dreamweaver CS5 中与 AP Div 有关的功能很多，【AP 元素】面板是至关重要的，它与【属性】面板配合使用，可以方便快捷地对 AP Div 进行各种操作。

选择【窗口】/【AP 元素】菜单命令，打开【AP 元素】面板，如图 3-32 所示。

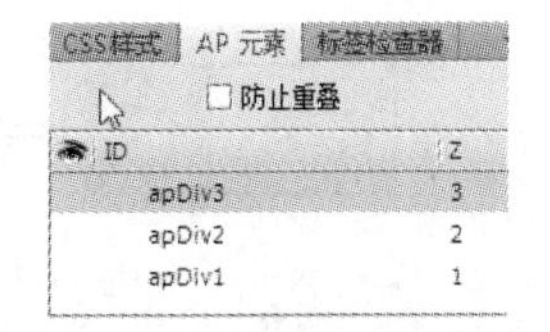

图 3-32　【AP 元素】面板

在（AP 元素）面板中可以实现以下功能。

（1）将一个 AP Div 嵌套入另一个 AP Div。

（2）选定一个或多个 AP Div。

（3）修改 AP Div 的 z 轴顺序。

（4）修改可见属性。

（5）禁止 AP Div 重叠。

3.3.6 Div 标签

在【插入】/【布局】面板中有两个按钮，一个是（插入 Div 标签）按钮，另一个是（绘制 AP Div）按钮。前面已经详细介绍了 AP Div 的知识，下面来介绍如何使用 Div 标签。

（1）打开文档窗口，拖曳【插入】/【布局】面板中的（插入 Div 标签）按钮至文档中，在弹出的【插入 Div 标签】对话框中将 ID 命名为“Layer1”，如图 3-33 所示。

（2）单击 确定 按钮，插入 Div 标签。在文档中，Div 标签并没有可见的特征，只显示其中的内容，只有当鼠标接近时，它才会显示红边框，如图 3-34 所示。

图 3-33 【插入 Div 标签】对话框

图 3-34 文档中的 Div 标签

AP Div 与 Div 标签是同一个网页元素不同的表现形态，通过 CSS 样式可以使二者相互转换。

3.3.7 缩放 AP Div

缩放 AP Div 仅改变 AP Div 的宽度和高度，不改变 AP Div 中的内容。在文档窗口中可以缩放一个 AP Div，也可同时缩放多个 AP Div，使它们具有相同的尺寸。缩放单个 AP Div 有以下几种方法。

- 选定 AP Div，然后拖曳缩放手柄（AP Div 周围出现的小方块）来改变 AP Div 的尺寸。拖曳下手柄改变 AP Div 的高度，拖曳右手柄改变 AP Div 的宽度，拖曳右下角的缩放点同时改变 AP Div 的宽度和高度，如图 3-35 所示。
- 选定 AP Div，然后按住 Ctrl 键，每按一次方向键，AP Div 就被改变一个像素值。
- 选定 AP Div，然后同时按住 Shift + Ctrl 组合键，每按一次方向键，AP Div 就被改变 10 个像素值。

那么如何对多个 AP Div 的大小进行统一调整呢？下面通过实例来进行说明。

（1）打开文档窗口，在其中插入 3 个大小不等的 AP Div，如图 3-36 所示。

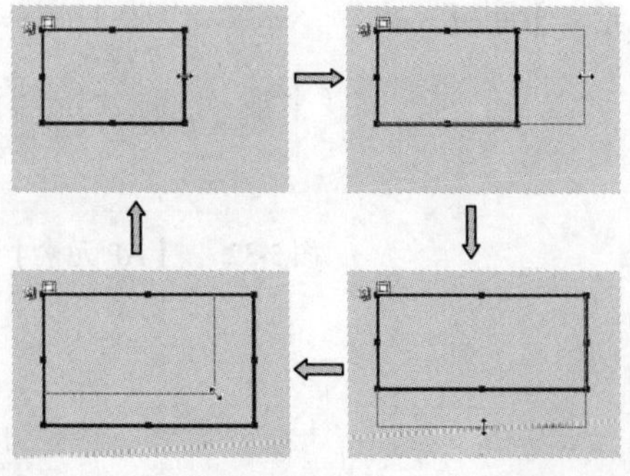

图 3-35 拖曳缩放手柄改变 AP Div 的大小

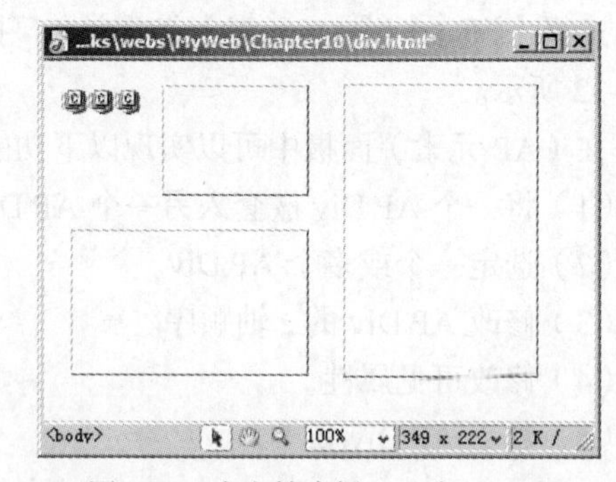

图 3-36 在文档中插入 3 个 AP Div

（2）按住Shift键，将 3 个 AP Div 逐一选定，然后选择【窗口】/【属性】菜单命令，打开它们的【属性】面板，如图 3-37 所示。

（3）在【属性】面板中的【宽】文本框内输入数值“200px”，按Enter键确认。此时文档窗口中所有 AP Div 的宽度全部变成了 200px，如图 3-38 所示。

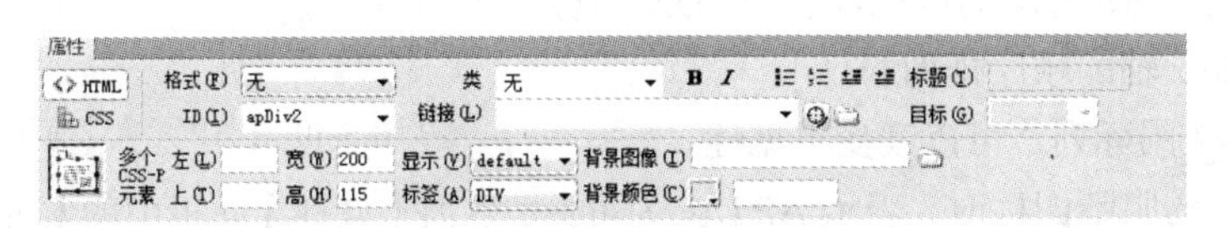

图 3-37　多个 AP Div 的属性面板

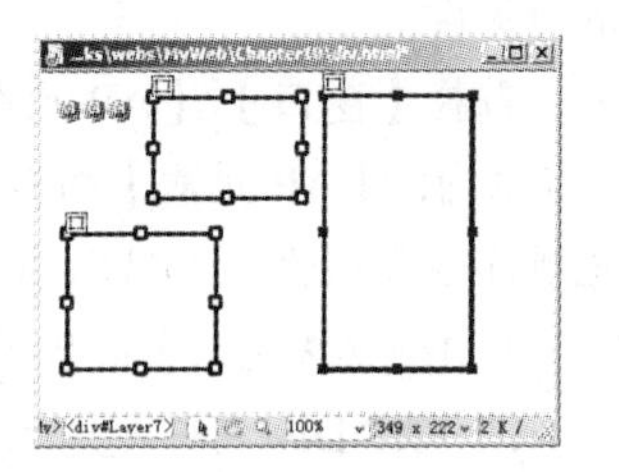

图 3-38　统一调整 3 个 AP Div 的宽度

要点提示

用户可以选择【修改】/【排列顺序】/【设成宽度相同】菜单命令来统一宽度，利用这种方法将以最后选定的 AP Div 的宽度为标准。由本例可知，如对多个 AP Div 进行统一调整，只需设置它们共同的属性便可。

3.3.8　移动 AP Div

AP Div 是可以重叠的，也就是不勾选【AP 元素】面板中的防止重叠选项，这样 AP Div 可以不受限制地被移动。下面介绍几种移动 AP Div 的方法。

- 选定 AP Div 后，鼠标指针靠近缩放手柄时，出现“十”字箭头，按住鼠标左键拖动鼠标，AP Div 将跟着鼠标的移动而发生位移。
- 选定 AP Div，然后按 4 个方向键，向 4 个方向移动 AP Div。每按一次方向键，将使 AP Div 移动一个像素值的距离。
- 选定 AP Div，按住Shift键，然后按 4 个方向键，向 4 个方向移动 AP Div。每按一次方向键，将使 AP Div 移动 10 个像素值的距离。

3.3.9　对齐 AP Div

对齐功能可以使两个或两个以上的 AP Div 按照某一边界对齐，如将所有 AP Div 的底边都排列在一条水平线上，具体的实现步骤如下。

将所有 AP Div 选定，选择【修改】/【排列顺序】/【对齐下缘】菜单命令，3 个 AP Div 的底边将按照最后选定 AP Div 的底边对齐，如图 3-39 所示。

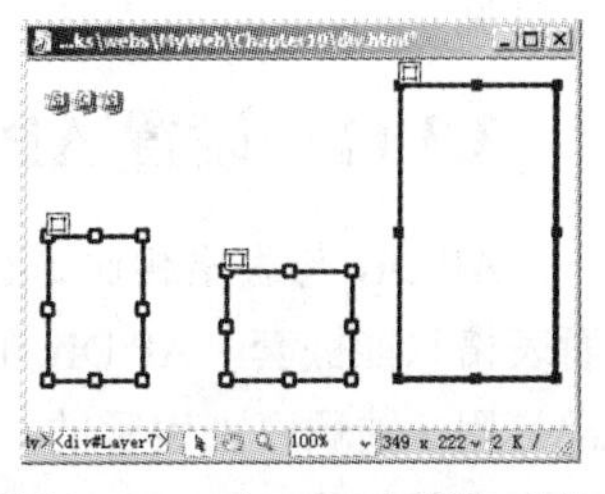

图 3-39　3 个 AP Div 底边对齐

在菜单中，共有以下 4 种对齐方式。

- 【左对齐】：以最后选定的 AP Div 的左边线为标准，对齐排列 AP Div。
- 【右对齐】：以最后选定的 AP Div 的右边线为标准，对齐排列 AP Div。
- 【对齐上缘】：以最后选定的 AP Div 的顶边为标准，对齐排列 AP Div。
- 【对齐下缘】：以最后选定的 AP Div 的底边为标准，对齐排列 AP Div。

3.3.10 AP Div 的可见性

AP Div 内可以包含所有的网页元素，通过改变 AP Div 的可见性，就可以控制 AP Div 内元素的显示与隐藏，可以通过【AP 元素】面板，也可以在 AP Div 的【属性】面板中来改变 AP Div 的可见性。

选择【窗口】/【AP 元素】菜单命令，打开【AP 元素】面板，如图 3-40 所示。【AP 元素】面板中显示 AP Div 的可见性、AP Div 名称和 z 轴顺序 3 项属性，AP Div 是按照 z 轴的顺序排列的。

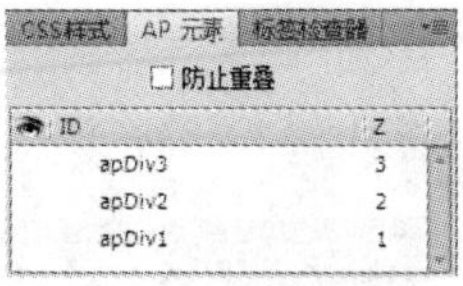

图 3-40 【AP 元素】面板

单击【AP 元素】面板的图标列，可以改变可见性。

（1）AP Div 名称左边为睁开的眼睛图标时，表示 AP Div 为可见，这时【属性】面板中的【可见性】选项为“visible（可见）”，如图 3-41 所示。

图 3-41 将 AP Div 设置为可见时【属性】面板的状态

（2）单击图标列，AP Div 名称左边为闭着的眼睛图标时，表示 AP Div 为不可见，这时【属性】面板中的显示选项为“hidden（隐藏）”，如图 3-42 所示。

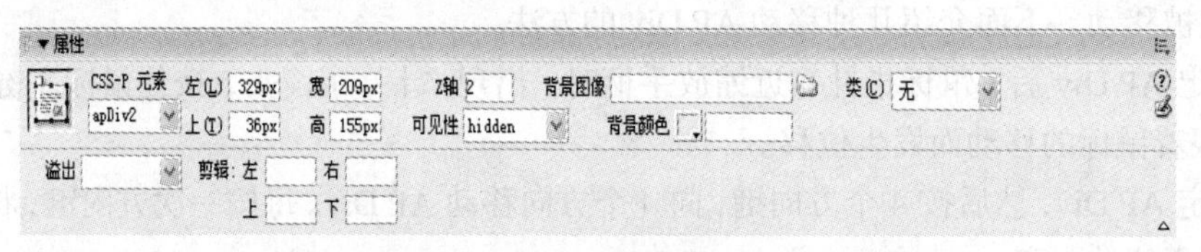

图 3-42 将 AP Div 设置为不可见时【属性】面板的状态

（3）AP Div 的图标列无图标，则可见性为默认，【属性】面板中的显示选项为“default”。

若需同时改变所有 AP Div 的可见性，则单击【AP 元素】面板中图标列最顶端的图标，它位于名称选项的左侧，如图 3-43 所示，原来所有的 AP Div 均变为可见或不可见。

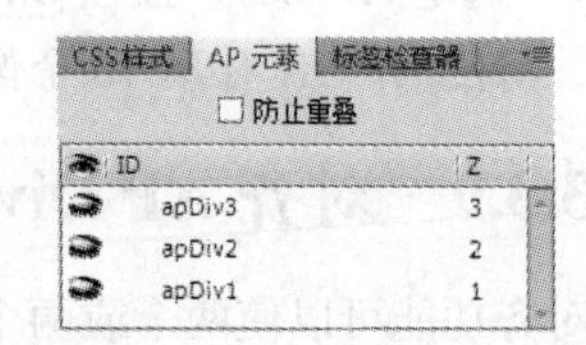

图 3-43 将所有 AP Div 设置为不可见

3.3.11 设置 AP Div 的 z 轴顺序

AP Div 与表格相比，在定位元素方面各有各的优势，但 AP Div 最大的优势在于可以重叠，而表格只能嵌套。AP Div 的重叠为制作一些特殊效果提供了非常方便的途径，而其重叠次序通常是用 z 轴顺序来表示的。除了屏幕的 x、y 坐标之外，逻辑上增加了一个垂直于屏幕的 z 轴，z 轴顺序就好像 AP Div 在 z 轴上的坐标值。这个坐标值可正可负，也可以是 0，数值大的为最上层的 AP Div。

打开【AP 元素】面板，用鼠标指针指向需要改变序号的 AP Div，按住鼠标左键向上或向下拖曳鼠标，当拖曳到希望插入的两个 AP Div 之间出现一条横线时，释放鼠标左键，即可改变 AP Div z 轴顺序，各个 AP Div 的 z 轴顺序会做相应的改变。

在【AP 元素】面板中，请注意不要勾选【防止重叠】选项，如果勾选该选项，AP Div 将不能重叠。

3.3.12　嵌套 AP Div

AP Div 的嵌套和重叠不一样。嵌套的 AP Div 与父 AP Div 是有一定关系的，而重叠的 AP Div 除视觉上会有一些联系外，其他没有关系。

创建嵌套 AP Div 首先必须有一个父 AP Div，将光标置于 AP Div 当中，再插入一个 AP Div 就是嵌套 AP Div，如图 3-44 所示。

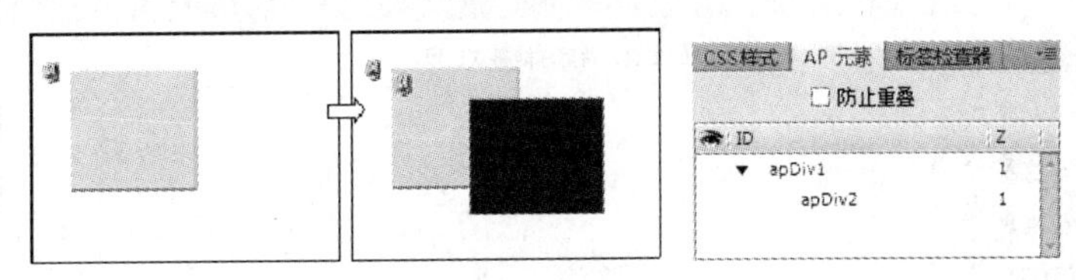

图 3-44　插入嵌套 AP Div

在【AP 元素】面板中可以看到，嵌套 AP Div 是呈树状结构表示的，而且子 AP Div 与父 AP Div 的 z 轴顺序是一样的。不过嵌套 AP Div 与嵌套表格不一样，表格嵌套时，子表格是完全包含在父表格里的，而嵌套的 AP Div 并不意味着子 AP Div 必须在父 AP Div 里面，它不受父 AP Div 的限制。当移动子 AP Div 位置时，父 AP Div 并不发生任何变化，而当移动父 AP Div 时，子 AP Div 也会随着父 AP Div 发生位移，并且位移量都一样，也就是说二者的相对位置不发生变化。

嵌套 AP Div 之间还存在着继承关系。选定子 AP Div，打开其【属性】面板，【可见性】选项的下拉列表中有"default"（默认）、"inherit"（继承）、"visible"（可见）和"hidden"（隐藏）4 个选项，如图 3-45 所示。

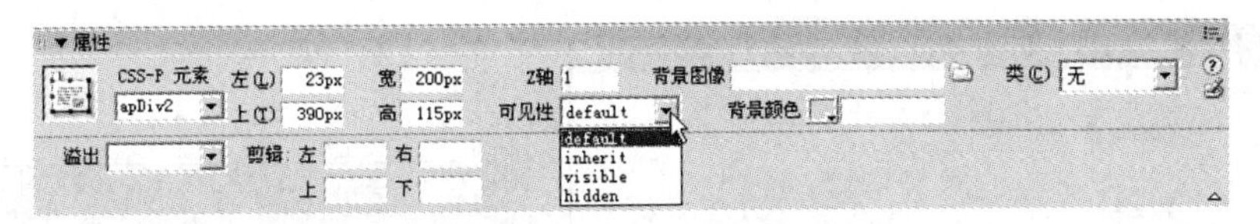

图 3-45　AP Div 的【属性】面板

继承的作用就是可以使子 AP Div 的可见性永远和父 AP Div 保持一致以及保持子 AP Div 与父 AP Div 的相对位置不变，这在动态效果网页制作中有很大作用，因为动态效果网页的很多特效是通过 JavaScript 控制 AP Div 的可见性及位置变化来实现的。对于嵌套 AP Div 而言，当父 AP Div 的位置变化时，子 AP Div 的位置也会随之变化。当父 AP Div 的可见性改变时，子 AP Div 的可见性也随之改变。当然，实现这种动画效果离不开 JavaScript 的支持，后面介绍动态效果时将特别介绍该部分的内容。

3.4　应 用 实 例

本节的两个例子分别针对框架和表格布局。对于 AP Div 的操作可以通过阅读 3.3 节的内容来练习。

3.4.1 “我的主页”网页

使用框架结构制作的“我的主页”网页，在浏览器中的显示效果如图 3-48 所示。

网页的制作过程如下。

（1）新建一个网页文档，单击【插入】（布局）面板中的【框架】旁的倒三角，弹出【框架】快捷菜单，在快捷菜单中单击倒数第 2 个选项上左右结构，网页文档被分割成 3 个子页面，设置完的网页如图 3-46 所示。

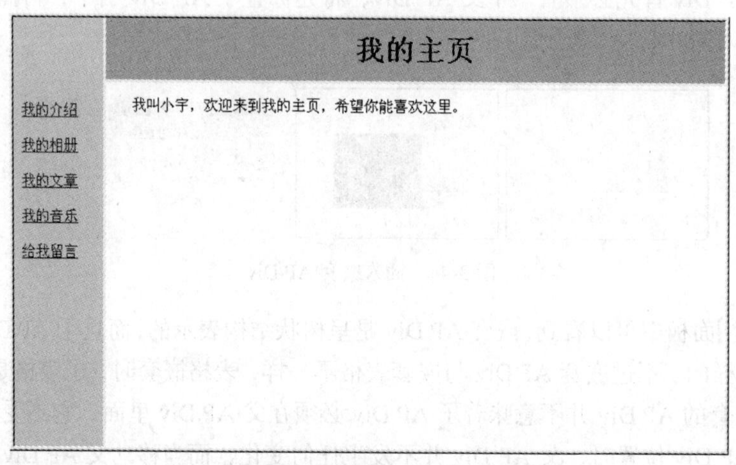

图 3-46　用框架制作的“我的主页”网页

（2）将光标移到顶部的子页面内，选择【修改】/【页面属性】菜单命令，打开【页面属性】对话框，将背景颜色设置为“#6699FF”，如图 3-47 所示。用同样的方法，将左边的子页面背景颜色设置为“#B1C3D9”，现在整个页面的效果如图 3-48 所示。

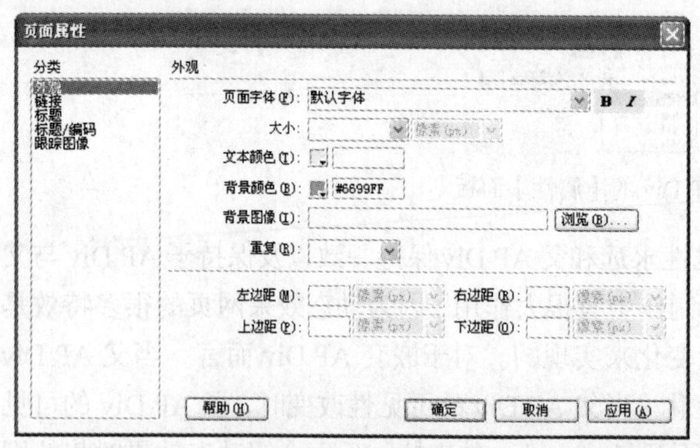

图 3-47　【页面属性】对话框及背景颜色的设置

图 3-48　创建好的框架网页

（3）将光标移到上面的子页面内，对照图 3-46，输入“我的主页”，并设置成“居中对齐”，将格式设置为“标题 1”。

（4）将光标移到左边的子页面内，同样道理，对照图 3-47，依次在左侧框架中输入各个链接名称（按键盘上的 Enter 键可以换行）。因为现在只是练习框架的用法，并没有真正要链接的页面，所以可暂时将所有链接加为“#”以达到链接效果。

（5）选择【文件】/【全部保存】菜单命令，打开【保存为】对话框，在打开【保存为】

对话框的同时，要保存的网页区域会由虚线圈出。保存的次序依次为：框架页、顶部的子页面、左边的子页面、右边的子页面。保存完成后，按 F12 键在浏览器中的查看显示效果如图 3-46 所示。

3.4.2 用表格编排的“常用软件下载”网页

利用表格来编排网页可使页面更紧凑、更丰富多彩。“常用软件下载”网页在浏览器中的显示效果如图 3-49 所示。

图 3-49 用表格编排的“常用软件下载”网页

利用表格编排网页的制作过程如下。

（1）新建一个页面，利用插入表格的方法插入一个 3 行 1 列、边框宽度为 0 的表格，其他设置如图 3-50 所示。插入表格后，页面的效果如图 3-51 所示。

图 3-50　插入 3 行 1 列表格时，对话框中的设置

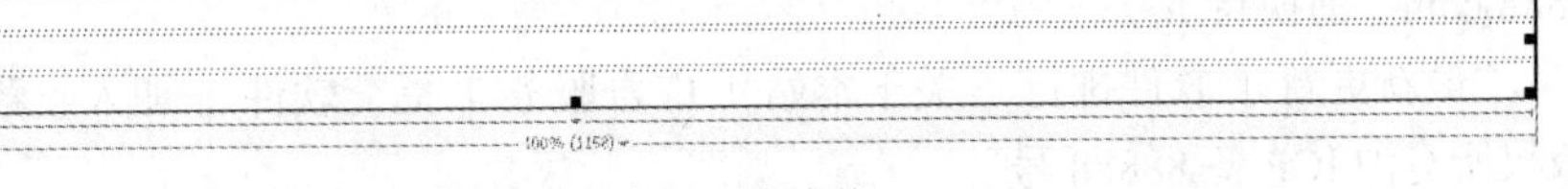

图 3-51　插入的 3 行 1 列的表格

（2）在第 1 行的单元格中再插入一个宽度为 100%的 1 行 2 列的表格，在第 1 个表格中输入

“常用软件下载”，并将其格式设置为“标题1”，在另一个单元格中插入广告图片，操作后的网页如图3-52所示。

图3-52 插入广告条后的效果

（3）在表格第2行的单元格中插入1个2行7列的页眉在顶部的表格，设置如图3-53所示。

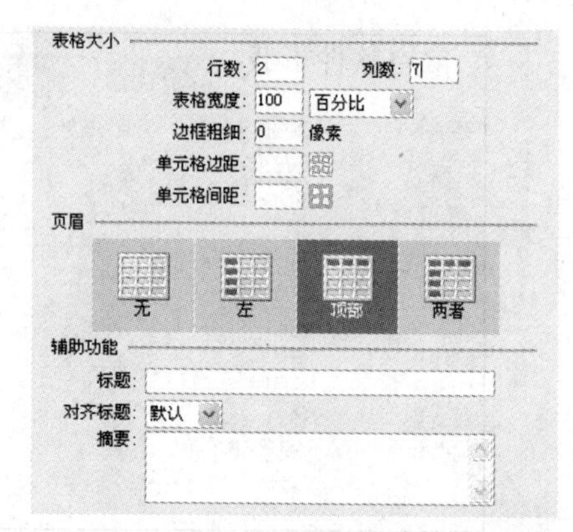

图3-53 插入2行7列表格时，对话框中的设置

（4）在刚刚插入的表格中第1行的7个单元格中分别输入软件类别名称：网络聊天、视频播放、音频播放、下载工具、网页浏览、股票软件和图文处理。

（5）在第2行的第1个单元格中分别输入：腾讯QQ、TM、微软MSN、淘宝旺旺、51挂挂，并进行换行。

（6）同理，对照图3-54在本行的其他单元格中输入相应内容。

（7）然后使用同样的方法，再插入2个2行7列的页眉在顶部的表格，对照图3-54输入相应内容。

（8）将图3-54中所有蓝色的文字都加上链接（因为当前只是练习表格的使用，并没有真正要链接的页面，所以可暂时将所有链接加为“#”以达到链接效果）。此时网页内容的效果，如图3-54所示。

图3-54 未加链接的界面

（9）在最外层的表格（即第一次插入的3行1列的表格）的第3行的单元格中插入1个1行2列的没有页眉的表格。将第1个单元格设置为居中对齐，并在其中输入下面的内容（注意在“888.com”前换行）：

“最新更新 | 软件排行 | 关于本站 | 广告服务 | 提交软件 | 加入收藏 | 友情链接 888.com版权所有沪ICP备88888号”

在第2个单元格中插入网站备案图片。

（10）将此表格内所有内容除“888.com”外，也都加上链接（同样道理，因为当前只是练习表格的使用，并没有真正要链接的页面，所以可暂时将所有链接加为“#”以达到链接效果）。

（11）按下 F12 键，Dreamweaver 会自动打开浏览器，预览页面的效果。网页在浏览器中的效果如图 3-49 所示。

小　　结

框架、表格和 AP Div 都是布局网页的常用方法，本章分别对它们的创建和属性的设置做了讲解，并通过两个实例演示了本章知识的实际应用。

习　　题

1. 思考框架的作用和优点分别有哪些？
2. 在保存一个框架页时，“保存”和“保存全部”有什么区别？
3. 表格的主要作用是什么？使用表格布局与框架有什么区别？
4. 什么是 AP Div？AP Div 的主要应用有哪些？
5. 制作一个课程表，要有标题，表中至少有 6 门学科。
6. 参照所学知识制作一个自己的个人站点。

第4章 表单与CSS样式表

没有交互功能的网页，其作用是非常有限的，因为这样的网页其数据传递是单向的。而客户端与服务器之间的交互通常要表单的配合来实现。本章首先介绍表单的使用方法，然后介绍CSS样式表。CSS简化了HTML中各种烦琐的标签，使各个标签的属性更具有一般性和通用性，并且扩展了原先的标签功能，能够实现更多的效果。

【学习目标】

- 了解表单的基本含义。
- 掌握成功创建一个表单页的方法。
- 熟练掌握各菜单域的属性。
- 了解CSS样式的定义。
- 了解并掌握CSS样式的各项属性。
- 熟练掌握CSS样式的创建方法。
- 熟练掌握放置CSS代码的方式。

4.1 表 单

用户在访问网页时，若要将数据提交到网页提供商，通常要使用表单来实现。表单往往由许多元素组成，这些元素被称为“表单对象”。用户可以根据需要选用适当的表单对象。这些表单对象包括文本域、下拉列表框、复选框、单选按钮等。

既然表单的操作是用户与服务器交互的操作，这就涉及服务器方面的操作，而服务器方面的操作是通过服务器的程序来实现的。这些服务器程序可以使用许多不同的服务器技术实现，它们可以是CGI、JSP、ASP、PHP技术等，也可以是当前热门的ASP.NET技术。另外，许多数据库也提供了与HTML的接口，如Oracle提供的Web Server等。当用户通过网页将请求提交到网络服务器后，网络服务器自动找到接受请求处理的应用程序页面（比如“Register.aspx”），应用程序会根据需要处理用户请求（这些处理可能是查询数据，也可能是修改某种信息），然后将处理结果发送给发出请求的用户浏览器，用户就可以得到请求结果了。

4.1.1 创建表单域与设置表单域的属性

表单域是表单的范围标识，表单对象都要存在于表单域内才能实现各自的作用，所以我们对表单的讲解从表单域开始。

1. 创建、显示和删除表单域

（1）创建表单域：对表单域的操作可以按照下面的步骤进行。

① 将【插入】面板切换到【表单】选项卡。

② 单击【插入】(表单）面板内的【表单】按钮，或用鼠标将【插入】(表单）面板内的【表单】图标拖曳到网页文档窗口内，即可在网页编辑窗口内创建一个表单域，如图 4-1 所示。

图 4-1　表单域

③ 单击表单域内部，将光标移到表单域内，按 Enter 键即可将表单域调大，按 Backspace 键，可使表单域缩小。表单域在浏览器内是看不到的。

> **要点提示**　用户如果看不到【插入】面板，可以依次选择【窗口】/【插入】菜单命令，或按快捷键 Ctrl+F2 将【插入】面板调出来。

（2）显示表单域：在表单域创建后，若看不到表单域的矩形红线，则选择【查看】/【可视化助理】/【不可见元素】菜单命令，即可将表单域的矩形红线显示出来。

（3）删除表单域：单击表单域的边线处，选中表单域，按 Delete 键即可删除表单域。

2. 设置表单域的属性

单击选中表单域，此时表单域【属性】面板如图 4-2 所示，各选项的作用如下。

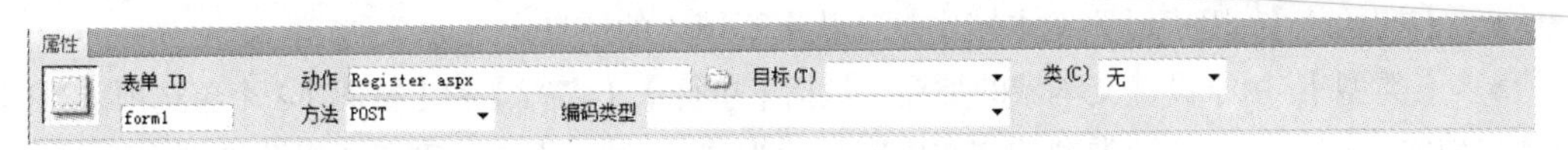

图 4-2　表单域【属性】面板

- 【表单 ID】：在该文本框内可输入表单域的名字。设置表单域的名字，可方便 JavaScript、VBScript 等脚本对表单各对象的控制，这些脚本语言可控制表单及其表单对象的各种属性。
- 【动作】文本框和按钮：用于设置处理程序页面，此程序页面用来处理用户通过此表单提交的请求。
- 【方法】：用来选择客户端与服务器之间传送数据采用的方式。在其下拉列表中有 3 个选项："默认"、"GET"（获得，即追加表单值到 URL，并发送服务器 GET 请求）和 "POST"（传递，在消息正文中发送表单的值，并发送服务器 POST 请求）。

4.1.2　插入表单对象

在上一小节里，介绍了表单的创建和设置。在表单内，可以包含许多表单对象，下面介绍表单对象的创建和设置方法。

1. 插入表单对象的方法

将鼠标指针移到表单中的适当位置，然后单击【插入】(表单)面板中的相应按钮，在弹出的窗口中设置并确认后，即可在光标处插入一个相应的表单对象，【表单】面板各对象如图 4-3 所示。另外，选择【插入】/【表单】菜单命令，打开它的下一级菜单。根据要插入的表单对象类别，选择菜单内的菜单命令也可插入表单对象。

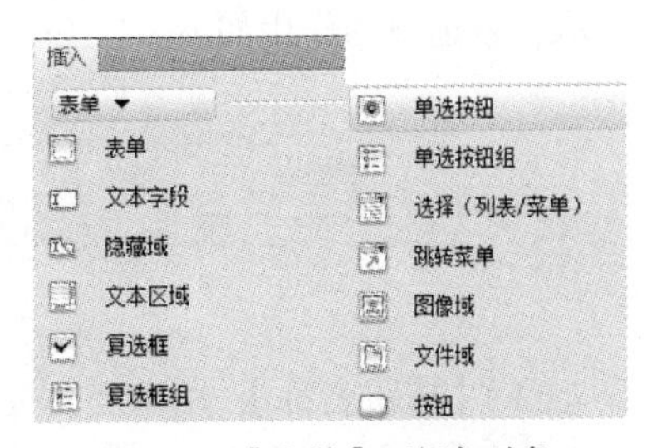

图 4-3　【表单】面板各对象

表单对象的【属性】面板中都有一个名称文本框，用来输入表单对象的名称，该名称可在程序中使用，以指定表单对象。下面分别介绍一下各个表单对象。

2. 文本区域的属性设置

表单中经常使用文本区域（也叫文本字段），它可以是单行，也可以是多行，用于接收任何格式的文本、数字和字符。文本域的【属性】面板如图 4-4 所示，各选项的作用如下。

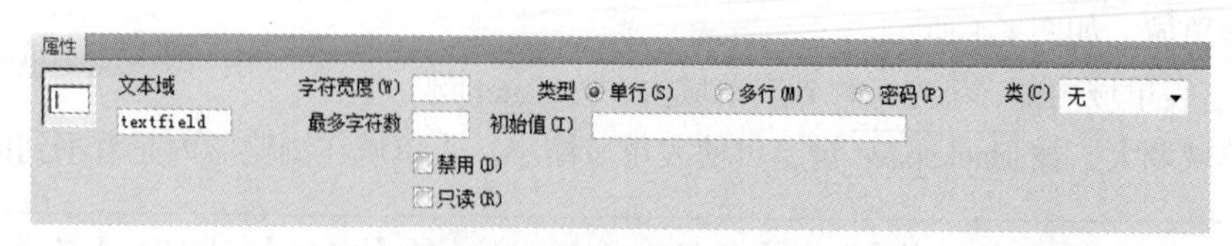

图 4-4　文本域的【属性】面板

- 【文本域】：用于输入文本域的名称。每个文本域必须有一个唯一的名称，这个名称最好与用户要输入的信息有所联系，如文本域中需要输入用户名，那么文本域的名称可以设为“UserName”。
- 【字符宽度】：用于设置文本域的宽度，也就是文本域一次最多显示的字符数。
- 【最多字符数】：当文本域的类型为单行或密码时，这个属性为最多字符数，用于设置最多可向文本域中输入的字符数，如可以用这个属性限制密码最多为 10 位。
- 【初始值】：用于设置文本域中默认状态下填入的信息。
- 【类型】：用于设置文本域的类型，包括【单行】、【多行】和【密码】3 个单选项。当向密码文本域输入密码时，这种类型的文本内容显示为“·”号，而不是密码（以防被别人看见），如图 4-5 所示。当选择多行选项时，文档中的文本域又会变为文本区域。此时文本域属性面板中的字符宽度选项指的是文本域的宽度，默认值为 24 个字符，行数默认值为“3”。

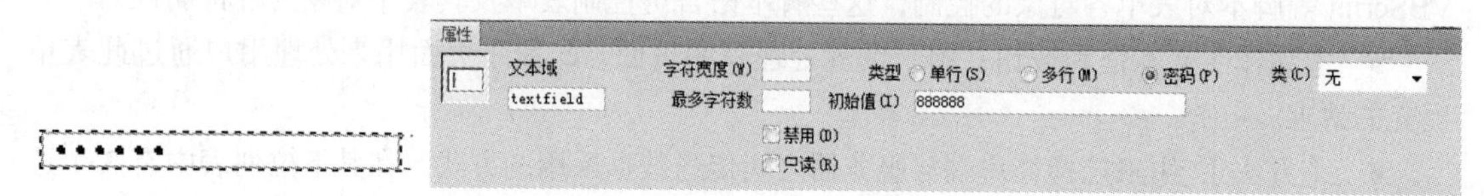

图 4-5　将类型设置为【密码】时的文本域的显示效果和对应【属性】面板中的设置

- 【禁用】：此选项仅文本区域设置为不可用状态。
- 【只读】：选择此项后，文本区域无法从外界接收输入，只能将预先设置好的初始值进行展示。

3. 按钮的属性设置

按钮用来制作【提交】和【重置】按钮，还可以调用函数。该按钮的【属性】面板如图 4-6 所示，各选项的作用如下。

图 4-6　按钮的【属性】面板

（1）【按钮名称】：用来定义按钮的名称。

（2）【值】：用来定义按钮上的文字，一般为“确定”、“提交”和“注册”。

（3）【动作】：用来定义单击该按钮后进行什么操作，有以下 3 个选项。

- 【提交表单】：选中此单选项后，将表单中的数据提交给表单处理应用程序。同时，Dreamweaver CS5 自动将此按钮的名称设置为“提交”。
- 【重设表单】：选中此单选项后，表单中的数据将分别恢复到初始值。此时，Dreamweaver CS5 会自动将此按钮的名称设置为“重置”。
- 【无】：选中此单选项后，表单中的数据既不提交也不重设。

4. 复选框的属性设置

复选框有选中和未选中两种状态，网页浏览者可以依次选中多个复选框。它的【属性】面板如图 4-7 所示，各选项的作用如下。

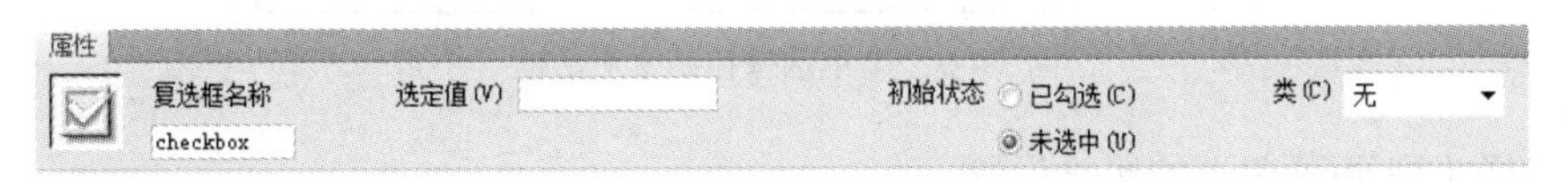

图 4-7　复选框的【属性】面板

- 【复选框名称】：用来定义复选框名称。
- 【选定值】：用来判断复选框被选定与否，是提交表单时复选框传送给服务端表单处理程序的值。
- 【初始状态】：用来设置复选框的初始状态是勾选还是不勾选。

5. 单选按钮的属性设置

单选按钮也叫单选项，一组单选按钮中只允许选中一个。它的【属性】面板如图 4-8 所示，它与复选框【属性】面板相应选项相同。

图 4-8　单选按钮的【属性】面板

- 【单选按钮】：用来定义单选按钮的名称，所有同一组的单选按钮必须有相同的名字。
- 【选定值】：用来判断单选按钮被选定与否。它是提交表单时单选按钮传送给服务端表单处理程序的值，同一组单选按钮应设置不同的值。
- 【初始状态】：用于设置单选按钮的初始状态是已被选中还是未被选中，同一组内的单选按钮只能有一个的初始状态是被选中的。

此时读者可能会有疑问：既然单选按钮的名称都是一样的，那么依靠什么来判断哪个按钮被选定呢？因为单选按钮是具有唯一性的，即多个单选按钮只能有一个被选中，所以选定值选项就是判断的唯一依据。每个单选按钮的选定值选项被设置为不同的数值，如性别“男”的单选按钮的选定值选项被设置为“1”，性别“女”的单选按钮的选定值选项被设置为“0”，那么当判断单选按钮为“1”时，说明性别为“男”，否则，性别为“女”。

6. 单选按钮组的属性设置

单选按钮组也叫单选项组。单击【插入】（表单）面板中的单选按钮组按钮，可打开【单选按钮组】对话框，如图 4-9 所示。利用该对话框可以设置单选按钮组中单选按钮的个数和名称。如果要增加选项，可单击 + 按钮；如果要删除选项，可单击选中要删除的选项，再单击 - 按钮。如果要调整选项的显示次序，可选中要移动的选项，再单击或按钮。

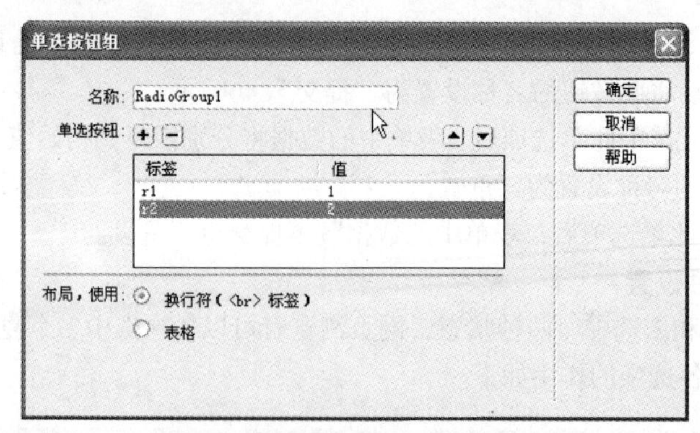

图 4-9　【单选按钮组】对话框

7. 选择（列表/菜单）的属性设置

选择（列表/菜单）的作用是将一些选项放在一个带滚动条的列表框内。它的【属性】面板如图 4-10 所示，各选项的作用如下。

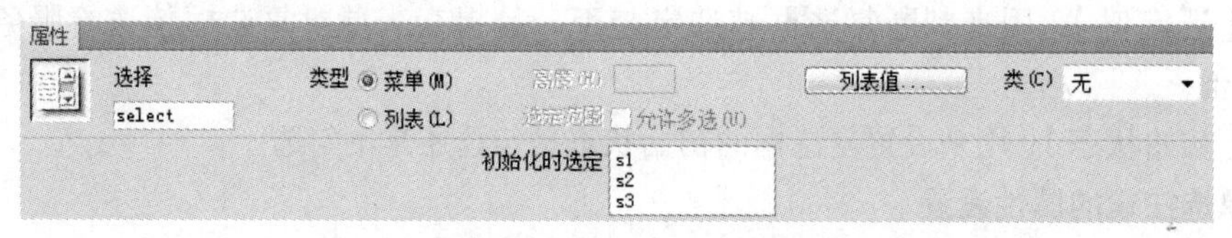

图 4-10　选择（列表/菜单）的【属性】面板

- 【选择（列表/菜单）】：用于定义【选择（列表/菜单）】的名称，这个名称是必要的，并且必须是唯一的。
- 【类型】：决定是下拉菜单还是滚动列表。

设置为【菜单】时，【高度】选项和【选定范围】选项均为不可选，在初始化时选定列表框中只能选择一个初始选项，文档窗口的下拉菜单域中只显示一个选择的条目，而不显示整个条目表。

设置为【列表】时，【高度】选项和【选定范围】选项为可选。其中的【高度】选项是列表框中文档的高度，“1”表示在列表中显示一个选项。选定范围选项用于设置是否允许多项选择，勾选表示允许，否则为不允许。

- 列表值... 按钮：单击此按钮将打开列表值对话框，在对话框中可以增减和修改【列表/菜单】的内容。每项内容都有一个项目标签和一个值，标签将显示在浏览器中的【列表/菜单】域中。当列表或者菜单中的某项内容被选中，提交表单时它对应的值就会被传送到服务器端的表单处理程序中，若没有对应的值，则传送标签本身。
- 【初始化时选定】：其文本框内首先显示列表或菜单中的内容，然后可在其中设置列表或菜单的初始选项，方法是单击欲作为初始选择的选项。若类型选项设置为列表，则可初始选择多个选项；若类型选项设置为菜单，则只能初始选择一个选项。

8. 文件域的属性设置

文件域也叫文件字段，用来让用户从中选择磁盘、路径和文件，并将该文件上传到服务器中。它的【属性】面板如图 4-11 所示，其中各选项的作用如下。

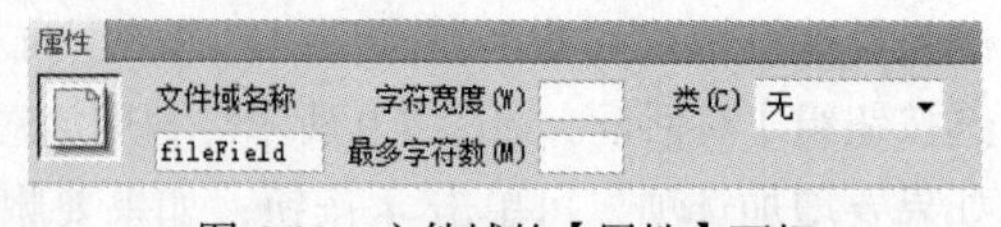

图 4-11　文件域的【属性】面板

- 【文件域名称】：名称是必要的并且是唯一的。

- 【字符宽度】：用来定义最多在文件域中输入的字符数。
- 【最多字符数】：用来定义文件域最多显示的字符数，它可以小于字符宽度选项的值。

在使用文件域之前，需要与服务器管理员联系，确认允许向服务器上传文件域内的文件。用 Dreamweaver CS5 插入文件域，必须手工在 HTML 文件内的“<form>”标签内增加语句“insert ENCTYPE="multipart/form-data"”，以保证可以正确引用文件。

9. 图像域的属性设置

图像域用来设置图像域内的图像，它的【属性】面板如图 4-12 所示，各选项的作用如下。

图 4-12　图像域的【属性】面板

- 【图像区域】：用来输入图像区域的名称。
- 【源文件】文本框与文件夹按钮：单击该按钮，打开一个对话框，用来选择图像文件。也可以在文本框内直接输入图像的路径与文件名。
- 【替换】：其文本框输入的文字会在鼠标指针移到图像上面时显示出来。
- 【对齐】：用来选定图像在浏览器中的对齐方式。
- 编辑图像按钮：单击此按钮，可以调出设定的图像编辑器，对图像进行加工。

10. 隐藏域的属性设置

隐藏域提供了一个可以存储表单主题和数据等的容器。在浏览器中看不到它，但处理表单的脚本程序时，其【属性】面板如图 4-13 所示，各选项的作用如下。

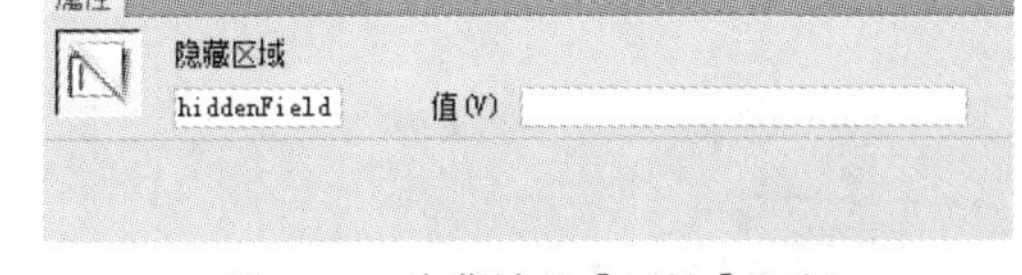

图 4-13　隐藏域的【属性】面板

- 【隐藏区域】：用来输入隐藏域的名称，以便于在程序中引用。
- 【值】：用来输入隐藏域的数值。

如果在加入隐藏域时没有显示图标，可选择【编辑】/【首选参数】菜单命令，打开【首选参数】对话框，在【分类】栏中选择【不可见元素】选项，然后单击选中【表单隐藏区域】复选框，单击 确定 按钮退出。

4.2　CSS 样式表

CSS 是“Cascading Style Sheet”的缩写，可以把它译为“层叠样式表”或“级联样式表”。CSS 是对以前的 HTML 语法的一次重大革新。在以前的版本中，各种功能都是通过标签元素来实现的，这就使得各个浏览器厂商为了标新立异而创建出各种只有自家支持的标签，各种标签互相嵌套才可以达到不同的效果。标签的层层嵌套使 HTML 源程序臃肿不堪，维护也很困难。而 CSS 则简化了 HTML 中各种烦琐的标签，使各个标签的属性更具有一般性和通用性，并且它扩展了原先的标签功能，能够实现更多的效果。CSS 样式表甚至超越了 Web 页面本身的显示功能，把样式扩展到多种媒体上，显示了难以抗拒的魅力。

CSS 是 DHTML（动态网页）的一部分，它成功地把“面向对象”的概念真正引入到 HTML 中，使其可以使用脚本程序（如 JavaScript、VBScript）调用和改变对象属性，从而使网页中的对象产生动态的效果，这在以前的 HTML 中是无法实现的。

4.2.1 创建 CSS 样式表

CSS 可以对页面布局、背景、字体大小、颜色、表格等属性进行统一的设置，然后再应用于页面各个相应的对象。

1.【CSS 样式】面板

选择【窗口】/【CSS 样式】菜单命令，打开【CSS】样式面板（也叫 CSS 样式表编辑器），如图 4-14 所示。其中各选项的作用如下。

- 【所有规则】：显示所有样式表的名称。如果显示“（未定义样式）”，表示没有样式。
- 【附加样式表】按钮：单击该按钮，可以打开一个【选择样式表文件】对话框，用来导入外部的样式表（文件的扩展名为“.CSS”）。
- 【新建 CSS 样式】按钮：单击该按钮，可以打开一个【新建 CSS 规则】对话框，如图 4-15 所示，利用它可以建立新的样式。

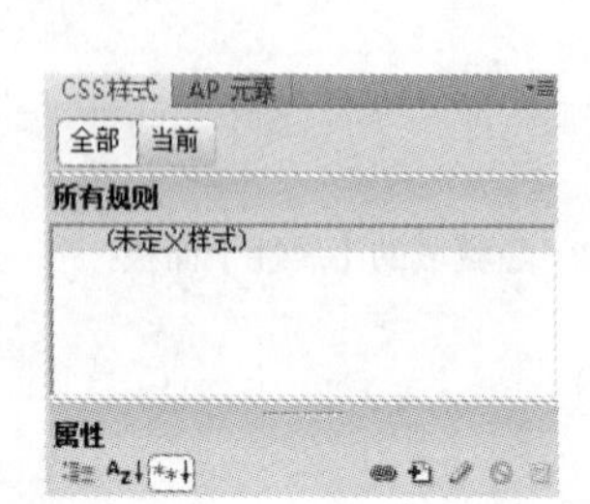

图 4-14 【CSS】样式面板

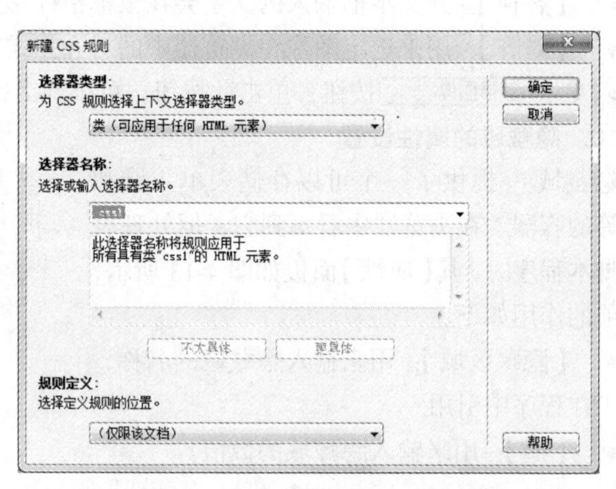

图 4-15 【新建 CSS 样式】对话框

- 【编辑样式】按钮：单击该按钮，可以打开一个能进行样式表编辑的对话框，利用该对话框可以对 CSS 样式表进行编辑（此对话框的结构与建立样式表的对话框类似，参见图 3-16）。
- 【删除 CSS 样式】按钮：单击该按钮，将删除选中的样式。

2. 创建 CSS 样式表

创建 CSS 样式表的操作步骤如下。

（1）在图 4-15 所示的【新建 CSS 规则】对话框中，选择【选择器类型】下拉列表内的第 1 个选项【类】，输入【名称】为“.CSS1”。

（2）单击该对话框中的 确定 按钮，即可关闭该对话框，并打开【保存样式表文件为】对话框。利用该对话框，输入 CSS 样式表名称，单击 保存(S) 按钮，将新建的空的 CSS 样式表保存。同时，会弹出【.CSS1 的 CSS 规则定义】对话框，如图 4-16 所示。利用该对话框可以进行样式表内各个对象属性的定义。

（3）定义完后，单击 确定 按钮，即可完成样式表的定义。此时，在【CSS】样式面板的显示窗口中，会显示出新创建的样式表的名称，如图 4-17 所示。

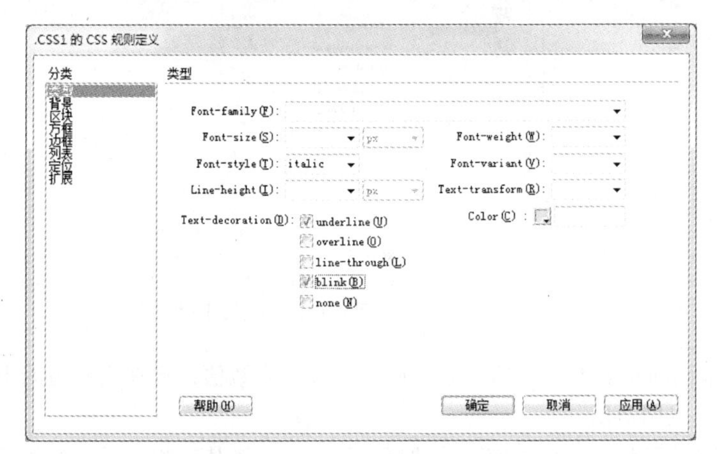

图 4-16　【.CSS1 的 CSS 规则定义】对话框

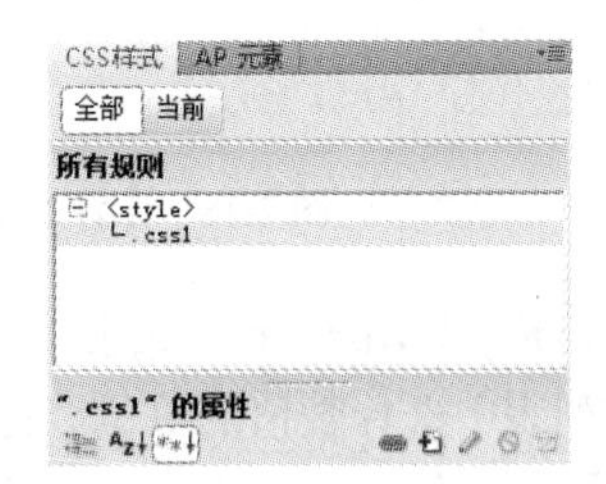

图 4-17　在面板中看到的新建立的样式表

4.2.2　定义 CSS 样式表

定义 CSS 样式表，就是设置 CSS 样式表的具体内容的过程，如字体设置、背景设置等。

1. 定义样式表中的文字属性

单击图 4-16 所示对话框左边【分类】栏中的【类型】选项，利用该对话框可以设置 CSS 样式的字体、大小、样式、颜色等。单击 应用(A) 按钮，可将设置的样式应用到页面中。

2. 定义样式表中的背景属性

单击图 4-16 所示的对话框左边【分类】栏中的【背景】选项，此时的【.CSS1 的 CSS 规则定义】对话框的【背景】栏如图 4-18 所示。

- 【Background-color】按钮与文本框：用来给选中的对象加背景色。
- 【Background-image】：用来设置选中对象的背景图像。在其下拉列表中有以下两个选项：

“none”：是默认选项，表示不使用背景图案；

“URL”：选择该选项，可以调出【选择图像源】对话框，利用该对话框，可以选择背景图像。

- 【Background-repeat】：用来设置背景图像的重复方式。在其下拉列表中有 4 个选项：“no-repeat”（只在左上角显示一幅图像）、“repeat”（沿水平与垂直方向重复）、“repeat-x”（沿水平方向重复）和“repeat-y”（沿垂直方向重复）。
- 【Background-attachment】：设置图像是否随内容的滚动而滚动。
- 【Background-position(X)】：用来设置图像与选定对象的水平相对位置。
- 【Background-position(Y)】：用来设置图像与选定对象的垂直相对位置。

要点提示　在【Background−position(X)】和【Background−position(Y)】下拉列表中，如果选择了“值”选项，则其右边的下拉列表框变为有效，可用来选择单位。

3. 定义样式表中的区块属性

单击图 4-16 所示对话框左边【分类】栏中的【区块】选项，此时对话框的【区块】栏如图 4-19 所示。该对话框中各选项的作用如下。

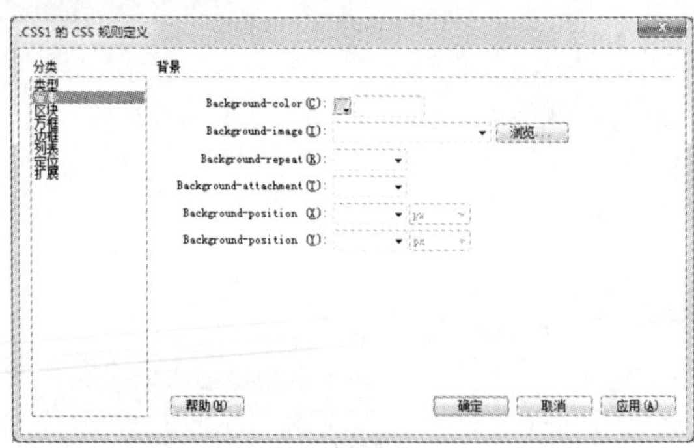

图 4-18 【背景】栏

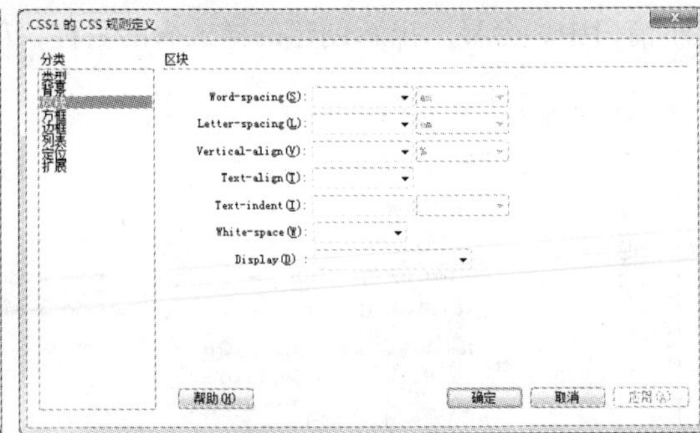

图 4-19 【区块】栏

● 【Word-spacing】：设定单词间距。选择“值”选项后，可以输入数值，再在其右边的下拉列表中选择数值的单位。此处可以用负值。

● 【Letter-spacing】：设定字母间距。选择“值”选项后，可以输入数值，再在其右边的下拉列表中选择数值的单位。此处可以用负值。

● 【Vertical-align】：可以设置选中的对象相对于上级对象或相对所在行在垂直方向的对齐方式。

● 【Text-align】：设置首行文字在对象中的对齐方式。

● 【Text-indent】：可输入文字的缩进量。

● 【White-space】：用来设置文本空白的使用方式。在下拉列表中，“normal”选项表示将所有的空白均填满，“pre”选项表示由用户输入时控制，“nowrap”选项表示只有加入
标记时才换行。

4．定义样式表中的方框属性

单击图 4-16 所示对话框左边【分类】栏中的【方框】选项，此时的对话框如图 4-20 所示。该对话框中各选项的作用如下。

● 【Width】：用来设置对象的宽度。在其下拉列表中有两个选项：“自动”（由对象自身大小决定）和“值”（由输入的数值决定）。在其右边的下拉列表中选择数字的单位。

● 【Height】：用来设置对象的高度。在其下拉列表中也有“自动”和“值”两个选项。

● 【Float】：允许文字环绕在选中对象的周围。

● 【Clear】：用来设定其他对象是否可以在选定对象的左右。

● 【Padding】栏：用来设置边框与其中的内容之间填充的空白间距，下拉列表框中应输入数值，在其右边的下拉列表框中选择数值的单位。

● 【Margin】栏：用来设置边缘的空白宽度，在下拉列表框中可输入数值或选择“自动”。

5．定义样式表中的边框属性

单击图 4-16 所示对话框左边【分类】栏中的【边框】选项，此时对话框右边的【边框】栏如图 4-21 所示。它用来对围绕所有对象的边框属性进行设置。

● 设置边框的宽度与颜色：该对话框内的上边有 4 行选项，分别为【Top】、【Right】、【Bottom】和【Left】边框。每行有 3 个下拉列表框和 1 个按钮。第 1 列用来设置边框的样式，第 2 列用来设置边框的宽度，第 3 列用来选择数值的单位，按钮和后面的文本框用来设置边框的颜色。边框的【Width】下拉列表中有 4 个选项。选择“thin”，用来设置细边框；选择“medium”，用来设置中等粗细的边框；选择“thick”，用来设置粗边框；选择“值”，用来输入边框粗细的数值，此时其右边的下拉列表框变为有效，可以选择单位。

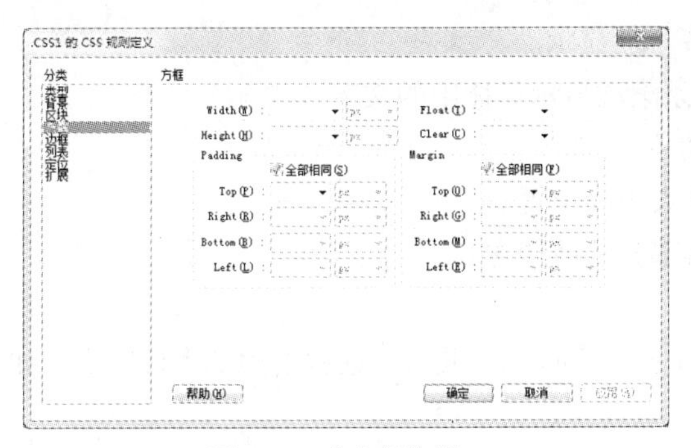

图 4-20 【方框】栏

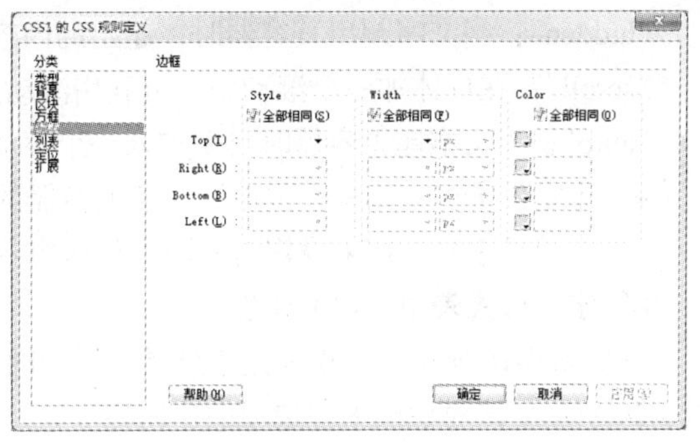

图 4-21 【边框】栏

- 【样式】：在此下拉列表中有 9 个选项。其中，“none”选项是取消边框，其他选项对应着一种不同的边框。边框的最终显示效果还与浏览器有关。

6. 定义样式表中的列表属性

单击图 4-16 所示对话框左边【分类】栏中的【列表】选项，此时对话框右边的【列表】栏如图 4-22 所示。该对话框中各选项的作用如下。

- 【List-style-type】：用来设置列表的标记，选择标记为序号（有序列表）或符号（无序列表）。该下拉列表中有 9 个选项，包括“circle”、“square”等。

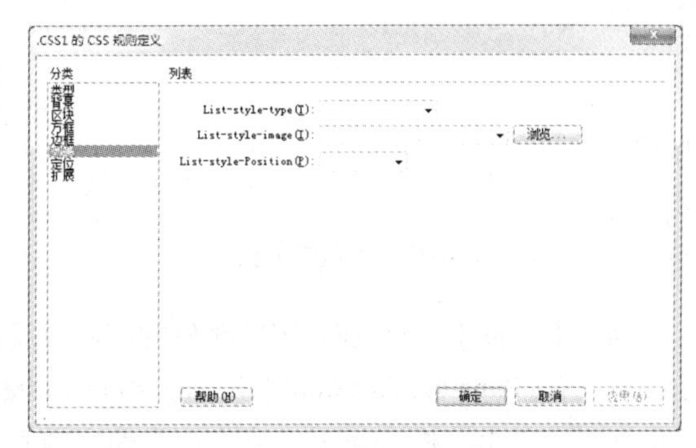

图 4-22 【列表】栏

- 【List-style-image】下拉列表框和按钮：该下拉列表中有“none”和“（URL）”两个选项。选择“none”选项后，不加图像标记；选择“（URL）”选项后，单击 浏览... 按钮，打开【选择图像源】对话框，利用它可选择图像，在列表行加入小的图标图案作为列表标记。
- 【List-style-image-position】：利用该下拉列表框设置列表标记的缩进方式。

7. 定义样式表中的定位属性

单击图 4-16 所示对话框左边【分类】栏中的【定位】选项，此时对话框右边的【定位】栏如图 4-23 所示。该对话框中各选项的作用如下。

- 【Position】：用来设置对象的位置，下拉列表中各选项的作用如下。

“absolute”：以页面左上角的坐标为基点。

“relative”：以母体左上角的坐标为基点。

“static”：按文本正常顺序定位，一般与“相对”定位一样。

- 【Visibility】：用来设置对象的可视性，下拉列表中各选项的作用如下。

“inherit”：选中的对象继承其母体的可视性。

“visible”：选中的对象是可视的。

“hidden”：选中的对象是隐藏的。

- 【Z-index】：用来设置不同层的对象的显示次序。在其下拉列表中有“自动”（按原显示次序）和“值”两个选项。选择后一项后，可输入数值，其数值越大，显示时越靠上。
- 【Overflow】：用来设置当文字超出其容器器时的处理方式，下拉列表中各选项的作用如下。

“visible”：当文字超出其容器器时仍然可以显示。

“hidden”：当文字超出其容器时，超出的内容不能显示。

“scroll”：在母体加一个滚动条，可利用滚动条滚动显示母体中的文字。

“auto”：当文本超出容器时自动加入一个滚动条。

- 【定位】栏：用来设置放置对象的容器的大小和位置。
- 【剪辑】栏：用来设定对象溢出母体容器部分的剪切方式。

8. 定义样式表中的扩展属性

单击图 4-16 所示对话框左边【分类】栏中的【扩展】选项，此时对话框右边的【扩展】栏如图 4-24 所示。该对话框中各选项的作用如下。

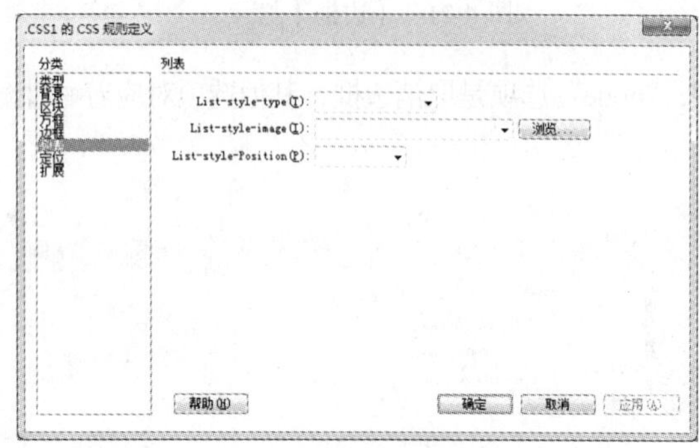

图 4-23 【定位】栏

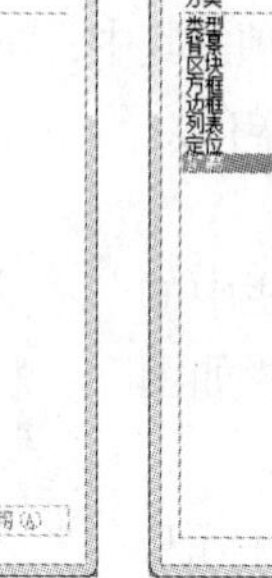

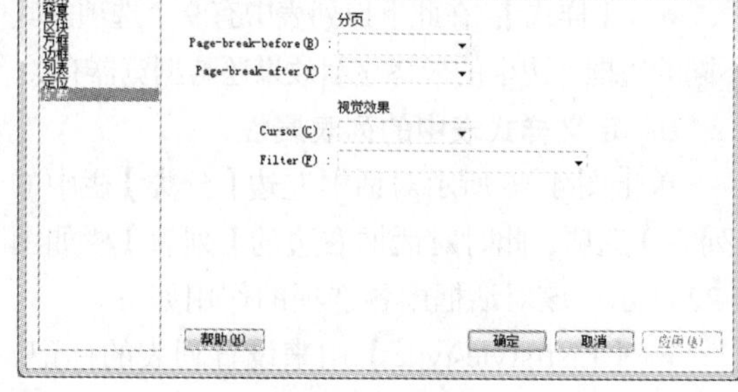

图 4-24 【扩展】栏

- 【分页】：用来在选定的对象的前面或后面强制加入分页符。一般浏览器均不支持此项功能。该栏有【Page-break-before】和【Page-break-after】两个下拉列表框，下拉列表中的选项有“auto”、“always”、“left” 和 “right”，它们用来确定插入分页符的位置。
- 【视觉效果】：利用该栏内的两个下拉列表框的选项，可使页面的显示效果更动人。

【Cursor】（即鼠标指针）：可以利用该下拉列表框中的选项，设置各种鼠标的指针形状。对于低版本的浏览器，不支持此项功能。

【Filter】（过滤器）：可以对图像进行滤镜处理，获得各种特殊的效果。

过滤器中几个常用滤镜的显示效果如下。

【Blur】（模糊）效果：选择该选项后，其选项内容为【Blur（Add=?，Direction=?，Strength=?）】，需要用户用数值取代其中的“？”，即给 3 个参数赋值。Add 用来确定是否在模糊移动时使用原有对象，取值“1”表示“是”，取值“0”表示“否”，对于图像一般选“1”。Direction 决定了模糊移动的角度，可在 0～360 内取值，表示 0°～360°。Strength 决定了模糊移动的力度。如果设置为 Blur（Add = 0，Direction = 45，Strength = 80），则图 4-25 所示的图像在浏览器中看到的是图 4-26 所示的样子。

【FlipH/FlipV】（翻转图像）效果：选择【FlipV】（垂直翻转图像）选项后，图 4-25 所示图像在浏览器中看到的是图 4-27 所示的样子。选择【FlipH】（水平翻转图像）选项后，图 4-25 所示图像在浏览器中看到的是图 4-28 所示样子。

【波浪】（Wave）效果和【蒙版】（Mask）效果：选择【波浪】（Wave）选项后，其选项内容为“Wave（Add = ?，Freq = ?，LightStrength = ?，Phase = ?，Strength = ?）”，用数值取代其中的“？”后的结果为 “Wave（Add = 0，Freq = 2，LightStrength = 2，Phase = 5，Strength = 10）”。图 4-25 所示图像在浏览器中看到的是图 4-29 所示的样子。

【X 光透视效果】效果：选择【X 光透视效果】（Xray）选项后，图 4-25 所示图像在浏览器中看到的是图 4-30 所示的样子。

图 4-25　原图

图 4-26　【Blur】滤镜处理

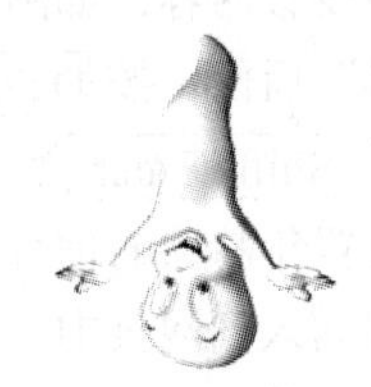

图 4-27　垂直翻转

图 4-28　水平翻转

图 4-29　波浪效果

图 4-30　X 光透视效果

4.3　应 用 实 例

本节通过两个实例分别演示表单和样式表的使用方法。

4.3.1　“网上报名表”网页

“网上报名表”网页在浏览器中的显示效果如图 4-31 所示，制作过程如下。

（1）新建一个网页文档，在网页文档的第一行创建一个 1 行 1 列的表格，将边框设置为 0，再输入居中对齐字体的文字“网上报名表”，并设置为粗体。

（2）将光标移到下一行，单击【插入】（表单）面板中的【表单】按钮，创建一个表单域，在表单域【属性】面板中将名字设定为【form1】。单击表单域内部，使光标出现。单击【插入】（表单）面板中的【文本字段】按钮，按照前文所介绍的方法添加一个文本字段表单对象。在弹出的对话框中设置用户名的标签和文本域的内容，如图 4-32 所示。

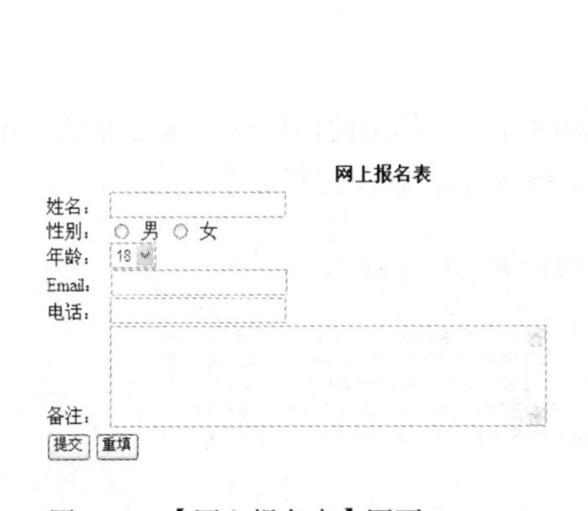

图 4-31　【网上报名表】网页

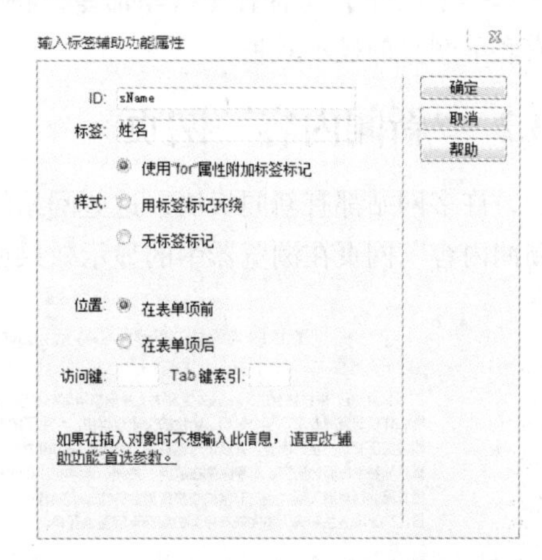

图 4-32　【输入标签辅助功能属性】对话框

（3）按Shift+Enter组合键另起一行，然后输入“性别:”，单击表单面板中的图标，在弹出的对话框中设置内容，如图4-33所示。单击确定按钮，单选按钮组被加入到表单中，将光标定位到“男”后面，按Delete键，使两个单选按钮处于同一行。

（4）按Shift+Enter组合键另起一行，单击【表单】面板中的【列表/菜单】按钮，在弹出的对话框中设置年龄项的信息，如图4-34所示。单击图4-32中的确定按钮，一个针对年龄的下拉列表框被插入到网页中。然后，单击选中此列表框，在【属性】面板中单击【列表值】按钮，按照前面介绍的方法添加6个项目，标签分别为18、19、20、21、22、23，其对应值与标签相等。

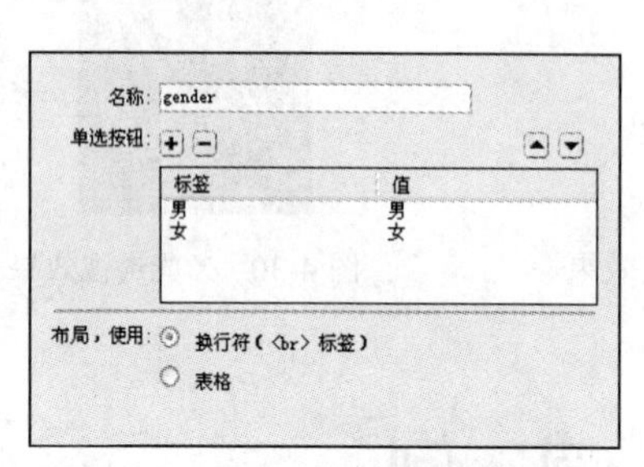

图4-33　性别单选按钮组的设置

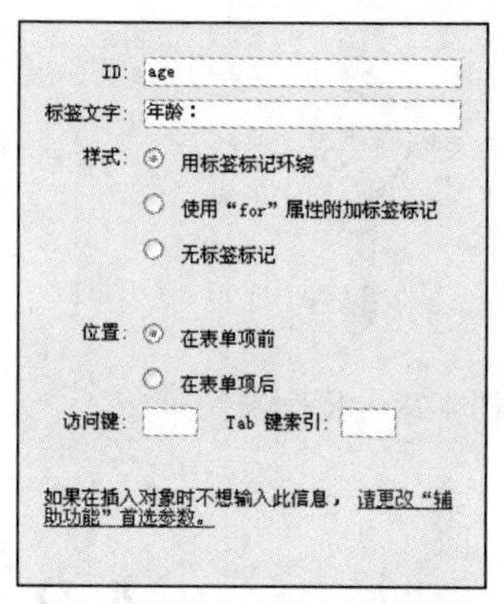

图4-34　年龄下拉列表的设置

（5）使用与加入“姓名”项同样的方法加入邮箱和电话项。它们的ID分别设置为“Email”和“tel”，标签分别设置为“Email:”和“电话:”。

（6）按Shift+Enter组合键另起一行，单击【表单】面板中的【文本区域】按钮，加入文本区域，ID设置为“memo”，标签设置为“备注”。

（7）按Shift+Enter组合键另起一行，单击【插入】（表单）面板中的按钮，分别插入两个按钮表单对象。利用它的【属性】面板，分别设置按钮的ID为“submit”和“reset”。

- 对于第1个按钮，在【标签】文本框中输入按钮上的文字“提交”，在【动作】栏单击选中【提交表单】单选项。
- 对于第2个按钮，在【标签】文本框中输入按钮上的文字“重置”，在【动作】栏单击选中【重设表单】单选项。

（8）选择【文件】/【保存】菜单命令，将网页文档保存为“4_1.html”，按F12键，在浏览器中查看表单网页的显示效果。

4.3.2　“新闻内容”网页

目前，许多网站都有新闻板块，这些网站的新闻内容页，都是使用样式表来控制的。本例制作的“新闻内容”网页在浏览器中的显示效果如图4-35所示。制作过程如下。

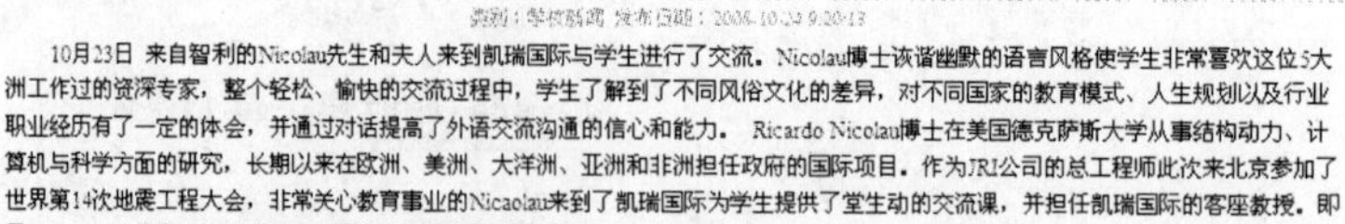

【JRI公司的总工程师Ricardo Nicolau博士携夫人来校访问，与在校学生亲切交流】

10月23日 来自智利的Nicolau先生和夫人来到凯瑞国际与学生进行了交流。Nicolau博士诙谐幽默的语言风格使学生非常喜欢这位5大洲工作过的资深专家，整个轻松、愉快的交流过程中，学生了解到了不同风俗文化的差异，对不同国家的教育模式、人生规划以及行业职业经历有了一定的体会，并通过对话提高了外语交流沟通的信心和能力。 Ricardo Nicolau博士在美国德克萨斯大学从事结构动力、计算机与科学方面的研究，长期以来在欧洲、美洲、大洋洲、亚洲和非洲担任政府的国际项目。作为JRI公司的总工程师此次来北京参加了世界第14次地震工程大会，非常关心教育事业的Nicaolau来到了凯瑞国际为学生提供了堂生动的交流课，并担任凯瑞国际的客座教授。即日，Nicolau先生和夫人将完成在中国的事务返回圣地亚哥。

图4-35　“新闻内容”网页在浏览器中的显示效果

（1）首先制作一个普通的“新闻内容”网页。然后单击样式面板中的“添加样式表”按钮，在弹出的【新建 CSS 规则】对话框中，设置如图 4-36 所示。单击 确定 按钮后，在随后弹出的对话框中，设置精细为“粗体”，颜色为“#003399”，【区块】中的文本对齐为“居中”，宽度为“100%”，高为“30px”。下边框设置为虚线、1px，颜色为#CCC，确定后此样式用于控制新闻的标题样式。

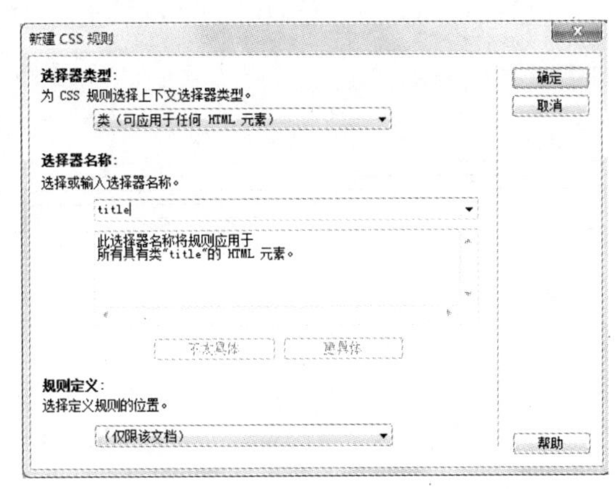

图 4-36　【新建 CSS 规则】对话框

（2）使用同样的方法，再建立两个样式“catalog”和“content”，分别用来控制新闻的类别和内容的样式。其中，catalog 的宽度为“100%”，对齐方式为“居中”，字体大小为“12px”，颜色为“#99”。Content 的宽度为“98%”，溢出设置为【隐藏】，行高设置为“22px”，字体大小为“14px”。

（3）在建立的网页中插入一个 3 行 1 列的表格，在第 1 行的单元格中输入“【JRI 公司的总工程师 Ricardo Nicolau 博士携夫人来校访问，与在校学生亲切交流】”，在第 2 行的单元格中输入“类别：学校新闻发布日期：2008-10-24 9:20:13”，在第 3 行的单元格中输入相应的文字，注意开头要空两格。

（4）选中第 1 行，在【属性】面板中将样式设置为“title”，使用同样的方法分别将第 2 行和第 3 行的样式设置为“catalog”和“content”。

（5）将本页面保存为“4_3.html”，按 F12 键，在浏览器中查看表单网页的显示效果。

小　　结

表单是实现网页交互的通用方法，而 CSS 可通过控制 HTML 标记的方式实现对网页界面的美化和控制。本章对表单和 CSS 的基本知识做了系统地讲解，并通过两个实例，说明了表单和 CSS 的使用方法。

习　　题

1. 什么是表单、表单域及表单对象？如何创建一个表单域？怎样在表单域中创建表单对象？
2. 表单对象的【属性】面板中都有一个【名称】文本框，它的作用是什么？
3. 使用 CSS 样式表和 HTML 样式表有什么好处？它们有什么相同点和不同点？
4. 验证 CSS 样式表【.CSS1 的 CSS 规则定义】对话框【扩展】栏中各种滤镜的作用。
5. 创建一个 CSS 样式表，并将它用于网页。创建一个 HTML 样式表，并将它用于网页。
6. 制作一个有“通讯录”表单的网页。要求可以在“通讯录”表单中输入姓名，选择性别、职称、爱好、学历，输入家庭地址、电话号码、身份证号码、邮编、E-mail、手机号码等。

第 5 章 行为和命令

在网页中合理地使用行为，可以实现许多实用的动画效果，从而使网页变得活泼、生动，使浏览者流连忘返。在 Dreamweaver 中，用户可以非常方便地向网页及其对象添加行为，可以非常高效地实现预期效果，本章将详细地讲解行为的使用。

命令是 Dreamweaver 中的一些实用工具，使用命令可以非常方便地制作网页。使用“命令”可以实现对页面中的多余 HTML 标记的清理，可以实现网页相册的制作以及可以实现一些动画效果。本章将以“相册制作”和“自定义命令”为例讲解命令的使用。

【学习目标】

- 了解【行为】面板的功能。
- 掌握成功创建各种常用行为的方法。
- 学会使用 Dreamweaver CS5 内置命令。

5.1 【行为】面板与动作设置

行为是动作和事件的组合。动作就是计算机系统的一个响应，如弹出一个提示框，执行一段程序或一个函数，播放声音或影片等。动作通常是由预先编写好的 JavaScript 程序脚本实现的，Dreamweaver CS5 自带了一些动作的 JavaScript 程序脚本，可供用户直接调用。用户也可以自己用 JavaScript 语言编写 JavaScript 程序脚本，创建新的行为。

事件是指引发动作产生的事情，如鼠标移到某对象上，鼠标单击某对象，【时间轴】面板中的回放头播放到某一帧等。要创建一个行为，就是要指定一个动作，再确定触发该动作的事件。有时，某几个动作可以被相同的事件触发，则需要指定动作发生的顺序。

Dreamweaver CS5 采用了【行为】面板，来完成行为中的动作和事件的设定，从而实现动态交互效果。

5.1.1 【行为】面板

下面介绍【行为】面板的使用方法与【行为】面板中各按钮与列表框的作用。

1. 调出【行为】面板

选择【窗口】/【行为】菜单命令或按 Shift + F4 组合键，即可打开【行为】面板，如图 5-1 所示。

2. 选择行为的目标对象

单击选中图像或用鼠标拖曳选中文字等，即可选择行为的目标对象。也可以单击网页编辑窗口左下角状态栏中的标记，如要选中整个页面窗口，可单击<body>标记，还可以单击页面空白处，再按 Ctrl + A 组合键。

选中不同的对象后，【行为】面板上标题栏的名称会随之发生变化，它将显示行为的对象名称，如选择整个页面窗口后，行为面板标题栏的名称如图 5-1 所示。

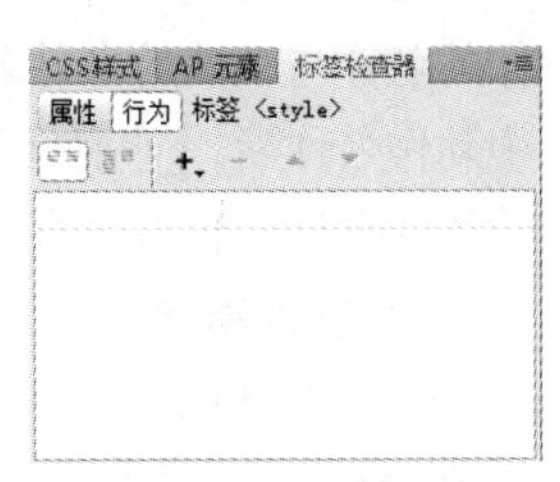

图 5-1 【行为】面板

3. 选择动作

单击【行为】面板中的 + 按钮，弹出动作名称菜单，其作用如表 5-1 所示。选择某一个动作名称，即可进行相应的动作设置。

表 5-1　动作名称及动作的作用

序　号	动作的英文名称	动作的中文名称	动作的作用
1	Swap Image	交换图像	交换图像
2	Popup Message	弹出信息	弹出消息栏
3	Swap Image Restore	恢复交换图像	恢复交换图像
4	Open Browser Window	打开浏览器窗口	打开新的浏览器窗口
5	Drag Layer	拖动层	拖曳层到目标位置
6	Control Shockwave or Flash	控制 Shockwave 或 Flash	控制 Shockwave 或 Flash 影像
7	Play Sound	播放声音	播放声音
8	Change Property	改变属性	改变对象的属性
9	Show-Hide Layers	显示-隐藏层	显示或隐藏层
10	Show-Menu	显示弹出菜单	为图像添加弹出菜单
11	Check Plugin	检查插件	检查浏览器中已安装插件的功能
12	Check Browser	检查浏览器	检查浏览器的类型和型号，以确定显示的页面
13	Validate Form	检查表单	检查指定的表单内容的数据类型是否正确
14	Set Nav Bar Image	设置导航条图像	设置引导链接的动态导航条图像按钮
15-1	Set Text of Layer	设置文本（设置层文本）	设置层中的文本
15-2	Set Text of Frame	设置文本（设置框架文本）	设置框架中的文本
15-3	Set Text of Text Field	设置文本(设置文本域文字)	设置表单域内文字框中的文字
15-4	Set Text of Status Bar	设置文本(设置状态条文本)	设置状态栏中的文本
16	Call JavaScript	调用 JavaScript	调用 JavaScript 函数
17	Jump Menu	跳转菜单	选择菜单实现跳转
18	Jump Menu Go	跳转菜单开始	选择菜单后单击【Go】按钮实现跳转
19	Go To URL	转到 URL	跳转到 URL 指定的网页
20	Preload Images	预先载入图像	预装载图像，以改善显示效果
21	Get More Behaviors…	获得更多行为	上网，获得更多行为（不属于动作）

要点提示

对于不同的浏览器，可以使用的动作也不一样，版本低的浏览器可以使用的动作较少。当选定的对象不一样时，动作名称菜单中可以使用的动作也不一样。

动作设置完成后，在【行为】面板的列表框中会显示出动作的名称与默认的事件名称，如图5-2所示。可以看出，在选中动作名称后，【事件】栏（这里选择的动作名称是onload）中默认的事件名称右边有一个▼按钮。

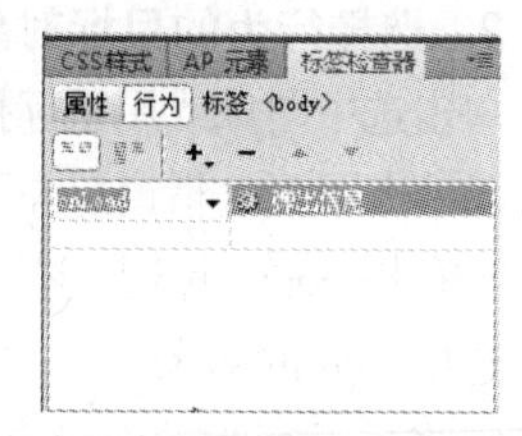

图5-2 选择动作后的【行为】面板

4. **选择事件**

（1）用户如果想要更改系统给定的默认事件，可单击【事件】栏中默认的事件名称右边的▼按钮，打开事件名称菜单。在此菜单中列出了该对象可以使用的所有事件。

（2）各个事件所能作用的对象及事件的作用如表5-2所示。

表5-2 事件名称菜单中各个事件所能作用的对象及事件的作用

序号	事件名称	事件可以作用的对象	事件的作用
1	OnAbort	图像、页面等	中断对象载入操作时
2	onAfterUpdate	图像、页面等	对象更新之后
3	onBeforeUpdate	图像、页面等	对象更新之前
4	onFocus	按钮、链接、文本框等	当前对象得到输入焦点时
5	onBlur	按钮、链接、文本框等	焦点从当前对象移开时
6	onClick	所有对象	单击对象时
7	onDblClick	所有对象	双击对象时
8	onError	图像、页面等	载入图像等当中产生错误时
9	onHelp	图像等	调用帮助时
10	onLoad	图像、页面等	载入对象时
11	onMouseDown	链接图像、文字等	在热字或图像处按下鼠标左键时
12	onMouseUp	链接图像、文字等	在热字或图像处鼠标左键弹起时
13	onMouseOver	链接图像、文字等	鼠标指针移入热字或图像区域时
14	onMouseOut	链接图像、文字等	鼠标指针移出热字或图像区域时
15	onMouseMove	链接图像、文字等	鼠标指针在热字或图像上移动时
16	onReadyStateChange	图像等	对象状态改变时
17	onKeyDown	链接图像、文字等	当焦点在对象上，按键处于按下状态时
18	onKeyPress	链接图像、文字等	当焦点在对象上，按键按下时
19	onKeyUp	链接图像、文字等	当焦点在对象上，按键抬起时
20	onSubmit	表单等	表单提交时
21	onReset	表单等	表单重置时
22	onSelect	文字段落、选择框等	选定文字段落或选择框内某项时
23	onUnload	主页面等	当离开此页时
24	onResize	主窗口、帧窗口等	当浏览器内的窗口大小改变时
25	onScroll	主窗口、帧窗口、多行输入文本框等	当拖曳浏览器窗口的滚动条时
26	onRowEnter	Shockwave 等	以行进入时
27	OnRowExit	Shockwave 等	以行退出时

（3）如果出现带括号的事件，则该事件是链接对象，使用它们时，系统会自动在【行为】面板列表框内显示的事件名称前面增加一个“#”号，表示空链接。

5．其他操作

（1）单击选中【行为】面板列表框内的某一个行为项（即动作和事件）时，再单击 - 按钮，即可删除选中的行为项。

（2）单击选中行为项后，单击▲按钮，可以使选中的行为执行次序提前；单击选中行为项后，单击▼按钮，可以使选中的行为执行次序推后。

6．显示所有事件

单击【显示所有事件】按钮，在【行为】面板中将显示出此对象所能使用的所有事件，如图 5-3 所示。单击【显示设置事件】按钮，在【行为】面板中只显示已经使用的事件（见图 5-2）。

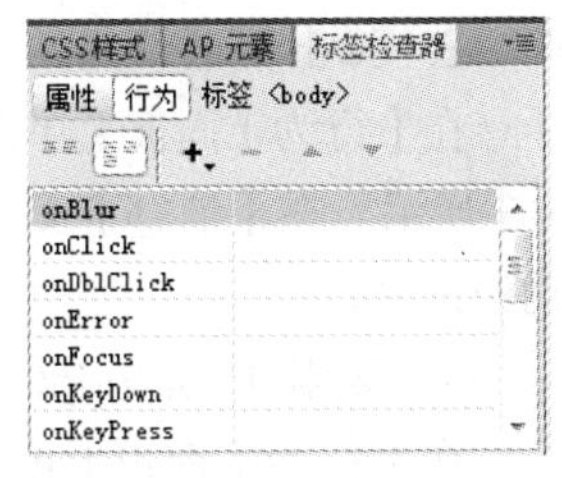

图 5-3　选择【显示所有事件】后的行为面板

5.1.2　动作设置

与前面几个版本比较，Dreamweaver CS5 取消了以下行为功能：播放声音、控制 Shockwave 或 SWF、显示弹出菜单、预先载入图像、设置导航栏图像等。

1．设置文本

在【行为】面板上单击 +. 按钮，选择【设置文本】动作名称，可以设置不同区域的显示文本，此处选择【设置状态栏文本】，将弹出如图 5-4 所示的对话框。在添加该行为前需要选中一个对象，、如一幅图片，在文本框中输入需要在状态栏中显示的文字，单击 确定 按钮，即可完成动作设置。如果选中了一幅图片添加行为，可以在事件中选择"onMouseOver"，这样在预览网页时，当鼠标经过该图片时，状态栏就会显示设置的文字。

2．打开浏览器窗口

在【行为】面板上单击 +. 按钮，选择【打开浏览器窗口】动作名称，打开【打开浏览器窗口】对话框，如图 5-5 所示。该对话框中各选项的作用如下。

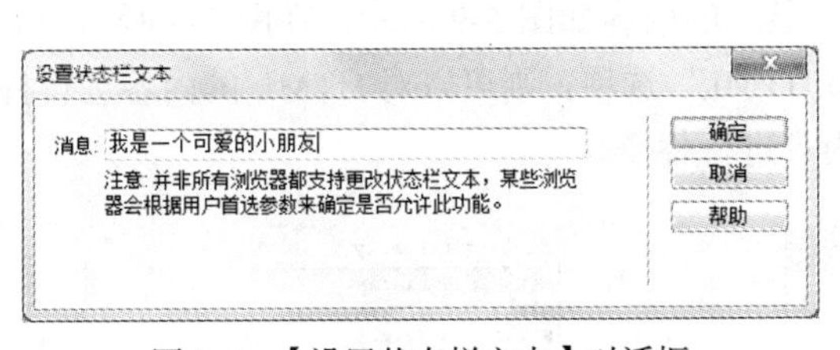

图 5-4　【设置状态栏文本】对话框

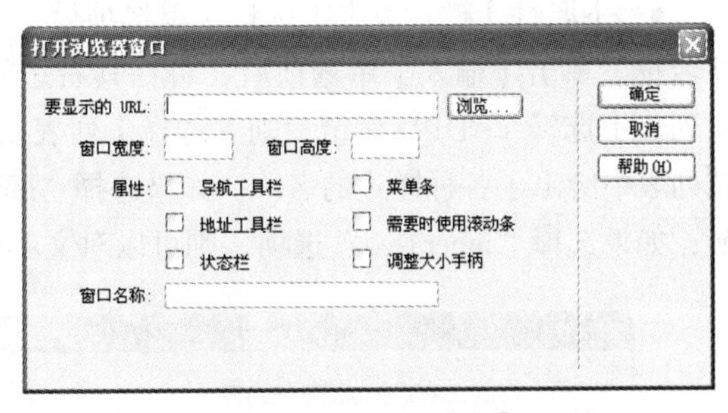

图 5-5　【打开浏览器窗口】对话框

- 【要显示的 URL】：定义要打开的网页文件。
- 【窗口宽度】与【窗口高度】：设定浏览器窗口的宽度和高度。
- 【属性】栏：用来定义浏览器窗口的属性。

  选中【导航工具栏】复选框，表示要显示浏览器的导航工具栏。

  选中【菜单条】复选框，表示要显示浏览器的主菜单。

  选中【地址工具栏】复选框，表示要显示浏览器的地址栏。

  选中【需要时使用滚动条】复选框，表示根据需要给浏览器的显示窗口加滚动条。

选中【状态栏】复选框，表示给浏览器的显示窗口下边加状态栏。

选中【调整大小手柄】复选框，表示可以用鼠标拖曳调整浏览器显示窗口的大小。

- 【窗口名称】：在文本框中输入新的浏览器窗口的名称。

3. 弹出信息

在【行为】面板上单击 +. 按钮，选择【弹出信息】动作名称，打开【弹出信息】对话框，如图5-6所示。在【消息】文本框中输入弹出的对话框内要显示的文字。单击 确定 按钮，即可完成动作设置。

4. 调用 JavaScript

在【行为】面板上单击 +. 按钮，选择【调用 JavaScript】动作名称，打开【调用 JavaScript】对话框，如图5-7所示。在该对话框的【JavaScript】文本框中输入 JavaScript 函数，再单击 确定 按钮，即可完成动作设置。

图5-6 【弹出信息】对话框

图5-7 【调用 JavaScript】对话框

JavaScript 函数可以是系统自带的，也可以是用户自己编写的。

5. 改变属性

在【行为】面板上单击 +. 按钮，选择【改变属性】动作名称，打开【改变属性】对话框，如图5-8所示。

- 【元素类型】：在其下拉列表中选择对象在 HTML 文件中所用的标记。
- 【元素 ID】：在其下拉列表中选择对象的名字。对象的名字是在它的属性栏内输入的。
- 【属性】栏：单击【选择】单选项后，可选择要改变对象的属性名字，即它的标识符属性名称。单击【输入】单选项后，可在其右边的文本框中输入属性名字，如在【元素类型】下拉列表中选择了<DIR>标记，则【选择】列表框中显示的内容如图5-9所示。在图5-9所示的下拉列表中给出了各种样式的名称。如果选择“innerHTML”选项，则可以对 HTML 的内容进行替换；如果选择“innerText”选项，则可以对文本内容进行替换。

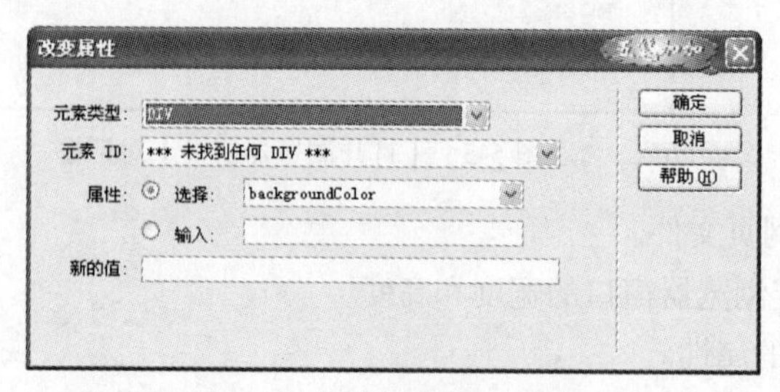

图5-8 【改变属性】对话框

图5-9 选择<DIR>标记后的【属性】列表框

- 【新的值】：用于输入属性的新值。

6. 恢复交换图像

【恢复交换图像】这一动作的作用是恢复交换的图像。单击选择该动作名称后，会打开【恢复交换图像】提示框，如图 5-10 所示。单击 确定 按钮，即可完成恢复图像动作的设置。通常它与交换图像动作配合使用。

7. 检查表单

如果用户建立了一个表单域，名为“form1”，再在表单域内创建 3 个文本框，名字分别为“textfield1”、“textfield2” 和 “textfield3”。然后，选择表单域，再单击选择该动作名称，即可打开如图 5-11 所示的【检查表单】对话框。利用该对话框，可以检查指定的表单内容的数据类型是否正确。

图 5-10　【恢复交换图像】提示框

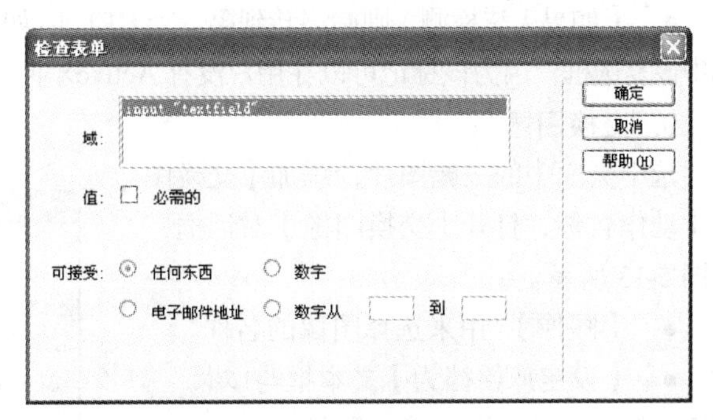

图 5-11　【检查表单】对话框

利用【检查表单】对话框，可以对表单内容进行检查条件的设置。在用户提交表单内容时，系统先根据设置的条件，检查提交的表单内容是否符合要求。如果符合要求，则上传到服务器，否则显示错误提示信息。该对话框中各选项的作用如下。

- 【域】：该列表框中列出网页内表单对象的名称，可以选择其中的一个进行下面的设置。设置完后，可以选择另外一个，再进行下面的设置。
- 【值】：选中该复选框后，表示文本框内不可以是空的。
- 【可接受】栏：用来选择接收内容的类型，各选项的含义如下。

  【任何东西】：表示接收不为空的任何内容。

  【数字】：表示接收的内容只可以是数字。

  【电子邮件地址】：表示接收的内容只可以是电子邮件地址形式的字符串。

  【数字从】：用来限定接收的数字范围。其右边的两个文本框用来输入起始数值和终止数值。

8. 检查插件

在网页中有时会使用一些需要外部插件才能观看的动态效果（如 Shockwave、Flash、QuickTime、LiveAudio、Windows Media Players 等）。如果浏览器中没有安装相应的插件，则会显示出空白。此时，为了不出现空白，可以使用该动作进行检测。单击选择该动作名称后，会打开【检查插件】对话框，如图 5-12 所示。利用该对话框，可以增加检查浏览器中已安装插件的功能。

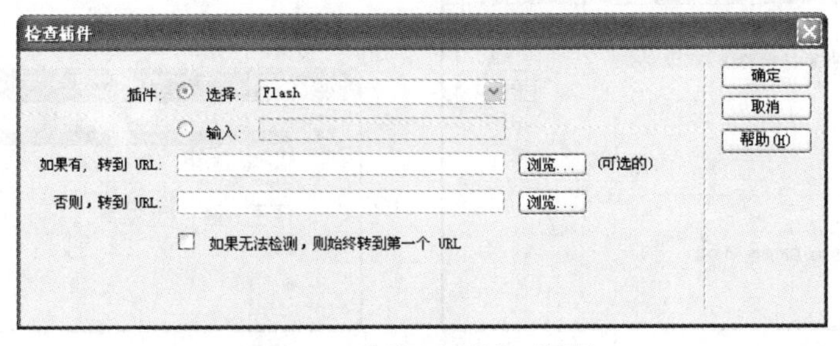

图 5-12　【检查插件】对话框

- 【插件】栏：在【选择】下拉列表框中选择要检测的插件名称，也可以在【输入】文本框中输入列表框内没有的插件名称。
- 【如果有，转到 URL】：对有该插件的浏览器，跳转到该文本框内 URL 指示的网页。网页文件可通过单击浏览...按钮后选择网页文档。
- 【否则，转到 URL】：对没有该插件的浏览器，跳转到该文本框内 URL 指示的网页。网页文件也可通过单击浏览...按钮后选择网页文档。
- 【如果无法检测，则始终转到第一个 URL】：如果使用的是<OBJECT>和<EMBED>标记，需选中该复选框。因为该标记可以在用户没有 ActiveX 控件的情况下会自动下载。

9. 交换图像

选中页面中的一幅图片，添加【交换图像】动作名称，打开【交换图像】对话框，如图 5-13 所示。

- 【图像】：用来选择图像的名称。
- 【设定原始档为】文本框与浏览...按钮：输入或选择要更换的图像。
- 【预先载入图像】：选择该复选框后，可以预载入图像，使网页的显示更流畅。

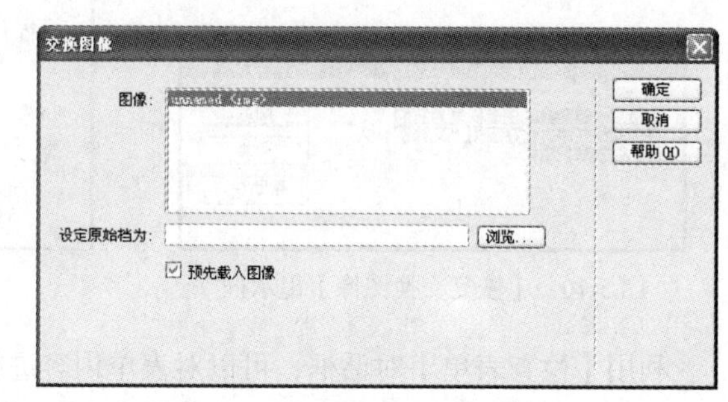

图 5-13 【交换图像】对话框

10. 跳转菜单

在表单域内创建跳转菜单，单击选择该动作名称，打开【跳转菜单】对话框，如图 5-14 所示。该对话框中各选项的作用如下。

- 【菜单项】：显示菜单选项的名称和目标地址。可以在此增加和删除菜单选项以及调整菜单选项的显示次序。
- 【文本】：输入菜单选项的名称。
- 【选择时，转到 URL】文本框与浏览...按钮：选择与选定的菜单选项相链接的网页文件。
- 【打开 URL 于】：该下拉列表中的选项是所有框架的名称，可以单击选择一个框架名字，以确定在哪个框架内显示网页内容。
- 【更改 URL 后选择第一个项目】：选择该复选框，表示在打开新页面后，使菜单中选中的菜单选项为第 1 项。

11. 显示-隐藏层

选中创建的层，选择【显示-隐藏层】动作名称，打开【显示-隐藏层】对话框，如图 5-15 所示。

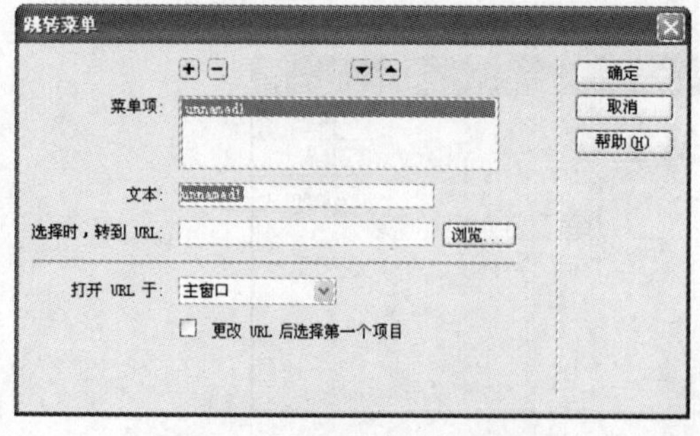

图 5-14 【跳转菜单】对话框

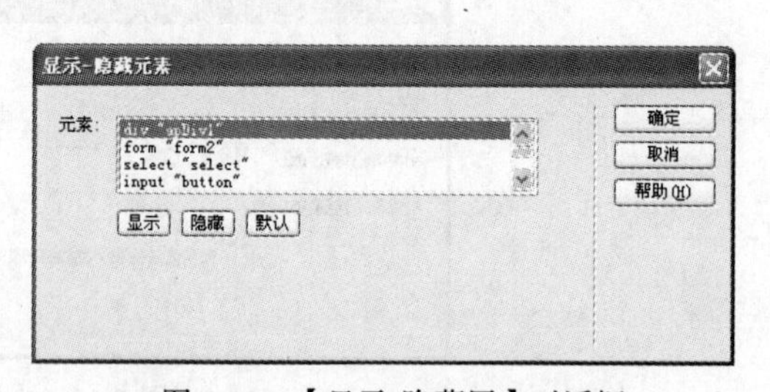

图 5-15 【显示-隐藏层】对话框

如果要设置层为显示状态，单击【元素】列表框中的名称，再单击显示按钮，此时【元素】列表框内选中的层名称右边会出现“(显示)”文字。

如果要设置层为不显示状态，则单击隐藏按钮。单击默认按钮后，可将层的显示与否设置为默认状态。

5.2　命　　令

命令为用户的一些常用操作提供了非常方便的解决方案，使用命令可以大大地简化操作步骤。

5.2.1　清除 HTML 无效标记

HTML 文件中往往有许多无效代码，无效代码不但会增加文件的体积，而且还有可能造成显示错误。尽管 Dreamweaver 在无效代码的控制上非常出色，但仍然有可能使网页中出现多余的代码，这时就可以使用清除 HTML 无效标记的命令简化代码，删除多余的部分。

选择【命令】/【清理 HTML】菜单命令，打开【清理 HTML/XHTML】对话框，如图 5-16 所示。【移除】栏有 5 个复选框，用来决定是否去除相关的 HTML 标记。【选项】栏中的复选框用来确定是否尽可能合并<font>标记和是否显示记录。

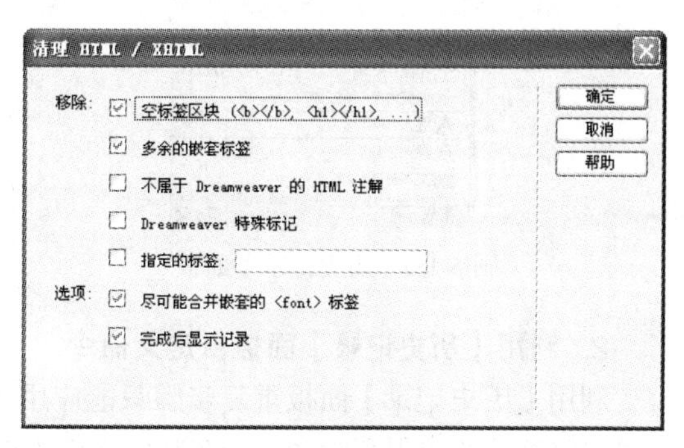

图 5-16　【清理 HTML/XHTML】对话框

5.2.2　优化图像

选择【命令】/【优化图像】菜单命令，打开【优化图像】对话框，如图 5-17 所示。利用它可以方便地对图像的格式、品质进行控制，还可以对图像进行平滑、锐化处理，以及对图像的裁剪操作。

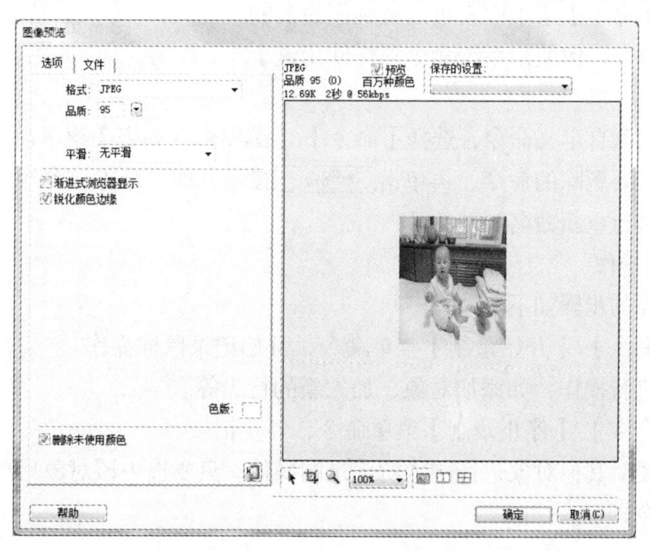

图 5-17　【优化图像】对话框

5.2.3 自定义命令

除了可以使用系统内置的命令外，用户还可以利用自定义的方法将历史记录保存为命令。

1.【历史记录】面板

【历史记录】面板记录了用户的每一步操作，如图 5-18 所示。利用该面板可以撤销一些操作，如需要返回第 1 步操作后的效果时，只需将【历史记录】面板左侧的指针拖动至第 2 步即可。还可以通过【历史记录】面板重复一系列操作，方法如下。

（1）按住 Ctrl 键，单击【历史记录】面板中的两条需要重复的步骤，如图 5-19 所示。

（2）在页面窗口中选择需要执行这些步骤的对象。

（3）单击【历史记录】面板中的 重放 按钮，Dreamweaver 会自动执行选定的两步操作。

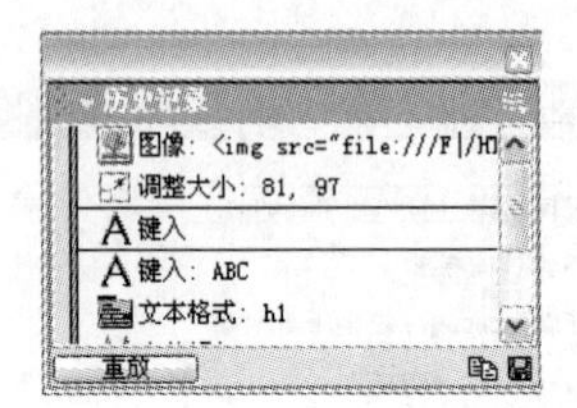

图 5-18 【历史记录】面板

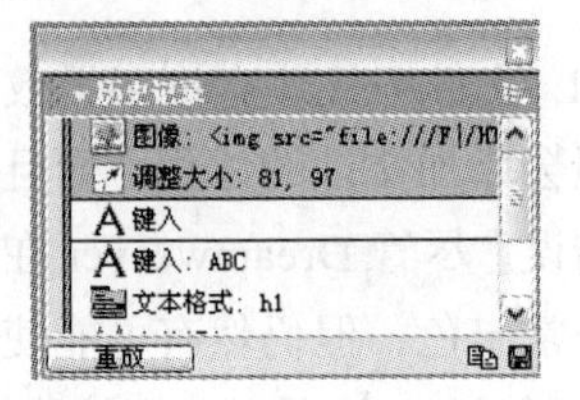

图 5-19 选择两步操作

2. 利用【历史记录】面板自定义命令

利用【历史记录】面板重复步骤只能应用于同一个文件内的对象，如果要应用到其他文件，则可以将这些步骤保存为命令，在其他文件中即执行【命令】菜单中的相应命令，调用这些步骤。利用【历史记录】面板自定义命令的方法如下。

（1）按住 Ctrl 键，单击【历史记录】面板中需要保存的步骤。

（2）单击【历史记录】面板右下角的将选定步骤保存为命令按钮，打开【保存为命令】对话框，如图 5-20 所示。在其中的文本框中输入命令的名称，单击 确定 按钮。

图 5-20 【保存为命令】对话框

（3）这时在【命令】菜单中就可以看到刚命名的菜单命令，以后就可以像使用系统命令那样使用这个自定义命令了。

（4）如果要删除自定义命令，选择【命令】/【编辑命令列表】菜单命令，打开【编辑命令列表】对话框。选中要删除的命令，再单击 删除(D) 按钮，即可删除该命令。利用该对话框也可以对自定义的命令进行重新命名。

3. 记录鼠标操作

记录鼠标操作的步骤如下。

（1）选择【命令】/【开始录制】菜单命令，开始记录鼠标操作。

（2）用鼠标进行操作，如添加对象、加入新的行为等。

（3）选择【命令】/【停止录制】菜单命令，停止记录。

（4）如果需要对其他对象进行刚才所记录的操作，只要选中该对象后单击【命令】/【播放录制命令】菜单命令即可。

5.3 应 用 实 例

在网站开发中，行为是非常方便的工具。本节通过两个实例将进一步介绍行为的使用。

5.3.1　带跳转菜单的网页

跳转菜单就相当于在菜单域的基础上又增加了一个按钮，但是一旦在文档中插入了跳转菜单，就无法再对其进行修改了。如果要修改，只能将菜单删除，然后再重新创建一个，这样做非常麻烦。而 Dreamweaver 所设置的跳转菜单行为，其实就是为了弥补这个缺陷，下面通过实例来进一步说明。

（1）选择【插入】（表单）面板中的按钮，打开【插入跳转菜单】对话框，设置跳转菜单的各个选项，如图 5-21 左图所示，单击 确定 按钮插入一个跳转菜单，如图 5-21 右图所示。

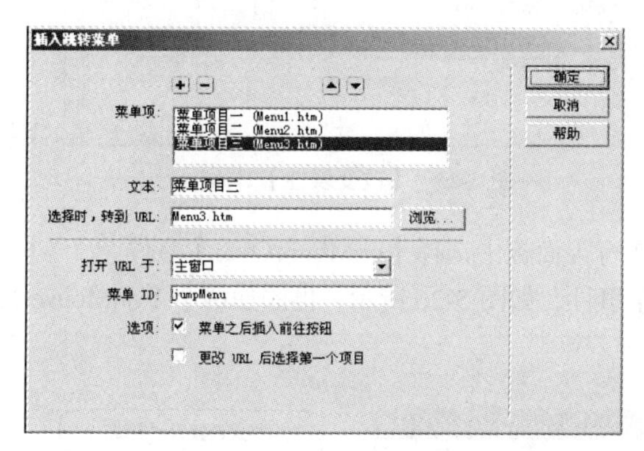

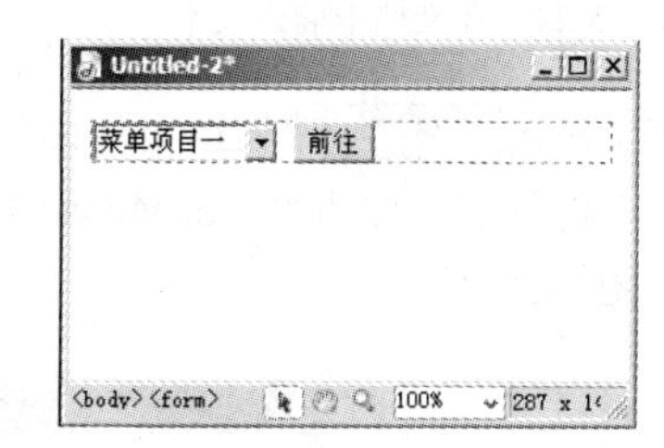

图 5-21　【插入跳转菜单】对话框

（2）分别选定菜单域和 前往 按钮，在行为面板上将出现相应的事件和动作，如图 5-22 所示。

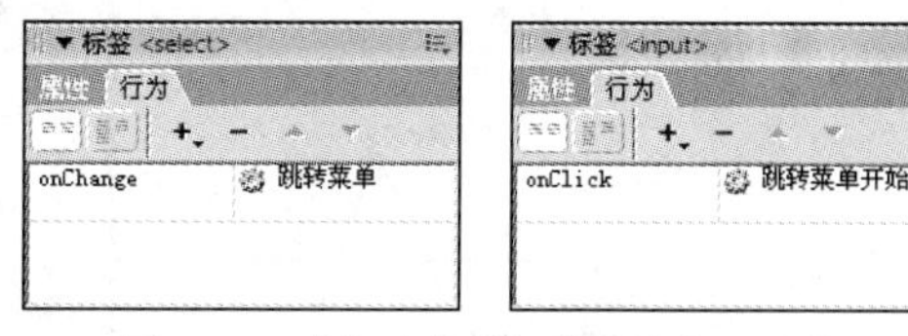

图 5-22　【行为】面板中的事件和动作

（3）在【行为】面板中双击跳转菜单选项和跳转菜单开始选项，将再次打开【跳转菜单】对话框和【跳转菜单开始】对话框，如图 5-23 所示。

由此可见，跳转菜单行为是用来修改已建好的跳转菜单的，而跳转菜单开始行为是用来选择菜单域的。

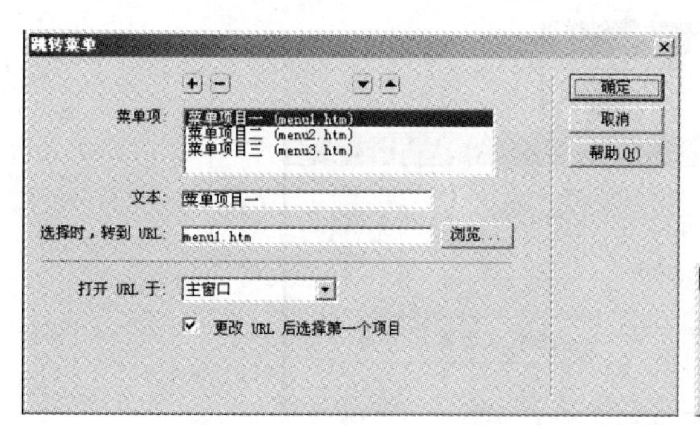

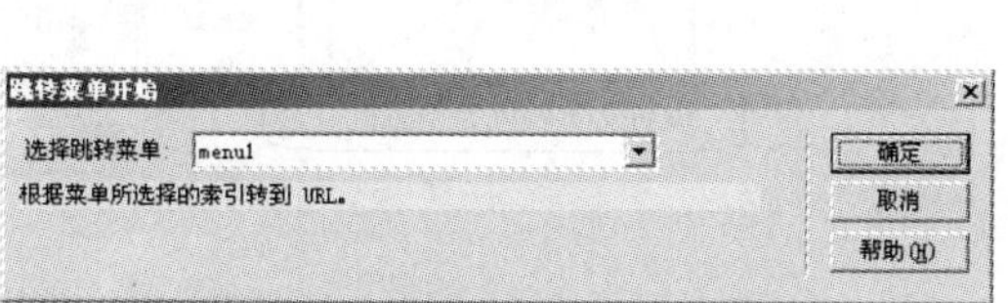

图 5-23　【跳转菜单】对话框和【跳转菜单开始】对话框

5.3.2 改变属性

改变属性动作用来改变网页元素的属性值，如文本的大小、字体、层的可见性、背景色、图片的来源、表单的执行等，具体操作步骤如下。

（1）新建一个文档，插入一个层，然后在层中插入文本，如图 5-24 所示。

（2）在【行为】面板中打开【改变属性】对话框，在【元素类型】下拉列表中选择“DIV”选项，此时【元素 ID】选项变为层的名称“div"apDiv"”。如果文档中有多个层，元素 ID 下拉列表中就会有多项选择，选择哪个层，就可对哪个层的属性进行设置。

（3）在【属性】/【选择】下拉列表中选择“color”选项，设置颜色属性。

（4）在【新的值】文本框中输入“0000FF”，如图 5-25 所示。

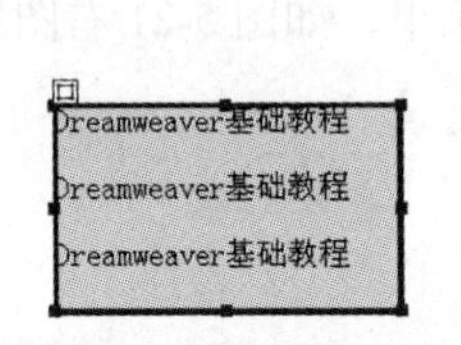

图 5-24　在文档中插入文本

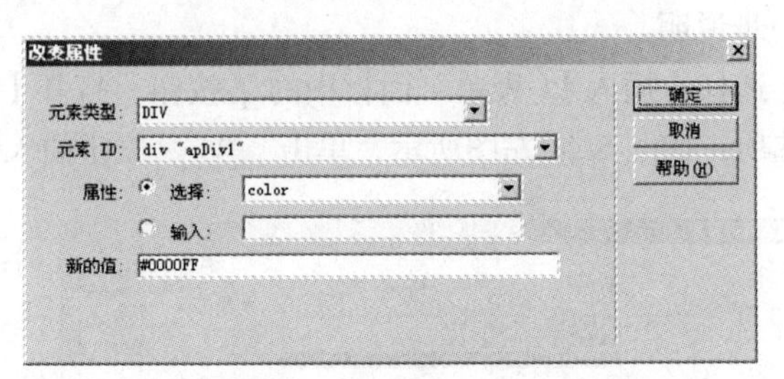

图 5-25　【改变属性】对话框

（5）单击 确定 按钮退出对话框，在行为面板中选择【onMouseOver】事件。

（6）再分别添加两个【onMouseOver】事件，如图 5-26 所示。再添加两个【onMouseOut】事件，如图 5-27 所示。

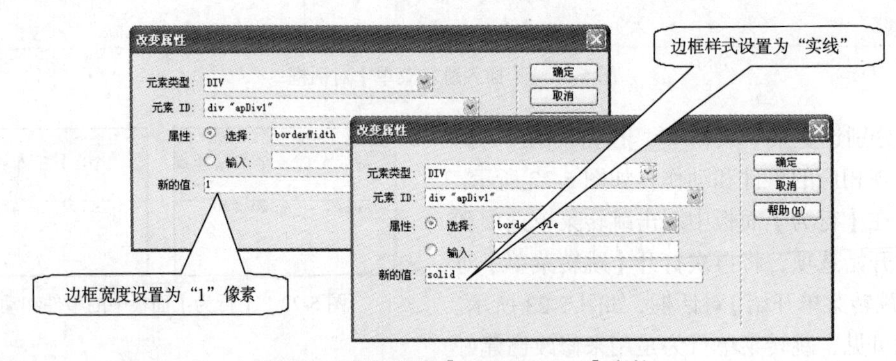

图 5-26　添加两个【onMouseOver】事件

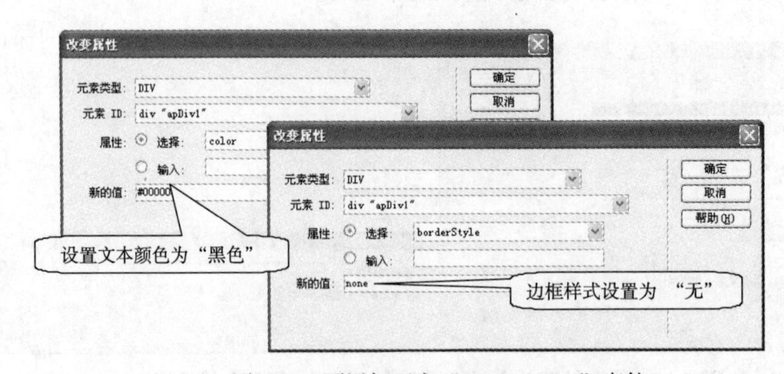

图 5-27　再添加两个“onMouseOut”事件

（7）这样在【行为】面板中先后添加了 5 个【改变属性】行为，如图 5-28 所示。

（8）按F12键预览网页，当鼠标经过层上方时，文本颜色和层的边框就会发生变化，离开层时恢复原貌，如图 5-29 所示。

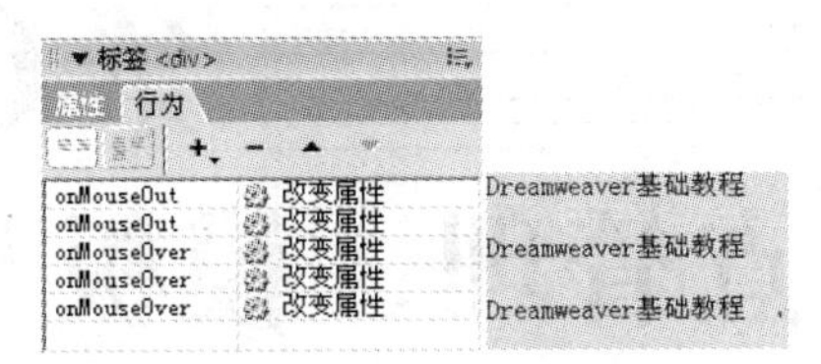

图 5-28　行为面板

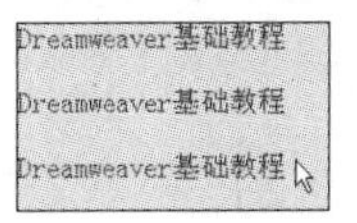

图 5-29　预览网页

并不是所有的网页元素都能添加改变属性行为，也不是所有的网页元素都可以设置相同的属性，如表格就无法添加该行为，而图像只可以设置其“src”属性。

小　　结

本章介绍了行为和命令的相关知识。行为实际上是通过客户端脚本（如 JavaScript）来实现动画效果的。只要用户能充分使用 Dreamweaver 中的相关功能，不必手动书写任何脚本代码，就可以非常高效地实现期望的效果。而命令与行为也有类似的地方，用户可以使用预先集成好的一系列操作来方便地实现自己的需要。

习　　题

1. 行为的主要作用是什么？使用行为可以实现哪些效果？
2. 一个单一的事件可以触发几个不同的行为吗？如果可以，如何来实现此要求？
3. 根据本章内容，制作一个“预载入图像”的应用实例。
4. 根据本章内容，制作一个“检查插件”行为的应用实例。
5. 创建一个自定义命令，并将它应用于网页制作。
6. 制作一个简单的 Flash 动画控制网页，显示效果类似于图 5-30 所示。在网页内插入 3 个按钮，分别控制 Flash 动画，实现“播放”、“停止”和“重新开始”功能。

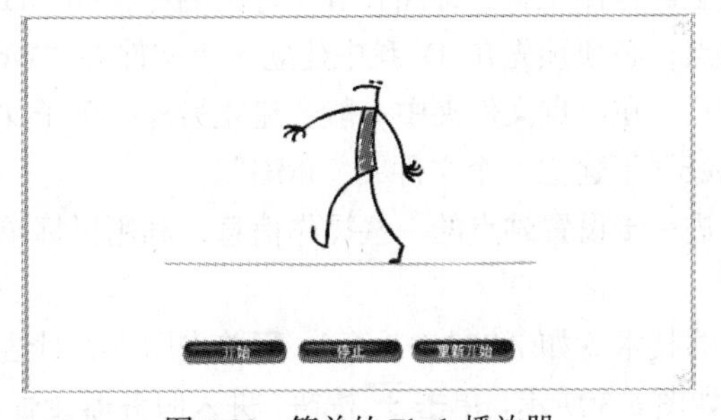

图 5-30　简单的 Flash 播放器

第6章
站点管理、模板与库

关于站点与链接已经在前面的各章中有过一些介绍，本章将更详细地介绍站点的管理与各种链接的知识。另外，还将结合实例介绍模板和库的使用方法。最后通过一个具体实例讲解如何将制作成功的网站发布到 Internet 上。

【学习目标】

- 掌握站点的创建和管理的方法。
- 掌握各种超链接的创建方法。
- 掌握电子邮件、无址和脚本链接的使用方法。
- 熟悉如何维护和修改站点的方法。
- 了解库和模板的应用知识。
- 了解如何在 Internet 上发布站点的方法。

6.1 站 点 管 理

下面介绍一些站点管理的知识，使用户对网页制作有一个新的认识。

6.1.1 新建站点

下面主要讲述如何建立站点以及如何设置站点的各项属性，建立新站点的操作步骤如下。

（1）选择【站点】/【管理站点】菜单命令，打开【管理站点】对话框，如图 6-1 所示。

（2）单击【管理站点】对话框中的 新建(N)... 按钮，弹出站点设置对话框，如图 6-2 所示。

（3）在【站点名称】文本框中输入站点的名称“我的站点”；在【本地站点文件夹】文本框中选择站点在本主机硬盘上的存储位置，即路径和文件夹名称，如“D:\web\”。

说明：为了建立该站点，必须预先在 D 盘中建立一个文件夹“Web”。通常情况下，为了规范地管理站点中使用的图片，在站点文件夹中一般会建立另外一个子文件夹用来存放网站中使用的图片，本站中在“D:\Web”下建立一个文件夹“IMG”。

在图 6-2 左侧提供了进一步设置站点的一些操作信息，利用鼠标单击可以对站点其他信息进行设置，通常做以下设置。

（4）如果要使用服务器技术（如 ASP.NET 等），可单击图 6-2 对话框中的【服务器】选项，然后按照提示进行添加，如图 6-3 所示。单击 + 按钮，进入服务器设置界面，分为【基本】和【高级】两个选项卡，如图 6-4 所示，用户可以进行相关设置。

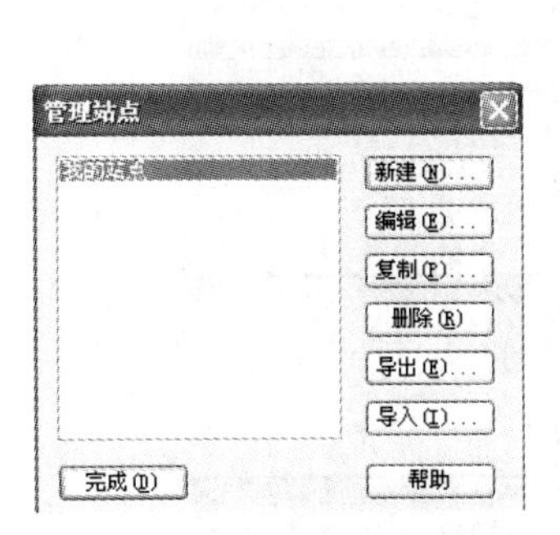

图 6-1　【管理站点】对话框

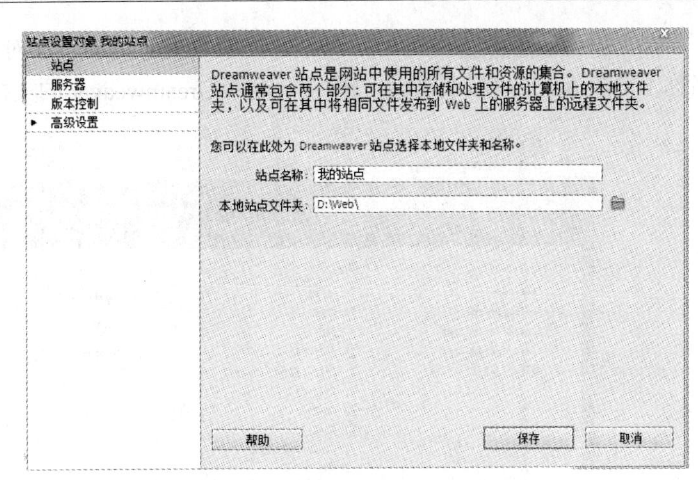

图 6-2　站点定义为（高级）对话框

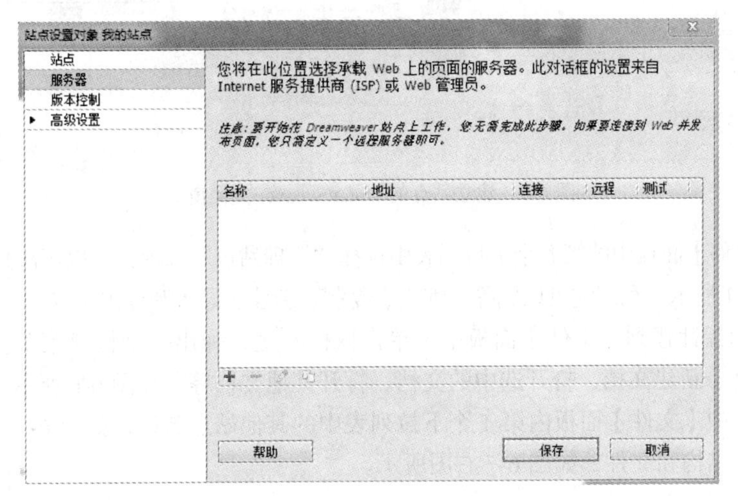

图 6-3　选择是否使用服务器技术

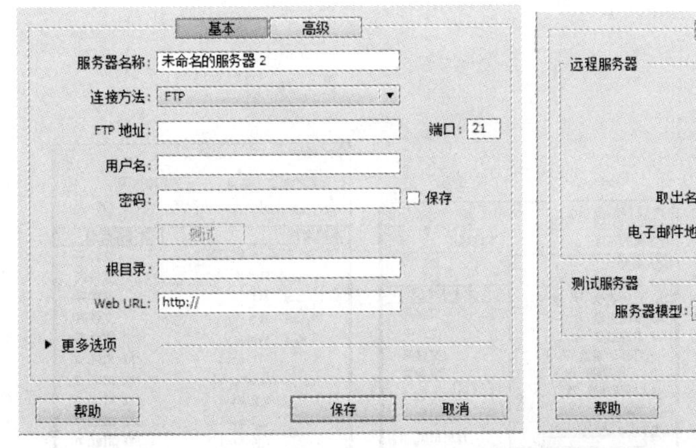

图 6-4　服务器设置界面

（5）单击图 6-2 中的【高级设置】前面的黑色三角，展开【高级设置】中的具体内容，选择【本地信息】，将【默认图像文件夹】设置为“D:\Web\IMG”。选中【启用缓存】复选框后，可加速链接的更新速度。当硬盘容量足够大时可选中它。

（6）单击确定按钮，返回【管理站点】对话框。在对话框的左边将列出刚创建的站点名称（见图 6-1）。单击完成(D)按钮，返回 Dreamweaver 的文档窗口，如图 6-5 所示。

图 6-5　建立站点的 Dreamweaver 文档窗口

（7）在【文件】面板中的第 1 个下拉列表中选择“管理站点”选项，可以再次打开【管理站点】对话框，如图 6-1 所示。利用它可以删除、编辑、复制、新建、导入和导出站点。

（8）将鼠标指针移到【文件】面板中，单击鼠标右键，弹出一个快捷菜单。利用该快捷菜单可新建文件夹、新建文档、打开选中的文档、打开其他文档等，如图 6-6 所示。

（9）单击选中【文件】面板内第 1 个下拉列表中的其他站点名称，如图 6-7 左图所示，可以显示其他站点的结构和文件，如图 6-7 右图所示。

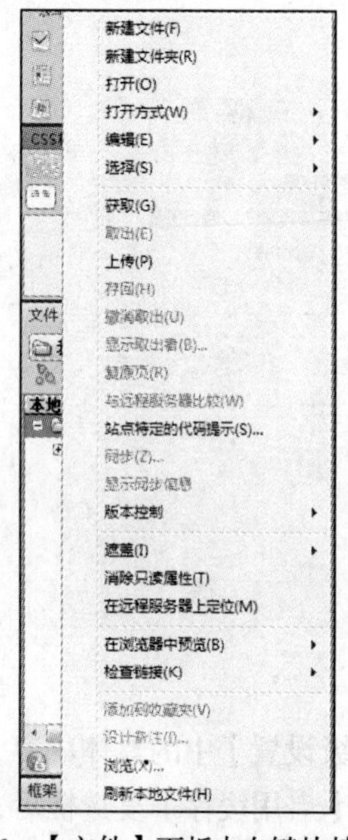

图 6-6　【文件】面板中右键快捷菜单

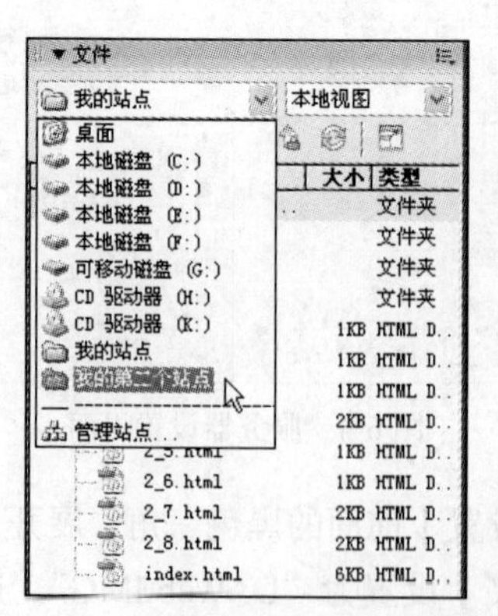

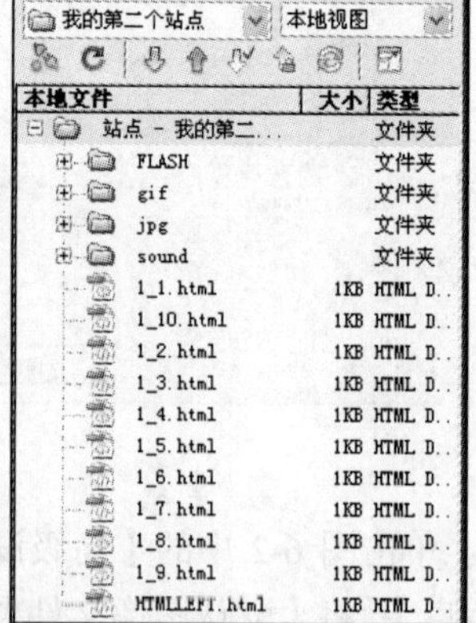

图 6-7　【文件】面板内查看不同站点内容

这里需要说明一点：在进行上述网站文件操作时，在【文件】面板内第 2 个下拉列表中选中的是“本地视图”选项。

6.1.2 【文件】面板和站点窗口

【文件】面板是 Dreamweaver CS5 中比较重要的面板，它组合了多个窗口，站点窗口仅仅是【文件】面板中的窗口之一。除了站点窗口，【文件】面板中还组合了数据库窗口、绑定窗口、服务器行为窗口、组件窗口和资源窗口，鉴于前 4 类窗口大都要和数据库结合，本书中暂不介绍，下面只介绍【文件】面板和站点窗口。

1. 打开【文件】面板和站点窗口

单击【文件】面板中标准工具栏内的【展开显示本地和远端站点】按钮，即可打开站点窗口，如图 6-8 所示，这时该窗口中会出现新建站点的结构与文档、文件夹的名字。再单击站点窗口标准工具栏内的按钮，又回到【文件】面板。

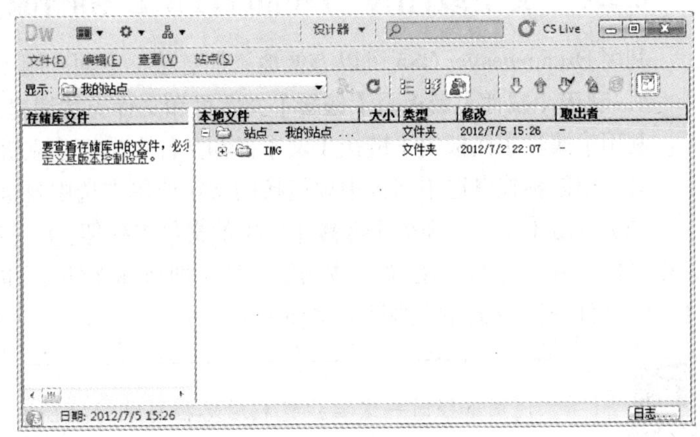

图 6-8　站点窗口

2.【文件】面板和站点窗口的特点

（1）在【文件】面板和站点窗口内可以执行标准的文件操作。将鼠标指针移到【文件】面板内或站点窗口的本地文件显示栏内，单击鼠标右键，弹出快捷菜单，利用该菜单可以创建文件夹、创建文件、移动文件、删除文件、打开文件、重命名文件等。

（2）站点窗口内有两栏，如图 6-8 所示，左边是【存储库文件】视图栏，右边是【本地文件】栏。用鼠标拖曳两栏之间的分割条，可以调整两栏的大小比例，甚至取消其中一个栏。

（3）单击站点窗口内的【远程服务器】按钮，可使站点窗口显示【远程服务器】栏，如果 Dreamweaver CS5 与远程服务器进行了关联，则可以观察到服务器中的文件组织情况，如图 6-9 所示。

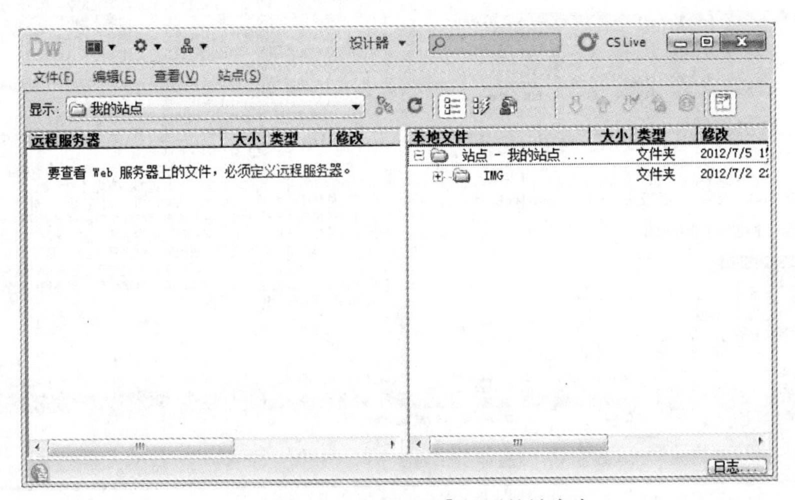

图 6-9　显示【远程服务器】视图的站点窗口

6.2 建立与本地 HTML 和图像文件的链接

链接是指用鼠标单击 HTML 文件（又叫源文件）中的一些文字（又叫热字）或图像时，即可用浏览器显示相应的 HTML 或图像文件（又叫目标文件）等内容。也可以说，在这些源文件的文字或图像与相应的目标文件的 HTML 和图像文件建立了链接。在本节中介绍各种超级链接，其中包括文字或图片与 HTML 文件的链接、锚点链接，图像映射图与 HTML 的链接等。

6.2.1 文字或图像与外部 HTML 和图像文件的链接

利用 Dreamweaver CS5 可以方便地添加链接，下面介绍添加链接的方法和要注意的问题。

1. 利用【属性】面板内【链接】文本框和文件夹按钮建立链接

利用【属性】面板内【链接】文本框和文件夹按钮建立链接的操作步骤如下。

（1）用鼠标拖曳选中网页中要链接的文字或单击选中要链接的图像。

（2）单击【属性】面板【链接】栏中的文件夹按钮，打开【选择文件】对话框，利用该对话框选择要链接的 HTML 文件或图像文件（即目标文件）。也可以直接在文本框内输入要链接的 HTML 文件或图像文件的路径与文件名。

使用路径时一定要注意相对路径与绝对路径的使用方法，通常最好使用相对路径。

2. 利用【属性】栏内的指向图标建立链接

利用【属性】栏内的指向图标建立链接的操作步骤如下。

（1）在网页编辑窗口内，同时打开要建立链接的源文件和要链接的目标文件（HTML 文件），如图 6-10 所示。

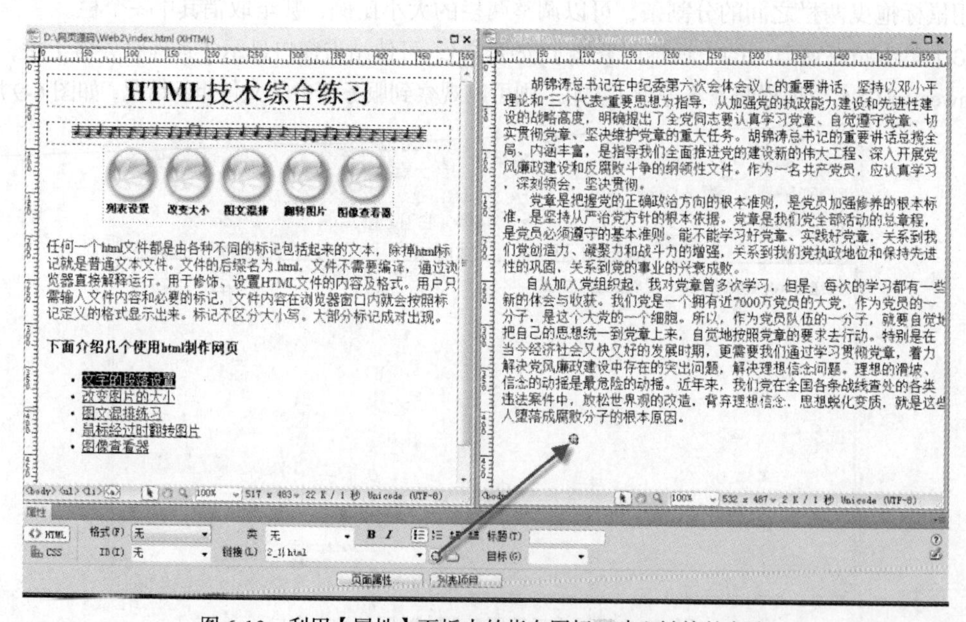

图 6-10 利用【属性】面板内的指向图标建立链接的方法

（2）选中要建立链接的源文件中的文字或图像（如选中图 6-10 中左边网页中的文字）。

（3）用鼠标拖曳文字或图像【属性】面板内的指向图标，到图 6-10 中右边网页编辑窗口内，这时会产生一个从指向图标指向目标文件的箭头，如图 6-10 所示。然后松开鼠标左键，即可建立链接。

3. 利用【文件】面板建立链接

利用【文件】面板建立链接操作步骤如下。

（1）调出【文件】面板，使要链接的目标文件名字出现在【文件】面板内。同时，在网页编辑窗口内打开要建立链接的源文件。

（2）选中网页编辑窗口内要建立链接的源文件中的文字或图像，如选中图 6-11 中左边网页编辑窗口内的图像。

（3）用鼠标拖曳文字或图像【属性】面板内的指向图标，移到图 6-11 中【文件】面板内要链接的目标文件（2-1.html），这时会产生一个从指向图标指向目标文件的箭头。当目标文件名字周围出现矩形框时，松开鼠标左键，即可完成链接。

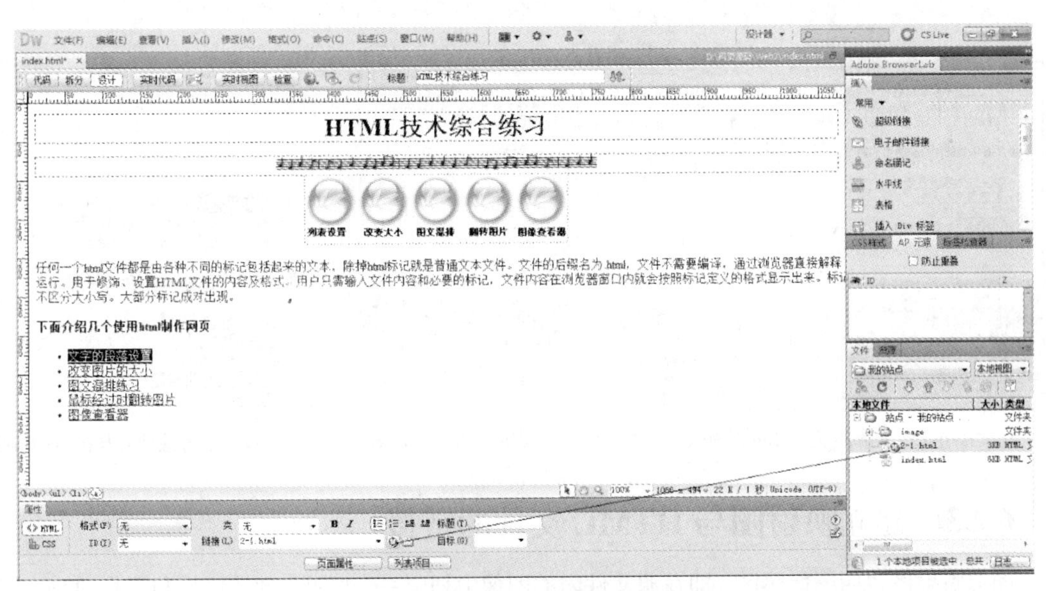

图 6-11　利用【站点】面板的链接方法

6.2.2　文字或图像与 HTML 文件锚点的链接

当页面的内容很长时，在浏览器中查看某一部分的内容会很麻烦，这时可以在要查看内容的地方加一个定位标记，即锚点（也叫锚记）。这样，可以建立页面内文字或图像与锚点的链接，单击页面内文字或图像后，浏览器中会迅速显示锚点处的内容。也可以建立页面内文字或图像与其他 HTML 文件中的锚点的链接。在页面内设置锚点的方法如下。

（1）单击页面内要设置锚点的地方，将光标移至此处。单击【插入】（常用）面板内的【命名锚记】按钮，打开【命名锚记】对话框，如图 6-12 所示。

图 6-12　【命名锚记】对话框

（2）在【锚记名称】文本框内输入锚点的标记名称（如 MD1），然后单击 确定 按钮，退出该对话框。同时，在页面光标处会产生一个锚点标记。如果看不到该标记，可选择【查看】/【可视化助理】/【不可见元素】菜单命令。

（3）选中页面内的文字或图像，再按照下述的方法之一建立它们与锚点的链接。

- 在【属性】面板的【链接】文本框中输入“#”和锚点的名字，如输入“#MD1”，即可完成选中的文字或图像与锚点的链接。
- 用鼠标拖曳【链接】的指向图标到目标锚点上，如图6-13所示，松开鼠标左键，即可完成选中的文字或图像与锚点的链接。
- 如果选中的是文字，则按住Shift键，同时将鼠标指针移到选中的文字上，按下鼠标左键再拖曳，此时鼠标指针会变为类似于指向图标的形状。接着拖曳指向图标与锚点图标重合，如图6-14所示，松开鼠标左键，即可完成选中的文字与锚点的链接。

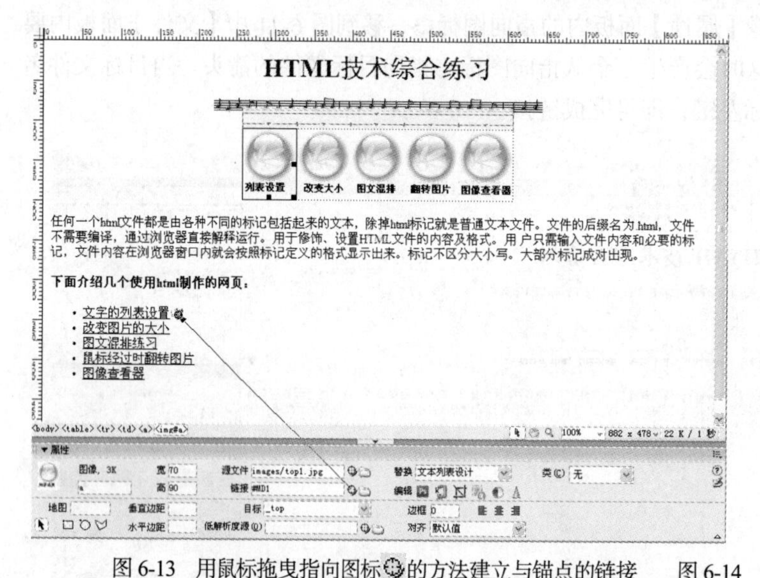

图6-13 用鼠标拖曳指向图标的方法建立与锚点的链接　　图6-14 用拖曳鼠标的方法建立与锚点的链接

6.2.3 建立映射图与HTML文件的链接

图像映射图也叫图像热区，即在源文件内的图像中划定一个区域，使该区域与目标HTML文件产生链接。

1. 图像热区的创建

图像热区可以是矩形、圆形或多边形。创建图像热区应先选中要建立图像热区的图像，然后利用【插入】（常用）面板的【图像】快捷菜单中的【绘制热点】工具或图像的【属性】面板（见图6-15）来建立图像热区。下面以图6-16所示的【素描】图像为例，介绍创建图像热区的方法。

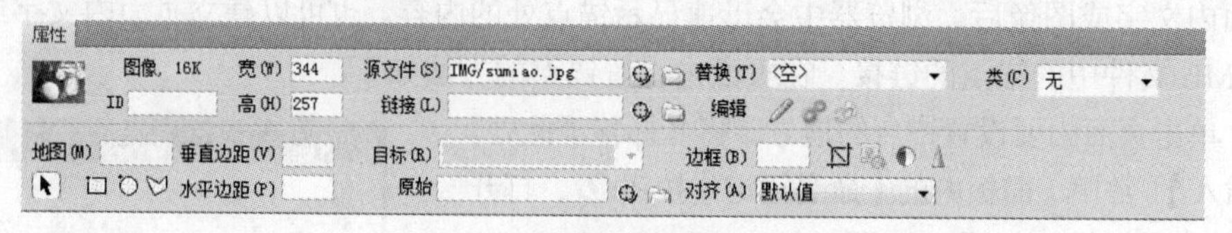

图6-15 图像的【属性】面板

创建矩形或椭圆形图像热区可采用以下操作之一。

- 在【插入】(常用)面板中，选择【图像】快捷菜单中的绘制矩形热点按钮或绘制椭圆热点按钮，然后在图像上使用拖曳的方法绘制热区，即可形成矩形或圆形热区。
- 单击图像【属性】面板内的矩形热点工具按钮或椭圆热点工具按钮，然后将鼠标指针移到图像上，鼠标指针会变为“十”字形。用鼠标从要选择区域的左上角向右下角拖曳，即可形成一个矩形框或椭圆形，就是图像的矩形或椭圆形热区。

创建多边形图像热区的操作步骤如下。

(1) 在【插入】(常用)面板中，选择【图像】快捷菜单中的“绘制多边形热点”按钮，或者单击图像【属性】面板内的“多边形热点工具”按钮。

(2) 然后将鼠标指针移到图像上，鼠标指针会变为“十”字形，用鼠标单击多边形上的一点，再依次单击多边形的各个转折点，最后双击起点，即可形成图像的多边形热区。

(3) 创建热区的图像上会蒙上一层半透明的蓝色矩形、圆形或多边形，如图 6-17 所示。

图 6-16　【素描】图像

图 6-17　进行图像热区设置后的图像

2. 编辑图像热区

图像热区的编辑就是改变图像热区的大小与位置，或者删除热区。

- 选取热区：单击图像【属性】面板内的选取图标，再用鼠标单击热区，即可选取热区。圆形与矩形的热区选中后，其四周会出现 4 个方形的控制柄。多边形的热区选中后，其四周会出现许多方形的控制柄，如图 6-17 所示。
- 调整热区的大小与形状：选中热区，再用鼠标拖曳热区的方形控制柄。
- 调整热区的位置：选中热区，再用鼠标拖曳热区，即可调整热区的位置。
- 删除热区：选中热区，然后按 Delete 键，即可删除选中的热区。

3. 给热区指定链接的文件

给热区指定链接的文件操作如下。

(1) 选中热区，这时【属性】面板变为图像热区【属性】面板，如图 6-18 所示。

图 6-18　图像热区【属性】面板

(2) 利用其中的【链接】选项，可以将热区与 HTML 文件或锚点建立链接。

6.3 建立电子邮件、无址和脚本链接及远程登录

链接除了上一节介绍的常见链接外，还可以建立电子邮件、无址、脚本链接及远程登录。

6.3.1 建立电子邮件链接

电子邮件链接是指单击热字或图像时，可以打开邮件程序窗口。在打开的邮件程序窗口（通常是 Outlook Express）中的【收件人】文本框内会自动填入链接时指定的 E-mail 地址。在选定源文件页面内的文字或图像后，建立电子邮件链接的方法有如下两种。

- 在其【属性】面板的【链接】文本框内输入“mailto：”和 E-mail 地址，如“mailto：htmlstudy@163.com”，如图 6-19 所示。

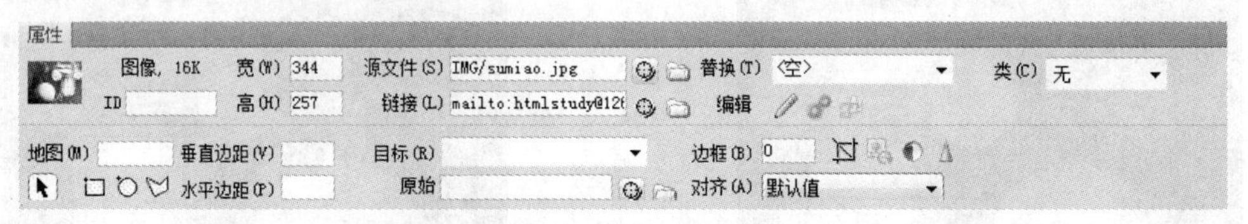

图 6-19 在【属性】面板内【链接】文本框内输入“mailto:”和 E-mail 地址

- 单击【插入】（常用）面板内的电子邮件链接按钮，打开【电子邮件链接】对话框，如图 6-20 左图所示。在【电子邮件链接】对话框内的【文本】文本框中输入链接的热字，在【E-mail】文本框中输入要链接的 E-mail 地址，如“htmlstudy@163.com”，如图 6-20 右图所示。单击 确定 按钮，即可完成插入电子邮件链接的操作。

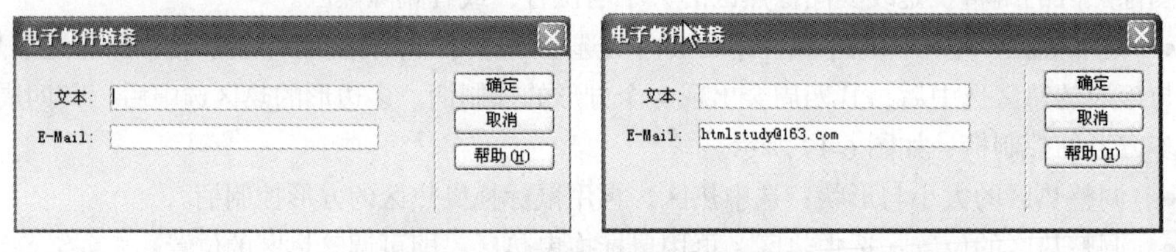

图 6-20 【电子邮件链接】对话框

6.3.2 建立无址链接

无址链接是指产生链接，但不会跳转到其他任何地方的链接。它并不是一定针对文本或图像，而且也不需要用户离开当前页面，只是使页面产生一些变化效果，即产生动感。

这种链接只是链接到一个用 JavaScript 定义的事件。例如，对于大多数浏览器，鼠标指针经过图像或文字时，图像或文字不会发生变化（能发生变化的现象叫 OnMouseOver 事件），为此必须建立无址链接才能实现 OnMouseOver 事件。在 Dreamweaver 中的翻转图像行为就是通过自动调用无址链接来实现的。

建立无址链接的操作方法是单击选择页面内的文字或图像，然后在其【属性】面板的【链接】文本框内输入“#”号。

6.3.3　建立脚本链接与远程登录

在超级链接中，还有两种不常见的超级链接，一种是用于嵌入脚本语言的脚本链接，另一种则是链接到 Internet 的一些网络站点的远程登录。

1. 建立脚本链接

脚本链接与无址链接类似，也是指产生不会跳转到其他任何地方的链接，它执行 JavaScript 或 VBScript 代码，或调用 JavaScript 或 VBScript 函数。这样，可以在不离开页面的情况下，为用户提供更多的信息。建立脚本链接的操作方法如下。

（1）选择页面内的文字或图像等对象。

（2）在其【属性】面板的【链接】文本框内输入“javascript:”和 JavaScript 或 VBScript 的代码或函数的调用。例如，选中【脚本链接】文字，再在【链接】文本框内输入“javascript：alert（'脚本链接的显示效果'）”，如图 6-21 所示。

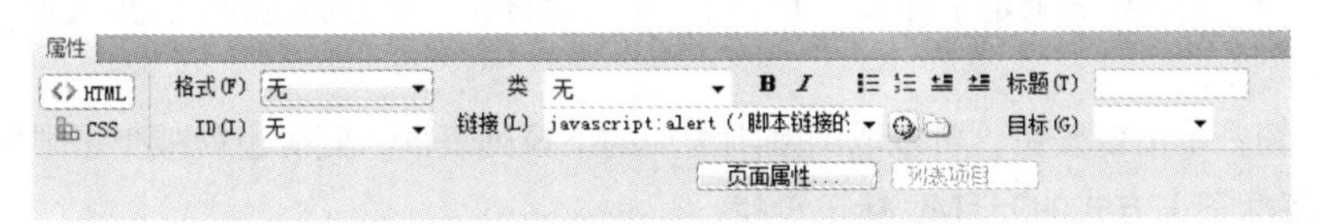

图 6-21　在【属性】面板中建立脚本链接

（3）存盘后按 F12 键，在浏览器中会显示【脚本链接】热字，单击热字后，屏幕显示一个有文字【脚本链接的显示效果】的提示框。

2. 远程登录

远程登录是指单击页面内的文字或图像等对象，即可链接到 Internet 的一些网络站点上。远程登录的操作方法是：选择页面内的文字或图像等对象，然后在其【属性】面板的【链接】文本框内输入“telnet://”和网站站点的地址。

6.4　用站点窗口检查与修改站点

站点建立好后，往往还需要进行进一步地修改和维护，本节就从这个角度出发，来详细讲解如何用站点窗口检查与修改站点。

6.4.1　查找与替换

Dreamweaver CS5 提供了很强的查找与替换功能。它可以在站点、目录或文件内查找与替换页面中的文字、HTML 程序中的文字和标记、链接等。

1.【查找和替换】对话框

选择【编辑】/【查找和替换】菜单命令，打开【查找和替换】对话框。该对话框内各选项的含义参见 2.3 节。

2. 用高级方式查找文本

在【查找和替换】对话框中的【搜索】下拉列表中选择“文本（高级）”选项后，对话框会增加一些选项，如图 6-22 所示。增加选项的含义如下。

- [+][-]按钮右边的第 1 个列表框：用来指定查找的文本是否在指定的标记内。它有两个选项：“在标签中”和“不在标签中”。

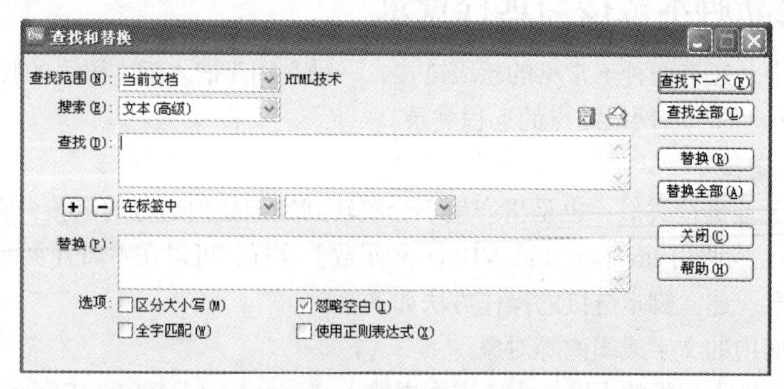

图 6-22　高级方式下的【查找和替换】对话框

- + - 按钮右边的第 2 个列表框：用来选择标记。
- + 按钮：当标记的限定条件大于 1 个时，单击该按钮，可增加新的下拉列表框，用来设置更多的限定条件。
- - 按钮：单击该按钮，可以取消刚刚增加的下拉列表框，同时也就减少了限定的条件。

3.【指定标签】方式的 HTML 标记查找

在【查找和替换】对话框中的【搜索】下拉列表中选择“指定标签”选项后，对话框会增加一些选项，如图 6-23 所示。增加的选项的含义如下。

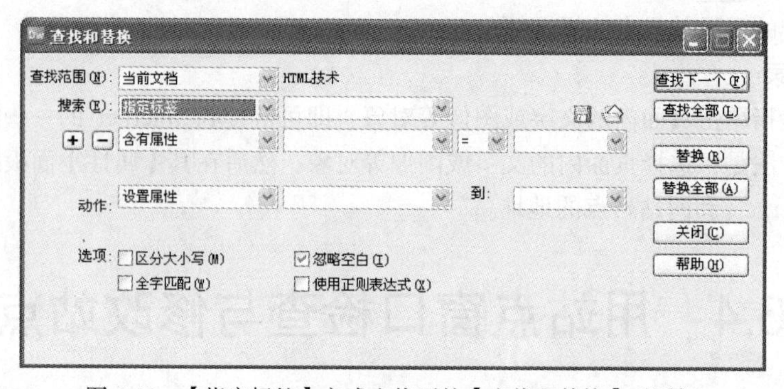

图 6-23　【指定标签】方式查找下的【查找和替换】对话框

- + - 按钮右边新增的下拉列表框：用来增加查找的条件。
- 【动作】栏：该栏的 3 个下拉列表框用来指定对查找到的标记进行何种操作。

6.4.2　链接的检查与修复

网页文件会因为各种原因在开发和维护的过程中发生变化，熟练地利用 Dreamweaver CS5，可以准确快速地进行链接的检查与修复工作，效率大大提高。

1. 自动检查链接

当用户在站点窗口的【站点文件】栏内将一个文件移到其他文件夹内时，会自动弹出一个【更新文件】对话框，如图 6-24 所示。该对话框内会显示出与移动文件有链接的文件的路径与文件名，并询问是否更新对这个文件的链接。单击 更新(U) 按钮，表示更新链接；单击 不更新(D) 按钮，表示保持原来的链接。

2. 人工检查链接

人工检查链接的操作方法如下。

（1）单击站点窗口的【站点文件】栏中的文件夹或文件的图标。

（2）选择站点窗口内的【站点】/【检查站点范围的链接】命令，系统开始自动对选定的文件进行链接的检查，检查后会弹出一个【链接检查器】对话框，如图6-25所示。

（3）【链接检查器】对话框中【显示】下拉列表中有3个选项，选择不同选项时，其下面的显示框内显示的文件内容会不一样。3个选项的含义如下。

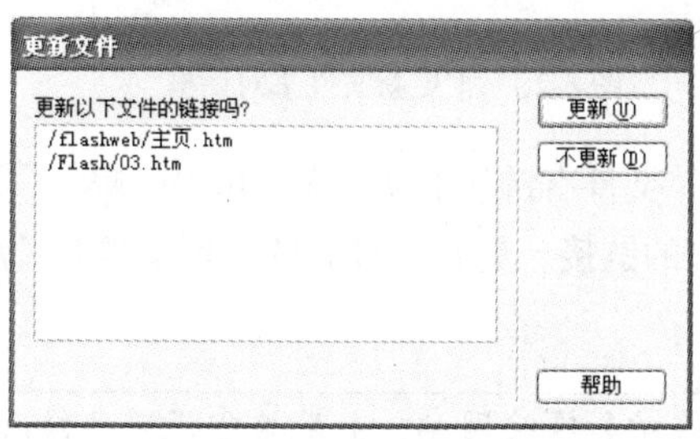

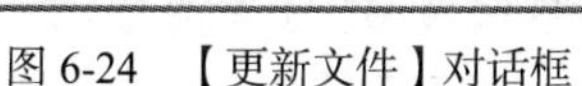
图6-24 【更新文件】对话框

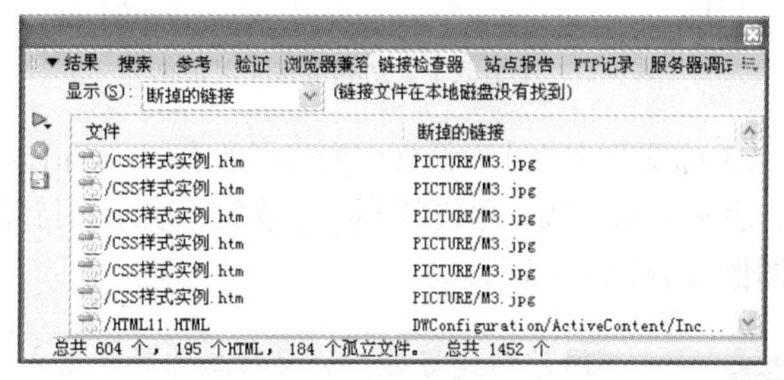

图6-25 【链接检查器】对话框

- “断掉的链接”：选择该选项后，显示框内将显示链接失效的文件名与目标文件。
- “外部链接”：选择该选项后，显示框内将显示包含外部链接的文件名与它的路径，但不能对它们进行检查。
- “孤立的文件”：选择该选项后，显示框内将显示孤立的文件名与它的路径。所谓孤立的文件就是没有与其他文件链接的文件。

（4）【链接检查器】对话框的底部给出了相应的提示信息。

3. 修复链接

在检查完链接后，可在【链接检查器】对话框中进行修复链接的工作。其操作方法如下。

（1）双击文件面板内的源文件图标，打开网页编辑器并打开该文件，产生错误链接的位置会被选中，利用其【属性】面板内的【链接】栏可重新建立链接。也可通过查看它的HTML程序，来检查错误。

（2）单击【断掉的链接】栏内的目标文件的名字，使它周围出现虚线框和一个文件夹按钮，如图6-26所示。此时可以修改文件的名字与路径，也可以单击文件夹按钮，寻找新的目标文件。

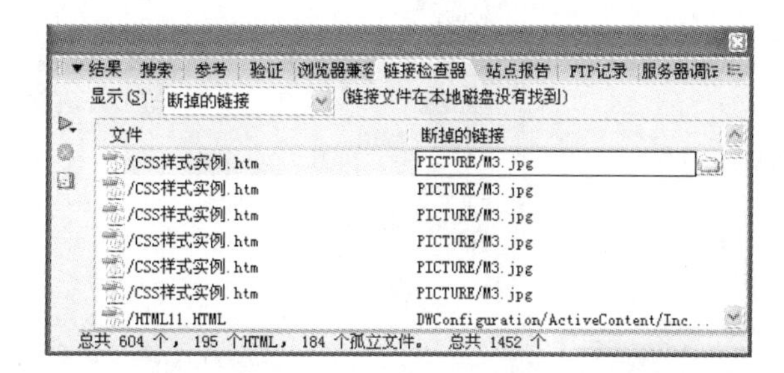

图6-26 单击【断掉的链接】栏内目标文件名后的效果

4. 批量替换链接

当站点的许多文件与一个文件（如一个外部文件）的链接失效时，用户不必一个一个地进行修改，可以使用【站点】面板中的批量替换链接功能。这种链接替换不但对站内目标文件有效，而且对站点外部目标文件也有效。批量替换链接的操作方法如下。

（1）选择站点窗口中的【站点】/【改变站点范围的链接】命令，打开【更改整个站点链接】对话框，如图6-27所示。

（2）在【更改所有的链接】文本框中输入“/Th1.htm”，在【变成新链接】文本框中输入“/改变图像大小.htm”，再单击 确定 按钮，可打开【更新文件】对话框，如图 6-28 所示。

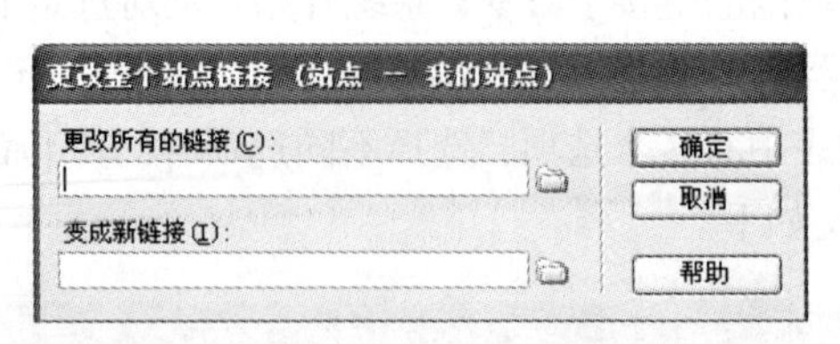

图 6-27 【更改整个站点链接】对话框

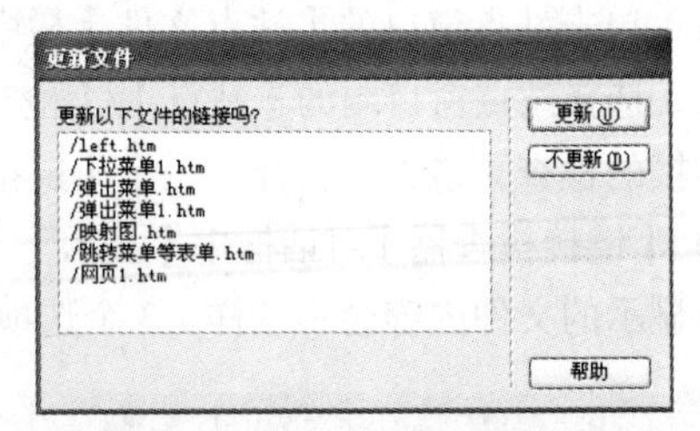

图 6-28 【更新文件】对话框

（3）【更新文件】对话框中列出了所有与“/Th1.htm”文件有链接的文件名。单击 更新(U) 按钮，表示更新链接；单击 不更新(D) 按钮，表示保持原来的链接。更新链接后的目标文件是“/改变图像大小.htm”文件。

网站创建好后，最大的工作量就变成了维护和修改网站，如果单靠代码来修改网站，不但效率低而且容易出错，若使用 Dreamweaver CS5 来修改，效率将提高大半而且准确率高。

6.4.3 检查每个页面下载的时间

检查每个页面下载的时间操作方法如下。

（1）选择站点窗口中的【文件】/【打开】菜单命令，打开主页文件。

（2）选择【编辑】/【首选参数】菜单命令，打开【首选参数】对话框，再选中【分类】栏中的【状态栏】选项。此时的【参数选择】对话框（右边部分）如图 6-29 所示。

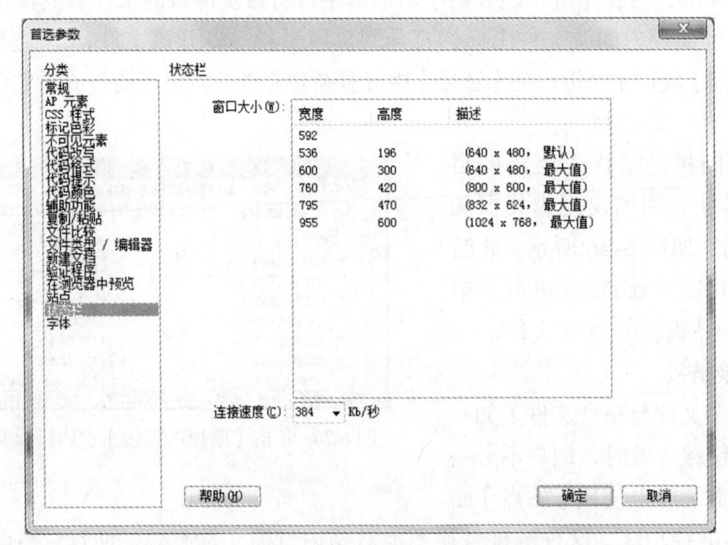

图 6-29 选中【状态栏】选项后的【参数选择】对话框

（3）在【参数选择】对话框【状态栏】内选择连接速度为 384kbit/s，系统将以这个速度来估计当前的下载时间。还可以利用该对话框选择网页窗口的大小。

6.4.4　在浏览器中预览网页

网页创建好了之后，可以在本地浏览器上预览网页效果，检查出一些错误并及时修改不理想的设计。

1. 设置预览功能

在 Dreamweaver CS5 中可以设置 20 种浏览器的预览功能，前提是计算机内安装了这些浏览器。浏览器预览功能的设置步骤如下。

（1）在【首选参数】对话框的【分类】栏内，选择【在浏览器中预览】选项后，该对话框（右边部分）如图 6-30 所示。

（2）在【浏览器】栏的显示框内列出了当前可以使用的浏览器。单击[−]按钮，可以删除选中的浏览器。单击[+]按钮，可以增加浏览器。

（3）单击[+]按钮，打开【添加浏览器】对话框，如图 6-31 所示。在【名称】文本框中输入要增加的浏览器的名称，在【应用程序】文本框中输入要增加的浏览器的程序路径。设置成默认的浏览器，再单击[确定]按钮完成设置。

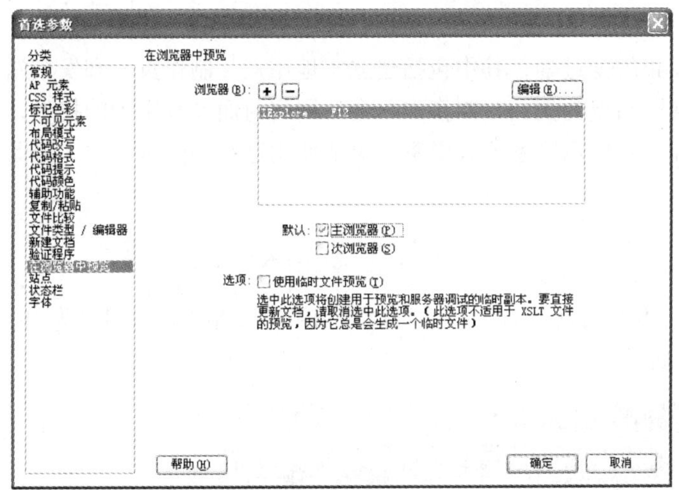

图 6-30　【在浏览器中预览】栏（右边部分）

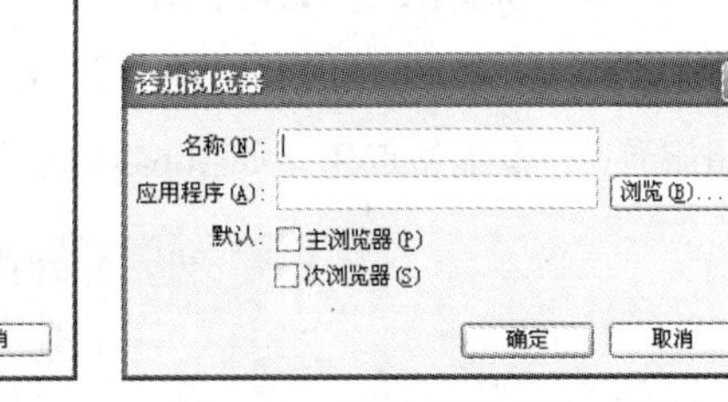

图 6-31　【添加浏览器】对话框

（4）完成设置后，在【首选参数】对话框中单击[确定]按钮退出。在【文档】面板中单击【在浏览器中预览/调试】按钮，可以看到快捷菜单中增加了新的浏览器名称。

（5）选中图 6-30 中的【使用临时文件预览】复选框后，可为预览和服务器调试创建临时拷贝。如果要直接更新文档，可撤销对此复选框的选择。

当在本地浏览器中预览文档时，不能显示用根目录相对路径所链接的内容（除非选中了【用临时文件预览】复选框）。这是由于浏览器不能识别站点根目录，而服务器能够识别。若要预览用根目录相对路径所链接的内容，可将此文件放在远程服务器上，然后选择【文件】/【在浏览器中预览】菜单命令进行查看。

2. 预览网页

在网页编辑窗口状态下，按 F12 键可以启动主要的浏览器显示网页，按 Ctrl + F12 组合键可以启动次要的浏览器显示网页。

3. 检查浏览器错误

单击【窗口】菜单中的【结果】命令项，在弹出的子菜单中选择【浏览器兼容性】菜单，此时会在页面底部出现结果窗口，在该窗口中选择【浏览器兼容性】，系统会自动对页面进行检查，并将显示浏览器支持错误的数量，如图 6-32 所示。

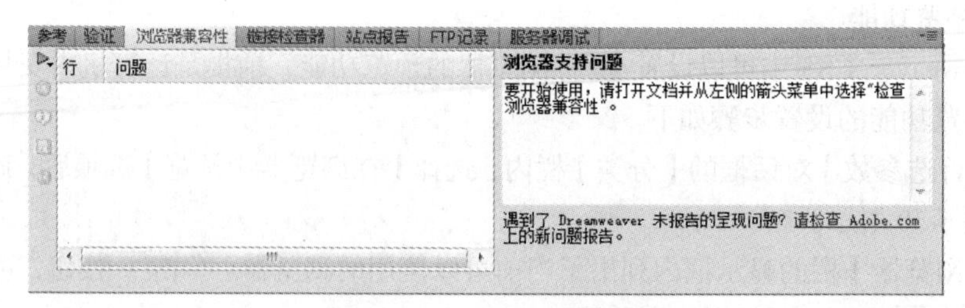

图 6-32 【结果】面板

6.5 建立本地站点和制作主页

本节将介绍一个站点从建立到发布的全过程，其中包括建立本地站点、制作页面和发布站点的内容。这里以制作“神州旅游网”站点为例，在制作中，会使用到前面没有用到的技术，如“模板”、“资源”等。这些技术和实际应用联系比较紧密，灵活使用这些功能可以大大降低劳动量，提高工作效率。

6.5.1 建立本地站点

利用本章中介绍的方法，建立一个本地站点，站点的名称为“神州旅游”，站点的根目录为“F:\神州旅游\”，本地站点建立如图 6-33 所示。

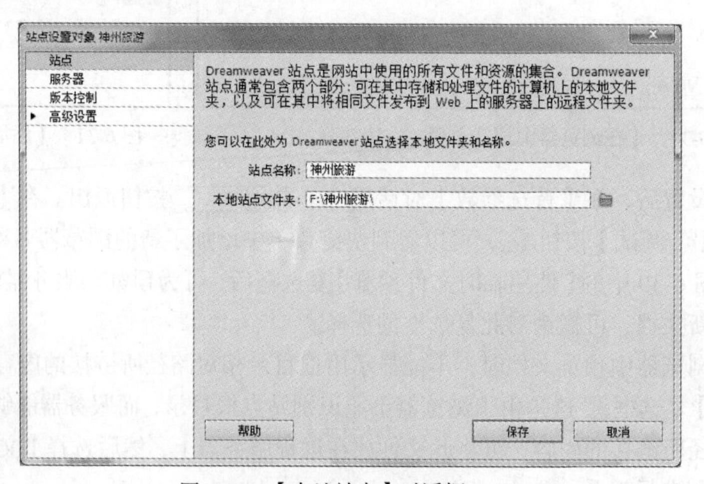

图 6-33 【本地站点】对话框

6.5.2 制作主页

主页是浏览者登录网站时首先显示的页面，它代表着整个网站的制作水平与精华内容，主页制作的效果，可以直接影响浏览者对网站的印象。

一般情况下，网络服务商都是将站点根目录下的“index.htm”文件作为站点的首页（个别网站例外）。

1. 规划站点

在制作网站之前，读者应该首先对站点有个整体的规划，这样做的好处是能够很好地把握站点的结构，有利于以后的更新和修改工作。

站点结构一般有以下几种形式。

（1）按类型划分：其特点是将不同格式的文件分别保存。将网页文件保存在站点的根目录下，其他元素分别保存在相应的目录当中。一般情况下页面数量小于 30 个的小型网站多采用此结构（个别情况例外）。

（2）按栏目划分：如果一个网站有多个栏目，可以为每一个栏目建立一个目录。在每个子栏目的目录下采用“按类型划分”的方法进行规划。网站结构较复杂，且页面数量较多的站点大多采用此结构。

（3）按更新时间划分：将主页及主要页面保存在根目录下，然后根据新页面（新加入的页面）的制作时间建立文件夹并进行更新。这种结构适用于信息量比较大，更新比较多的网站。

（4）综合方法划分：在根目录和各子目录下分别采用上述两个或两个以上划分方法的网站。大型商业网站多采用此结构。

由于“神州旅游网”的网页数量较少，所以采用“按类型划分”的规划方法。

2. 制作主页

制作主页的具体操作步骤如下。

（1）在根目录下建立一个名为“img”的文件夹，将主页中用到的图像拷贝到该文件夹下。

（2）在根目录下创建“index.htm”网页文档，进入编辑状态后利用【页面属性】对话框将背景颜色设为“淡黄色”，将网页的标题设为“神州旅游网”，将链接颜色和已访问链接都设成“黑色”。

（3）进入网页的【布局视图】。利用布局表格和布局单元格对页面进行划分：页面呈上下结构，第 1 行为网页的 Banner（广告条）和 LOGO（网站标志）行；第 2 行为网站中各个栏目的导航栏；下面几行为网站主要内容，包括“国内旅游”、“国内团体”、“今日旅游报道”等内容；最下面为各个城市的介绍，分为“东南西北”4 个子项；网页的最底部为作者名称。

（4）具体制作方法：在第 1 行绘制一个 748 × 95 的布局表格，在布局表格内插入 482 × 95 和 266 × 95 的两个布局单元格。在第 1 个单元格内插入“img”目录下的“aa01.jpg”～“aa04.jpg”4 幅图像，作为网站的 Banner（广告条）。在第 2 个单元格内插入“img”目录下的“mm 1.jpg”图像，作为网站的 LOGO（网站标志）。完成后的效果如图 6-34 所示。

图 6-34　第 1 行布局单元格制作完成后的效果

页面中其他部分的内容制作方法和第 1 行基本相同。布局完成后返回【标准模式】。

（5）添加【加入收藏夹】链接：在第 2 行的单元格中输入【加入收藏夹】文字，选中该文字后将链接设置成“javascript:window.external.addFavorite（‘http://mywalkman.go.nease.net’，‘欢迎光临神州旅游网’）”。其中 http://mywalkman.go.nease.net 是主页的地址，“欢迎光临神州旅游网”是显示在【收藏夹】里面的名称。

（6）主页制作完成后，选择【文件】/【保存】菜单命令保存网页，然后按F12键，在浏览器中查看网页的显示效果。“index.htm”网页（部分）的显示效果如图 6-35 所示。

图 6-35 【神州旅游网】首页

3. 栏目主页

站点中各栏目的首页风格应该和主页相似或相关。“神州旅游网”共有 4 个栏目，分别为“新闻动态”、“国内线路”、“热门景点”和“旅游须知”。其中“新闻动态”栏目首页的显示效果如图 6-36 所示。

图 6-36 【新闻动态】栏目首页

6.6　制作内容页面

制作网页可以使用模板，本节将介绍模板的使用，包括模板的创建、使用、修改等内容。

6.6.1　创建模板

在制作内容页面之前首先介绍什么是模板以及如何创建模板。

1. 模板的概念

模板就是网页的样板，它有可编辑区和不可编辑区。不可编辑区的内容是不可以改变的，通常为标题栏、网页图标、框架结构、链接文字、导航栏等。可编辑区的内容可以改变，通常为具体的文字和图像内容，如每日新闻、最新软件介绍、趣谈等。

通常在一个网站中有成百上千的页面，而且每个页面的布局也常常相同，尤其是同一层次的页面，只有具体文字或图片内容不同。将这样的网页定义为模板后，相同的部分都被锁定，只有一部分内容可以编辑，避免了对无须改动部分的误操作。当创建新的网页时，只需将模板调出，在可编辑区插入内容即可。更新网页时，只需在可编辑区更换新内容即可。

在对网站进行改版时，因为网站的页面非常多，如果分别修改每一页，工作量无疑非常大，但如果使用了模板，只要修改模板，则所有应用模板的页面都可以自动更新。

模板可以自动保存在本地站点根目录下的 Template 目录内，如果没有该目录，则系统可自动创建此目录。模板文件的扩展名字为“.dwt”。

2. 创建模板

“神州旅游网”站点中的文章页面，其基本格式相同，只是具体内容不同，可以使用模板来制作。先制作好一个通用的模板，再根据具体内容进行套用。模板的制作过程如下。

（1）在 Dreamweaver CS5 中选择【文件】/【新建】菜单命令，打开【新建文档】对话框，如图 6-37 所示。在【空模板】标签的【模板类型】列表框中选择【HTML 模板】，在右边的【布局】列表框中选择“无”。单击 创建(R) 按钮，新建一个 HTML 模板。

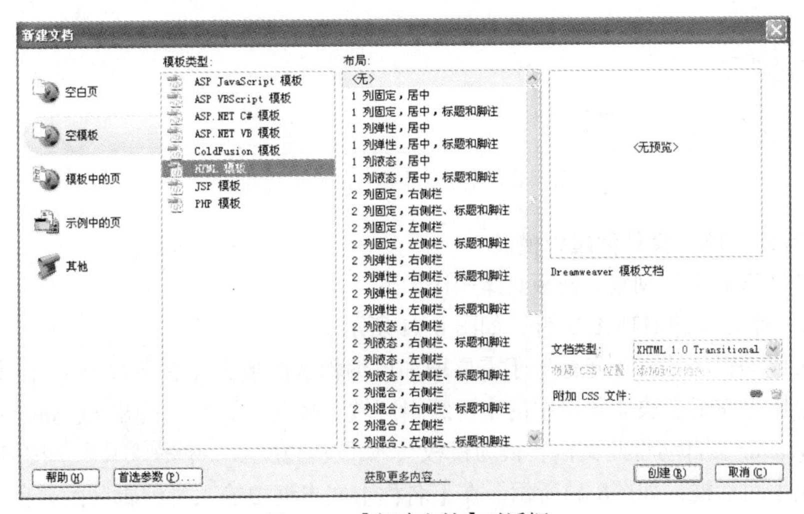

图 6-37　【新建文档】对话框

（2）利用【页面属性】对话框将网页的标题设为“神州旅游网”，将【链接颜色】和【已访问链接】都设成“黑色”。

（3）在第一行插入一个 1 行 2 列的表格，分别插入 LOGO 和 Banner 图像。将光标移到下一行后，设置居中对齐格式。选择【插入】/【模板对象】/【可编辑区域】菜单命令，打开【新建可编辑区域】对话框，如图 6-38 所示。在【名称】文本框中输入“文章标题”，单击确定按钮，插入一个可编辑区域。

（4）在下一行使用【居中对齐】格式，插入一条“水平线”。下面的两行中分别插入两个可编辑区域，名称分别为“图像”和“正文”。在下面一行再插入一条“水平线”，最后输入作者名称。

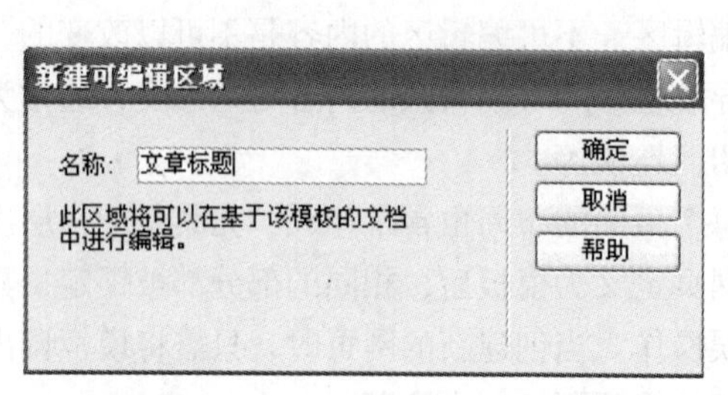

图 6-38　【新建可编辑区域】对话框

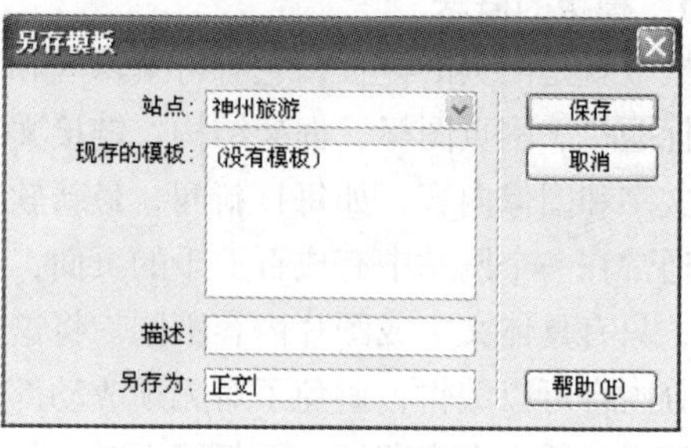

图 6-39　【另存模板】对话框

（5）单击【文件】/【另存为模板】菜单命令，调出【另存模板】对话框，如图 6-39 所示。在【另存为】文本框中输入“正文”，单击保存(S)按钮，完成保存模板操作。模板页面的显示效果如图 6-40 所示。

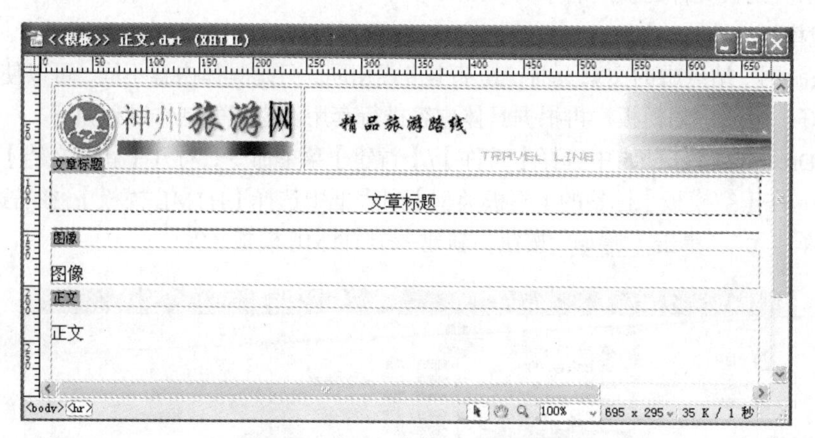

图 6-40　【正文】模板的显示效果

3. 将已有的 HTML 文件创建为模板

将已有的 HTML 文件创建为模板具体操作如下。

（1）打开一个已有的 HTML 文件，如图 6-41 所示。

（2）定义可编辑区域。将光标置于需要增加可编辑区的地方（右下部分），在【插入】（常用）面板中选择【模板】快捷菜单中的【可编辑区域】按钮，系统弹出 Dreamweaver 提示信息：“Dreamweaver 会自动将此文档转换为模板”，如图6-42所示。单击确定按钮后打开【新建可编辑区域】对话框，如图6-43所示。在【名称】文本框中输入可编辑区的名称（HTML 实例名称），然后单击确定按钮，这样就新建了一个名称为“HTML 实例名称”的可编辑区域。

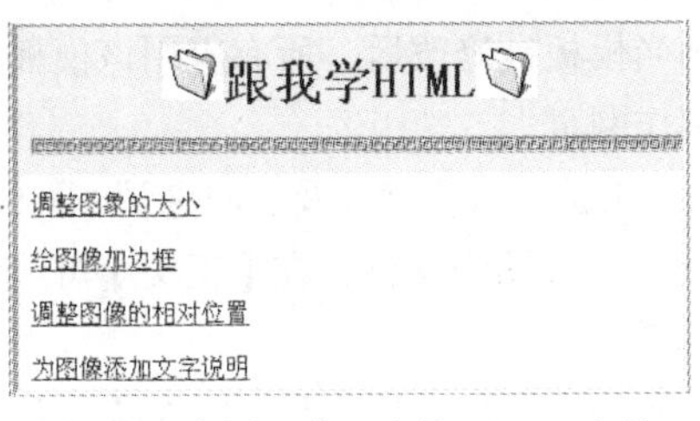

图 6-41　打开一个已有的 HTML 文件

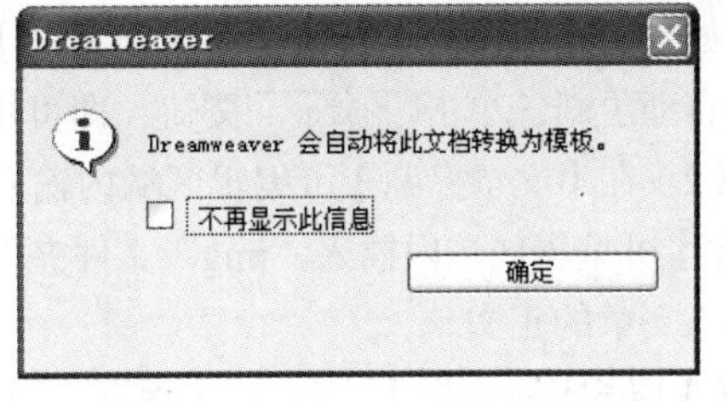

图 6-42　“Dreamweaver 将自动将此文档转换为模板”提示框

（3）选择【文件】/【另存为模板】菜单命令，调出【另存模板】对话框（见图 6-39）。然后在【站点】下拉列表中选择本地站点的名字，再在【另存为】文本框中输入模板的名字，最后单击保存按钮，即可完成模板的保存。此时模板的显示效果如图 6-44 所示。

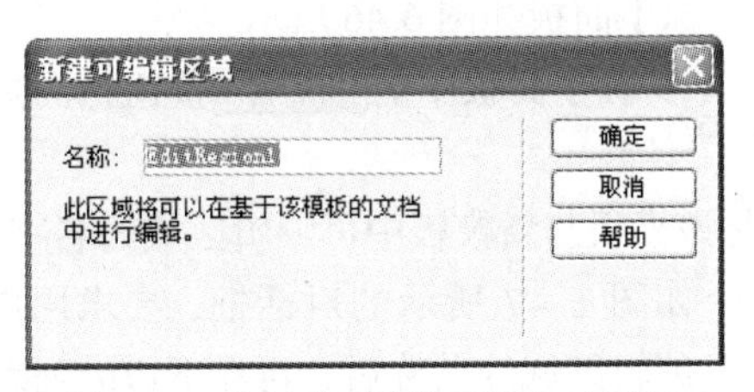

图 6-43　【新建可编辑区域】对话框

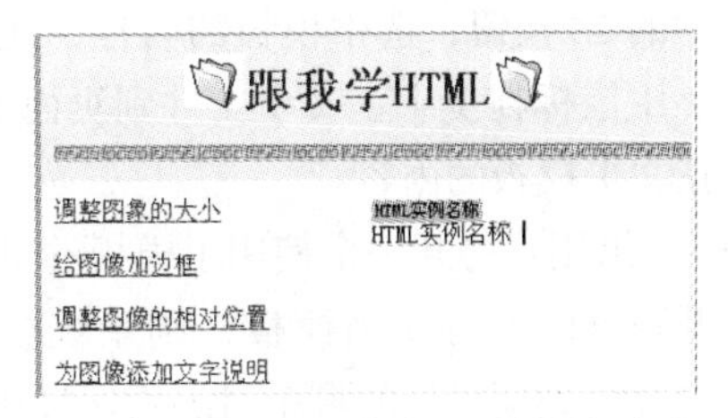

图 6-44　可编辑区域内显示出它的名称

6.6.2　使用模板制作网页

使用【模板】制作网页的方法有如下两种。

1. 使用模板创建新网页

使用模板创建新网页的操作步骤如下。

（1）选择【文件】/【新建】菜单命令，打开【新建文档】对话框，单击【模板中的页】标签。在【站点】列表框中单击“神州旅游”列表项，此时右边的列出站点“神州旅游”中所有模板，单击【正文】即可在右边看到模板的缩略图，如图 6-45 所示。

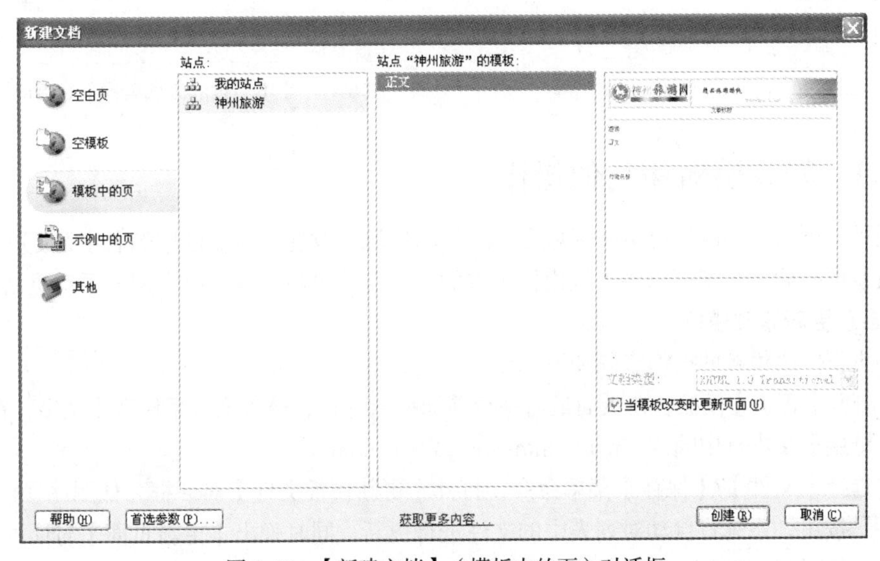

图 6-45　【新建文档】（模板中的页）对话框

如果选中了【当模板改变时更新页面】复选框，则当模板被修改后，所有应用该模板的页面将会自动更新。单击[创建(R)]按钮，即可用选定模板制作网页。

（2）在【文章标题】可编辑区域内输入“经验之谈：旅游‘六要素’及‘四忌’”等文字；在【图像】可编辑区域内插入“img”文件夹下的“jiaodian1.jpg”图像文件；在【正文】可编辑区域内输入文章的正文。

（3）完成后选择【文件】/【保存】菜单命令，打开【另存为】对话框，选择路径和文件名（jiaodian1.htm）后单击[保存(S)]按钮，完成网页制作。

2. 在已有的页面内使用新模板

在已有的页面内使用新模板的操作步骤如下。

（1）新建一个 HTML 基本页，选择【窗口】/【资源】菜单命令，打开【资源】面板，单击该面板中的按钮，选中模板的名称，此时的【资源】面板如图 6-46 所示。

（2）用鼠标拖曳【正文】文件到页面中或单击【资源】面板中的[应用]按钮，网页将自动套用【正文】模板的内容。

（3）如果用户打开一个使用了模板的页面，但是该模板与新模板中可编辑区域的名字不相同，或者打开的页面没有使用模板，则系统会弹出一个如图 6-47 所示的对话框，要求用户选择将页面的内容放到新模板的哪个可编辑区域中。选择可编辑区域的名称后，再在下边的列表框中选择可编辑区域名称，然后单击[确定]按钮即可完成替换。

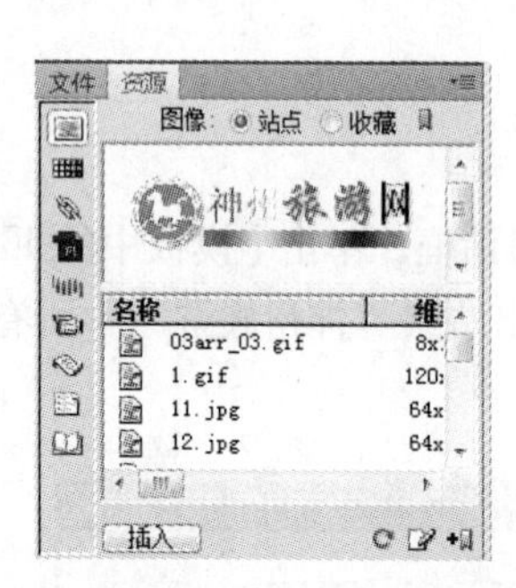

图 6-46 【资源】面板

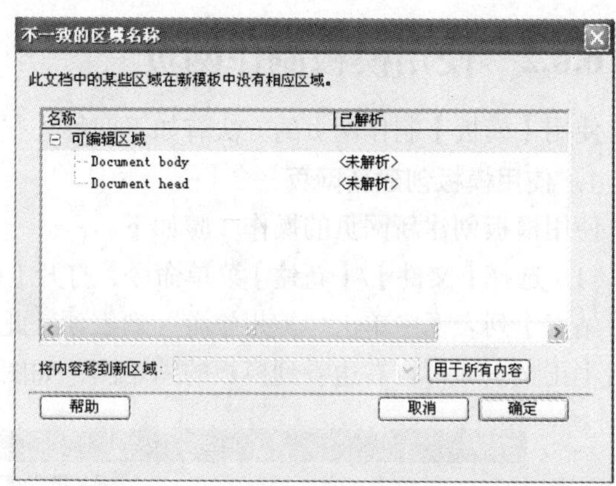

图 6-47 【不一致的区域名称】对话框

6.6.3 修改模板和其他操作

模板可以更新，如改变可编辑区域和不可编辑区域，改变可编辑区域的名字，更换页面的内容等。更新模板后，系统可以将由该模板生成的页面自动更新，也可以由用户手动更新。

1. 自动更新修改模板

自动更新修改模板的操作步骤如下。

（1）打开【正文】模板，在页面最后一行前面插入一行，输入【联系作者】文字，在【属性】面板的【链接】文本框中输入“mailto:htmlstudy@163.com”。

（2）选择【文件】/【保存】菜单命令，打开【更新模板文件】对话框，如图 6-48 所示。单击[更新(U)]按钮，系统将自动对列表中的文件进行更新，同时弹出【更新页面】对话框，并显示更新状态，如图 6-49 所示，单击[关闭(C)]按钮，完成模板的自动更新。

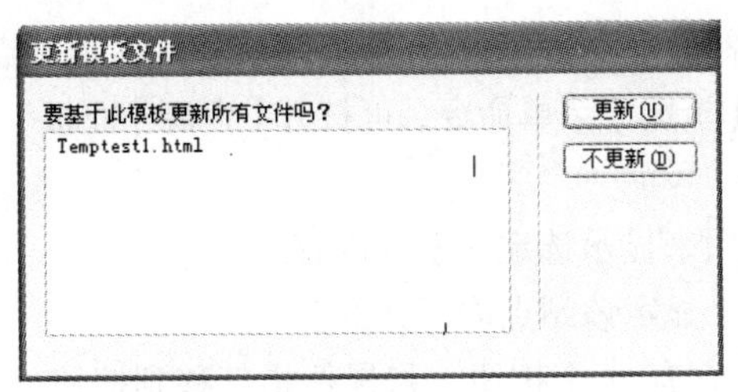

图 6-48　【更新模板文件】对话框

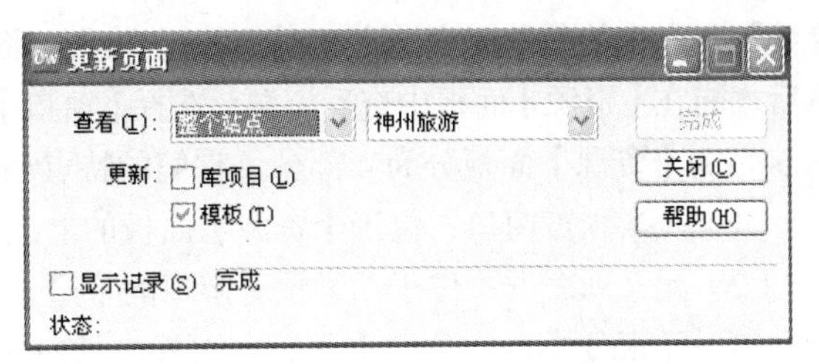

图 6-49　【更新页面】对话框

2. 手动更新修改模板

手动更新修改模板的操作步骤如下。

（1）采用前面介绍的方法，修改模板。

（2）打开要更新的网页文档，选择【修改】/【模板】/【更新当前页】菜单命令，即可将打开的页面按更新后的模板进行更新。

（3）如果要更新所有和修改后的模板相关联的页面，则选择【修改】/【模板】/【更新页面】菜单命令，打开【更新页面】对话框。在【查看】下拉列表内选择“文件使用”选项，则其右边会出现一个新的下拉列表框。在新的下拉列表框内选择模板名称，单击 开始(S) 按钮，即可更新使用该模板的所有网页。

3. 将页面与模板分离

有时希望页面不再受模板的约束，这时可以单击【修改】/【模板】/【从模板中分离】命令，使该页面与模板分离。分离后页面的任何部分都可以自由编辑，并且修改模板后，该页面也不会再受影响。

4. 输出没有模板标记的站点

选择【修改】/【模板】/【不带标记导出】菜单命令，打开【导出为无模板标记的站点】对话框，如图 6-50 所示。单击 浏览... 钮，选择输出路径后单击 确定 钮，这样可以输出没有模板标记的站点。

5. 将 HTML 标记属性设置为可编辑

选择【修改】/【模板】/【令属性可编辑】菜单命令，打开【可编辑标签属性】对话框，从【属性】下拉列表中选择一个属性标记，或者单击 添加... 按钮手动添加，如图 6-51 所示，然后单击 确定 按钮。

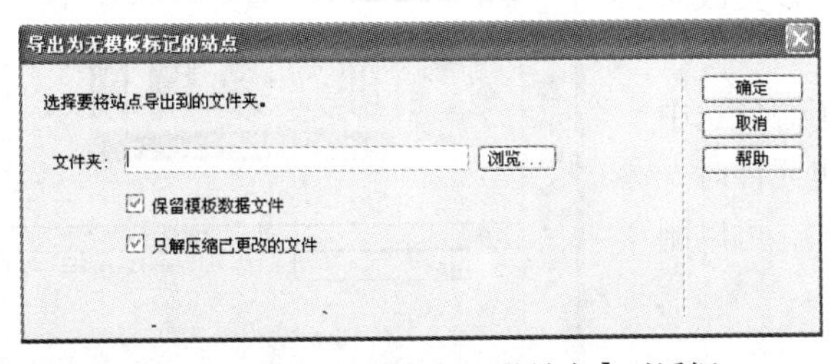

图 6-50　【导出无模板标记的站点】对话框

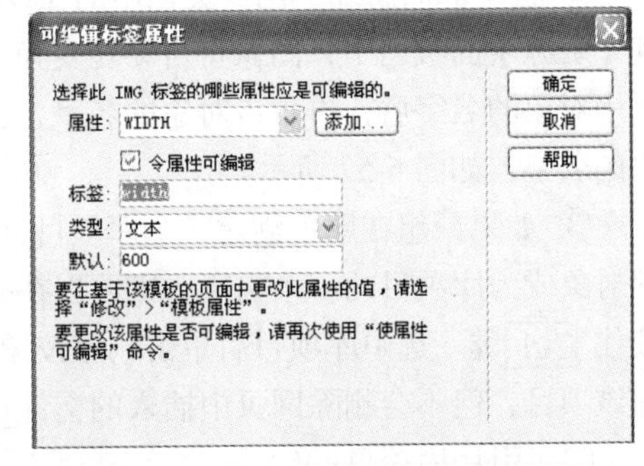

图 6-51　【可编辑标签属性】对话框

6.6.4　【资源】面板

【资源】面板是用来保存和管理当前站点或收藏夹中网页资源的面板。资源包括存储在“神州旅游”站点中的各种元素（也叫对象），如模板、图像或影片文件等。必须先定义一个本地站点，然后才能在【资源】面板中查看资源。选择【窗口】/【资源】菜单命令，可打开【资源】面板（见图6-46）。【资源】面板分为4部分，它们的特点如下。

（1）元素预览窗口：位于【资源】面板的上边，用来显示选定元素的内容。

（2）元素列表框：位于元素预览窗口的下边，用来显示该站点内元素的名字。

（3）元素分类栏：位于【资源】面板内的左边，它有9个按钮。将鼠标指针移到按钮处，即可显示该按钮的名称，从上至下分别为：【图像】、【颜色】、【URLs】、【Flash】、【Shockwave】、【影片】、【脚本】、【模板】和【库】。单击不同的按钮可切换【资源】面板显示的元素类型。

（4）应用工具栏：位于【资源】面板内的底部。单击选中元素分类栏中不同的图标按钮时，应用工具栏中会出现一些不同的图标按钮。这些按钮的作用如下。

- 插入按钮[插入]：单击它，可将选中的素材插入到当前网页的光标处。
- 刷新站点列表按钮：单击它，可以刷新站点列表。
- 编辑图标按钮：单击它，可调出相应的窗口，对选中的素材进行编辑。
- 新建模板按钮：单击它，可以在【资源】面板内新建一个模板。
- 应用按钮[应用]：单击它，可以将选中的元素应用到网页中。例如，在单击【颜色】图标按钮后，再单击选中一种颜色，则单击该按钮，即可应用选中的颜色。
- 添加到收藏夹按钮：单击它，可将选中的内容放置到收藏夹中。若要查看收藏夹的内容，可单击【资源】面板上边的【收藏】单选项。
- 从收藏夹中删除按钮：单击它，可将在收藏夹中选中的内容从收藏夹中删除。
- 删除按钮：单击它，可删除在【资源】面板中选中的内容。
- 新建收藏夹按钮：单击它，可在收藏夹中新建一个文件夹。

1．用库更新页面

（1）创建库项目。

库在【资源】面板内，它存储有库部件。库部件就是一些对象的集合，这些库部件是网站各网页经常要使用的内容。在创建网页时，只需将库中的库部件插入网页即可。

① 打开“神州旅游”站点下的“index.htm”网页文档。选择【窗口】/【资源】菜单命令，打开【资源】面板。单击【资源】面板左边的库按钮，进入【库】标签项。

② 将“index.htm”网页文档中的LOGO图像拖曳到【资源】面板当中，图像将自动转变为【库】项目。选中对象的名字后，再单击对象的名字，就可以更改对象的名字，如图6-52所示。

③ 如果只想在库中创建一个库项目，而不想使选中的对象成为库项目的一个引用，则可以在拖曳元件时，按住Ctrl键。选中库项目后单击删除按钮，可以删除该项目，但不会删除网页中插入的文件。

图6-52 【资源】（库）面板的显示效果

（2）引用库项目。

打开【正文】模板，将网页中的LOGO文件删除。将【资源】（库）面板中的LOGO元素拖曳到模板中LOGO的位置，替换网页中的图像。

如果只想在页面内插入一个对象，而不建立它与库项目的引用关系，则可以在拖曳库项目时，按住Ctrl键。

（3）库项目引用的【属性】面板。

页面中引用的对象会有特定颜色进行标记。单击选中LOGO库项目后，它的【属性】面板如图6-53所示。其中“Src”文字说明此元件是一个库项目，其扩展名为“.lbi”。

图6-53　库项目引用对象的【属性】面板

2. 库项目的其他操作

（1）编辑页面中库项目的引用。

选中【正文】模板中的LOGO库项目，在【属性】面板中单击[从源文件中分离]，即可将网页中的LOGO图像与库项目的引用关系断开，以后修改库项目不会影响此网页中对象的变化。

（2）编辑库项目。

① 选中【正文】模板中的LOGO库项目后在【属性】面板中单击[打开(O)]按钮，或者在【资源】(库）面板中双击LOGO库项目图标，将打开LOGO库项目的编辑窗口，可以在该编辑窗口内修改LOGO对象。

② 修改完库项目对象后。选择【文件】/【保存】菜单命令，进行库文件的保存。此时会弹出【更新库项目】对话框，如图6-54所示，提示用户是否更新网页。

③ 单击[更新(U)]按钮，即可开始更新。更新后，“神州旅游”站点中由库项目产生的对象都会随之改变，屏幕会显示【更新页面】对话框，如图6-55所示。单击[关闭(C)]按钮，完成库项目的更新。

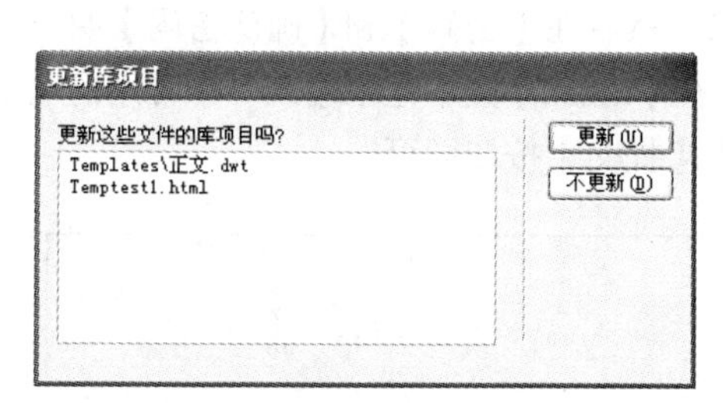

图6-54　【更新库项目】对话框

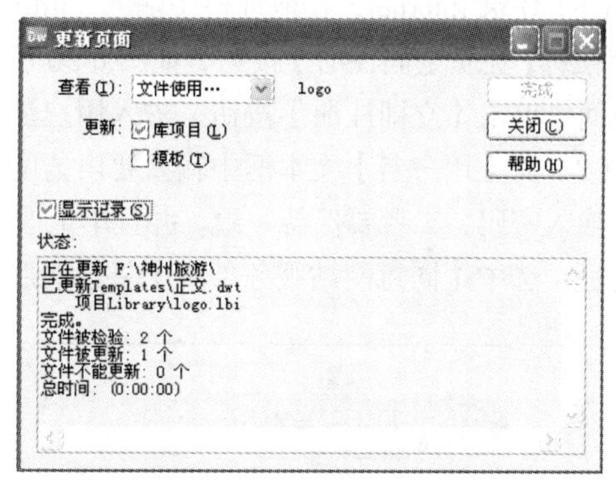

图6-55　【更新页面】对话框

（3）重建库项目。

用户如果将库中的一些项目删除或更名，则页面内使用库项目建立的对象就会成为一般的对象，不再与库的项目有引用关系。要利用这些对象重新建立库项目，可在选中对象的情况下，单击库项目引用的【属性】面板内的[重新创建]按钮，重建原来的库项目。

用户如果要修改包含动作的对象，则会使对象的行为丢失，因为只有一部分行为代码在部件中。此时只能断开对象与库项目的引用关系，重新修改对象的行为，再将对象拖曳到库中生成新的库项目。新的库项目的名字要和原库项目的名字一样。

（4）更新网站。

在【更新页面】对话框中的【查看】下拉列表中选择“整个站点”列表项，右边会出现一个新的下拉列表框，并激活[开始(S)]按钮。在新的下拉列表中选择站点名称，单击[开始(S)]按钮，即可对选定的站点进行检测和更新，并给出检测信息报告。

6.7 发布站点

在一个网站成功的时候，设计者往往需要更多的人能和自己一起欣赏这个成果，通过别人的批评或者建议，提高网页制作的技能。那么如何才能让一个网站成果同时让更多的人欣赏呢？那就是将网站发布到 Internet 上去。

6.7.1 申请主页空间

在网上有很多的服务商都提供了免费个人主页空间的服务。虽然免费空间在大小及功能上有很多的限制，但是对于网页制作的初学者来说已经足够使用。例如，在“凡科网”网站上就提供了免费个人空间，这些空间有国内的也有国外的。空间的功能、大小、流量控制都各有不同，用户可以根据自己的需要选择，网址是“http://www.faisco.com/。当然也可以在百度等搜索引擎上自己搜索免费个人空间。这里就以“高高兴兴网”（http://www.ggxx.net/）提供的免费空间为例，介绍免费个人空间的申请过程。申请主页空间的操作如下。

这里说的免费空间和平时说的博客空间完全不是一回事，这里的免费空间完全由用户自己控制，用户可以放置自己制作的任何网页；而博客空间则必须在特定格式下完成特定功能。

（1）登录 Internet，在地址栏中输入“http://www.ggxx.net/”，打开“高高兴兴”首页。在网页上会看到【免费空间注册】按钮，如图 6-56 所示。不过这时首先要注册一个用户才能申请个人免费空间。单击【立即注册】按钮，进入用户注册页面，如图 6-57 所示。

（2）在【用户名】文本框中输入要申请的用户名，然后在【密码】和【确认密码】两个文本框中输入密码，二者要保持一致，并且牢记改密码。在【Email】文本框中输入一个常用的电子邮箱地址，选中【同意网站服务条款】复选框后，单击【提交】按钮即可。

图 6-56 高高兴兴首页

图 6-57　【用户注册】页面

（3）填写完毕注册信息后，系统会进入【注册成功】页面，如图 6-58 所示，该页面与 6-57 相似，但在页面的右上角出现了注册时使用的用户名，即 wangyejiaoxue，同时网页的导航栏中增加了一个条目，即【免费空间获取/管理】。

图 6-58　【注册成功】页面

（4）单击【免费空间获取/管理】，将获取免费空间，此时会弹出如图 6-59 所示的对话框，提示用户重新登录进行确认。

（5）重新登录后，再次单击【免费空间获取/管理】，会弹出获取【邀请码】页面，如图 6-60 所示，在收听站长博客后，得知邀请码为【333】，将其输入文本框中，单击【完成】按钮即可。

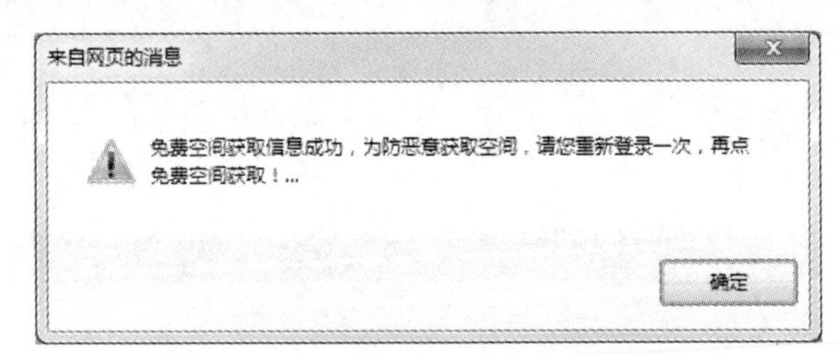

图 6-59　免费空间获取成功对话框

图 6-60　获取邀请码

（6）完成上述操作后，将出现如图 6-61 所示页面，该页面是真正获取免费空间的主页面，单击图中红色按钮【点击获取免费空间】，此时将会为用户在远处服务器上分配空间，并弹出分配成功的对话框，如图 6-62。

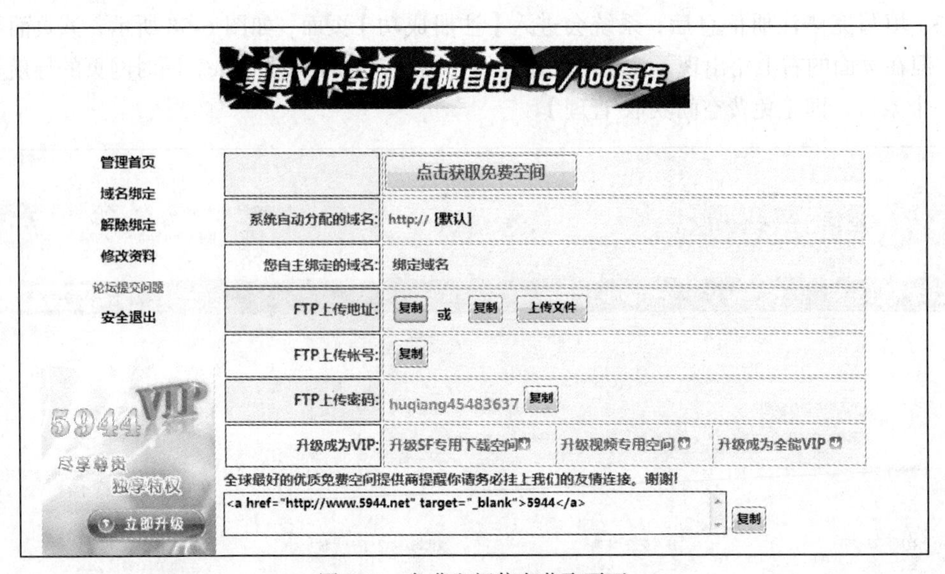

图 6-61　免费空间信息获取页面

（7）单击图 6-62 中的【确定】按钮，将弹出如图 6-63 所示页面，该页面详细记录了分配空间的相关信息，这些信息要准确记录保存。

图 6-62　免费空间获取成功

（8）如果用户有自己的域名可自行绑定自己的域名，只需要单击【绑定域名】，填写自己的域名即可。如果没有自己的域名就填写一个域名，空间开通成功后系统将分配一个免费域名，这个域名是以后使用的免费域名。

这里需要说明的是，免费空间是具有一定时间限制的，该空间有效期至 2012-9-25，即申请 10 日内有效，为了增加空间使用时间，需要用户每个月定期登录该空间。

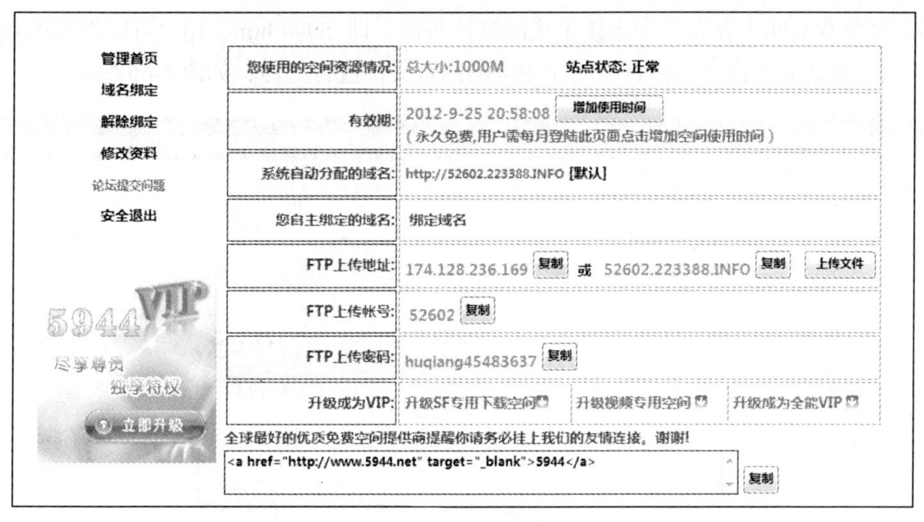

图 6-63　免费空间信息

（9）上述操作完成后就可以进行网页上传了。在 Windows 资源管理器中输入“ftp://174.128.236.169”，将会弹出如图 6-64 所示的对话框，在该对话框中输入用户名和密码，即图 6-63 中的【FTP 上传账号】和【FTP 上传密码】，单击【登录】按钮，就可以打开申请的免费空间，如图 6-65 所示。

图 6-64　FTP 登录免费空间

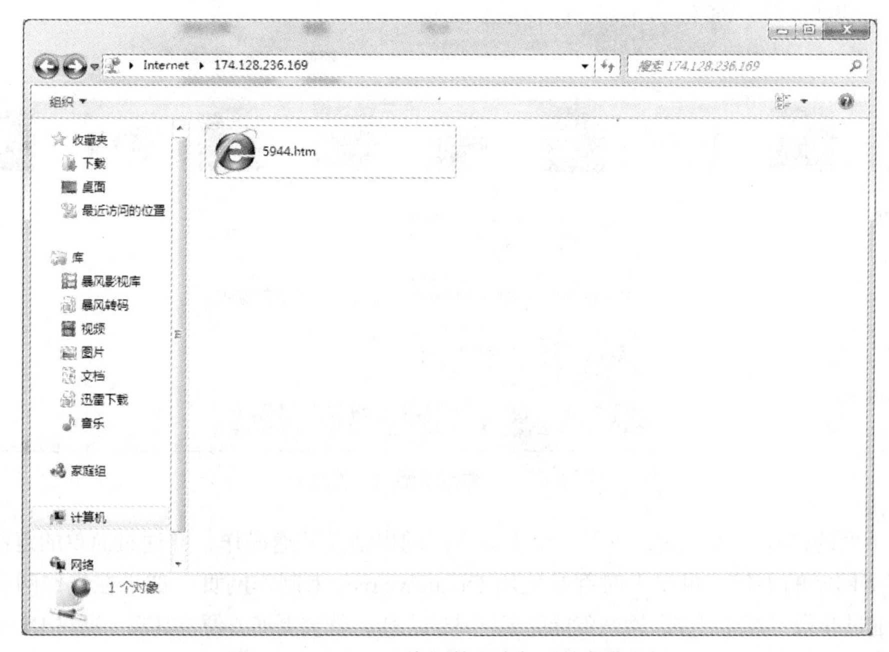

图 6-65　Windows 资源管理中打开的免费空间

（10）该免费空间中存在一个系统生成的默认页面，即 5944.htm，用户可以将其删除，也可以保留。通过拖动的方式可以将自己制作完毕的网页文件进行上传，如图 6-66 所示。

图 6-66　上传网页文件

（11）复制完成后，可在浏览器地址栏内输入“http://52602.223388.INFO/szly/index.html”，就可看到已经制作好的网站首页，如图 6-67 所示。

图 6-67　“神州旅游网”首页

通过上面的操作步骤，就完成了一个主页空间的申请及开通操作，并通过简单的复制、粘贴等功能完成网站的上传。可是平时都是使用 Dreamweaver 来制作网页，如果在制作网页的过程中，并不通过登录“高高兴兴”网站就能完成网站的上传，就会更加方便。其实，通过 Dreamweaver 就可以完成网站的上传工作，下面讲解如何利用 Dreamweaver 实现网站上传。

6.7.2　定义服务器信息

打开【站点设置】对话框，在左侧的【分类】栏中选择的【服务器】选项，此时的站点定义为对话框如图 6-68 所示。

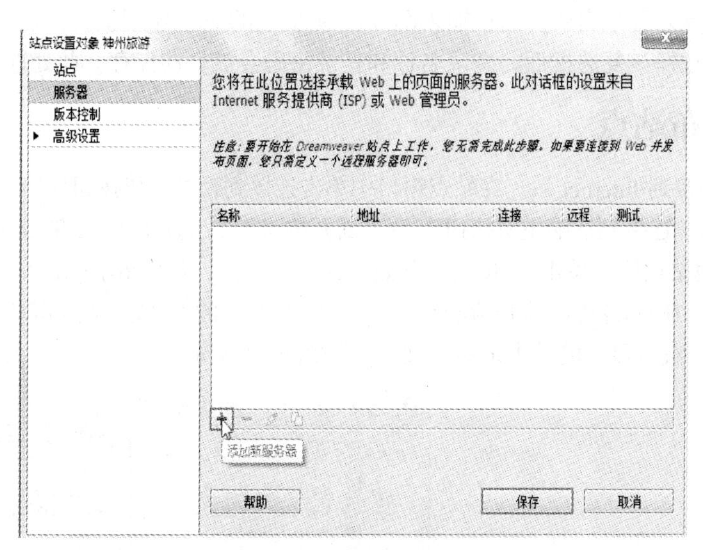

图 6-68　服务器定义选项

在图 6-68 所示的对话框中单击➕钮，添加一个服务器，此时会弹出如图 6-69 所示的对话框，在基本选项卡中的【连接方法】下拉列表中有 3 个选项。

- “无”：仅用于本地站点，与服务器没有连接。
- “FTP”：通过 FTP 连接到服务器上，这是通常采用的方式。此处选择此选项。
- “本地/网络”：通过局域网连接到服务器上。

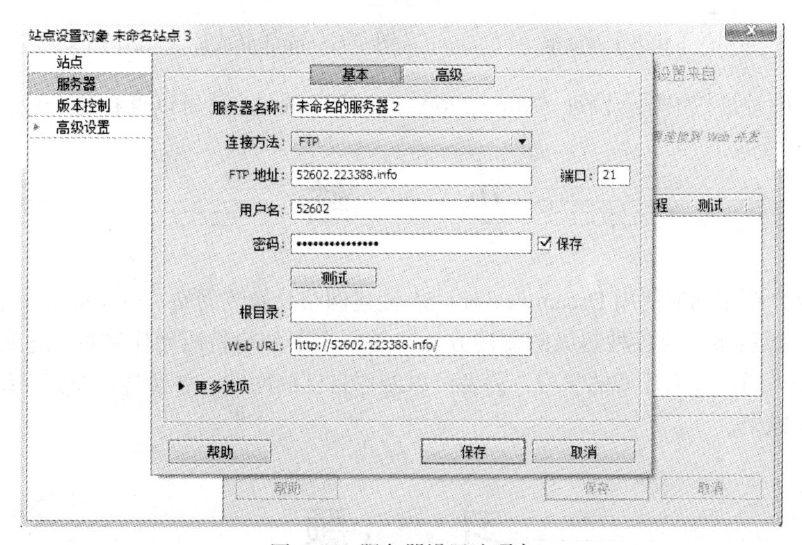

图 6-69　服务器设置选项卡

选择【FTP】选项后，该对话框如图 6-69 所示。其中主要选项的含义如下。

- 【FTP 地址】：输入网站上传时的 FTP 主机地址，即服务器地址。注意，前面不要加“ftp://”

字符。这里输入“52602.223388.info”。

- 【根目录】：输入上传文件存入服务器的目录。对于不同的服务器，该目录可能是公开的可视文档的存放处，也可能是登录目录（此时可不输入内容）。
- 【用户名】：输入登录名称。这里输入图 6-63 页面上的 FTP 账号。
- 【密码】：输入登录密码。这里输入图 6-63 页面上的 FTP 密码。
- 【保存】：选择该复选框后，登录名称和登录密码会被自动保存。此处选中该选项。

6.7.3 发布站点

确认本机已链接到 Internet 后，在站点窗口中单击连接到远端主机按钮，与远端服务器建立连接。连接成功后，连接到远端主机按钮变成断开按钮，此时便可以将文件上传至服务器。

选中整个本地站点后，单击 按钮，开始上传整个站点，如图 6-70 所示。

上传结束后，在远端站点的相应目录下会出现刚上传的文件。站点窗口的左边显示出服务器端站点文件，右边显示的是本地站点文件，如图 6-71 所示。

图 6-70 正在上传中的【状态】对话框

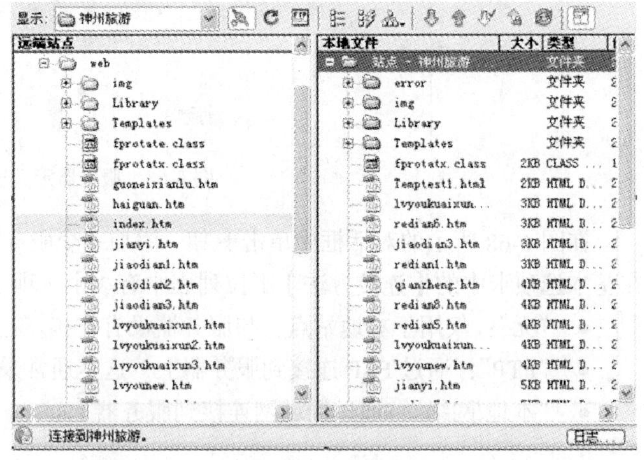

图 6-71 ftp 上传文件结束后的【站点】对话框

在浏览器的地址栏中输入网址“http:/ 52602.223388.info/”，就可以查看到刚刚上传的网页。

小　　结

本章着重介绍了如何使用 Dreamweaver CS5 创建网站及修改网站，也详细地介绍了网站中所用到的各种超级链接以及各种超级的创建方法，并介绍了如何将所制作网页通过免费的方法发布到网络上去。通过前面几章的学习，读者可以制作自己的网站，并通过发布到网络的方式同自己的朋友分享成果。

习　　题

1. 采用两种方法建立一个名称为“学生站点”的新本地站点。

2. 制作几个网页，利用它们进行“文字与外部 HTML 的链接”、“图像与外部 HTML 的链接”、“文字与外部图像的链接”、“图像与外部图像的链接”、“文字或图像与 HTML 文件锚点的链接”，以及建立映射图与 HTML 文件的链接。

3. 练习建立电子邮件、无址和脚本链接。

4. 建立一个本地网站和相应的网页。然后参看 6.4 节的内容，进行查找与替换、链接检查与修复等操作。

5. 参考本章相关章节，设置服务器、上传站点。

6.【资源】面板的主要作用是什么？都包括哪几项元素类型？

7. 什么是模板？如何创建一个模板？如何将创建的模板应用于网页制作？

8. 建立一个名为“网上超市”的模板，然后利用模板建立 3 个介绍商品的网页，其中包括商品的名称、图像和文字介绍。

9. 上机操作，创建一个模板，并将它应用于网页。然后修改模板，并更新网页。如果要想在修改模板后不影响使用该模板的网页，应如何操作？

10. 如何调出【资源】面板？如何使用【资源】面板？

11. 创建一个库项目，将它应用于网页。修改库项目，观察引用了库项目的网页有什么变化？如果要想在修改库项目后不影响引用了库项目的网页，应如何操作？

12. 建立一个网站的时候，应该注意哪些问题？网站的结构应该如何规划？试根据本章介绍的站点结构的各种特点，分析几个站点的站点结构是否合理。

第 7 章 Flash CS5 基础

Flash 作为当今最为流行的动画制作工具，以其绚丽的效果、丰富的功能，赢得了人们的普遍喜爱。目前，世界上几乎所有的网站都使用 Flash 动画来装扮自己，几乎所有的浏览器都安装了能够播放 Flash 动画的插件，可以说，互联网世界的动态风景就是由 Flash 所描绘的。Flash 在网络、影视、教育、培训、宣传等各个领域，发挥着不可估量的作用。

【学习目标】

- 了解 Flash CS5 的操作界面。
- 了解 Flash CS5 的基本操作方法。
- 掌握 Flash CS5 动画的制作方法。
- 掌握 Flash CS5 作品的测试方法。
- 掌握 Flash CS5 发布的基本设置。

7.1 中文 Flash CS5 的工作界面

运行 Flash CS5，首先出现 Adobe Flash Professional CS5 的版权页，然后会自动出现其初始用户界面，如图 7-1 所示。

图 7-1 Adobe Flash Professional CS5 初始用户界面

为了叙述方便，本书后面将 Adobe Flash CS5 Professional 简称为 Flash CS5。

选择【文件】/【新建】菜单命令，打开【新建文档】对话框，如图 7-2 所示。这是 Flash CS5 为用户提供的非常便利的向导工具。利用该向导能够创建某种类型的文档，也可以借助模板来创建某种样式的文稿。

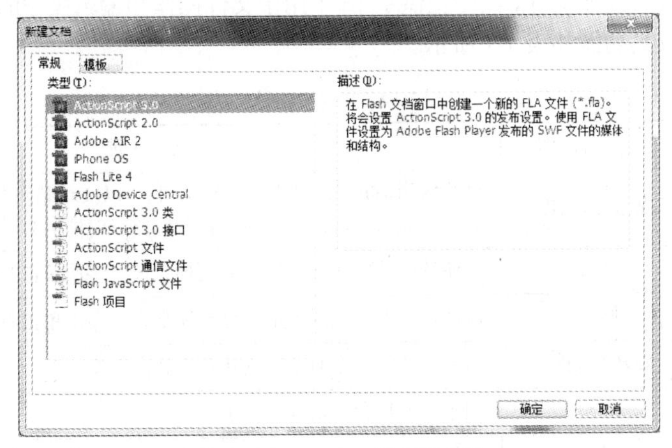

图 7-2　Flash CS5 新文档向导

一般情况下，用户可以选择【ActionScript 3.0】选项。单击 确定 按钮后，就可以进入 Flash CS5 的操作界面，如图 7-3 所示。该界面采用了一系列浮动的可组合面板，用户可以按照自己的需要来调整其状态，使用更加简便。

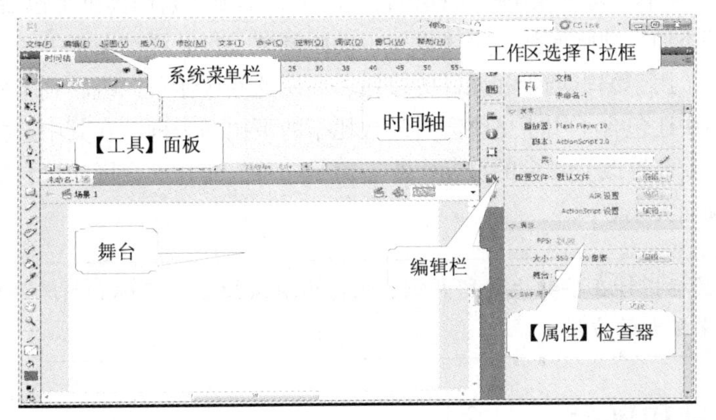

图 7-3　Flash CS5 操作界面

Flash CS5 的操作界面主要包括系统菜单栏、主工具栏、编辑栏、【工具】面板、舞台、时间轴、【属性】面板等功能面板，下面对各部分的功能进行简要介绍，其具体应用方法将在后续章节详细介绍。

7.1.1　主工具栏和工具箱

主工具栏和编辑栏可以通过【窗口】/【工具栏】中的子菜单命令来选择是否显示，如图 7-4 所示。

图 7-4 【工具栏】的子菜单命令及主工具栏、编辑栏

主工具栏一般置于界面上部，其中提供了 16 个用于文件操作和编辑操作的常用命令按钮。其中主要按钮的名称及其功能如表 7-1 所示。

表 7-1 主工具栏中的主要按钮及其功能

按钮图标	按钮名称	功能
	贴紧至对象	可在编辑时进入“贴紧对齐”状态，以便绘制出圆或正方形，在调整对象时能够准确定位，在设置动画路径时能够自动贴紧
	平滑	可使选中的曲线或图形外形更加光滑，多次单击具有累积效应
	伸直	可使选中的曲线或图形外形更加平直，多次单击具有累积效应
	旋转与倾斜	用于改变舞台中对象的旋转角度和倾斜变形
	缩放	用于改变舞台中对象的大小
	对齐	对舞台中多个选中对象的对齐方式和相对位置进行调整

7.1.2 系统菜单栏和编辑栏

系统菜单栏中主要包括【文件】、【编辑】、【视图】、【插入】、【修改】、【文本】、【命令】、【控制】、【窗口】等菜单，每个菜单中又都包含了若干菜单项，它们提供了包括文件操作、编辑、视窗选择、动画帧添加、动画调整、字体设置、动画调试、打开浮动面板等一系列命令。

编辑栏中包含了用于编辑场景和元件的按钮，利用这些按钮可以跳转到不同的场景和打开选中的元件。编辑栏中还包含了用于更改舞台缩放比率的下拉列表框，在其中选择比例值或直接输入需要的比例值，就能够改变舞台的显示大小。但是这种改变并不会影响舞台的实际大小，即动画输出时的实际画面大小。

将鼠标指针在按钮上停留片刻，就会出现该按钮的名称和简单的说明，这为用户的使用带来极大的方便。

7.1.3 场景和舞台

在当前编辑的动画窗口中，我们把动画内容编辑的整个区域叫做场景。在 Flash 动画中，为了设计的需要，可以更换不同的场景，且每个场景都有不同的名称，用户可以在整个场景内进行图形的绘制和编辑工作。在场景中白色（也可能会是其他颜色，这是由动画属性设置的）部分显示动画内容的区域称为舞台，舞台之外的灰色区域称为后台区，如图 7-5 所示。

舞台是绘制和编辑动画内容的矩形区域，在其中显示的图形内容包括矢量图形、文本框、按钮、导入的位图图形或视频剪辑等。动画在播放时仅显示舞台上的内容，对于舞台之外的内容是不显示的。

图 7-5 场景与舞台

7.1.4 工作区

工作区是指整个用户界面，包括界面的大小，各个面板的位置、形式等。用户可以自定义工作区：首先选择【窗口】/【工作区】/【新建工作区】菜单命令，此时会弹出一个对话框让用户输入工作区的名字，进入一个新的工作区界面，然后按照自己的使用需要和个人爱好对界面进行调整就可以将当前的工作区风格保存下来。以后直接使用场景中的【工作区】按钮，就能调用自己习惯的工作区形式。

时间轴用于组织和控制文档内容在一定时间内播放的层数和帧数，就像剧本决定了各个场景的切换以及演员的出场、表演的时间顺序一样。

【时间轴】面板有时又称为【时间轴】窗口，其主要组件是层、帧和播放头，还包括一些信息指示器，如图 7-6 所示。【时间轴】窗口可以伸缩，一般位于动画文档窗口内，可以通过鼠标拖动使它独立出来。按其功能来看，【时间轴】面板可以分为左右两个部分：层控制区和帧控制区。时间轴显示文档中哪些地方有动画，包括逐帧动画、补间动画和运动路径，可以在时间轴中插入、删除、选择和移动帧，也可以将帧拖到同一层中的不同位置，或是拖到不同的层中。

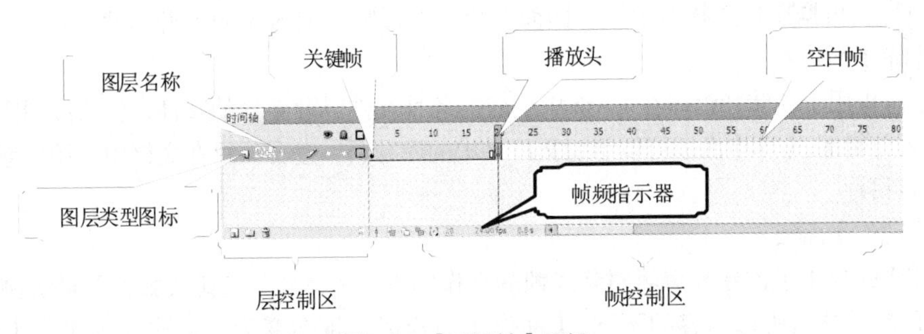

图 7-6 【时间轴】面板

帧是进行动画创作的基本时间单元，关键帧是对内容进行了编辑的帧，或包含修改文档的“帧动作”的帧。Flash 可以在关键帧之间补间或填充帧，从而生成流畅的动画。

层就像透明的投影片一样，一层层地向上叠加。用户可以利用层组织文档中的插图，也可以在层上绘制和编辑对象，而不会影响其他层上的对象。如果一个层上没有内容，那么就可以透过它看到下面的层。当创建了一个新的 Flash 文档之后，它就包含一个层。用户可以添加更多的层，以便在文档中组织插图、动画和其他元素。可以创建的层数只受计算机内存的限制，而且层不会增加发布的 SWF 文件的大小。

7.1.5 面板

Flash 利用面板的方式对常用工具进行组织，如图 7-7 所示，以方便用户查看、组织和更改文档中的元素。对于一些不能在【属性】面板中显示的功能面板，Flash CS5 将它们组合到一起并置于操作界面的右侧。用户可以同时打开多个面板，也可以将暂时不用的面板关闭或缩小为图标。

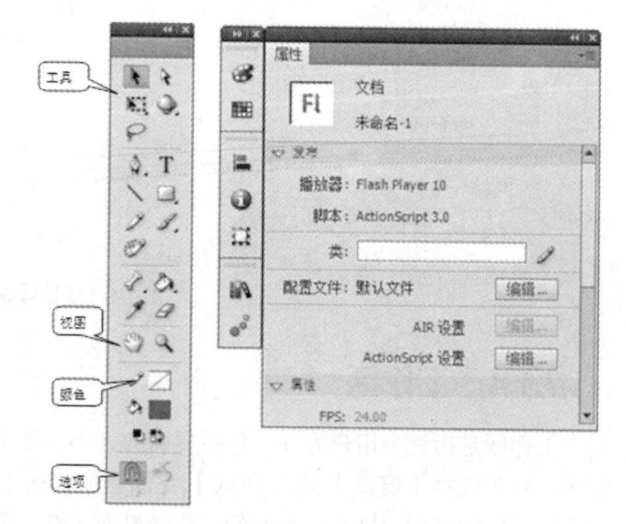

图 7-7 【工具】面板和【功能】面板

（1）【工具】面板。

【工具】面板提供了各种工具，可以绘图、上色、选择和修改插图，并可以更改舞台的视图。面板分为如下 4 个部分。

- 【工具】区域：包含绘图、上色和选择工具。
- 【视图】区域：包含在应用程序窗口内进行缩放和移动的工具。
- 【颜色】区域：包含用于笔触颜色和填充颜色的功能键。
- 【选项】区域：显示当前所选工具的功能和属性。

【工具】面板可以通过【窗口】/【工具】菜单命令来选择是否显示。

（2）【属性】面板。

使用【属性】面板可以很方便地查看舞台或时间轴上当前选定的文档、文本、元件、位图、帧或工具等的信息和设置。当选定了两个或多个不同类型的对象时，它会显示选定对象的总数。【属性】面板会根据用户选择对象的不同而变化，以反映当前对象的各种属性。

（3）【库】面板。

【库】面板用于存储和组织在 Flash 中创建的各种元件以及导入的文件，包括位图图形、声音文件、视频剪辑等。【库】面板可以组织文件夹中的库项目，查看项目在文档中使用的频率，并按类型对项目排序。

（4）【动作】面板。

【动作】面板用于创建和编辑对象或帧的动作脚本。选择帧、按钮或影片剪辑实例可以激活【动作】面板。根据所选内容的不同，【动作】面板标题也会变为【动作 - 按钮】、【动作 - 影片剪辑】或【动作-帧】。

（5）【历史记录】面板。

【历史记录】面板显示自文档创建或打开某个文档以来在该活动文档中执行的操作，按步骤的执行顺序来记录操作步骤。可以使用【历史记录】面板撤销或重做多个操作步骤。

Flash CS5 中还有许多其他面板，这些面板都可以通过【窗口】菜单中的子菜单来打开和关闭。面板可以根据用户的需要进行拖动和组合，一般拖动到另一面板的临近位置，它们就会自动停靠在一起；若拖动到靠近右侧的边界，面板就会折叠为相应的图标。

7.2　中文 Flash CS5 的基本操作

Flash CS5 的基本操作包括文件操作和对象操作，熟练掌握基本操作方法是快速完成各种设计任务的基础。下面对 Flash CS5 的基本操作进行介绍。

7.2.1　文件操作

文档编辑完成后，就应当进行保存。另外，即使是在编辑的过程中，也应当及时保存文档，以免由于某种意外情况而导致文档的丢失和破坏。

文档未被保存以前，在文档标题栏显示的是默认的文件名，且在文件名后有一个数字编号，如未命名-1。下面简要介绍文档的打开与保存操作。

1. 打开文件

选择【文件】/【打开】菜单命令，打开【打开】对话框，选择需要打开的文件夹，如图 7-8 所示，其中列出了当前文件夹下的文件。选择需要打开的文件，如“蜗牛火箭.fla”，然后单击打开(O)按钮，则该文件被调入 Flash CS5 中，以便对其进行编辑。

2. 保存文件

选择【文件】/【保存】菜单命令，打开如图 7-9 所示的【另存为】对话框。选择文件的保存位置，如文件夹“01”，再输入一个文件名，然后单击保存(S)按钮，则当前文件被保存。

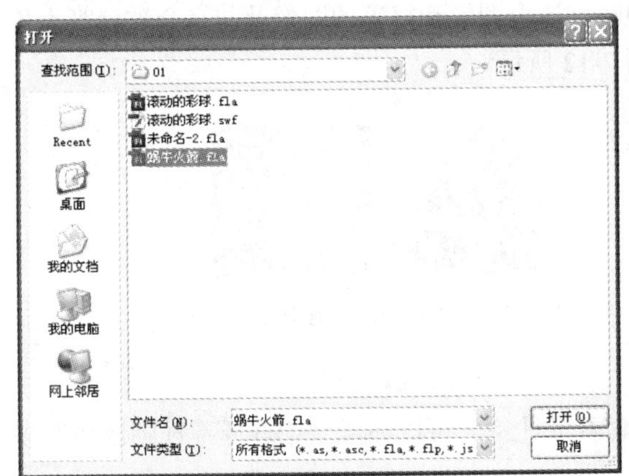

图 7-8　【打开】对话框

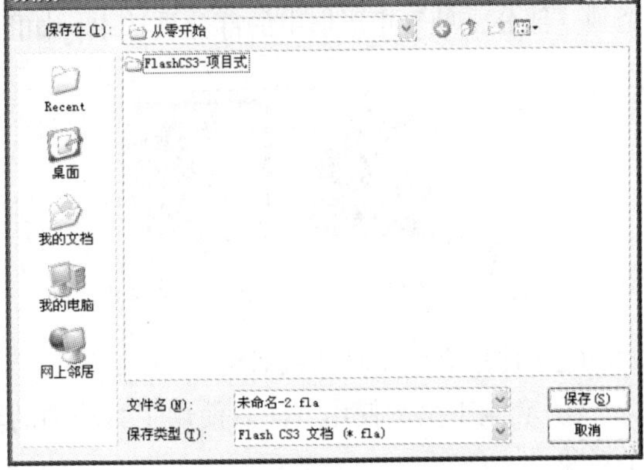

图 7-9　【另存为】对话框

Flash CS5 支持中文文件名。因此，为了使文件便于理解和使用，最好使用中文文件名。文件被保存后，在文档标题栏显示的就是保存时输入的文件名，且在文件名后没有了数字编号。

3. 关闭文件

选择【文件】/【关闭】菜单命令，可以关闭当前文档。选择【文件】\【全部关闭】命令，可以关闭所有打开的文档。

7.2.2 对象操作

对象的操作包括对象的选取操作和对象的调整操作，灵活掌握对象的操作方法，可以加快设计任务的进程。

1．选取对象

（1）使用【选择工具】按钮选取对象。

单击工具箱内的【选择工具】按钮，然后就可以选择对象，方法如下。

① 选取一个对象。单击一个对象（绘制的图形、输入的文字或导入的图像等），即可选中该对象。选中的图形（包括打碎的文字和图像，选择【修改】/【分离】菜单命令，可将选中的图像打碎；两次单击该菜单命令，可将选中的文字打碎）对象上面蒙上了一层白点，参看如图7-10中下边的“打碎的文字”文字和左边的打碎的图像。选中的图像对象被灰白的小点组成的矩形所包围，且中间有一个白色小圆，参看图7-10中右边的图像；选中的文字被蓝色矩形所包围，参看图7-10中上边的“没打碎文字”文字。

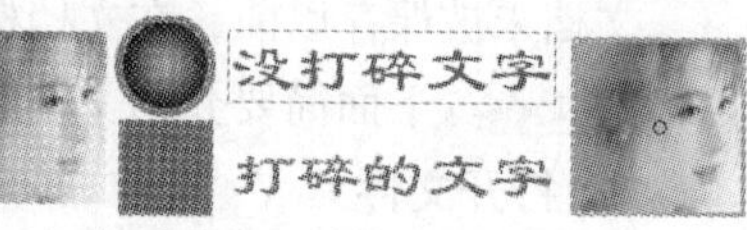

图7-10　选取各种对象

② 选取多个对象。

- 双击一条线，不但会选中被双击的线，同时还会选中与它相连的相同属性的线。双击一个轮廓线内的填充物，不但会选中被双击的填充物，还会选中它的轮廓线。
- 按住Shift键，同时依次单击各对象，可选中多个对象。
- 用鼠标拖曳出一个矩形，可以将矩形中的所有对象都选中，如图7-11所示。当某个图形和打碎的图像及文字的一部分被包围在矩形框中时，这个图形和打碎的图像及文字会被分割为几个独立部分，处于矩形框中的部分被选中，如图7-12所示。

图7-11　用鼠标拖曳出一个矩形

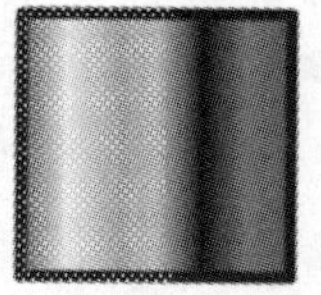
图7-12　将矩形中的所有对象都选中

（2）使用套索工具选取对象。

① 套索工具的使用方法。使用工具箱内的套索工具，可以在舞台中选择不规则区域和多个对象。

单击工具箱中的【套索工具】按钮，在舞台工作区内拖曳鼠标，会沿鼠标运动轨迹产生一条不规则的细黑线，如图7-13所示。释放鼠标左键后，被围在圈中的图形就被选中了，如图7-14所示。用鼠标拖曳这些选取的图形，可以将选中的图形与未被选中的图形分开，成为独立的图形，如图7-15所示。当然，这些图形是指被打碎的图形，未被打碎的图形是不可以。

图7-13　使用套索工具选取

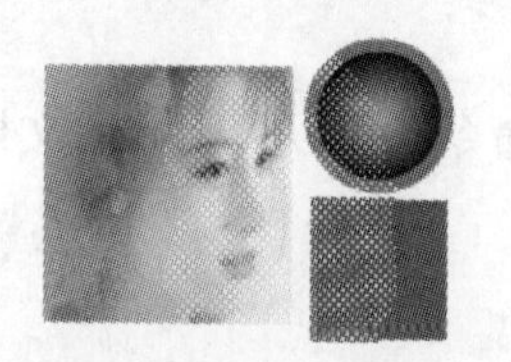
图7-14　选取对象部分内容

图7-15　分离对象

用套索工具拖曳出的线可以不封闭。当线没有封闭时，会自动以直线连接首尾，使其形成封闭曲线。

② 套索工具的选取模式。单击工具箱中的【套索工具】按钮，其【选项】栏内会显示出 3 个按钮，如图 7-16 所示。套索工具的 3 个按钮用来改变套索工具的属性，3 个按钮的作用如下。

- 【多边形模式】按钮：单击该按钮后，可以形成封闭的多边形区域，用来选择对象。此时封闭的多边形区域的产生方法为：用鼠标在多边形的各个顶点处单击一下，在最后一个顶点处双击鼠标左键，即可画出一个多边形线框，它包围的图形都会被选中。
- 【魔术棒】按钮：单击该按钮后，将鼠标指针移到对象的某种颜色处，当鼠标指针呈魔术棒形状时，单击鼠标左键，即可将该颜色和与该颜色相接近的颜色图形选中。如果再单击选择工具按钮，用鼠标拖曳选中的图形，即可将它们拖曳出来。将鼠标指针移到其他地方，当鼠标指针不呈魔术棒形状时，单击鼠标左键，即可取消选取。
- 【魔术棒设置】按钮：单击该按钮后，会弹出一个【魔术棒设置】对话框，如图 7-17 所示。利用它可以设置魔术棒工具的属性。魔术棒工具的属性主要是用来设置临近色的相似程度。

图 7-16 【套索工具】的【选项】栏

图 7-17 【魔术棒设置】对话框

2. 移动、复制、删除和调整对象

（1）移动对象。

移动对象的操作如下。

① 使用工具箱中的选择工具选中一个或多个对象，将鼠标指针移到选中的对象上（此时鼠标指针应变为在它的右下方增加两个垂直交叉的双箭头），拖曳鼠标即可移动对象。

② 如果按住 Shift 键，同时用鼠标拖曳选中的对象，可以将选中的对象沿 45° 的整数倍角度（如 45°、90°、180°、270°）移动对象。

③ 按光标移动键，可以微调选中对象的位置，每按一次按键，可以移动一个像素。按住 Shift 键的同时，再按光标移动键，可以一次移动 8 个像素。

移动对象效果如图 7-18 所示。

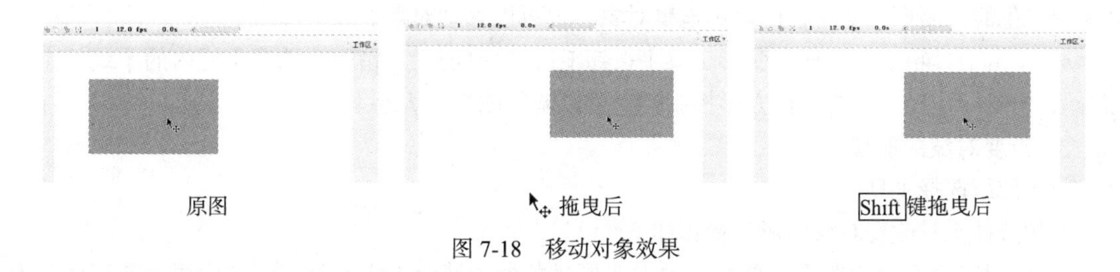

图 7-18 移动对象效果

（2）复制对象。

复制对象可采用以下方法之一。

- 按住 Ctrl 键或 Alt 键，同时用鼠标拖曳选中的对象，可以复制选中的对象。
- 按住 Shift 键和 Alt 键（或 Ctrl 键），同时拖曳对象，可沿 45° 的整数倍角度方向复制对象。
- 选择【窗口】/【变形】菜单命令，调出【变形】面板，如图 7-19 所示。选中要复制的对象，再单击【变形】面板右下角的【复制并应用变形】按钮，即可在选中对象处复制一个新对象。单击【选择工具】按钮，再拖曳移出复制的对象。

- 此外，利用剪贴板的剪切、复制和粘贴功能，也可以移动和复制对象。

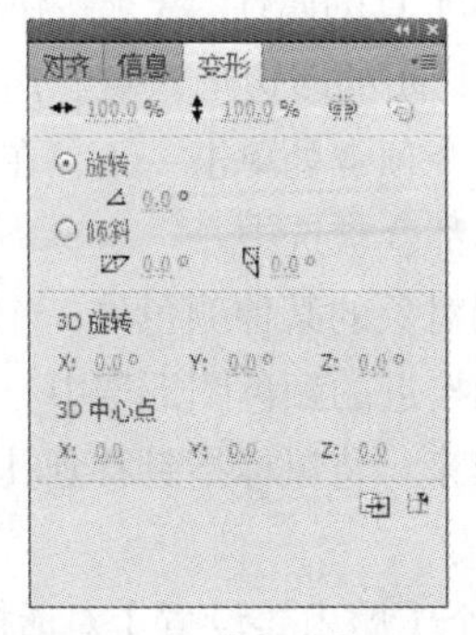

图 7-19 【变形】面板

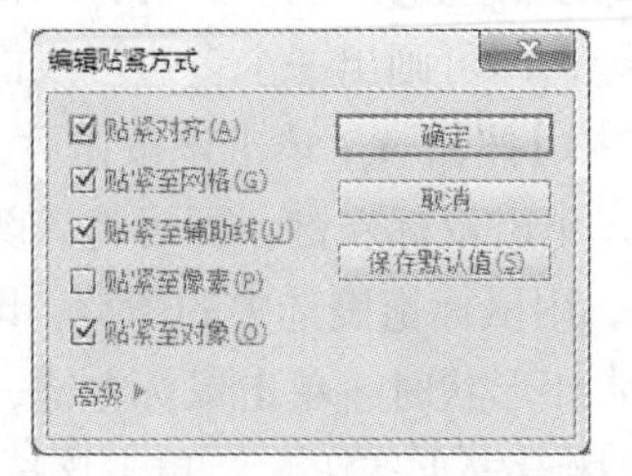

图 7-20 【编辑贴紧对齐方式】对话框

（3）删除对象。

删除对象可采用以下方法之一。

- 选中要删除的对象，然后按 Delete 键，即可删除选中的对象。
- 选中要删除的对象，再选择【编辑】/【清除】或【编辑】/【剪切】菜单命令，也可以删除选中的对象。

（4）对齐对象。

在对齐状态下，用鼠标拖曳移动对象并靠近其他对象、网格或辅助线时，被移动的对象会自动对齐其他对象、网格或辅助线。进入各种对齐状态的方法如下。

- 选择【视图】/【贴紧】下相应的命令，使菜单命令左边出现对勾，也可以单击【对齐对象】按钮。如果要退出对齐状态，可执行上边所述的相应的菜单命令，取消菜单命令左边的对勾。
- 选择【视图】/【贴紧】/【编辑贴紧对齐方式】菜单命令，打开【编辑贴紧方式】对话框，如图 7-20 所示。利用该对话框可以设置贴紧相关属性。

（5）使用任意变形工具调整对象的位置与大小。

使用任意变形工具调整对象的位置与大小的操作如下。

- 单击工具箱中的【任意变形工具】按钮，单击对象，对象四周会出现一个黑色矩形框和 8 个黑色的控制柄。此时，用鼠标拖曳对象，也可以移动对象。
- 单击工具箱中的【任意变形工具】按钮，再单击工具箱中【选项】栏内的【缩放】按钮，用鼠标拖曳黑色的小正方形控制柄，可以调整图像的大小。

3. 改变对象的形状

（1）使用选择工具。

使用选择工具改变对象的形状操作如下。

- 使用工具箱中的选择工具，单击图形对象外的舞台工作区处，不选中要改变形状与大小的对象（包括图形、打碎的文字和图像，不包括群组对象、文字和位图图像）。
- 将鼠标指针移到对象边缘处，会发现鼠标指针右下角出现一个小弧线（指向线边处时）或小直角线（指向线端或折点处时）。此时用鼠标拖曳，即可看到被拖曳的对象形状发生了变化。

操作效果如图 7-21 所示。

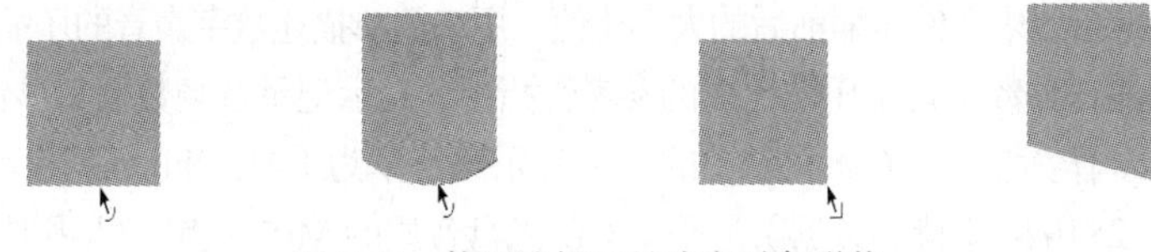

图 7-21　使用选择工具改变对象形状

（2）使用平滑和伸直工具。

在选中线、填充物或分离的对象的情况下，不断单击【选项】栏内的【平滑】按钮，即可将不平滑的图形变平滑。不断单击【选项】栏内的【伸直】按钮，即可将不直的图形变直。可见，利用这两个按钮，可把徒手绘制的不规则曲线变为规则曲线。

主要工具栏内也有【平滑】按钮和【伸直】按钮，其作用一样，操作效果如图 7-22 所示。

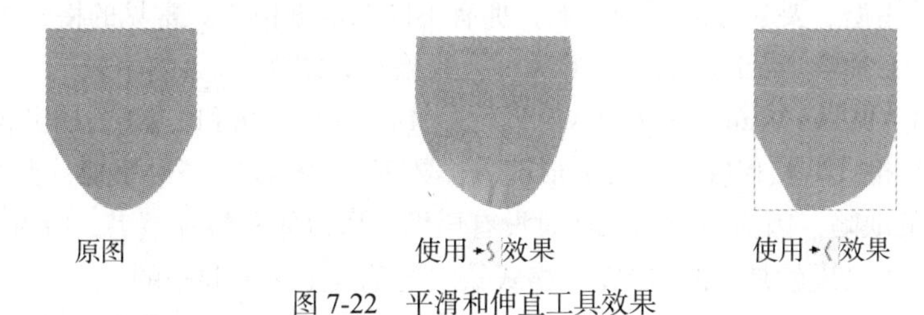

图 7-22　平滑和伸直工具效果

（3）使用切割工具。

可以切割的对象有图形、打碎的位图和打碎的文字，不含群组对象。切割对象可以采用下述方法。

- 单击工具箱中的【选择工具】按钮，再在舞台工作区内拖曳鼠标，如图 7-23 左图所示，选中图形的一部分；用鼠标拖曳图形中选中的部分，即可将选中的部分分离，如图 7-23 右图所示。
- 在要切割的图形对象上边绘制一条细线，如图 7-24 左图所示；再使用选择工具选中被细线分割的一部分图形，用鼠标拖曳移开，如图 7-24 右图所示；最后将细线删除。
- 在要切割的图形对象上边绘制一个图形（如在圆形图形之上绘制一个矩形），再使用选择工具选中新绘制的图形，并将它移出，如图 7-25 所示。

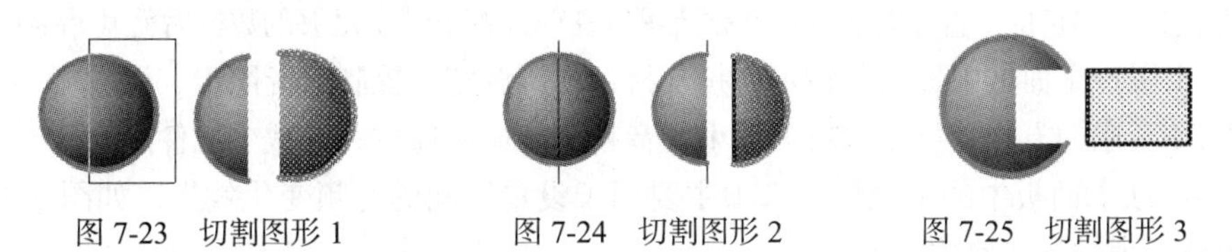

图 7-23　切割图形 1　　图 7-24　切割图形 2　　图 7-25　切割图形 3

7.2.3　声音处理

一般来说，音频文件音质越高容量越大，但是 MP3 声音数据经过了压缩，比 WAV 或 AIFF 声音数据量小。通常，当使用 WAV 或 AIFF 文件时，最好使用 16bit 22kHz 单声，但是 Flash CS5 只能导入采样率为 11kHz、22kHz 或 44kHz，8bit 或 16bit 的声音。在导出时，Flash CS5 会把声音转换成采样比率较低的声音。

在实际制作过程中，用户要根据具体作品的需要，有选择地引用 8bit 或 16bit 的 11kHz、22kHz 或 44kHz 的音频数据。关于音频的基本概念介绍如下。

- 采样率：指通过波形采样的方法记录 1s 长度的声音需要多少个数据。原则上采样率越高，声音的质量越好。

- 压缩率：通常指音乐文件压缩前后的大小比值，用来简单描述数字声音的压缩效率。
- 比特率：是另一种数字音乐压缩比率的参考性指标，表示记录音频数据每秒钟所需要的平均比特值，通常使用 kbit/s 作为单位。CD 光盘中的数字音乐比特率为 1 411.2kbit/s（也就是记录 1s 的 CD 光盘音乐，需要 1 411.2×1024 比特的数据），近乎于 CD 光盘音质的 MP3 数字音乐需要的比特率是 112～128kbit/s。
- 量化级：简单地说就是描述声音波形的数据是多少位的二进制数据，通常以 bit 为单位，如 16bit、24bit。16bit 量化级记录声音的数据是用 16bit 的二进制数，因此，量化级也是数字声音质量的重要指标。

根据作品的需要调整数字音频压缩率，对于减小作品的容量有很大的作用。结合上述有关数字音频的基础知识，有选择地调整各项设置，以达到适合自己作品的标准。

音频数据因其用途、要求等因素的影响，拥有不同的数据格式。常见的格式主要包括 WAV、MP3、AIFF 和 AU。适合 Flash CS5 引用的 4 种音频格式介绍如下。

- WAV 格式：Wave Audio Files（WAV）是 Microsoft 公司和 IBM 公司共同开发的 PC 标准声音格式。WAV 格式直接保存对声音波形的采样数据，数据没有经过压缩，所以音质很好。但 WAV 有一个致命的缺陷，因为对数据采样时没有压缩，所以体积臃肿不堪，所占磁盘空间很大。其他很多音乐格式可以说就是在改造 WAV 格式缺陷的基础上发展起来的。
- MP3 格式：Motion Picture Experts Layer-3（MP3）是一种数字音频格式。相同长度的音乐文件，用“*.mp3”格式来储存，一般只有“*.wav”文件的 1/10。虽然 MP3 是一种破坏性的压缩，但是因为取样与编码的技术优异，其音质大体接近 CD 光盘的水平。由于它体积小、传输方便、拥有较好的声音质量，所以现在大量的音乐都是以 MP3 的形式出现的。
- AIF/AIFF 格式：是苹果公司开发的一种声音文件格式，支持 MAC 平台，支持 16bit、44.1kHz 立体声。
- AU 格式：由 SUN 公司开发的 AU 压缩声音文件格式，只支持 8bit 的声音，是互联网上常用到的声音文件格式，多由 SUN 工作站创建。

Flash CS5 包括两种类型的声音：事件声音和音频流。其中，事件声音必须完全下载后才能开始播放，除非停止，否则它将一直连续播放；音频流可以在前几帧下载了足够的数据后就开始播放。

在音频【属性】面板中提供了指定音频素材、音调调整、控制声音同步、设置循环次数等功能。利用循环音乐的方式，可导入较为短小的音频文件循环播放，以减少文件的容量。

音频【属性】面板中的【效果】选项主要用于设置不同的音频变化效果，如图 7-26 所示。【效果】下拉列表中各选项的作用如下。

- “无”：不选择任何效果。
- “左声道”：只有左声道播放声音。
- “右声道”：只有右声道播放声音。
- “向右淡出”：可以产生从左声道向右声道渐变的效果。
- “向左淡出”：可以产生从右声道向左声道渐变的效果。
- “淡入”：用于制造声音开始时逐渐提升音量的效果。
- “淡出”：用于制造声音结束时逐渐降低音量的效果。
- “自定义”：让用户根据实际情况随机调整声音，和单击编辑...按钮的作用相同。

音频【属性】面板中【同步】选项用于设置不同声音的播放形式，如图 7-27 所示。【同步】下拉列表中各选项的作用如下。

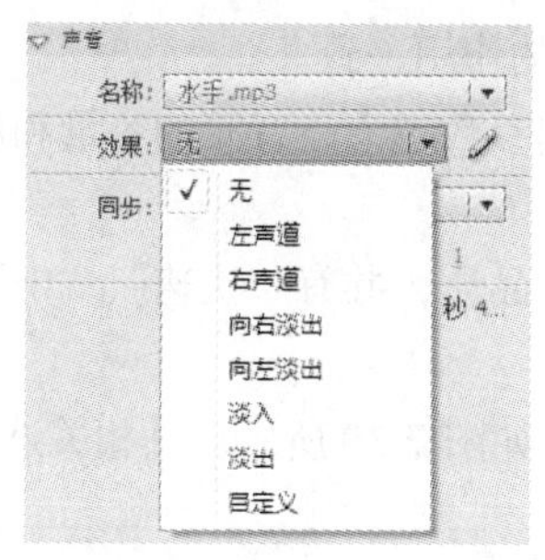

图 7-26　【效果】下拉列表选项

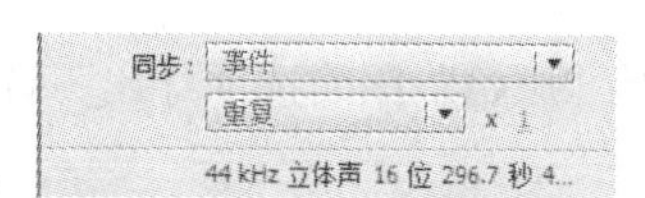

图 7-27　【同步】下拉列表选项

- “事件”：这是软件默认的选项，此项的控制播放方式是当动画运行到导入声音的帧时，声音将被打开，并且不受时间轴的限制继续播放，直到单个声音播放完毕，或是按照用户在【循环】中设定的循环播放次数反复播放。
- “开始”：是用于声音开始位置的开关。当动画运动到该声音导入帧时，声音开始播放，但在播放过程中如果再次遇到导入同一声音的帧时，将继续播放该声音，而不播放再次导入的声音。“事件”项却可以两个声音同时播放。
- “停止”：用于结束声音的播放。
- “数据流”：可以根据动画播放的周期控制声音的播放，即当动画开始时导入并播放声音，当动画结束时声音也随之终止。

通过选择压缩选项可以控制导出的 SWF 影片文件中声音的品质和大小。使用【声音属性】对话框可为单个声音设置压缩选项，而在影片的【发布设置】对话框中可定义所有声音的压缩设置。

可以设置单个事件声音的压缩选项，然后用这些设置导出声音，也可以给单个音频流选择压缩选项。但是，影片中的所有音频流都将导出为单个的流文件，而且所用的设置是所有应用于单个音频流的设置中的最高级别，这其中也包括视频对象中的音频流。

（1）“ADPCM”（自适应音频脉冲编码）压缩选项用于设置 8bit 或 16bit 声音数据的压缩设置，如图 7-28 所示。其中的 3 个选项作用如下。

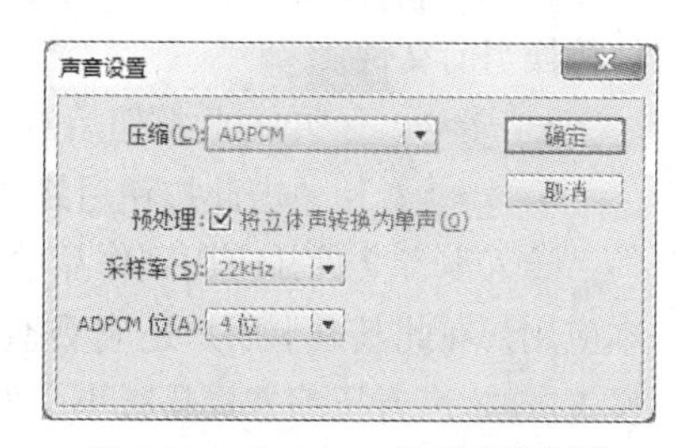

图 7-28　“ADPCM”选项设置栏

- 【预处理】：选择【将立体声转换为单声道】会将混合立体声转换为单声（非立体声），用于选择以单声道还是双声道输出声音文件，做这种选择的目的是为了减少文件的容量。如果原文件是双声道立体声，选择此项可以合并为单声道的声音，但如果已是单声道的声音做这种选择则没有什么意义。
- 【采样率】：用于选择声音的采样率。选择一个选项以控制声音的保真度和文件大小。较低的采样率可以减小文件大小，但也降低声音的品质。一般来说，CD 光盘音质每秒的采样率为 44.1kHz，调频广播音质是 22.5kHz，电话音质是 11.025kHz。如果作品要求的质量很高，要达到 CD 光盘音乐标准，则必须使用 16bit、44.1kHz 的立体声方式，其每 1min 长度的声音约占 10MB 的磁盘空间，容量是相当大的，因此既要保持较高的质量，又要减少文件的容量，常规的做法是选择 22kHz 的音频质量。
- 【ADPCM 位】（位数转换）：用于设定声音输出时的位数转换。在此提供了 4 种选项，用户可以均衡质量和容量的关系，做出合适的选择。

（2）“MP3”压缩选项可以用 MP3 压缩格式导出声音，如图 7-29 所示。相关选项的作用如下。

- 【预处理】：和“ADPCM”压缩选项中同名选项的作用一致。
- 【比特率】：设置输出声音文件的数据采集率。其参数越大，音频的容量和质量就越高。一般情况下将它设为大于或等于 16bit/s 效果最好。
- 【品质】：用于设置音频输出时的压缩速度和声音品质，共有“快速”、“中”和“最佳”3 个选项。

（3）选择“原始”压缩选项导出声音时不进行压缩，如图 7-30 所示。其相关选项作用如下。

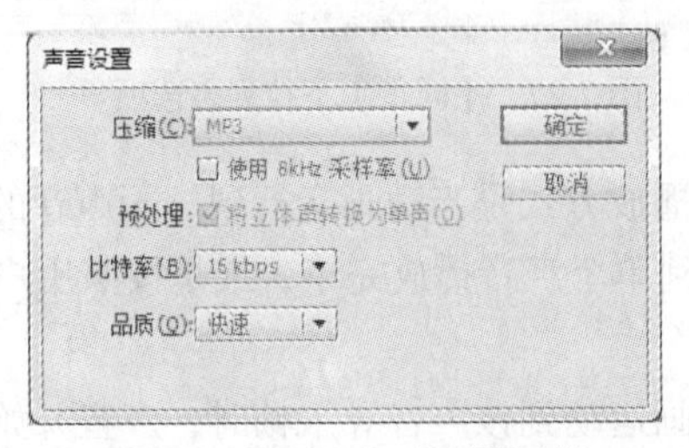

图 7-29 “MP3”选项设置栏

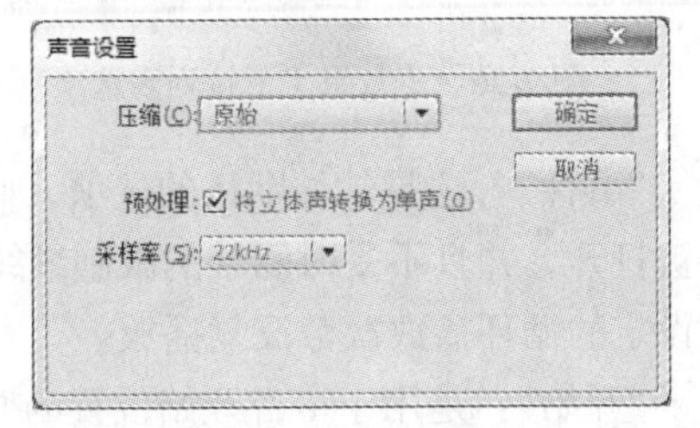

图 7-30 “原始”选项设置栏

- 【预处理】：和“ADPCM”压缩选项中同名选项的作用一致。
- 【采样率】：和“ADPCM”压缩选项作用基本一致。对于语音来说，5kHz 是最低的可接受标准。对于音乐短片，11kHz 是最低的建议声音品质，而这只是标准 CD 光盘比率的 1/4。22kHz 是用于 Web 回放的常用选择，这是标准 CD 光盘比率的 1/2。44kHz 是标准的 CD 光盘音频比率。

【声音属性】对话框如图 7-31 所示。

- 更新(U)：单击此按钮后可以方便及时地更新音频文件。如利用其他软件对原有的音频文件调整后，可以通过此按钮及时更新。
- 导入(I)...：单击此按钮后另外选择一个音频文件替换当前文件。
- 测试(T)：单击此按钮后测试声音效果。
- 停止(S)：单击此按钮后终止当前声音的播放。

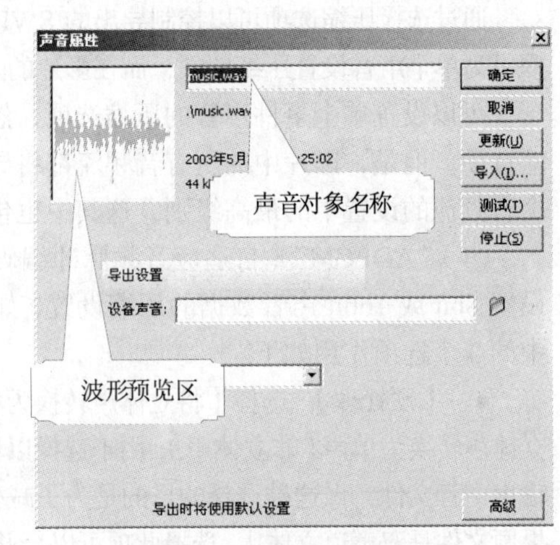

图 7-31 【声音属性】对话框

导入声音文件并应用到作品中是对音频知识的基本应用，在此基础上用户还应熟悉一些简单的调整和设置方法。声音压缩方式是减小文件容量的有效途径，在创作作品时也应该了解相应的技巧。下面通过两个具体的例子介绍相关的技巧。

创建如图 7-32 所示的效果，引入并调整声音属性。

实现这一效果，首先是要掌握音频【属性】面板多个设置选项的用法，还要熟悉【编辑封套】窗口相关选项的设置方法，关键是掌握不同声调效果的调整以及裁切声音的方法。

（1）新建一个 Flash 文档。选择【文件】/【导入】/【导入到舞台】菜单命令，在【导入】窗口中选择一个图片，如“风光.jpg”文件，单击打开(O)按钮。

（2）选择【文件】/【导入】/【导入到舞台】菜单命令，导入音乐，如“水手.mp3”文件，然后单击打开(O)按钮导入音频。

（3）在【时间轴】窗口单击“图层 1”层中的第 1 帧，选择【窗口】/【属性】菜单命令，打开【属性】面板，该面板的右侧区域为音频设置栏。

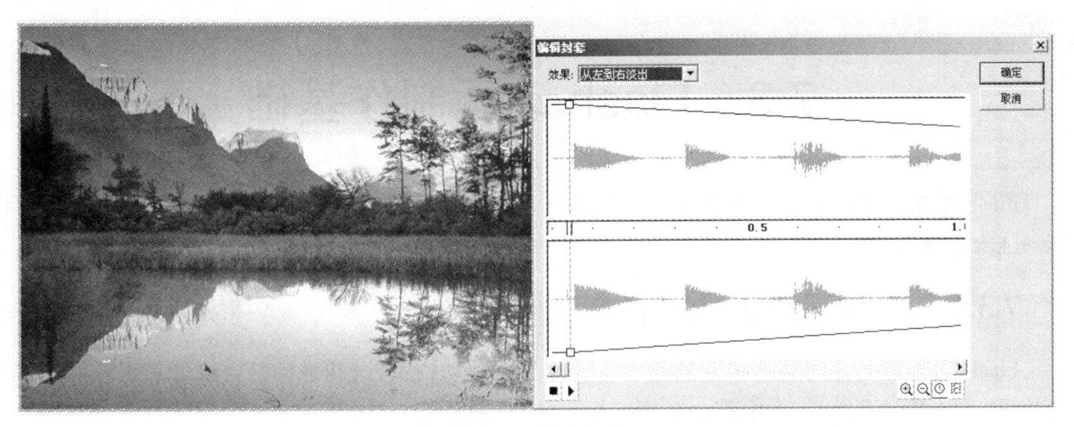

图 7-32　导入声音

（4）在【声音】下拉列表中选择“水手.mp3”选项，将音频文件应用到作品中，如图 7-33 所示。

（5）单击【效果】选项，在弹出的下拉列表中选择“向右淡出”选项，如图 7-34 所示。

（6）单击【同步】选项，在弹出的下拉列表中选择“事件”选项，如图 7-35 所示。

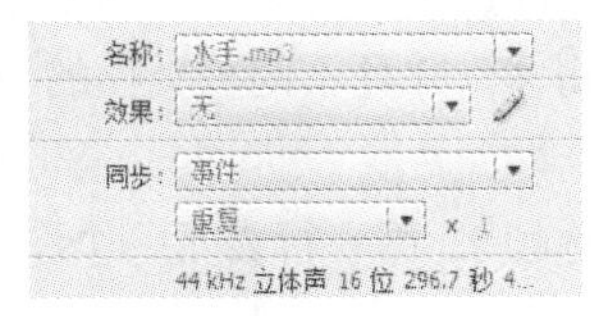

图 7-33　音频【属性】面板

图 7-34　【效果】下拉列表选项

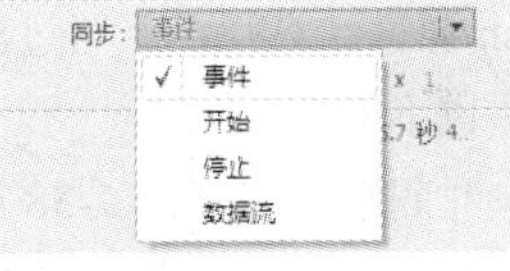

图 7-35　【同步】下拉列表选项

（7）单击 按钮，打开【编辑封套】对话框，如图 7-36 所示。

（8）在窗口波形图中，调整开始点的位置裁切声音，如图 7-37 所示，去除前面一段很短的空白。

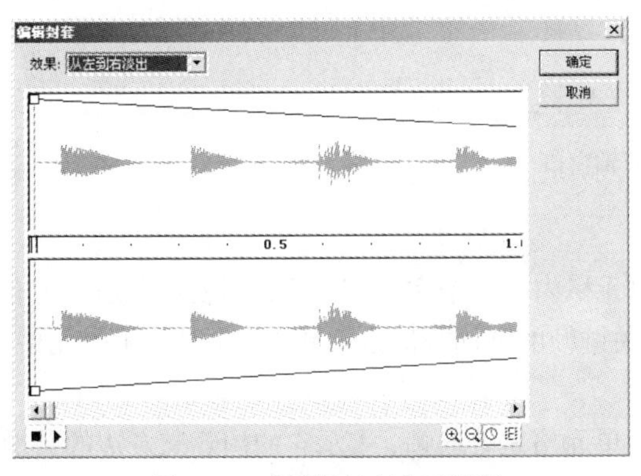

图 7-36　【编辑封套】对话框

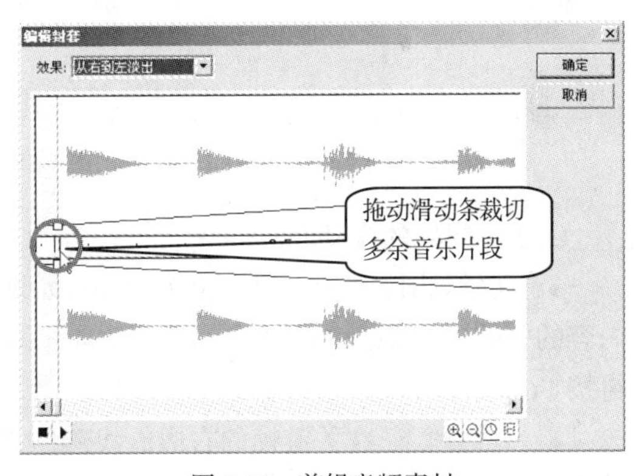

图 7-37　剪辑音频素材

由于波形图编辑区的观看区域有限，使导入的音频波形图无法完全展示时，读者可以拖动下方的滑动条，或是运用放大工具和缩小工具来辅助完成调整工作。

（9）编辑完成后，单击播放按钮测试音效，再单击停止按钮终止声音播放。单击 确定 按钮，退出【编辑封套】对话框。

7.3 Flash 动画制作基础

Flash 的主要功能就是可以制作非常丰富的动画效果，掌握动画制作的基本方法是实现制作快速、强大动画功能的基础。

7.3.1 Flash 动画的种类

Flash 动画分为补间动画和帧帧动画（或称为逐帧动画），这两种动画可以分别实现不同的动画效果，在实际的设计工作中都会频繁应用。

1. Flash 动画的种类

● 补间动画：也叫过渡动画。制作若干关键帧画面，由 Flash 计算生成各关键帧之间的各个帧，使画面从一个关键帧过渡到另一个关键帧。补间动画又分为动作动画和形状动画。

● 帧帧动画：制作好每一帧画面，每一帧内容都不同，然后连续依次播放这些画面，即可生成动画效果。这是最容易掌握的动画，Gif 格式的动画就是属于这种动画。

帧帧动画适于制作非常复杂的动画，每一帧都是关键帧，每一帧都由制作者确定，而不是由 Flash 通过计算得到。与过渡动画相比，帧帧动画的文件字节数要大得多，并且不同种类帧的表示方法也不同。

时间轴窗口如图 7-38 所示，其中，有许多图层和帧单元格（简称帧），每一行表示一个图层，每一列表示一帧。各个帧的内容会不相同，不同的帧表示了不同的含义。

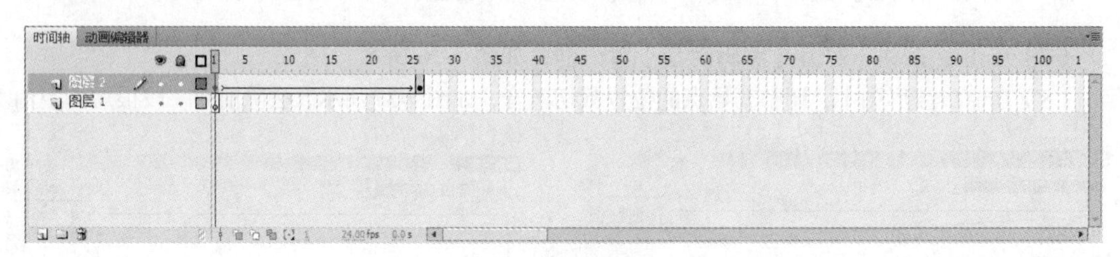

图 7-38 时间轴窗口

（1）不同帧的含义。

● 关键帧：表示它是一个关键帧。如果帧单元格内有一个实心的圆圈，则表示它是一个有内容的关键帧，关键帧的内容可以进行编辑。插入关键帧的常用方法是：单击选中某一帧单元格，再按 F6 键。

● 普通帧：在关键帧的右边的浅灰色背景帧单元格是普通帧，表示它的内容与左边的关键帧内容一样。插入普通帧的常用方法是：单击选中某一个帧单元格，再按 F5 键，则从关键帧到选中的帧之间的所有帧均变成普通帧。

● 空白关键帧：也叫白色关键帧。帧单元格内有一个空心的圆圈，则表示它是一个没有内容的关键帧，空白关键帧内可以创建内容。如果新建一个 Flash 文件，则会在第 1 帧自动创建一个空白关键帧。

● 空白帧：也叫帧，其内容是空的。单击选中某一个空白帧单元格，再按 F7 键，即可将它转换为空白关键帧。

● 动作帧：该帧本身也是一个关键帧，其中有一个字母“a”，表示这一帧中分配有动作（Action），当影片播放到这一帧时会执行相应的动作脚本程序。要加入动作需打开【动作-帧】面板。

● 过渡帧：是两个关键帧之间，创建补间动画后由 Flash 计算生成的帧，它的底色为浅蓝色或浅绿色。不可以对过渡帧进行编辑。

（2）创建各种帧的其他方法。

● 单击选中某一个帧单元格，再选择【插入】/【时间轴】下相应的菜单命令。

● 将鼠标指针移到要插入关键帧的帧单元格处，单击鼠标右键，在弹出的快捷菜单中选择相应的命令。

2. 不同种类动画的表示方法

创建动画有 3 种方式：创建补间动画、创建补间形状和创建传统补间。其中，创建补间形状操作与 CS3 及之前的版本相同，而创建传统补间则与之前的创建补间动画相同。

● 传统补间动画：在关键帧之间有一条水平指向右边的黑色箭头，帧单元格为浅蓝色背景。

● 补间形状动画：在关键帧之间也有一条水平指向右边的黑色箭头，但帧单元格为浅绿色背景。

● 补间动画：在一个图层中创建关键帧后，不需要在时间轴的其他地方再放关键帧，直接在选择建立起的关键帧选择补间动画，此时时间轴会变为蓝色，并且不存在带有箭头的实线。这个补间动画的路径直接显示在舞台上，并且有调动手柄可以调整。

● 虚线：表示在创建过渡动画中存在错误，无法正确完成动画的制作。

创建补间动画一般在用到 Flash CS5 的 3D 功能时候用到。在普通的动画项目中，还是用传统的比较多，而且传统补间比新补间动画产生的文件体积要小，放在网页里，更容易加载。

7.3.2 Flash 影片的制作过程

下面简要介绍 Flash 影片的制作过程。

1. 新建一个影片文件并设置影片的基本属性

（1）新建一个影片文件。

新建一个影片文件有以下两种方法。

① 单击主要工具栏内的【新建】按钮，即可创建一个新影片舞台，也就创建了一个 Flash 影片文件。

② 选择【文件】/【新建】菜单命令，打开【新建文档】对话框，选择【ActionScript 3.0】选项，如图 7-39 所示。然后单击 确定 按钮，即可创建一个新影片舞台。

（2）设置影片的基本属性。

选择【修改】/【文档】菜单命令，打开【文档设置】对话框，利用该对话框，设置影片的尺寸为宽 400 像素、高 200 像素，背景色为浅绿色。完成设置后单击 确定 按钮，退出【文档设置】对话框。

2. 输入文字

输入文字的操作如下。

（1）单击工具箱内的【文本工具】按钮 T，再单击舞台工作区的中间位置，打开【文本工具】的【属性】面板。

（2）在该【属性】面板内的【系列】下拉列表框 系列: 隶书 中，设置字体为“隶书”；然后设置字体大小为“30”。

（3）单击【属性】面板中的颜色处 颜色: 打开一个颜色板。在不松开鼠标左键的同时，将鼠标指针（此时为吸管状）移到红色色块处，然后松开鼠标左键，即可设定文字的颜色为红色。此时的【属性】面板如图 7-40 所示。

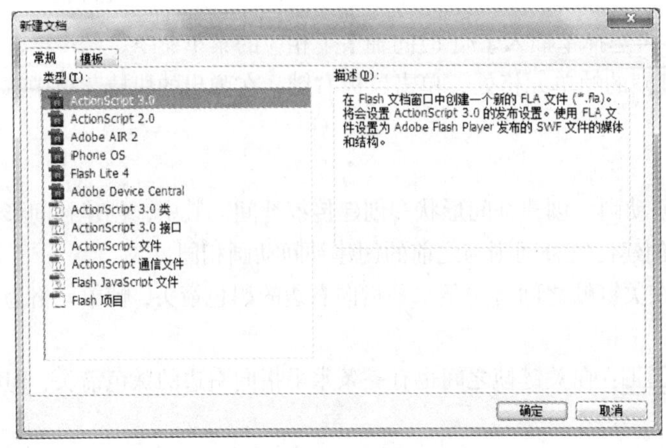

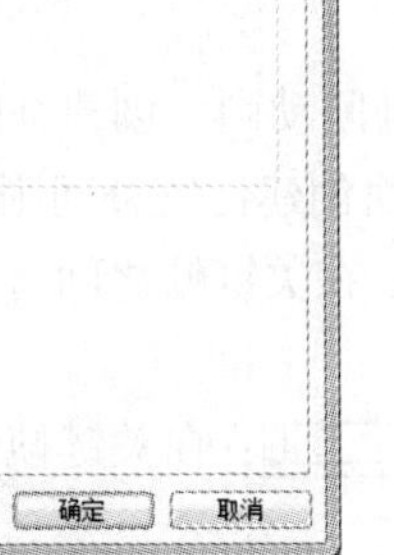

图 7-39 【新建文档】对话框

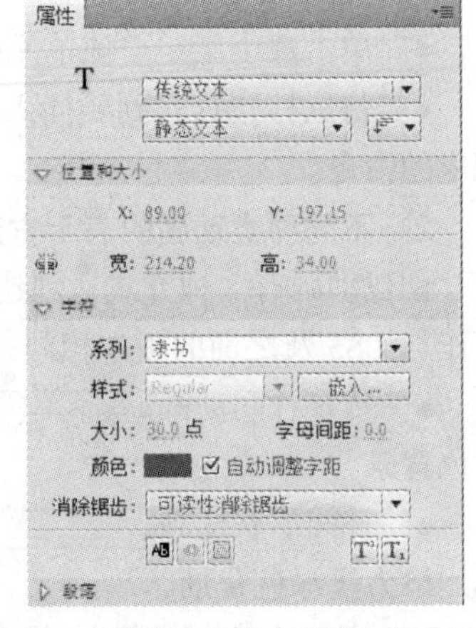

图 7-40 【文本工具】的【属性】面板

（4）在舞台工作区内输入“第 1 个 Flash 影片”文字。此时，时间轴的【图层 1】图层的第 1 帧变为关键帧，第 1 帧单元格内出现一个实心的圆圈，如图 7-41 所示。

（5）单击工具箱内的【选择工具】按钮 ，再单击选中刚刚输入的文字。然后，用鼠标拖曳它，使它移到舞台工作区的正中间。

3. 创建文字由小到大逐渐扩展的动画

创建文字由小到大逐渐扩展的动画操作如下。

（1）用鼠标右键单击【图层 1】图层的第 1 帧，在弹出的快捷菜单中选择【创建补间动画】命令。此时，该帧具有了移动动画的属性，【属性】面板也会随之发生变化。

（2）在时间轴内，将鼠标指针移到第 60 帧单元格处，单击选中该单元格，再按 F6 键，即可创建第 1～60 帧的移动动画。此时，第 60 帧单元格内出现一个实心的圆圈，表示该单元格为关键帧；第 1～60 帧的单元格内会出现一条水平指向右边的箭头，表示动画制作成功。

（3）单击工具箱内的【选择工具】按钮 ，再单击第 1 帧，同时也选中了舞台工作区内的文字。单击工具箱中的【任意变形工具】按钮 ，再单击【选项】栏内的【缩放】按钮 ，此时文字对象四周会出现一个黑色矩形框和 8 个黑色的小正方形控制柄，如图 7-42 所示。此时，用鼠标拖曳右下方的控制柄，使文字缩小。

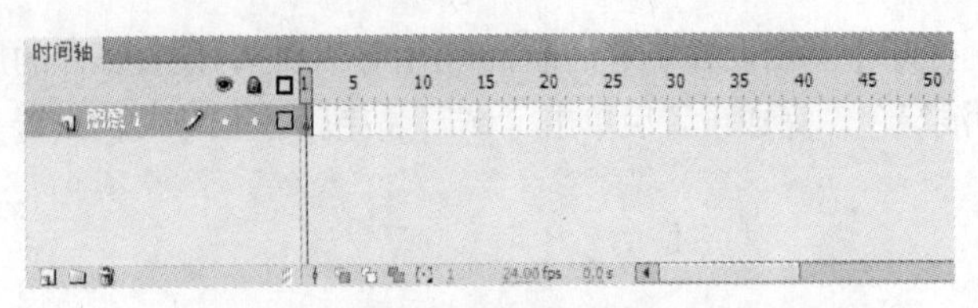

图 7-41 创建文字由小到大逐渐扩展的动画

图 7-42 文字对象变形

（4）单击工具箱内的【选择工具】按钮 ，单击第 60 帧，再将文字调大。至此，文字由小到大逐渐扩展的动画就制作完成了。

4. 增加图层和绘制立体球图形

（1）增加图层：单击时间轴【图层控制区】内的【图层 1】图层，再单击时间轴左下角的【插入图层】按钮，即可在选定图层（即【图层 1】图层）之上增加一个新的图层（名字自动定为【图层 2】）。

（2）绘制立体球图形：单击【图层 2】图层的第 1 帧单元格。

单击工具箱内的【椭圆工具】按钮，选中【笔触颜色】图标，单击【颜色】栏内的【没有颜色】图标，使绘制的圆形图形没有轮廓线。再单击工具箱中【颜色】栏内的【填充色】按钮，打开如图 7-43 所示的颜色板。然后，单击该颜色板左下角第 3 个按钮。

将鼠标指针移到舞台的左上角，按住 Shift 键，用鼠标拖曳绘制一个红色的立体球，如图 7-44 所示。

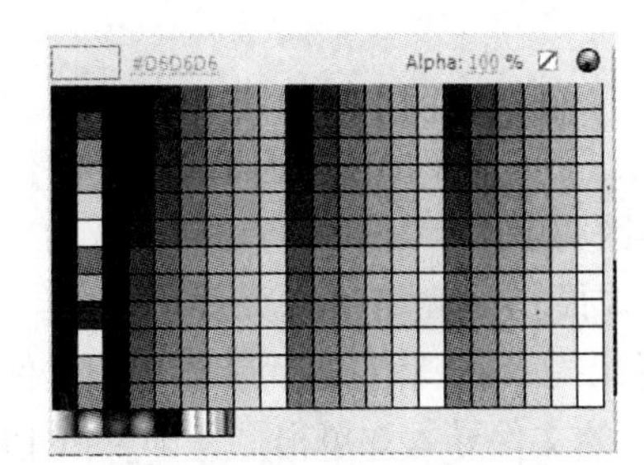

图 7-43　颜色板

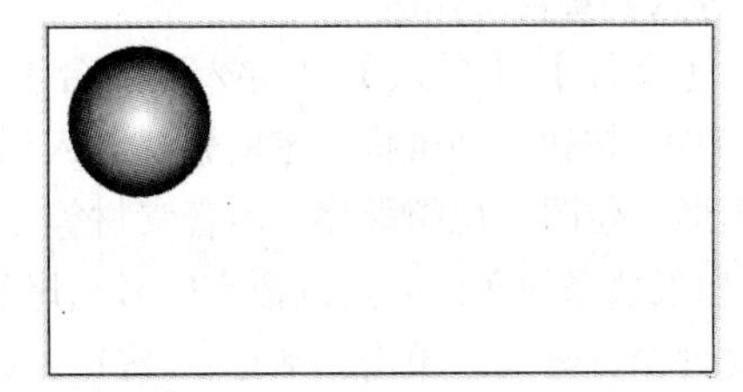

图 7-44　绘制一个红色的立体球

5. 创建红色立体球从左上角向中间偏下直线移动的动画

创建红色立体球从左上角向中间偏下直线移动的动画操作如下。

（1）单击选中时间轴“图层 2”图层内的第 60 帧单元格，按 F6 键，使选中的单元格变为关键帧。按住 Shift 键，单击该图层的第 1～60 帧，选中该图层的第 1～60 帧的所有单元格。

（2）用鼠标右键单击“图层 2”图层第 1～60 帧间的任何一帧，在弹出的快捷菜单中选择【创建补间动画】菜单命令，即建立了两个关键帧之间的移动动画。

（3）单击选中时间轴中的第 60 帧单元格，然后将立体球拖曳到舞台的中间偏下处，再将它调大。

此处制作动画的方法与前面介绍的方法不一样，但效果一样。以后，将上述制作移动动画的操作过程简称为：制作“图层 2”图层第 1～60 帧的移动动画。

6. 创建云图图像从右向左移动的动画

创建云图图像从右向左移动的动画的操作如下。

（1）单击【图层 1】图层，再单击时间轴左下角的【插入图层】按钮，即可在选定图层（即【图层 1】图层）之上增加一个新的图层（名字自动定为【图层 3】）。

（2）用鼠标向下拖曳时间轴【图层控制区】内的【图层 3】图层，将它移到【图层 1】图层之下。其目的是使【图层 3】图层内的图像在【图层 1】图层内文字下边，形成背景效果（以后遇到相同的操作，将其简称为：在【图层 1】图层的下边创建一个新图层【图层 3】）。

（3）导入云图图像：单击【图层 3】图层的第 1 帧，再单击【文件】/【导入】/【导入到舞台】菜单命令，打开【导入】对话框。利用该对话框，选择一个云图图像文件。然后，单击 打开(O) 按钮，可能会弹出一个提示框，提示用户是否导入文件名为序列的多幅图像。单击 否(N) 按钮，只导入选中的云图图像。

（4）用鼠标将导入的风景图像拖曳到舞台的右边。按照前面所述方法，创建出图像从右边向左边移动的动画。【图层3】图层第60帧的图像应移到舞台工作区中。

至此，云图图像从右边向左边移动的动画就制作完毕，整个动画也制作完毕。

7.4 导入、导出和素材处理

制作一个复杂的动画时，需要在动画中使用一些素材，这在Flash中称为“导入”。当制作好一幅动画后，需要将动画发布，这在Flash中称为“导出”。

7.4.1 导入外部素材

将外部素材导入Flash的方法有以下3种。

1. 导入到舞台工作区

选择【文件】/【导入】/【导入到舞台】菜单命令，打开【导入】对话框，选择文件，然后单击 打开(O) 按钮，即可将选定的素材导入到舞台工作区和【库】面板中。可以导入的外部素材有矢量图形、位图、视频影片、声音素材等，文件的格式很多，如图7-45所示。

- 如果选择的文件名是以数字序号结尾的，则会弹出提示框，询问是否将同一个文件夹中的一系列文件全部导入。单击 否(N) 按钮，则只将选定的文件导入。单击 是(Y) 按钮，即可将一系列文件全部导入舞台工作区内。例如，在文件夹内有“p1.jpg…p5.jpg”图像文件，在选中“p1.jpg”文件后，单击 是(Y) 按钮，即可将这些文件都导入舞台工作区内。
- 如果一个导入的文件有多个图层，则Flash会自动创建新层以适应导入的图像。
- 如果导入的是AVI格式的视频文件，则会打开【导入视频】对话框，如图7-46所示。单击 下一个 > 按钮完成视频文件的导入。

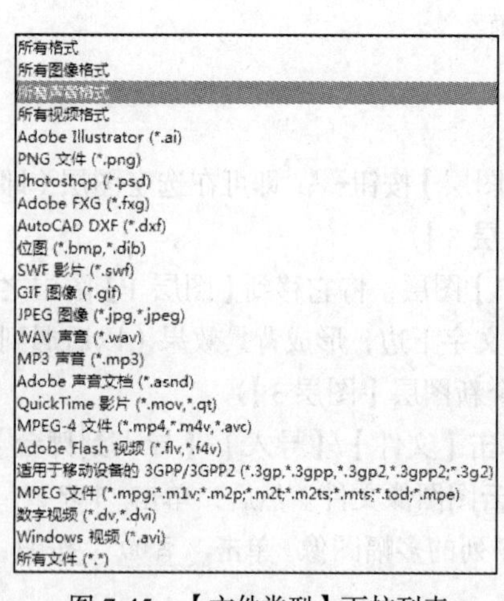

图7-45 【文件类型】下拉列表

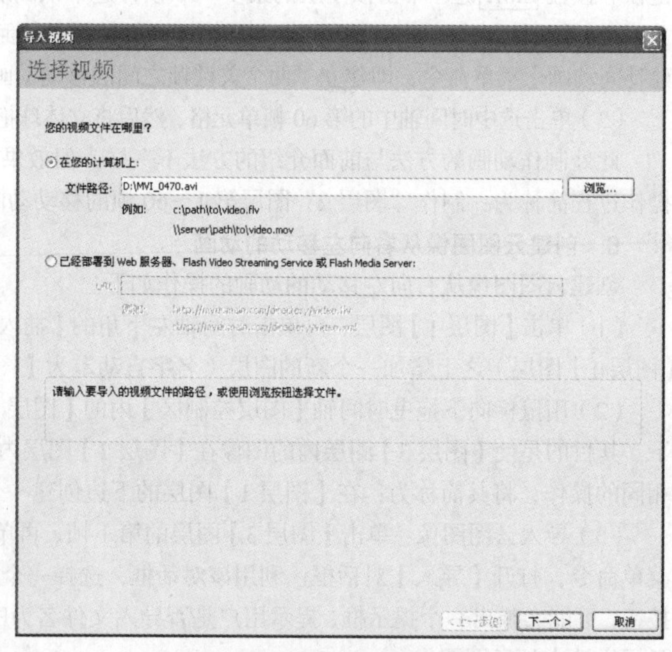

图7-46 【导入视频】对话框

2. 利用剪贴板导入

首先，在其他应用软件中，使用【复制】命令，将图形等对象复制到剪贴板中。然后，在 Flash CS5 中，选择【编辑】/【粘贴到中心位置】菜单命令，将剪贴板中的内容粘贴到舞台工作区的中心与【库】面板中。选择【编辑】/【粘贴到当前位置】菜单命令，可将剪贴板中的内容粘贴到舞台工作区中该图像的原始位置。

选择【编辑】/【选择性粘贴】菜单命令，即可打开【选择性粘贴】对话框，如图 7-47 所示。在【作为】列表框内，单击选中一个软件名称，再单击【确定】按钮，即可将选定的内容粘贴到舞台工作区中。同时，还建立了导入对象与选定软件之间的链接。

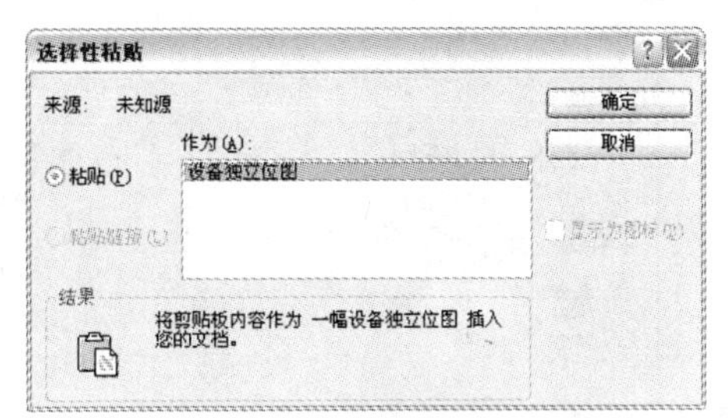

图 7-47　【选择性粘贴】对话框

3. 导入到【库】面板

选择【文件】/【导入】/【导入到库】菜单命令，打开【导入】对话框，选择文件，然后单击【打开】按钮，即可将选定的素材导入到【库】面板。

7.4.2　作品的导出与发布

利用 Flash CS5 的导出命令，可以将作品导出为影片或图像。例如，可以将整个影片导出为 Flash 影片、一系列位图图像、单一的帧或图像文件以及不同格式的活动图像、静止图像等，包括 GIF、JPEG、PNG、BMP、PICT、QuickTime、AVI 等格式。

1. 作品的导出

下面通过“蜗牛火箭.fla”文件举例说明如何导出动画作品。

（1）打开“蜗牛火箭.fla”文件。

（2）选择【文件】/【导出】/【导出影片】菜单命令，打开【导出影片】对话框，如图 7-48 所示，要求用户设置导出文件的名称、类型及保存位置。

（3）首先选择一种保存类型，如“*.swf”，再输入一个文件名，然后单击［保存(S)］按钮即可。在导出前可以通过【文件】/【发布设置】菜单命令对导出文件参数进行设置，设置对话框如图 7-49 所示。

（4）这里选择默认设置，直接单击［发布］按钮，弹出一个导出进度条，作品很快就被导出为一个独立的 Flash 动画文件了。

（5）关闭 Flash CS5 软件。在【我的电脑】中找到刚才导出的文件，双击该文件，即可播放这个动画。这说明动画文件已经可以脱离 Flash CS5 编辑环境而独立运行了。

要播放 SWF 文件，用户的计算机中需要安装 Flash Player（播放器）。Flash Player 有多个版本，随 Flash CS5 安装的是 Flash Player 10。

Flash CS5 能够将作品导出为多种不同的格式，其中【导出影片】命令将作品导出为完整的动画，而【导出图像】命令将导出一个只包含当前帧内容的单个或序列图像文件。

一般来说，利用 Flash CS5 的导出功能，可以导出以下类型的文件。

- SWF 影片（*.swf）文件。

这是 Flash CS5 默认的作品导出格式，这种格式不但可以播放出所有在编辑时设计的动画效果和交互功能，而且文件容量小，还可以设置保护。

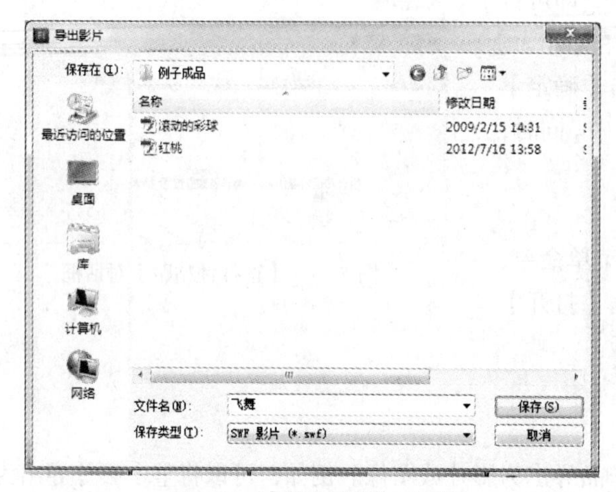

图 7-48 【导出影片】对话框

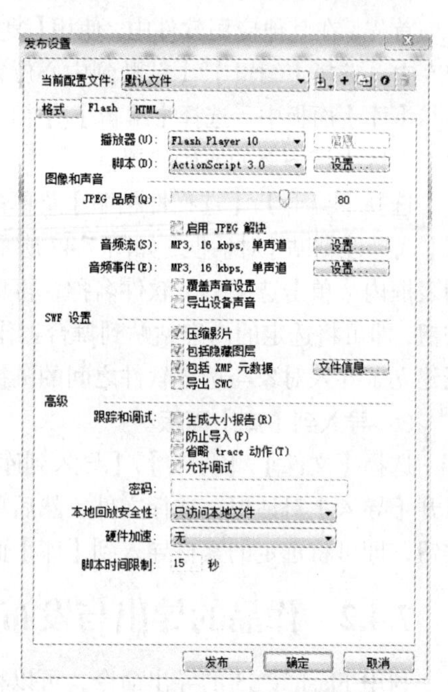

图 7-49 导出文件的参数设置

- Windows AVI（*.avi）文件。

此格式会将影片导出为 Windows 视频，但是导出的这种格式会丢失所有的交互性。Windows AVI 是标准 Windows 影片格式，它是在视频编辑应用程序中打开 Flash 动画的非常好的格式。由于 AVI 是基于位图的格式，因此影片的数据量会非常大。

- Animated GIF（*.gif）文件。

导出含有多个连续画面的 GIF 动画文件，在 Flash 动画时间轴上的每一帧都会变成 GIF 动画中的一幅图片。

- WAV Audio（*.wav）文件。

将当前影片中的声音文件导出生成为一个独立的 WAV 文件。

- Bitmap Sequence（*.bmp）文件序列。

导出一个位图文件序列，动画中的每一帧都会转变为一个单独的 BMP 文件，其导出设置主要包括图片尺寸、分辨率、色彩深度以及是否对导出的作品进行抗锯齿处理。

- JPEG Sequence（*.jpg）文件序列。

导出一个 JPEG 格式的位图文件序列，JPEG 格式可将图像保存为高压缩比的 24 位位图。JPEG 更适合显示包含连续色调（如照片、渐变色或嵌入位图）的图像。动画中的每一帧都会转变为一个单独的 JPEG 文件。

Flash 影片的导出文件参数设置对话框如图 7-49 所示，其中的主要选项介绍如下。

（1）【播放器】：设置导出的 Flash 作品的版本。在 Flash CS5 中，可以有选择地导出各版本的作品。如果设置版本较高，则该作品无法使用较低版本的 Flash Player 播放。

（2）【脚本】：选择导出的影片所使用的动作脚本的版本号。ActionScript 不同版本的语法要求不完全相同，因此，对于 Flash 8 及以前的版本，应选择 ActionScript 2.0；对于 Flash CS5，应选择 ActionScript 3.0。

（3）【JPEG品质】：若要控制位图压缩，可以调整“JPEG品质”滑块或输入一个值。图像品质越低（高），生成的文件就越小（大）。可以尝试不同的设置，以便确定在文件大小和图像品质之间的最佳平衡点；值为100时图像品质最佳，压缩比最小。

（4）【音频流】/【音频事件】：设定作品中音频素材的压缩格式和参数。在Flash中，对于不同的音频引用可以指定不同的压缩方式。要为影片中的所有音频流或事件声音设置采样率和压缩，可以单击【音频流】或【音频事件】旁边的 设置 按钮，然后在【声音设置】对话框中选择【压缩】、【比特率】和【品质】选项。注意，只要下载的前几帧有足够的数据，音频流就会开始播放，它与时间轴同步。事件声音必须完全下载完毕才能开始播放，除非明确停止，它将一直连续播放。

（5）【覆盖声音设置】：勾选此项，则本对话框中的音频压缩设置将对作品中所有的音频对象起作用。如果不勾选此项，则上面的设置只对在属性对话框中没有设置音频压缩（【压缩】项中选择“默认”）的音频素材起作用。勾选【覆盖声音设置】复选框将使用选定的设置来覆盖在【属性】面板的【声音】部分中为各个声音设置的参数。如果要创建一个较小的低保真度版本的影片，则需要选择此选项。

（6）【压缩影片】：可以压缩Flash影片，从而减小文件大小，缩短下载时间。当文件有大量的文本或动作脚本时，默认情况下会启用此复选框。

（7）【导出隐藏图层】：导出Flash文档中所有隐藏的图层。取消对该复选框的选择，将阻止把文档中标记为隐藏的图层（包括嵌套在影片剪辑内的图层）导出。

（8）【导出SWC】：导出.swc文件，该文件用于分发组件。.swc文件包含一个编译剪辑、组件的ActionScript类文件以及描述组件的其他文件。

（9）【生成大小报告】：在导出Flash作品的同时，将生成一个报告（文本文件），按文件列出最终的Flash影片的数据量。该文件与导出的作品文件同名。

（10）【防止导入】：可防止其他人导入Flash影片并将它转换回Flash文档（.fla）。可使用密码来保护Flash SWF文件。

（11）【省略trace动作】：使Flash忽略发布文件中的trace语句。选择该复选框，则“跟踪动作”的信息就不会显示在【输出】面板中。

（12）【允许调试】：激活调试器并允许远程调试Flash影片。如果选择该复选框，可以选择用密码保护Flash影片。

2. 作品的发布

【发布】命令可以创建SWF文件，并将其插入浏览器窗口中的HTML文档，也可以以其他文件格式（如GIF、JPEG、PNG和QuickTime格式）发布FLA文件。

选择【文件】/【发布设置】菜单命令，打开【发布设置】对话框，如图7-50所示，在其中选择发布文件的名称及类型。

在【格式】选项卡的【类型】栏中，可以选择在发布时要导出的作品格式，被选中的作品格式会在对话框中出现相应的参数设置，可以根据需要选择其中的一种或几种格式。

文件发布的默认目录是当前文件所在的目录，也可以选择其他的目录。单击按钮，即可选择不同的目录和名称，当然也可以直接在文本框中输入目录和名称。

设置完毕后，如果单击 确定 按钮仅保存设置，同时关闭【发布设置】对话框，但并不发布文件。只有单击 发布 按钮，Flash CS5才按照设定的文件类型发布作品。

Flash CS5能够发布7种格式的文件，当选择要发布的格式后，相应格式文件的参数就会以选项卡的形式出现在【发布设置】对话框，如图7-51所示。

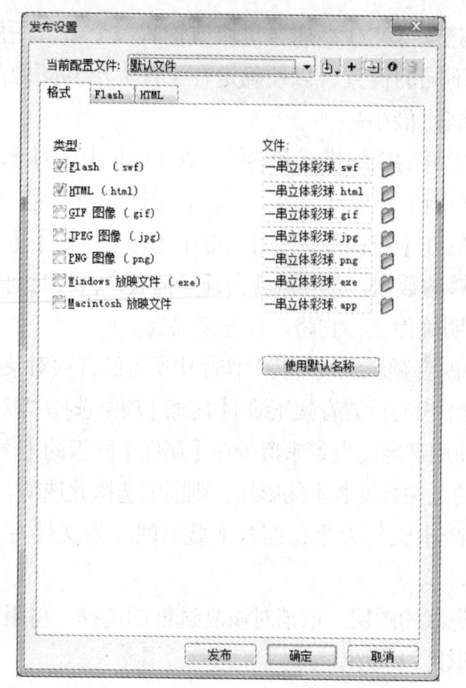

图 7-50 【发布设置】对话框

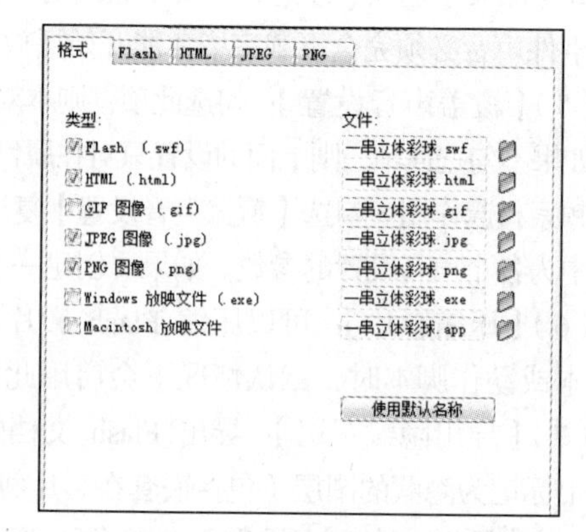

图 7-51 以选项卡的形式设置发布文件的参数

勾选【Windows 放映文件（.exe）】和【Macintosh 放映文件】选项不会出现新的选项卡。利用此选项可以生成能够直接在 Windows 中播放而不需要 Flash 播放器的动画作品。

7.5 应用实例

下面通过入门动画作品来说明 Flash CS5 基本的文件操作，以使读者对 Flash CS5 软件有一个感性的认识。

一般来说，制作 Flash 动画作品的基本工作流程如下。

（1）作品的规划。确定动画要执行哪些基本内容和动作。

（2）添加媒体元素。创建并导入媒体元素，如图像、视频、声音、文本等。

（3）排列元素。在舞台上和时间轴中排列这些媒体元素，以定义它们在应用程序中显示的时间和显示方式。

（4）应用特殊效果。根据需要应用图形滤镜（如模糊、发光和斜角）、混合和其他特殊效果。

（5）使用 ActionScript 控制行为。编写 ActionScript 代码以控制媒体元素的行为方式，包括这些元素对用户交互的响应方式。

（6）测试动画。进行测试以验证动画作品是否按预期工作，查找并修复所遇到的错误。在整个创建过程中应不断测试动画作品。

（7）发布作品。根据应用需要，将作品发布为可在网页中显示并可使用 Flash Player 回放的 SWF 文件。

下面来制作一个简单的 Flash 动画，动画的效果是一个彩色小球从画面的左侧滚动到右侧，再滚动到下面，最后又回到原始位置。动画效果如图 7-52 所示。

1. 动画的制作

（1）选择【文件】/【新建】菜单命令，打开【新建文档】对话框，在其中选择需要创建的文档类型。

（2）选择【ActionScript 3.0】，单击 确定 按钮，进入文档编辑界面，也就是前面介绍的 Flash CS5 操作界面。

在 Flash CS5 软件启动时，也会自动创建一个新的 Flash 文档，其默认的文件名为“未命名-1”。此后创建新文档时，系统将会自动顺序定义默认文件名为“未命名-2”、“未命名-3”等。

（3）在【工具】面板中选择工具，并设置其绘制选项如图 7-53 所示。

图 7-52　滚动的彩球

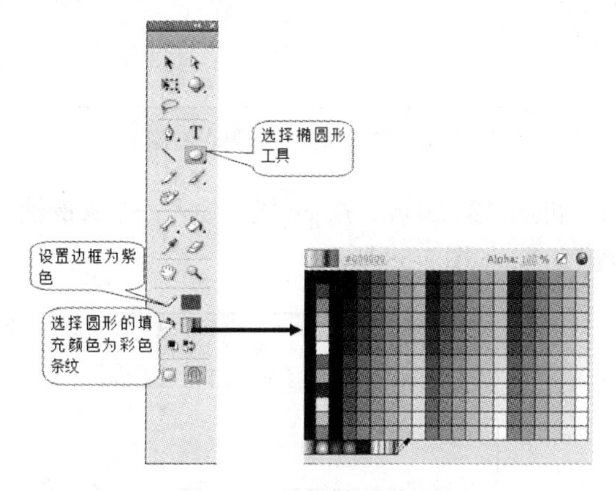

图 7-53　选择椭圆形工具

（4）将鼠标指针移动到舞台上，此时光标变为“十”字形状。按住鼠标左键拖动鼠标，在舞台左上角位置绘制出一个圆形，如图 7-54 所示。

按住键盘上的 Shift 键，能够在屏幕上画出圆形。

（5）在【时间轴】窗口中，可以看到当前操作是在【图层 1】的第 1 帧上进行的。选择第 10 帧，按 F6 键，在该帧处插入一个关键帧。这时，动画长度自动扩充为 10 帧，如图 7-55 所示。

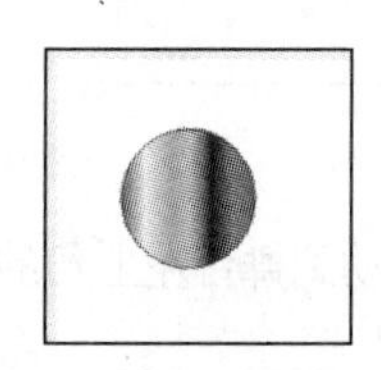

图 7-54　绘制彩色圆形

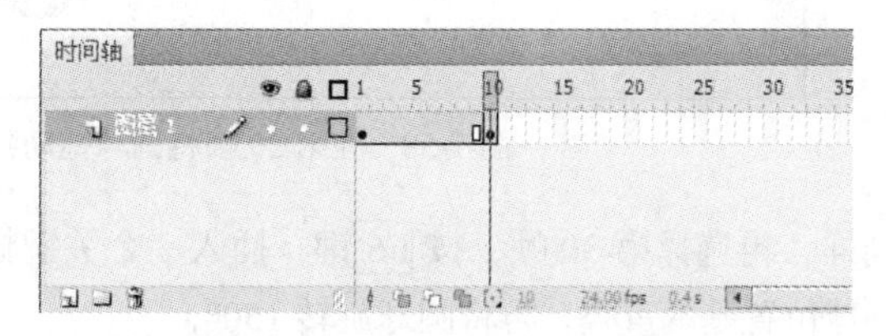

图 7-55　将动画扩充为 10 帧

（6）选择【工具】面板左上角的工选择工具，在圆形上双击鼠标，将圆形（包括边线和中间的填充颜色）全部选中，然后将其拖动到舞台右侧的位置，如图 7-56 所示。

Flash 将图形（包括圆形等）分割为边框和填充颜色，这样能够方便线条、色彩的编辑处理。如果只在圆形中单击一下鼠标，一般只能选中圆形的填充颜色。

（7）为了使圆球出现一个滚动的效果，需要将圆球旋转一个角度。选中圆球，选择【窗口】/【变形】菜单命令，打开【变形】面板，设置其【旋转】角度为“150°”，如图 7-57 所示，按 Enter 键确认。

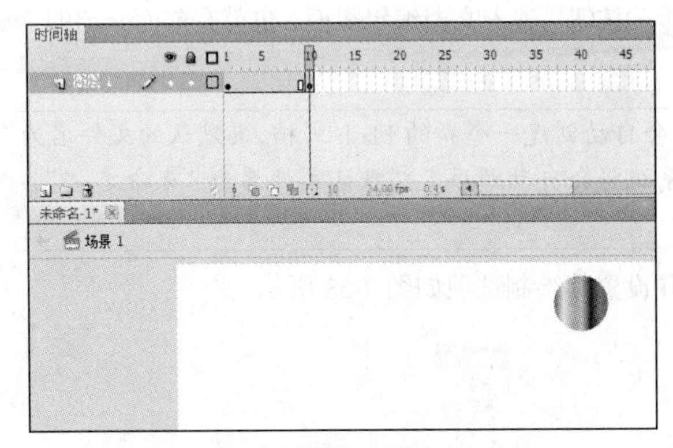

图 7-56　将圆球拖动到舞台右侧

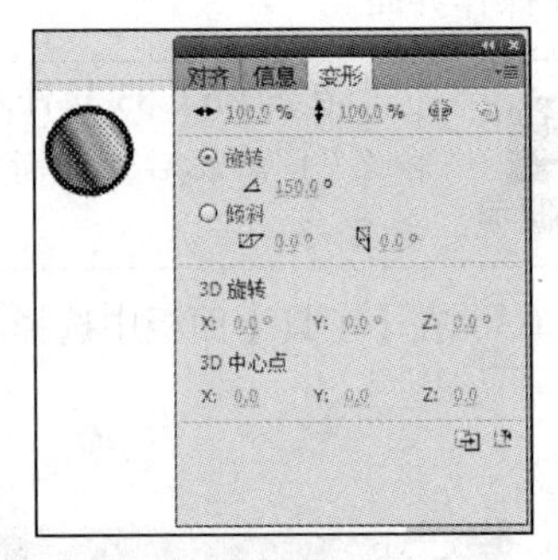

图 7-57　设置圆球旋转 150°

（8）再选择第 20 帧，按 F6 键，插入一个关键帧，然后将圆球拖动到舞台下方的位置。再将圆球旋转 150°，如图 7-58 所示。

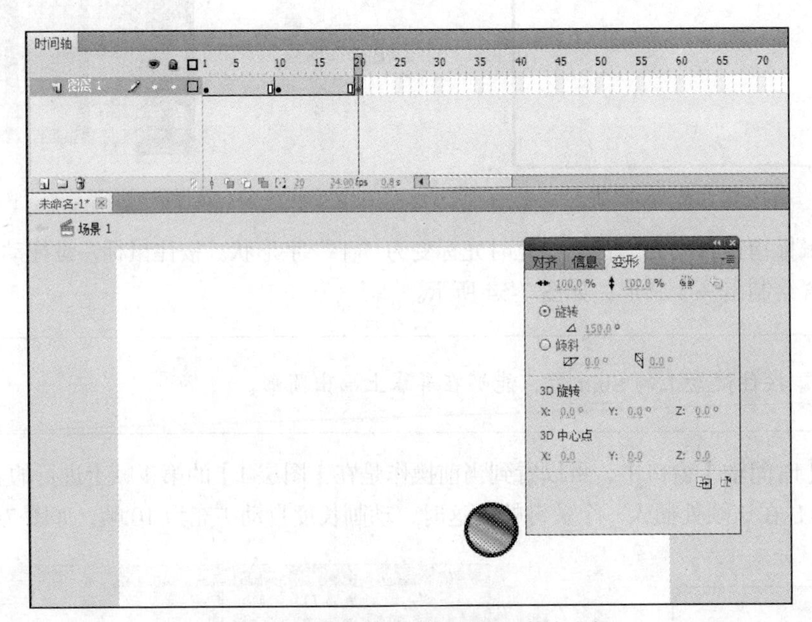

图 7-58　在第 20 帧将圆球拖动到舞台右侧

（9）同样，再选择第 30 帧，按 F6 键，插入一个关键帧。将圆球拖动到舞台左上角的位置，与第 1 帧的圆球位置基本重叠，再将圆球旋转 150°。

（10）选择第 1 帧，然后单击鼠标右键，在快捷菜单中选择【创建补间形状】命令，则在【时间轴】面板上会显示形状动画的产生情况，如图 7-59 所示。

（11）同样，分别选择第 10 帧、第 20 帧，做类似设置，则能够产生一个连续变化的循环动画，如图 7-60 所示。

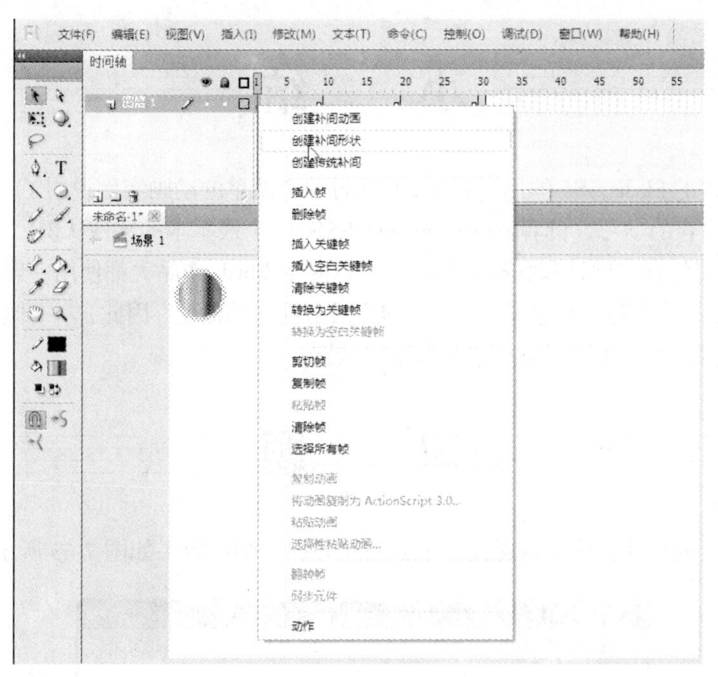

图 7-59　产生“形状”类型的补间动画

（12）选择【控制】/【测试影片】/【在 Flash Professional 中】菜单命令，将会出现动画测试窗口，在其中可以见到小球会不停地从窗口左侧运动到右侧、下方、最后又回到左侧，同时小球还一直在旋转滚动。

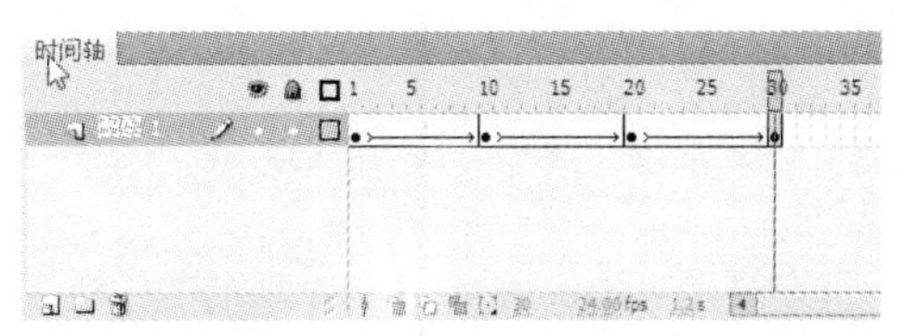

图 7-60　设置第 10 帧、第 20 帧都产生形状动画

（13）保存文档为“滚动的彩球.fla”。

2. 动画的发布

（1）选择【文件】/【发布】菜单命令，弹出【正在发布】的进度条，很快将完成文件发布。

发布文件默认的保存目录是当前文件所在的文件夹，默认的文件名就是与 Flash 文档同样的名称。

（2）在【我的电脑】中，打开“滚动的彩球.fla”所在的文件夹，可以看到导出和发布的文件，如图 7-61 所示。

（3）双击“滚动的彩球.html”文件，就可以利用浏览器观看已发布的包含 Flash 动画的网页了，如图 7-62 所示。

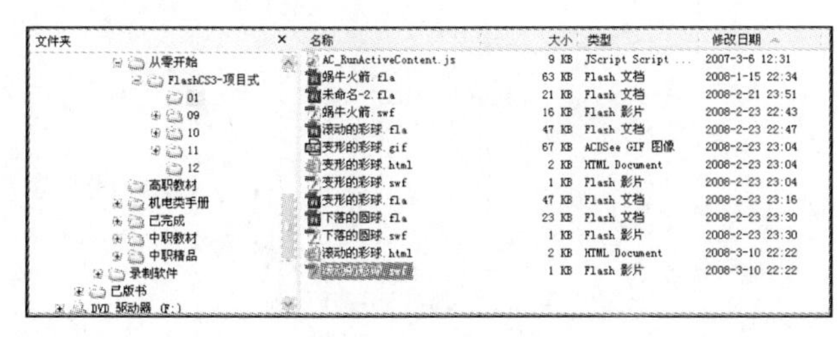

图 7-61　发布的文件

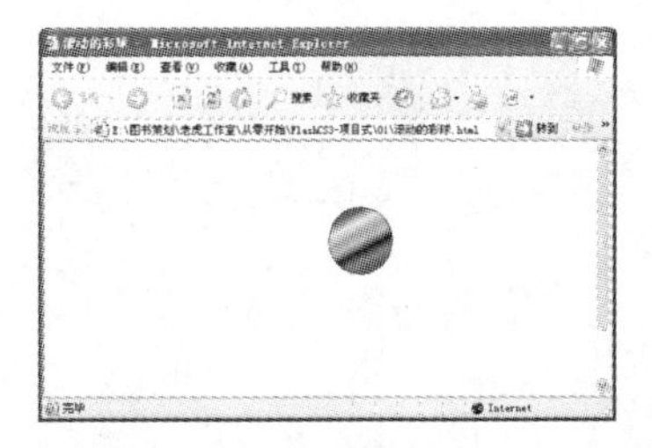

图 7-62　利用浏览器观看包含 Flash 动画的网页

小　　结

本章简单介绍了 Flash CS5 的用户界面，并通过一个简单的动画实例说明了 Flash 文档的基本操作。通过这些内容的学习，读者能够对 Flash CS5 有一个最基本的感性认识。

在 Adobe 公司的官方网站和联机帮助系统中，对于 Flash 作品大都使用“影片”这个名称。考虑到 Flash 作品的特点与传统意义上的“动画”具有同样的概念，因此，本书倾向于使用“Flash 动画”这样的名称，而且在使用时对这两者不加区别。

习　　题

设计一个下落的圆球，落下后碰到一个方块就弹起，画面效果如图 7-63 所示。

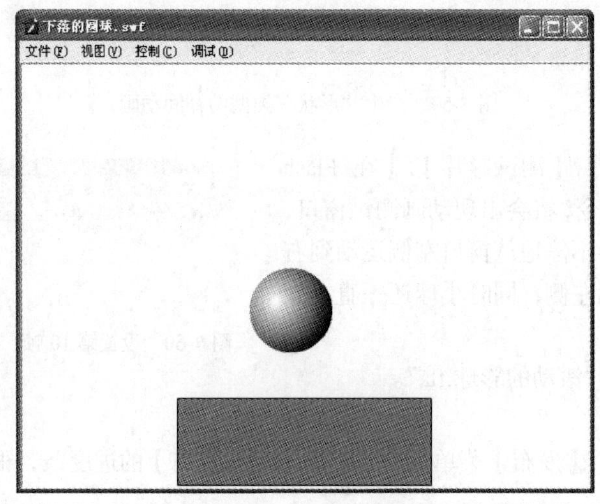

图 7-63　下落的圆球

第 8 章 创建和编辑对象

本章将介绍创建对象的几种工具以及创建和编辑对象的方法。

【学习目标】

- 掌握几种图形工具的操作方法。
- 了解 Flash 对象的概念。
- 掌握 Flash 对象的创建和编辑方法。

8.1 图 形 工 具

图形工具用于绘制各种图形。掌握基本图形工具的使用方法，是制作 Flash 动画的基础。

8.1.1 【线条】工具

【线条】工具的使用相对其他工具来说是比较简单的，如果想利用【线条】工具制作出好的作品，还需要简要学习一下平面构成方面的知识。图 8-1 所示就是利用【线条】工具制作的直线的排列组合效果。【线条】工具的使用方法就是在舞台中确认一个起点后按下鼠标左键，然后拖动鼠标指针到结束点松开鼠标就可以了。

例如，要创建如图 8-2 所示的图形效果，操作步骤如下。

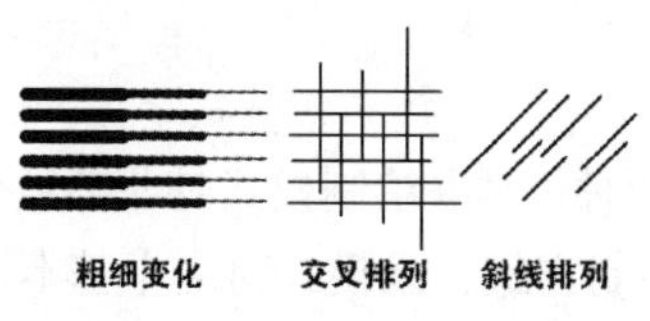

图 8-1　直线的排列组合效果

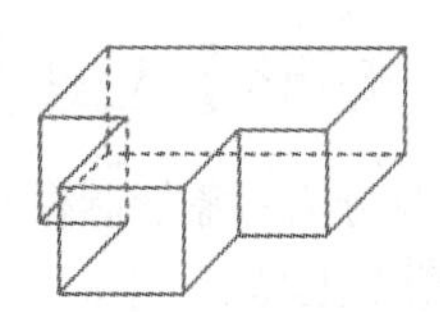

图 8-2　立体透视图

（1）新建 Flash 文档，单击【线条】工具＼，在舞台中绘制几何图形，如图 8-3 所示。

（2）选择几何图形，将鼠标光标移动到选定的几何图形上，按住 Alt+Shift 组合键向下拖曳鼠标复制一个新图形，如图 8-4 所示。

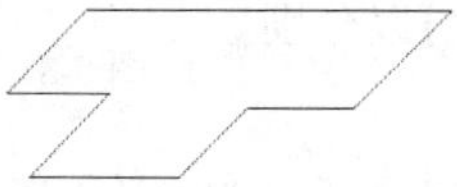

图 8-3　绘制几何图形

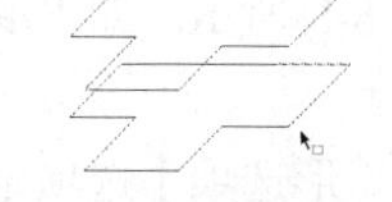

图 8-4　复制图形

（3）选择【线条】工具╲，连接上下两个几何图形的对应顶点，如图 8-5 所示。

（4）根据遮挡关系，选择被遮挡的线条，设置【笔触样式】样式: 实线 为虚线。

（5）选择所有线条，设置【笔触高度】笔触: 3.00 为“3”，设置【笔触颜色】 为红色，效果如图 8-6 所示。

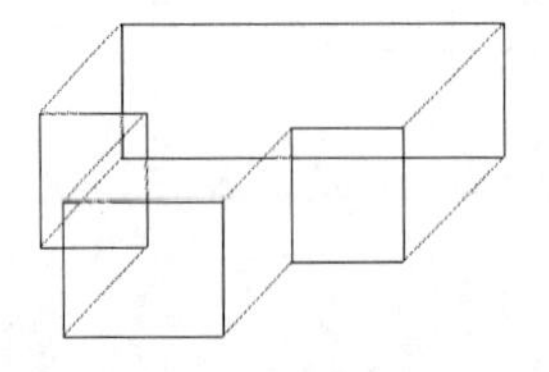

图 8-5　连接图形对应顶点

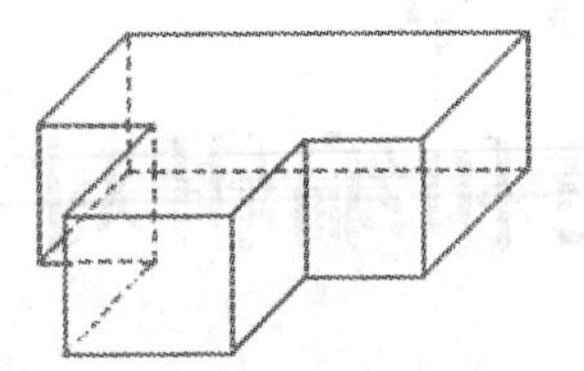

图 8-6　设置【笔触样式】

8.1.2 【椭圆】工具

【椭圆】工具分为对象绘制模式和图元绘制模式两种。对象绘制模式是非参数化绘制方式，该模式对应【椭圆】工具。图元绘制模式是参数化绘制方式，该模式对应【基本椭圆】工具，用户可以随时使用【属性】面板中的参数项调整【椭圆】的【开始角度】、【结束角度】和【内径】，如图 8-7 所示，两个工具的基本属性一致。

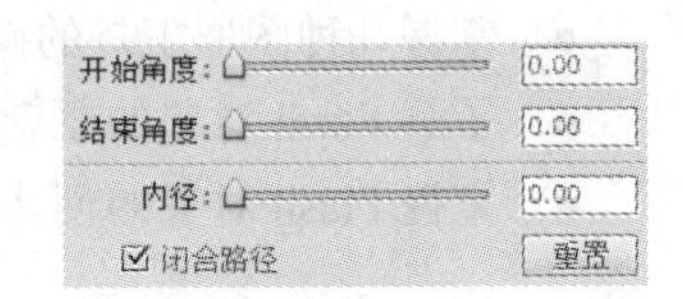

图 8-7　【基本椭圆工具】设置区

使用【椭圆】工具从一个角向另一个对角拖动鼠标可以绘制光滑精确的椭圆。【椭圆】工具没有特殊的选项，但可以在【属性】面板中设置不同的线条和填充样式。

- 选择【椭圆】工具和【基本椭圆】工具，在【工具】检查器【颜色】区会出现矢量边线和内部填充色的属性。
- 如果要绘制无外框线的椭圆，可以选择笔画色彩按钮，在【颜色】区中单击按钮，取消外部矢量线色彩。
- 如果只想得到椭圆线框的效果，可以选择填充色彩按钮，在【颜色】区中单击按钮，取消内部色彩填充。

设置好【椭圆】工具的色彩属性后，移动鼠标光标到舞台中，鼠标光标变为“+”字形状。按住鼠标左键拖动，就可以画出所需要的椭圆。

8.1.3 【矩形】工具

【矩形】工具分为对象绘制模式和图元绘制模式两种。对象绘制模式是非参数化绘制方式，该模式对应【矩形】工具。图元绘制模式是参数化绘制方式，该模式对应【基本矩形】工具，两种模式的基本属性一致，用户可以随时使用【属性】面板中的【矩形边角半径】参数项。

使用【矩形】工具和【基本矩形】工具，选择不同类型的边线（实线、虚线、点画线等）和填充色（单色、渐变色、半透明色），可以在舞台中绘制不同的矩形。按住 Shift 键可以绘出正方形。

使用【基本矩形】工具，在【属性】面板中【矩形选项】区可以设置矩形圆角，默认状态下调整 1 组参数，其余 3 组参数一起发生变化，如图 8-8 所示。如果取消中间的锁定按钮，就可以分别调整 4 组参数。

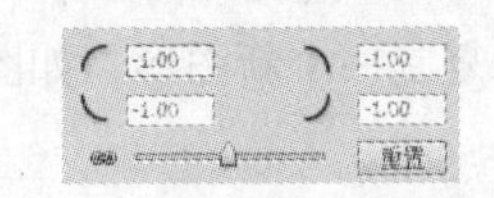

图 8-8　【矩形选项】设置区

其中，在【矩形选项】选项定义了矩形圆角的程度，可以在-100～100 的范围内设置，数值越大，圆角就越明显，当参数值为“–100”时矩形趋向于 4 角星形，当参数值为“100”时可以使矩形趋向于圆形。

8.1.4 【多角星形】工具

利用【多角星形】工具可以绘制任意多边形和星形图形，方便用户创建较为复杂的图形。为了更精确地绘制多边形，需要在【属性】面板中单击【选项】按钮，弹出【工具设置】面板，利用【工具设置】面板设置相关参数，如图 8-9 所示。

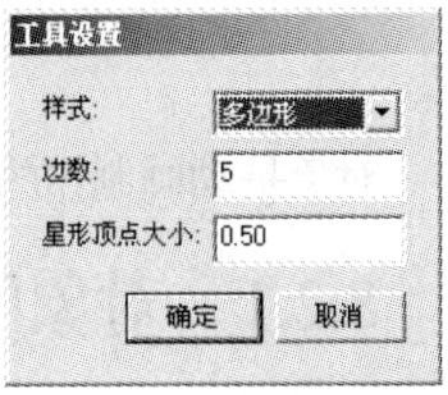

图 8-9　【工具设置】面板

【工具设置】面板各参数选项的作用如下。

- 【样式】：在该下拉列表中可以选择“多边形”或“星形”选项，确定将要创建的图形形状。
- 【边数】：在该文本框中可以输入一个介于 3～32 的数字，确定将要绘制的图形的边数。
- 【星形顶点大小】：在该文本框中可以输入一个介于 0～1 的数字，以指定星形顶点的深度。此数字越接近 0，创建的顶点就越深（如针）。如果是绘制多边形，应保持此设置不变（它不会影响多边形的形状）。

8.1.5 【刷子】工具

传统手工绘画中，画笔作为基本的创作工具，相当于美画师手掌的延伸。Flash 提供的【刷子】工具和现实生活中的画笔起到异曲同工的作用，相对而言，【刷子】工具更为灵活和随意。要创作优秀的绘画作品，首先要选择符合创作需求的色彩，并选择理想的画笔模式，再结合手控鼠标的能力，这样才能使创作变得得心应手。

【刷子】工具可以创建多种特殊的填充图形，同时要注意与【铅笔】工具的区别。【铅笔】工具无论绘制何种图形都是线条；【刷子】工具无论绘制何种图形都是填充图形。

【刷子】工具面板下方【选项】区有【对象绘制】、【刷子模式】、【刷子大小】、【刷子形状】和【锁定填充】5 个功能选项，如图 8-10 所示。

单击【刷子模式】按钮，在弹出的菜单中将显示出 5 种刷子模式，如图 8-11 所示。

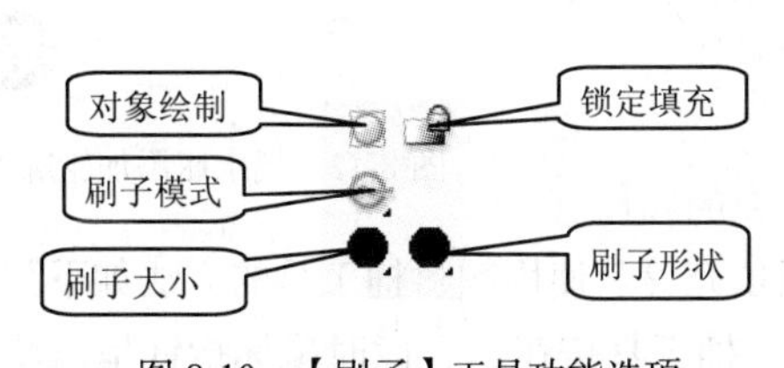

图 8-10　【刷子】工具功能选项

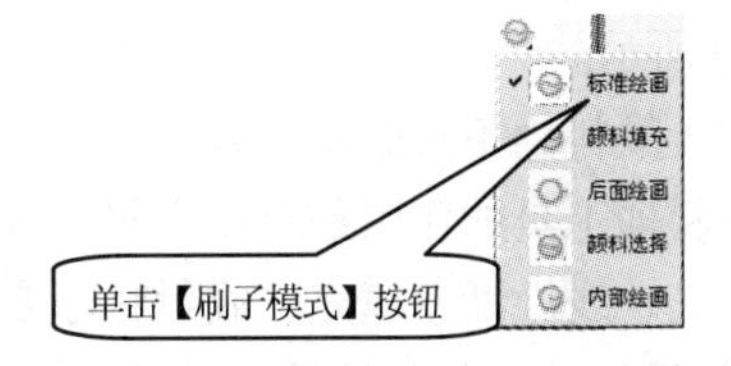

图 8-11　【刷子模式】选择菜单

【刷子模式】各选项的作用如下。

- 【标准绘画】模式：在同一图层上绘图时，所绘制的图形会遮挡并覆盖舞台中原有的图形或线条。
- 【颜料填充】模式：对填充区域和空白区域涂色，不影响线条。
- 【后面绘画】模式：在舞台上同一层的空白区域涂色，不影响线条和填充。
- 【颜料选择】模式：可以将新的填充应用到选区中。
- 【内部绘画】模式：仅对刷子起始处的区域进行涂色。这种模式将舞台上的图形对象看做一个个分散的实体，如同一层层的彩纸一样（虽然各对象仍然处于一个图层中）；当刷子从哪个彩纸上开始，就只能在这个彩纸上涂色，而不会影响到其他彩纸。

8.2 编辑对象

对象是动画制作的重要元素，学好对象操作将对制作高质量的动画有着非常重要的意义。

8.2.1 对象的来源

对象的来源有 3 种：一是使用工具绘制的矢量图形和输入的文字；二是导入外部的图形、图像、声音、视频等；三是【库】面板中元件在舞台工作区中生成的实例。矢量图形可以看成是由线和填充（主要是填充颜色和图像）组成的，填充一般只可以对封闭的图形进行。矢量图形的着色有两种，一是对线的着色，二是对封闭图形内部的填充着色（或填充位图）。

8.2.2 使用工具设置属性

使用墨水瓶工具可以修改线的属性以及为填充添加轮廓线；使用颜料桶工具可以修改填充物（还包括打碎的位图、打碎的文字）的属性；使用滴管工具，可以吸取线的属性，再利用墨水瓶工具将获取的线属性赋予其他线条或轮廓线；也可以从填充物吸取它们的属性，再利用颜料桶工具将获取的填充物属性赋予其他填充物。

1. 墨水瓶、颜料桶和滴管工具

（1）墨水瓶工具的使用方法。

墨水瓶工具的作用是改变已经绘制线的颜色、线型等属性。使用墨水瓶工具的方法如下。

① 设置笔触的属性，即设置线的新属性，如修改线的颜色、线型等。

② 单击工具箱内的【墨水瓶工具】按钮，此时鼠标指针呈状。再将鼠标移到舞台工作区中的某条线上，单击鼠标左键，即可用新设置的线条属性修改被单击的线条。

③ 如果用鼠标单击一个无轮廓线的填充物，则会自动为该填充物增加一条轮廓线。

使用墨水瓶工具为无轮廓填充物添加轮廓线的效果如图 8-12 所示。

图 8-12 墨水瓶添加轮廓线效果

（2）颜料桶工具的使用方法。

颜料桶工具的作用是对填充属性进行修改。填充的属性有单色填充、线性渐变填充、放射状渐变填充、位图填充等。使用颜料桶工具的方法如下。

① 设置填充的新属性，再单击工具箱内的颜料桶工具按钮，此时鼠标指针呈状。然后单击舞台工作区中的某填充，即可用新设置的填充物属性修改被单击的填充。

② 单击工具箱中的【颜料桶工具】按钮后，【选项】栏会出现两个按钮，这两个按钮的作用如下。

- 【空隙大小】按钮：单击它可弹出一个菜单，如图 8-13 所示，在其中可选择对没有空隙（即有缺口）和有不同大小空隙的图形进行填充。对有空隙图形的填充效果如图 8-14 所示。
- 【锁定填充】按钮：它可以控制渐变的填充方式。当打开此功能时，所有使用简便的填充看上去就像舞台上整个大型渐变形状的一部分；当关闭此功能时，每个填充都清楚可辨且显示出整个渐变形状，可以填充纯色、线形渐变、放射状渐变和位图。

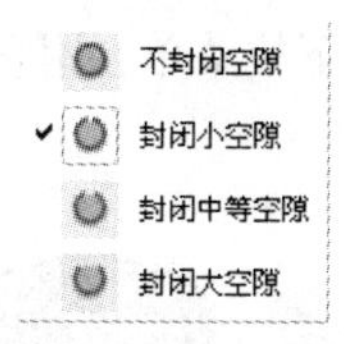

图 8-13　图标菜单

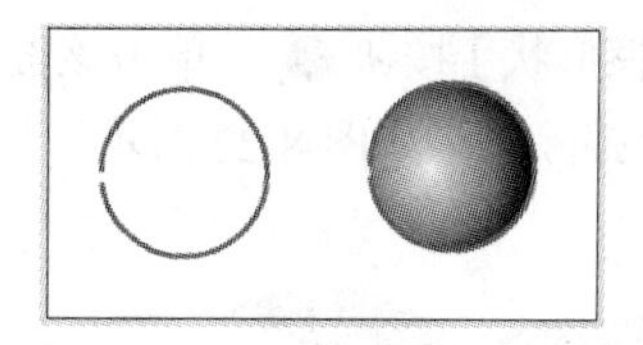

图 8-14　填充有空隙图形的效果

（3）滴管工具的使用方法。

在 Flash CS5 中，滴管工具的作用是吸取舞台工作区中已经绘制的线条、填充物（还包括打碎的位图、打碎的文字）和文字的属性。滴管工具的使用方法如下。

① 单击工具箱中滴管工具按钮，然后将鼠标移到在舞台工作区内的对象之上。此时鼠标指针变成一个滴管加一只笔（对象是线条），如图 8-15 所示；一个滴管加一个刷子（对象是填充物），如图 8-16 所示；一个滴管加一个字符 A（对象是文字），如图 8-17 所示。

图 8-15　对象是线条

图 8-16　对象是填充物

图 8-17　对象是字符

② 单击鼠标左键，即可将单击对象的属性赋予相应的面板，相应的工具也会被选中。

2. 渐变变形工具

在有填充的对象（还包括打碎的位图、打碎的文字）没被选中的情况下，单击按下渐变变形工具按钮，再用鼠标单击填充的内部，即可在填充物之上出现一些圆形和方形的控制柄，以及线条或矩形框，用鼠标拖曳这些控制柄，可以调整填充的填充状态。

（1）改变线性填充。单击按下渐变变形工具按钮，用鼠标单击线性填充，线性填充中会出现 3 个控制柄，如图 8-18 所示。用鼠标拖曳这些控制柄，可以调整线性填充的状态。

（2）改变径向填充物。单击按下渐变变形工具按钮，用鼠标单击径向填充物，径向填充物中会出现 4 个控制柄，如图 8-19 所示。用鼠标拖曳这些控制柄，可以调整径向填充物的状态。

（3）改变位图填充。单击按下渐变变形工具按钮，再单击位图填充，位图填充中会出现 7 个控制柄，如图 8-20 所示。用鼠标拖曳控制柄，可调整填充的状态。

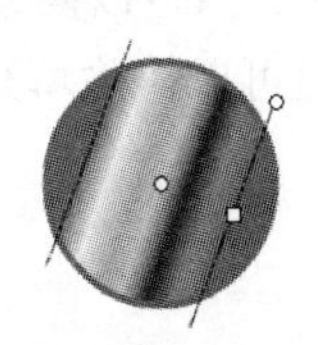

图 8-18　调整线性填充

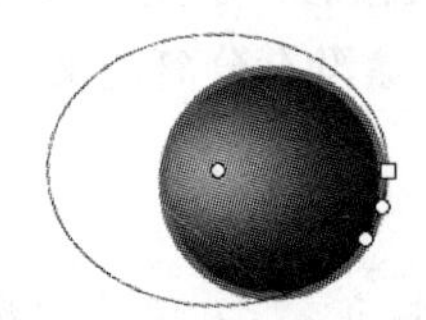

图 8-19　调整径向填充

图 8-20　调整位图填充

3. 橡皮擦工具

（1）橡皮擦工具的属性。

单击工具箱中的【橡皮擦工具】按钮，工具箱中【选项】栏内会显示出 3 个按钮。各选项的作用如下。

- 【水龙头】按钮：单击该按钮后，鼠标指针呈状。再单击一个封闭的有填充的图形内部，即可将所有填充擦除，如图 8-21 右图所示。

- 【橡皮擦形状】按钮 ：单击该按钮后会弹出一个图标下拉菜单，用它可以选择橡皮擦的形状与大小，擦除效果如图 8-22 所示。

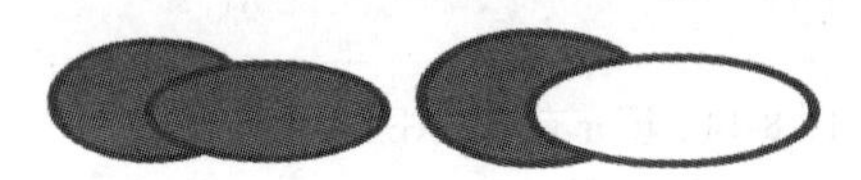

图 8-21　使用【水龙头】按钮实现填充擦除

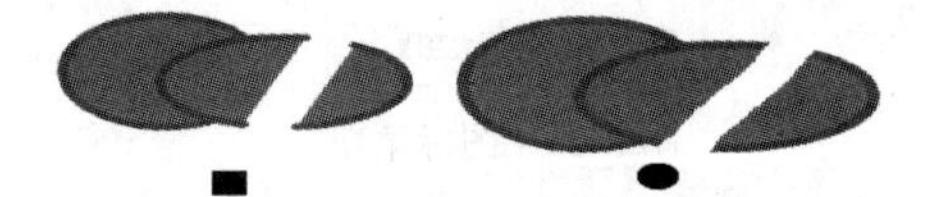

图 8-22　不同形状的【橡皮擦】擦除效果

- 【橡皮擦模式】按钮 ：单击该按钮后会弹出一个图标下拉菜单，利用它可以设置擦除方式。

（2）擦除方式的设置。

单击【橡皮擦模式】按钮 ，弹出一个图标菜单，其中各图标按钮的作用如下。

- 【标准擦除】按钮 ：单击该按钮后，鼠标指针呈橡皮状，用鼠标拖曳矢量图形、线条、分离的位图和文字，即可擦除鼠标指针拖曳过的地方，如图 8-23 所示。
- 【擦除填色】按钮 ：单击该按钮后，用鼠标拖曳擦除图形时，只可以擦除填充物和分离的文字，如图 8-24 所示。
- 【擦除线条】按钮 ：单击该按钮后，用鼠标拖曳擦除图形时，只可以擦除线条、轮廓线和分离的文字，如图 8-25 所示。

图 8-23　【标准擦除】效果

图 8-24　【擦除填色】效果

图 8-25　【擦除线条】效果

- 【擦除所选填充】按钮 ：单击该按钮后，用鼠标拖曳擦除图形时，只可以擦除已选中的填充和分离的文字，不包括选中的线条、轮廓线和图像，如图 8-26 所示。

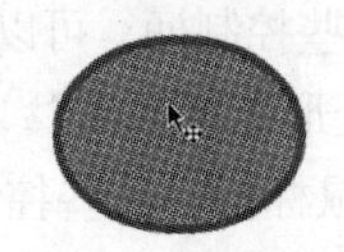

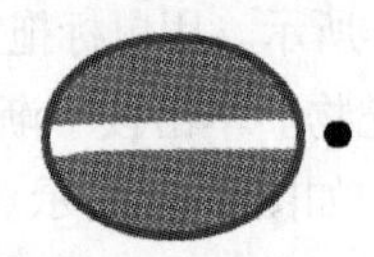

图 8-26　【擦除所选填充】效果

- 【内部擦除】按钮 ：单击该按钮后，用鼠标拖曳擦除图形时，只可以擦除填充物。

不管哪一种擦除方式，都不能够擦除没有分离的文字与位图，但可以擦除填充的图像，如图 8-27 所示。

图 8-27　【内部擦除】效果

4. 编辑多个对象

下面介绍编辑对象的 4 种方法，这 4 种方法在制作 Flash 动画时经常使用。

（1）组合。

组合就是将多个对象（图形、位图、文字等）组成一个对象。

● 组合的方法：选择所有要组成组合的对象，再选择【修改】/【组合】菜单命令。组合可以嵌套，就是说几个组合对象还可以组成一个新的组合。

● 组合对象和一般对象的区别：把一些图形组成组合后，这些图形可以把它作为一个对象来进行操作，如复制、移动、旋转、倾斜等。

前面曾经介绍过，在同一层中，后画的图形会覆盖先画的图形，在移出后画的图形时，会将覆盖部分的图形擦除。但是对象组合后，将后画的组合对象移出后，不会将覆盖部分的图形擦除。另外，也不能用橡皮擦工具擦除组合对象。

● 取消组合的方法：选择组合的对象，再选择【修改】/【取消组合】菜单命令。

（2）多个对象的层次排列。

同一图层中不同对象互相叠放时，存在着对象的层次顺序（即前后顺序）。这里所说的对象，不包含绘制的图形，也不包括分离的文字和位图图像，可以是文字、位图图像和组合。这里介绍的层次指的是同一图层的内部对象之间的层次关系，而不是 Flash 的图层之间的层次关系，二者一定要分清。

对象的层次顺序（前后顺序）是可以改变的。选择【修改】/【排列】下相应的命令，可以调整对象的前后次序。

（3）多个对象的对齐。

可以使多个对象以某种方式排列整齐。例如，图 8-28 左图中所示的 3 个对象，原来在垂直方向参差不齐，经过对齐操作（垂直方向与底部对齐）就整齐了，如图 8-28 右图所示。

先选中要排列的所有对象（不包括有轮廓线和填充物的没组合的对象），然后选择【修改】/【对齐】下相应的命令，或单击【对齐】面板（见图 8-29，选择【窗口】/【对齐】菜单命令，可打开【对齐】面板）中的相应按钮（每组中只能有一个按钮处于按下状态），即可完成对各对象的排列。各组按钮的作用如下。

● 【对齐】栏：在水平方向（左边的 3 个按钮）可以选择左对齐、水平居中对齐和右对齐。在垂直方向（右边的 3 个按钮）可以选择上对齐、垂直居中对齐和底对齐。

● 【分布】栏：在水平方向（左边的 3 个按钮）或垂直方向（右边的 3 个按钮），可以选择以中心为准或以边界为准的排列分布。

● 【匹配大小】栏：可以选择使对象的高度相等、宽度相等或高度与宽度都相等。

● 【间隔】栏：等间距控制，在水平方向或垂直方向等间距分布排列。

● 【与舞台对齐】：勾选该复选框后，可以以整个舞台为标准，进行排列。否则以选中的对象所在区域为标准，进行排列对齐。

图 8-28　在垂直方向排列对象

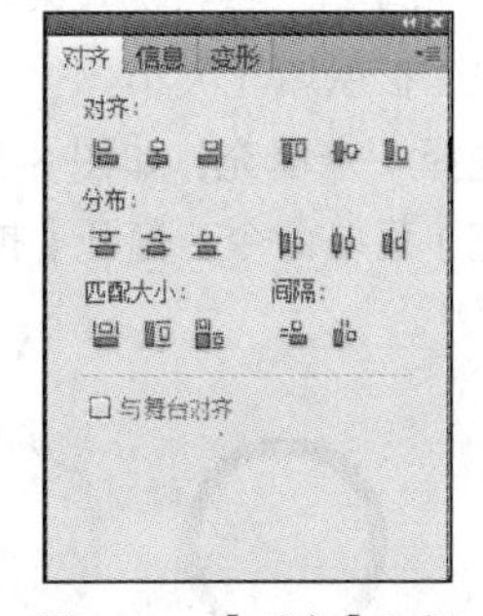

图 8-29　【对齐】面板

要点提示

使用【分布】和【间隔】栏的按钮时，必须先选中3个或3个以上的对象。

（4）多个对象分散到层。

可以将一个图层中某一帧内多个对象分散到不同图层的第1帧中，方法如下。

① 选中要移到其他图层的对象。

② 选择【修改】/【时间轴】/【分散到图层】菜单命令，即可将选中的对象分配到不同图层的第1帧中。新的图层是系统自动增加的。

5. 优化曲线

在Flash CS5中，一个线条是由很多“段”组成的，前面介绍的用鼠标拖曳来调整线条，实际上一次拖曳操作只是调整一“段”线条，而不是整条线。曲线是可以进行优化的，以进一步适应动画制作的需求。

（1）优化曲线的定义。

优化曲线就是通过减少曲线“段”数，即通过一条相对平滑的曲线段代替若干相互连接的小段曲线，从而达到使曲线平滑的目的。优化曲线还可以缩小Flash文件字节数。

优化曲线的操作与单击【平滑】按钮一样，可以针对一个对象进行多次。

（2）优化曲线的操作方法。

首先选取要优化的曲线，然后选择【修改】/【形状】/【优化】菜单命令，打开【优化曲线】对话框，如图8-30所示。

图8-30 【优化曲线】对话框

利用该对话框进行设置后，单击 确定 按钮即可将选中的曲线优化。【优化曲线】对话框中各选项的作用如下。

- 【优化强度】：用来设定平滑操作的力度，可取值0～100。
- 【显示总计信息】复选框：选中它后，在操作完成时会弹出一个提示框。该提示框给出了平滑操作的数据，其含义是：原来共由多少条曲线段组成，优化后由多少条曲线段组成，缩减的百分数。
- 【预览】复选框：预览优化后曲线的效果。

6. 改变图形形状

（1）将线条转换成填充。

选中一个圆形线，如图8-31左图所示，选择【修改】/【形状】/【将线条转换为填充】菜单命令，这时选中的圆形线就被转换为填充了。以后，可以使用颜料桶工具，改变填充的样式（如渐变色或位图等），可实现一些特殊效果。图8-31中图所示的是一条渐变色五彩圆形线。

（2）扩展填充大小。

选择一个填充，如图8-31中图所示的渐变色五彩圆形线，然后选择【修改】/【形状】/【扩展填充】菜单命令，打开【扩展填充】对话框，如图8-32所示。该对话框内各选项的含义如下。

图8-31 一个渐变色的矩形图形线

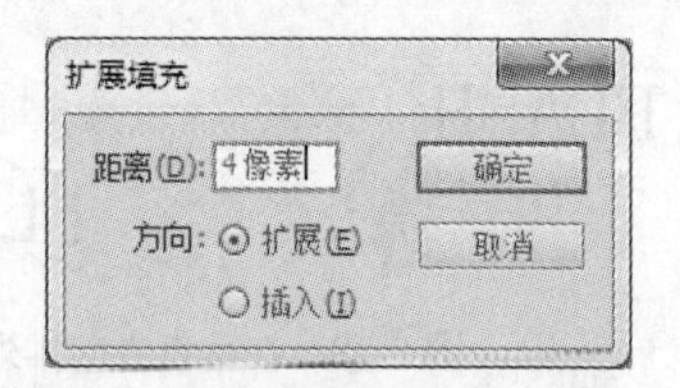

图8-32 【扩展填充】对话框

- 【距离】文本框：输入扩充量，单位为像素。
- 【方向】栏：【扩展】表示向外扩充，【插入】表示向内扩充。

设置完后，单击 确定 按钮，即可使图 8-31 中图的图形变为图 8-31 右边所示图形。如果填充有轮廓线，则向外扩展填充时，轮廓线不会变大，而会被扩展的部分覆盖掉。

（3）柔化填充边缘。

选择一个填充，然后选择【修改】/【形状】/【柔化填充边缘】菜单命令，打开【柔化填充边缘】对话框，如图 8-33 所示。该对话框内各选项的含义如下。

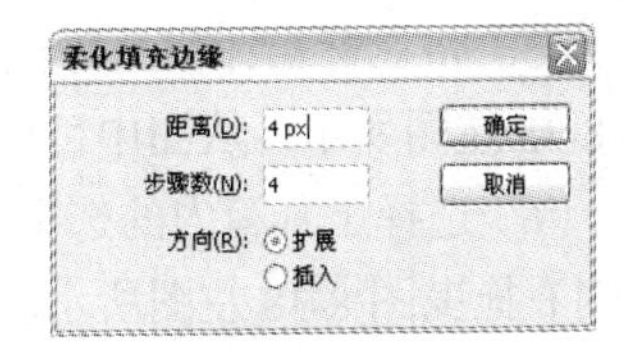

图 8-33　【柔化填充边缘】对话框

- 【距离】文本框：输入柔化边缘的宽度，单位为像素。
- 【步骤数】文本框：输入柔化边缘的阶梯数，取值为 0～50。
- 【方向】栏：用来确定柔化边缘的方向是向内还是向外。

在使用柔化时，【距离】和【步骤数】文本框内输入的数值如果太大，会使计算机处理的时间太长。

8.3　应用实例

下面将通过 5 个应用实例的演示过程来帮助用户深入地理解 Flash 对象的创建和编辑。

8.3.1　立体彩球

图 8-34 所示为【立体彩球】图形。可以看到，在一幅背景图像之上，有 4 个不同特点的绿色立体彩球。

1. 新建一个动画文档和导入一幅图像

（1）选择【文件】/【新建】菜单命令，创建一个 Flash 文档。

（2）选择【修改】/【文档】菜单命令，打开【文档设置】对话框。利用该对话框，设置影片的尺寸为 520px × 200px，背景色为白色。

（3）选择【文件】/【导入】/【导入到舞台】菜单命令，打开【导入】对话框。利用该对话框，导入一幅背景图像，如图 8-35 所示。

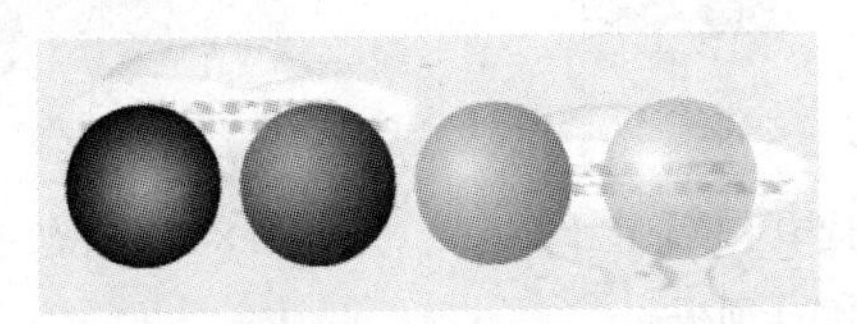
图 8-34　“立体彩球”动画播放后的画面

图 8-35　背景图像

（4）使用工具箱中的任意变形工具，用鼠标单击选中舞台中导入的背景图像对象。然后，用鼠标拖曳右下方的控制柄，使图像大小合适。

2. 绘制第 1 个和第 2 个立体彩球

（1）单击【插入图层】按钮，在【图层 1】图层之上新增一个名为【图层 2】的图层。

（2）单击【图层 2】的第 1 帧单元格，再选择工具箱内的【椭圆工具】按钮。

（3）单击工具箱内【颜色】栏中【笔触颜色】按钮，弹出如图 8-36 所示的颜色板，再单击该面板中的按钮，表示绘制椭圆时不绘制轮廓线。

（4）单击工具箱内【颜色】栏中的【填充色】按钮，弹出如图 8-37 所示的颜色板，然后单击该颜色板左下角第 4 个绿色按钮，选择绿色到黑色的放射状填充方式。

（5）将鼠标指针移到舞台的左上角，按住 Shift 键，用鼠标拖曳绘出一个绿色的立体球，如图 8-38 左图所示。从图中可以看出，它的亮点是绿色，而且亮点在中间。

（6）选择工具箱内的选择工具，单击选中舞台中绿色的立体球对象。按住 Ctrl 键，再用鼠标向右拖曳图 8-38 左图所示的绿色立体彩球，复制一个同样的立体彩球。

（7）使用工具箱内的颜料桶工具，再单击刚刚复制的立体彩球的左上方，改变立体彩球绿色亮点的位置，如图 8-38 右图所示。

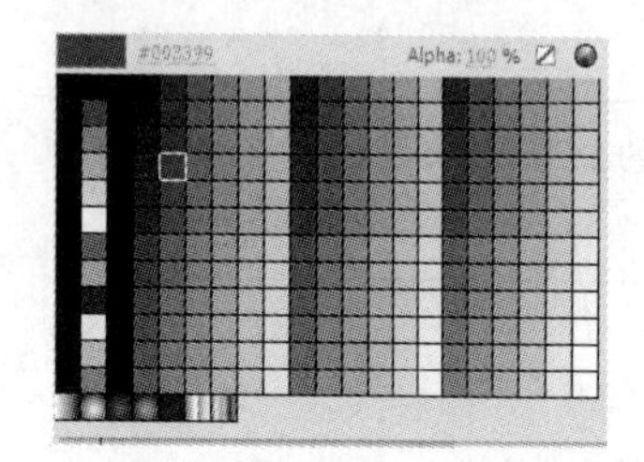

图 8-36 【笔触颜色】颜色板

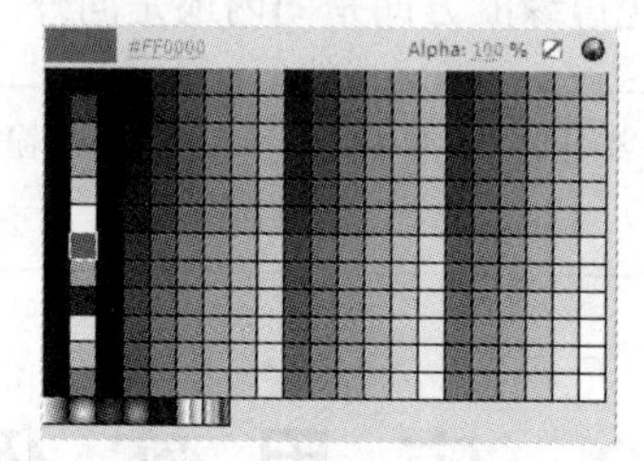

图 8-37 【填充色】颜色板

图 8-38 第 1 个和第 2 个立体彩球

3. 绘制第 3 个立体彩球

（1）打开【颜色】面板。如果工具箱内【颜色】栏中【笔触颜色】按钮处于选中状态，则【颜色】面板如图 8-39 所示；如果【填充色】按钮处于选中状态，则【颜色】面板如图 8-40 所示。

（2）在【颜色】面板的下拉列表中选择"径向渐变"选项，如图 8-41 所示。

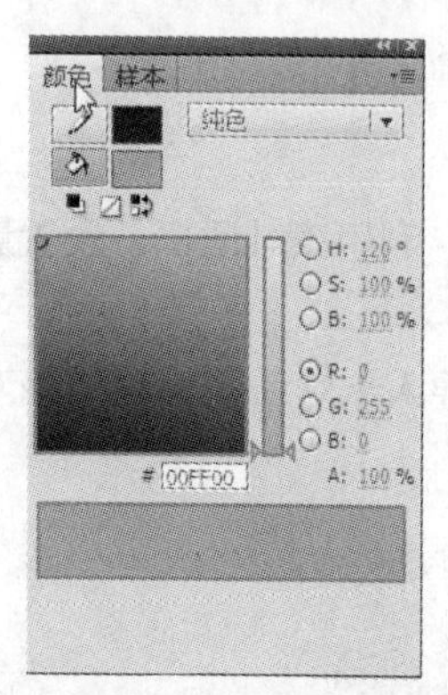

图 8-39 选中【笔触颜色】的【颜色】面板

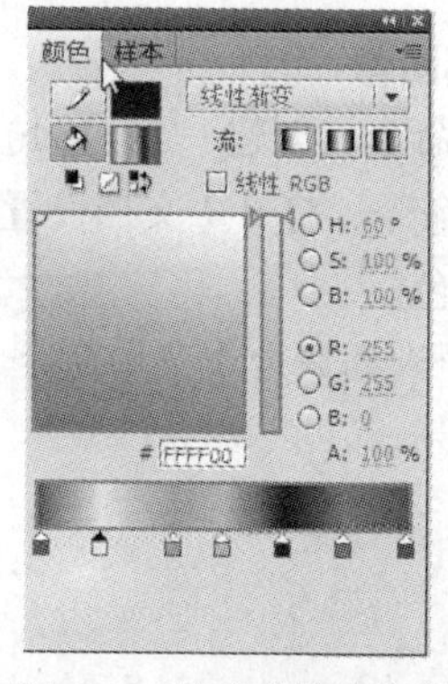

图 8-40 选中【填充色】的【颜色】面板

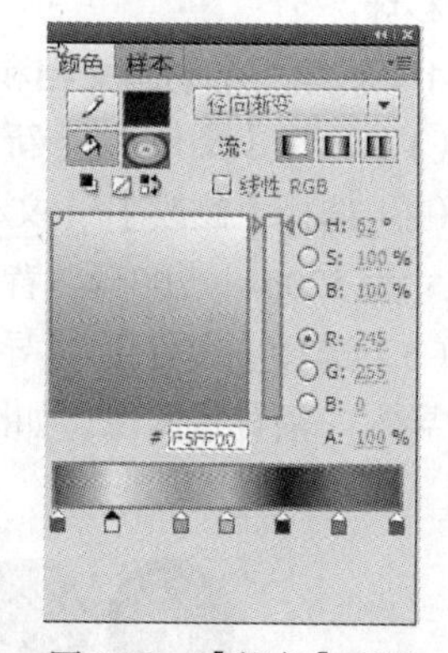

图 8-41 【颜色】面板

（3）使用工具箱内的选择工具，按住 Ctrl 键，再用鼠标向右拖曳图 8-38 右图所示的绿色立体彩球，复制第 3 个立体彩球。

（4）使用工具箱内的选择工具，选中第 3 个立体彩球。双击渐变色调整条中右边关键点处的滑块，打开颜色板，单击选中颜色板中的白色色块，即可将该关键点的颜色设置为白色。

（5）用鼠标向左拖曳渐变色调整条中的右边关键点处的白色滑块到最左边，再用鼠标向右拖曳渐变色调整条中的原来左边关键点处的深绿色滑块到最右边。此时，【颜色】面板如图 8-41 所示，第 3 个立体彩球会变为图 8-34 所示样式。

（6）使用工具箱内的选择工具，按住 Ctrl 键，再用鼠标向右拖曳第 3 个立体彩球，复制出第 4 个立体彩球。此时，第 3 个和第 4 个立体彩球相同。

4. 绘制第 4 个立体彩球

（1）使用工具箱内的选择工具，单击选中舞台中的第 4 个立体彩球。

（2）单击渐变色调整条中白色滑块的右边，添加一个新的滑块，即增加了一个关键点。采用这样的方法，可以增加多个关键点，但最多不超过 8 个。

（3）单击新增的滑块，然后在【颜色】面板的【R】、【G】、【B】文本框中分别输入“160”、“255”和“160”，将该关键点的颜色调整为浅绿色。

（4）单击白色滑块，在【颜色】面板的【A】文本框中输入“60%”；单击浅绿色滑块，在【颜色】面板的【A】文本框中也输入“60%”；单击选中深绿色滑块，在【颜色】面板的【A】文本框中也输入“60%”。改变 A 文本框中的数据，可以调整该关键点颜色的透明度，数值越小越透明。此时的【颜色】面板如图 8-42 所示。至此，【立体彩球】图形制作完成。

在调整【R】、【G】、【B】文本框中的数据时，可以单击文本框左边的箭头按钮，调出它的滑槽和滑块，用鼠标拖曳滑块，也可以改变文本框中的数据，如图 8-43 所示。在 Flash CS5 中，许多文本框都可以通过这种方法来改变文本框中的数据。

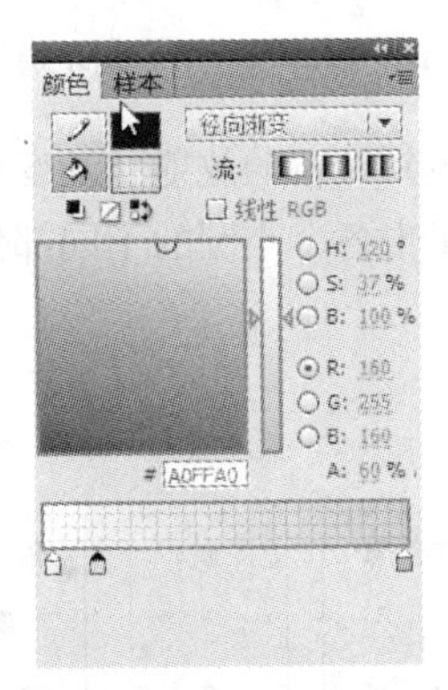

图 8-42　【颜色】面板

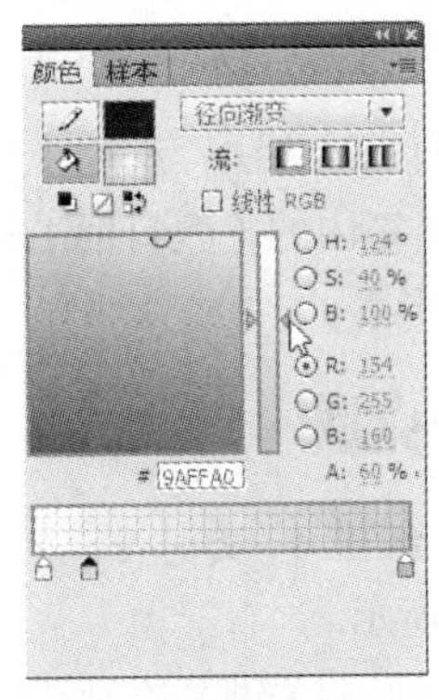

图 8-43　滑槽和滑块

8.3.2　一串立体彩球

一串立体彩球图形的画面如图 8-44 所示。

图 8-44　一串立体彩球图形

1. 利用自定义的线型绘制一条水平直线

（1）创建一个 Flash 文档。设置影片的尺寸为 500px × 200px，背景为白色。

（2）单击工具箱中的【线条工具】按钮，在其【属性】面板的【笔触】1.00 文本框中输入线条的宽度为“10”，单击【笔触颜色】按钮，打开线条的颜色板，利用该颜色板设置线条的颜色为红色。

（3）单击【属性】中的【样式】按钮，打开【笔触样式】对话框，按照图 8-45 所示进行设置。

（4）按住 Shift 键，同时用鼠标水平拖曳，绘制一条水平的点状线，如图 8-46 所示。

2. 将线转换为一串彩球

（1）单击工具箱内的【选择工具】按钮，再用鼠标拖曳出一个矩形，将线条全部框起来，选中该线条。再选择【修改】/【形状】/【将线条转换为填充】菜单命令，将线条转换为填充物。

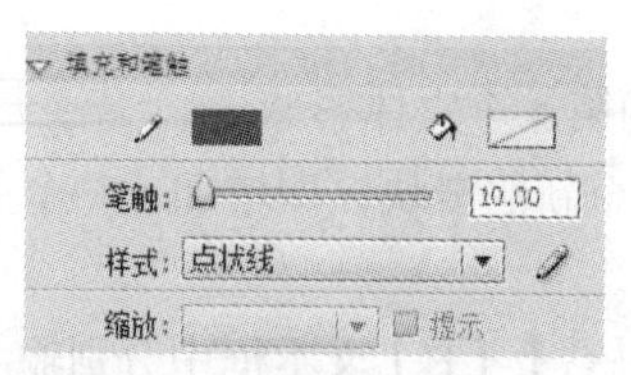

图 8-45　【笔触样式】对话框

图 8-46　绘制一条水平的点状线

（2）选择【修改】/【形状】/【扩展填充】菜单命令，打开【扩展填充】对话框。在该对话框的【距离】文本框中输入“9 像素”，选中【扩展】单选项，如图 8-47 所示。将各圆点填充物扩展，效果如图 8-48 所示。

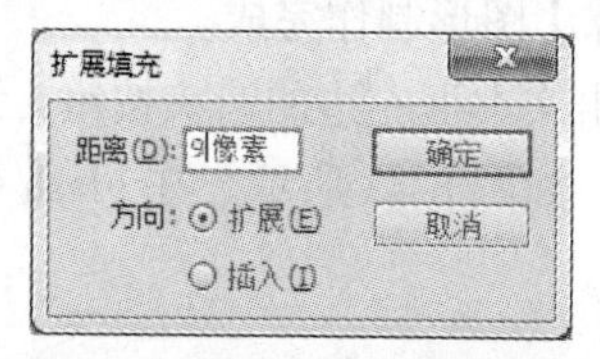

图 8-47　【扩展填充】对话框

图 8-48　将各圆点填充物扩展

（3）按照前面所述方法，利用【颜色】面板设置由白色到红色的放射状渐变填充颜色。

（4）单击工具箱内的【颜料桶工具】按钮，再分别单击各个小圆的不同部位，即可获得如图 8-44 所示的图形。

8.3.3　扑克牌

4 张扑克牌（红桃 4、方片 2、草花 5 和黑桃 A）图形，如图 8-49 所示。

图 8-49　4 张扑克牌图形

绘制扑克牌图形的关键是绘制红桃、草花、方片和黑桃图案。黑桃图案的绘制方法与红桃图案的绘制方法基本一样，只是下面增加了一个枝干，颜色为黑色。草花图案可以认为是 3 个黑色的小圆和一个黑色的枝干组合而成的，方片图案是一个简单的红色菱形图形。因此，掌握绘制红桃和草花图案的方法，就可以绘制图 8-49 所示的扑克牌图形了。

1. 绘制红桃扑克图形

（1）设置舞台工作区的大小为 300px × 180px，设置图形的背景颜色为白色。选择【视图】/【网格】/【编辑网格】菜单命令，打开【网格】对话框，设置网格的水平线间距与垂直线间距均为“10 像素”，单击选中【显示网格】和【贴紧至网格】复选框，如图 8-50 所示。单击 确定 按钮退出该对话框，并完成网格设置。

（2）使用工具箱内的钢笔工具，设置线粗为“2”，笔触颜色为红色。在舞台工作区内绘制一个倒三角形，如图 8-51 所示。在三角形 3 个边的相应处，绘制 3 条直线，如图 8-52 所示。其目的是为了下面分段调整三角形 3 个边的形状。

（3）使用工具箱内的选择工具，在没有选中三角形图形的情况下，用鼠标拖曳相应的线条，使三角形的形状变为桃形图形，如图 8-53 左图所示。

（4）使用工具箱内的选择工具，单击选中各个线条，再按 Delete 键，删除线条，获得桃形图形，如图 8-53 右图所示。

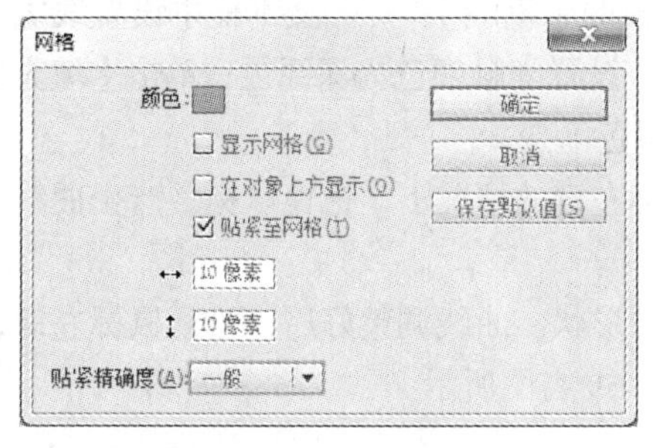

图 8-50　【网格】对话框

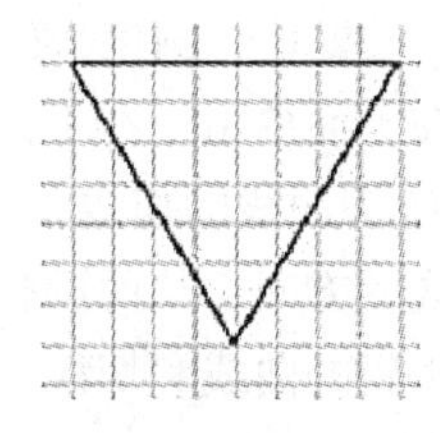
图 8-51　倒三角形

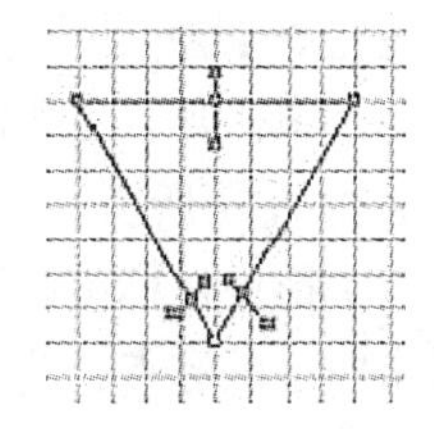
图 8-52　绘制 3 条直线

（5）使用工具箱内的部分选取工具，用鼠标拖曳出一个矩形，将桃形图形全部选中。这时的桃形图形如图 8-54 所示。再用鼠标拖曳相应的节点，改变桃形图形的形状。

（6）设置填充色为红色，使用工具箱内的颜料桶工具，再单击桃形图形的内部，给图形填充红色，如图 8-55 所示。然后，选择【修改】/【组合】菜单命令，将其组成组合。

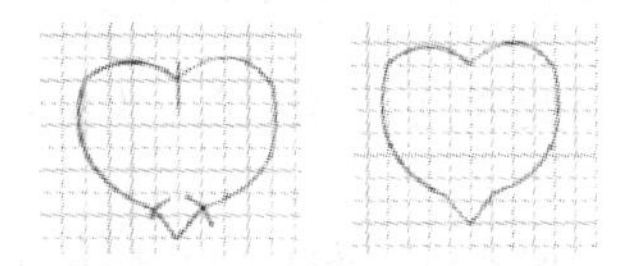
图 8-53　制作桃形图形

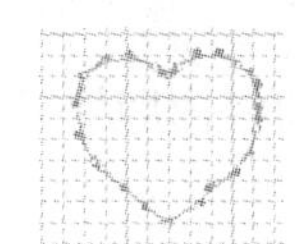
图 8-54　套封图形

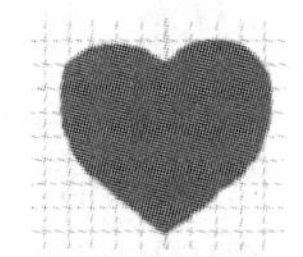
图 8-55　填充红色

2. 绘制梅花扑克图形

（1）使用工具箱中的椭圆工具，设置不画边线，在舞台工作区内绘制 3 个黑色圆形图形，将它们组成群组，如图 8-56 所示。

（2）利用钢笔绘图工具，绘制一个黑色外框轮廓线和黑色填充色的梯形图形，如图 8-57（a）所示。再绘制两条直线，如图 8-57（b）所示。

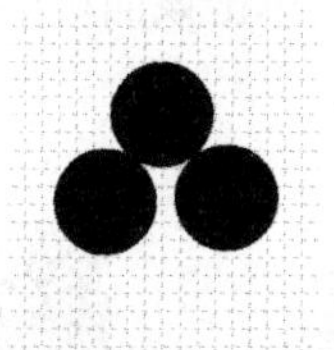
图 8-56　3 个黑色圆形

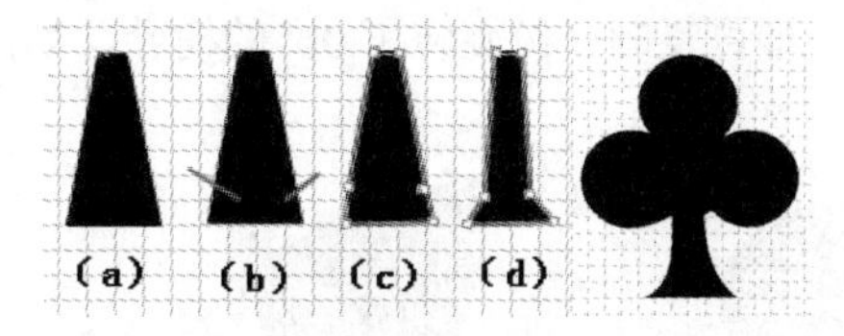

图 8-57　草花图形的柄

（3）使用工具箱内的部分选取工具，用鼠标拖曳出一个矩形，将梯形图形全部选中，如图 8-57（c）所示。可以看出，在与直线相交处增加了一个节点。用鼠标拖曳调整增加的节点，使梯形图形变为如图 8-57（d）所示。

（4）将整个梯形图形组成组合，再将它移到 3 个圆形处，将 3 个圆形中间的空隙盖住。然后，将 3 个圆形和梯形图形都选中，将它组成组合。这样，梅花图形即绘制完毕，如图 8-57 右图所示。

8.3.4 树苗

【树苗】图形是由几片树叶和几条叶茎组成的，如图8-58所示。它的制作过程如下。

（1）创建一个Flash文档文件。设置文档的尺寸为300像素×260像素，背景色为白色。

（2）使用工具箱中的钢笔工具。在其【属性】面板的【笔触】1.00文本框中设置线宽为“2”；单击【笔触颜色】按钮，打开【颜色】面板，设置笔触颜色为深绿色；单击【填充颜色】按钮，打开颜色板，设置填充颜色为放射性绿色渐变。

（3）单击舞台工作区，再在下面单击，在不松开鼠标左键的情况下，拖曳鼠标，产生曲线，如图8-59左图所示。图中的直线为曲线的切线。

（4）拖曳鼠标可以调整切线的方向，从而调整曲线的形状。曲线调整好后，松开鼠标左键，再单击曲线的起点，此时会产生新的曲线和切线，如图8-59右图所示。

图8-58 树叶图形

图8-59 绘制树苗的轮廓线

（5）松开鼠标左键后，形成的曲线内即填充了放射性绿色渐变颜色，形成了一片树叶的初步图形，如图8-60所示。

（6）使用工具箱中的部分选取工具，用鼠标拖曳出一个矩形选区，圈起树叶的初步图形，即可显示出曲线的全部节点，如图8-61所示。用鼠标拖曳节点或节点处切线两端的控制柄，可以调整曲线的形状。

（7）使用工具箱中的线条工具，用鼠标在树叶初步图形内拖曳，绘制几条直线作为树叶的叶脉，如图8-62所示。

（8）使用工具箱内的选择工具，用鼠标拖曳出一个矩形，将整个树叶图形选中，然后选择【修改】/【组合】菜单命令，将它们组成组合。

（9）在【变形】面板中的【旋转】文本框中输入“90”度，再单击该面板中的【拷贝并应用变形】按钮，即可复制一份旋转了90°的树叶，如图8-63所示。

图8-60 树叶图形

图8-61 全部节点

图8-62 叶脉线

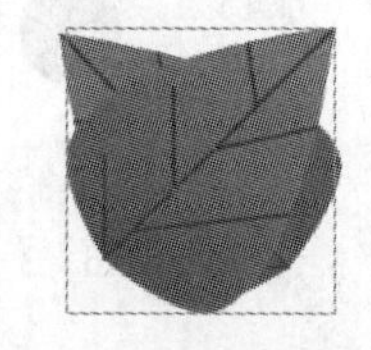

图8-63 复制树苗

（10）用鼠标向右拖曳复制的树叶，将它与原来的树叶分开。按照上述方法，再复制几片树叶，并调整它们的大小。

（11）使用工具箱中的铅笔工具，利用它的【属性】面板设置线宽为“6”，绘制一条粗叶茎。再设置线宽为“3”，绘制几条细叶茎，最终效果如图8-58所示。

8.3.5　彩球倒影

彩球倒影图形如图 8-64 所示。两个立体感很强的红绿彩球在蓝色透明的矩形之上，透过蓝色矩形可以看到两个立体彩球的倒影。

（1）使用工具箱内的椭圆工具，在其【属性】面板内设置线类型为实线，颜色为蓝色，线粗为 2 个像素。按住 Shift 键，用鼠标拖曳绘制一个无填充的圆形图形（直径 12 个格）。

（2）将圆形图形复制一份，并选中复制的圆形图形。选择【窗口】/【变形】菜单命令，打开【变形】面板，单击该面板中的，在其【宽度】文本框内输入“33.33”，如图 8-65 所示。

（3）单击【变形】面板右下角的按钮，复制一份水平方向缩小为原图的 33.33%的椭圆图形。再复制一份椭圆图形，并将该椭圆图形移到圆图形的右边，如图 8-66 所示。

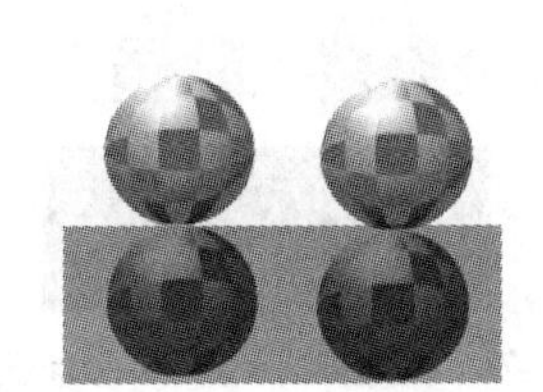

图 8-64　【彩球倒影】图形

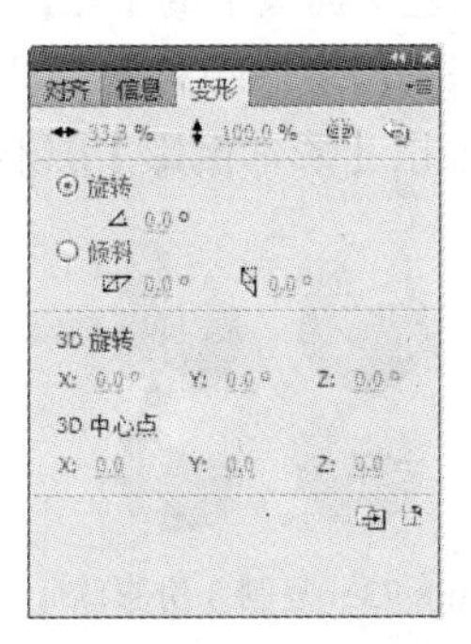

图 8-65　【变形】面板设置

（4）按住 Shift 键，单击圆的左半圆和右半圆，选中圆形。在【变形】面板的【宽度】文本框内输入“66.66”。单击【变形】面板内的按钮，复制一份水平方向缩小为原图的 66.66%的椭圆图形。再复制一份椭圆图形，并将该椭圆图形移到圆图形的右边，如图 8-67 所示。

（5）选中圆外的一个椭圆，选择【修改】/【变形】/【顺时针旋转 90 度】菜单命令，将椭圆旋转 90°。再将圆外的另一个椭圆旋转 90°，然后将它们移到圆内，如图 8-68 所示。

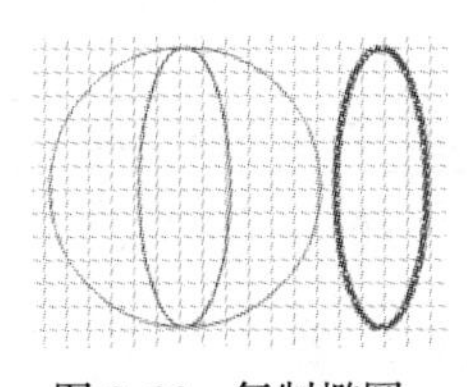

图 8-66　复制椭圆

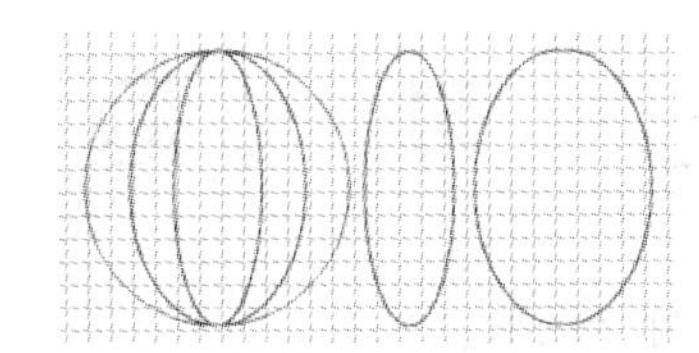

图 8-67　复制椭圆

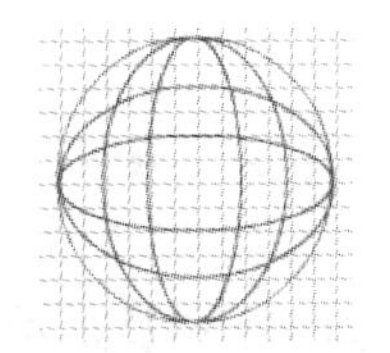

图 8-68　椭圆旋转 90°

（6）设置填充颜色为深红色，再给彩球轮廓线的一些区域填充红色，如图 8-69 所示。

（7）打开【颜色】面板，在 纯色 下拉列表中选择“径向渐变”选项，设置填充颜色为白、绿、黑色放射状渐变色。绘制一个同样大小的无轮廓线的绿色彩球，如图 8-70 所示。

（8）使用选择工具，再单击选中图 8-69 所示的彩球线条，按 Delete 键，删除所有线条。此时的彩球如图 8-71 所示。然后，给该彩球左上角的两个色块填充由白色到红色的放射状渐变色，如图 8-72 所示。

（9）将图 8-72 所示的全部图形组合。再将图 8-70 所示的绿色彩球组合。

（10）将绿色彩球移到图 8-72 所示的彩球之上，如图 8-64 中的彩球所示。如果绿色彩球将图 8-72 所示图形覆盖，可选择【修改】/【排列】/【移至底层】菜单命令。

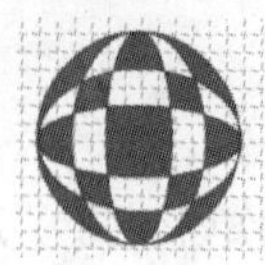

图 8-69　填充红色

图 8-70　绿色彩球

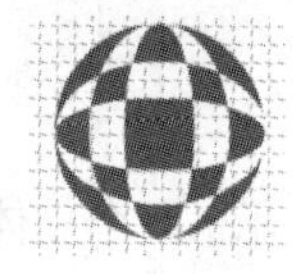

图 8-71　删除线条

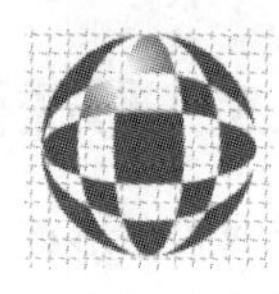

图 8-72　填充色

（11）使用工具箱内的选择工具，用鼠标拖曳选中彩球图形将它组合。

（12）选中彩球图形，将它复制 3 份，如图 8-73 所示。

（13）单击时间轴中的【插入图层】按钮，在【图层 1】图层的上边增加一个普通图层【图层 2】，然后选中【图层 2】图层。

（14）绘制一个无轮廓线的蓝色矩形，如图 8-74 所示。

（15）在【颜色】面板中的【A】文本框中输入“60%”，表示其不透明度为 60%。

（16）使用工具箱中的颜料桶工具，单击无轮廓线的蓝色矩形，使蓝色矩形呈半透明，如图 8-64 所示。至此，【彩球倒影】图形绘制完毕。

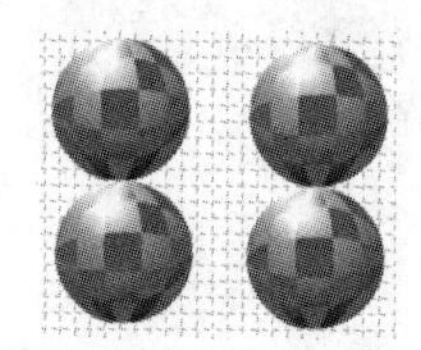

图 8-73　复制 3 份彩球

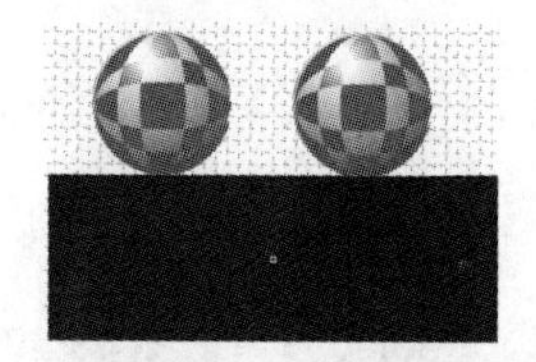

图 8-74　蓝色矩形将两个彩球覆盖住

小　结

本章介绍了 Flash CS5 的多种图形工具和绘制图像的方法，并通过几个实例说明了这些工具的具体使用方法。通过这些内容的学习，能够使用户掌握 Flash CS5 图形工具的操作方法。

习　题

绘制如图 8-75 所示的大红灯笼图形。

图 8-75　大红灯笼图

第 9 章 Flash 动画制作

本章将介绍 Flash 动画制作的基本方法，并用实例引导读者完成 Flash 动画制作。

【学习目标】

- 了解 Flash 动画制作的基本方法。
- 掌握元件与实例的概念。
- 掌握将对象转换为元件的方法。
- 能够制作自己的 Flash 动画。

9.1 Flash 动画制作的基本方法

为了更好地学习动画制作的基本方法，下面将从动画制作的基本方法开始介绍动画的制作，并给出制作动画的详细制作过程。

9.1.1 关于 Flash 动画

在 Flash 中可以创建出丰富多彩的动作动画效果，可以使一个对象在画面中移动，改变其大小、形状和颜色，使其旋转，产生淡入淡出效果等。各种变化可独立进行，也可合成复杂的动画。

Flash 动画可以分为补间动画（包含 Flash CS3 版本的传统补间动画和 Flash CS5 版提供的补间动画）和帧帧动画两大类。Flash CS5 可以使实例、图形、图像、文本和组合产生动作动画，还可以借助于引导层使对象沿任意路径运动，即创建引导动作动画。

9.1.2 动画的编辑制作

动画的编辑制作包括动画的动作制作、动画的动作引导、关键帧的设置等操作，只有全面考虑这 3 个过程才能使设计的动画达到预期的效果。

1. 动作动画的制作方法

（1）单击选中时间轴中的一个空白关键帧（第 1 帧就是空白关键帧），在舞台工作区创建一个对象或从【库】面板中把一个元件拖曳到舞台工作区中，形成一个实例。例如，从库中拖动一幅小鸟的图片到舞台，此时，第 1 帧的空白关键帧会自动变为关键帧。

（2）单击选中关键帧，再选择【插入】/【补间动画】或者【传统补间】菜单命令，或右键单击其帧快捷菜单中的【创建补间动画】或【创建传统补间】命令，即可将该帧创建为动作动画的第 1 帧。

（3）单击选中时间轴中的动画终止帧（如第30帧），按F6键创建一个关键帧并选中该关键帧。如果制作的是传统补间动画，则此时时间轴中两个关键帧（如第1帧和第30帧）之间会产生一个指向右边的水平箭头线，表示过渡动画创建成功；如果是补间动画，则帧区显示为蓝色区域。

（4）调整动画起始帧和终止帧中对象的位置、大小、旋转角度、颜色、透明度等。此处将第30帧的圆球移到舞台工作区的右边。图9-1所示为一个圆球从左边移到右边的动作动画的时间轴，图9-2所示为该动画的【库】面板情况。

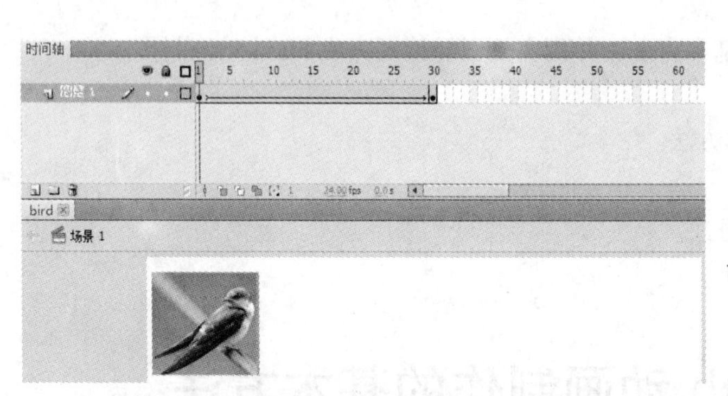

图9-1　一个动作动画的时间轴和舞台工作区

图9-2　一个动作动画的【库】面板

2. 引导动作动画的制作方法

（1）按照上述方法建立沿直线移动的动作动画，如小鸟从左边移到右边的动画。

（2）选中制作的动画图层（此处是【图层1】图层），单击鼠标右键，在弹出的快捷菜单中选择【添加传统运动引导层】，可以建立一个引导层，同时选中的图层自动成为与引导层相关联的被引导层。关联的图层名字向右缩进，表示它是关联的图层。

（3）单击引导层，在舞台工作区内绘制路径曲线，如图9-3所示。单击选中引导层的第30帧，按F5键创建一个普通帧。

（4）单击该动画的第1帧，选中其【属性】面板中的【对齐】复选框。单击【图层1】图层的第1帧，用鼠标拖曳对象（圆球）到引导线的起始端或引导线上，使对象的中心十字与引导线起始点或引导线其他点重合。再单击终止帧，用鼠标拖曳圆球到引导线的终止端或引导线上，使对象的中心十字与引导线终止点或引导线其他点重合，在利用鼠标拖动的过程中可以利用方向键对动画对象进行位置的微调。

（5）按Enter键，播放动画，可以看到小球沿绘制的引导线移动。按住Ctrl键再按Enter键，播放动画，此时引导线不会显示出来。动画的时间轴如图9-4所示。

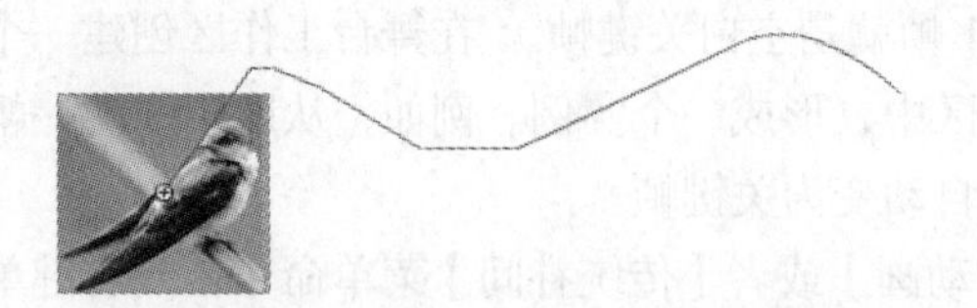

图9-3　在引导层的工作区内绘制路径曲线

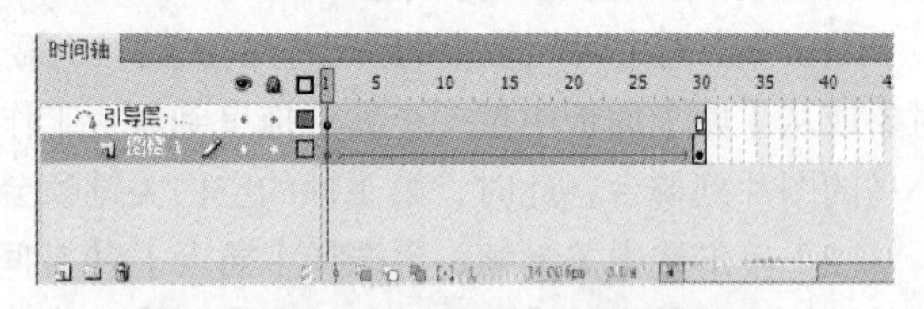

图9-4　导向动作动画的时间轴

3. 动画关键帧的设置方法

单击动画关键帧，打开动画关键帧的【属性】面板。利用该面板可以设置动画类型和动画其他属性。在右键单击动画关键帧快捷菜单中的【创建补间动画】或【创建传统补间】命令后，将弹出对话框如图 9-5 所示。对话框中有关选项的作用如下。

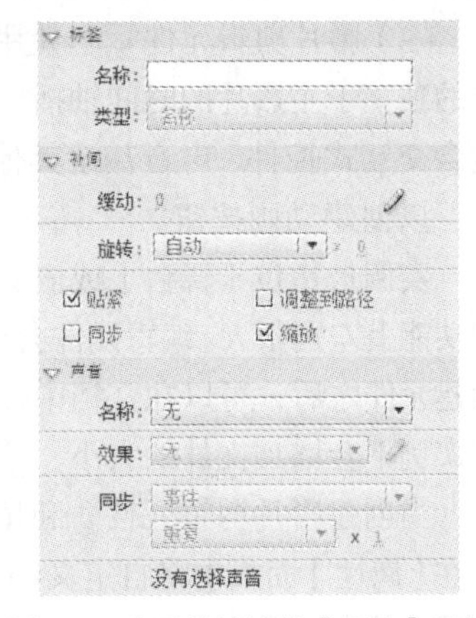

图 9-5 动画关键帧的【属性】面板

- 【名称】：用来输入关键帧的标签名称。
- 【类型】：在输入关键帧的标签名称后标签【类型】下拉列表框才会生效。该下拉列表中有 3 个选项，即“名称”、“注释”和“锚点”，用来定义标签的类型。
- 【缓动】：可输入数据或调整滑条的滑块（数值范围是 −100～100），来调整运动的加速度。其值为负数时，动画在结束时加速；其值为正数时，动画在结束时减速。
- 【旋转】：用来控制对象在运动时是否自旋转。选择“无”，不旋转；选择“自动”，按照尽可能少运动的情况下旋转对象；选择“顺时针”，顺时针旋转对象；选择“逆时针”，逆时针旋转对象。选择后两项后，其右边的【次】文本框会变为有效，可以在文本框中输入旋转的次数。
- 【贴紧】：选择该复选框后，可使对象对齐路径。
- 【调整到路径】：选中该复选框，可控制运动对象沿路径的方向自动调整方向。
- 【同步】：调整影片剪辑实例在循环播放时，与主电影相匹配。该下拉列表中有 4 个选项：“事件”、“开始”、“停止”和“数据流”。
- 【缩放】：选择该复选框后，可使对象移动时更平衡，同时会自动调整对象的大小。
- 【声音】：如果导入了声音（【库】面板中就有了声音文件的元素），则该下拉列表中会提供所有导入声音的名称。选择一种声音名称后，会将声音加入动画，时间轴的动画图层中会出现一条水平反映了声音的波纹线。

9.2 元件与实例

元件是指创建一次即可以多次重复使用的矢量图形、按钮、字体、组件或影片剪辑等。想成为一位成熟的 Flash 软件用户，一定要学会熟练创建和应用元件。

9.2.1 创建元件

每个元件都有唯一的时间轴和舞台。创建元件时首先要选择元件类型，这取决于用户在影片中如何使用该元件。常见的元件类型有 3 种，即图形元件、按钮元件和影片剪辑元件。

（1）图形元件：对于静态位图可以使用图形元件，并可以创建几个连接到主影片时间轴上的可重用动画片段。图形元件与影片的时间轴同步运行。交互式控件和声音不会在图形元件的动画序列中起作用。可以在这种元件中引用和创建矢量图形、位图、声音、动画等元素。

（2）按钮元件：使用按钮元件可以在影片中创建响应鼠标单击、滑过或其他动作的交互式按钮。可以定义与各种按钮状态关联的图形，然后指定按钮实例的动作。在创建按钮元件时，关键是区别 4 种不同的状态帧。其中包括【弹起】、【指针经过】、【按下】和【点击】。前 3 种状态帧根据字面意思就很容易理解，最后一种状态是确定激发按钮的范围，在这个区域创建的图形是不会出现在画面中的。

（3）影片剪辑元件：使用影片剪辑元件可以创建可重用的动画片段。影片剪辑拥有它们自己的独立于主影片的时间轴播放的多帧时间轴，即可以将影片剪辑看做主影片内的小影片（可以包含交互式控件、声音甚至其他影片剪辑实例），也可以将影片剪辑实例放在按钮元件的时间轴内，以创建动画按钮。

实例是指位于舞台上或嵌套在另一个元件内的元件副本。实例可以与它的元件在颜色、大小和功能上差别很大。编辑元件会更新它的所有实例，但对元件的一个实例应用效果则只更新该实例。创建元件之后，可以在文档中任何需要的地方（包括在其他元件内）创建该元件的实例。重复使用实例不会增加文件的大小，这是使文档文件保持较小的一个很好的方法。

当创建影片剪辑元件和按钮元件实例时，Flash 将为它们指定默认的实例名称。用户可以在【属性】面板中将自定义的名称应用于实例，也可以在动作脚本中使用实例名称来引用实例。如果要使用动作脚本控制实例，则必须为其指定一个唯一的名称。

每个元件实例都有独立于该元件的属性。用户可以更改实例的色调、透明度和亮度，重新定义实例的行为，并可以设置动画在图形实例内的播放形式，也可以倾斜、旋转或缩放实例，这并不会影响元件本身。

在【属性】面板左侧的【实例名称】文本框〈实例名称〉中可以为引入舞台后的元件命名。相同的元件只要重复被引用到舞台，就可以拥有一个相对独立的引用名称，供以后设置动作语言时制定调用对象。

9.2.2 对象转换为元件或影片剪辑单元

下面介绍如何将舞台工作区中的对象、外部的 GIF 动画和舞台工作区的动画转换为图形元件或影片剪辑元件

1. 用舞台工作区中的对象创建图形元件或影片剪辑元件

（1）单击选中舞台工作区中的对象，然后选择【修改】/【转换为元件】菜单命令或按 F8 键，打开【转换为元件】对话框，如图 9-6 所示。

图 9-6 【转换为元件】对话框

（2）在【名称】文本框内输入元件的名称（如元件 1）；在【类型】下拉列表内选择元件类型；单击中的小方块，调整元件的中心（黑色小方块所在处表示是元件的中心位置），单击 确定 按钮，即可将选中的对象转换为元件。【库】面板内会增加一个名字为“元件 1”的元件。

2. 将外部的 GIF 动画转换为图形元件或影片剪辑元件

（1）选择【插入】/【新建元件】菜单命令，打开【创建新元件】对话框。

（2）在【创建新元件】对话框的【名称】文本框内输入元件的名字（如输入“元件 1”），选择元件类型，此处选择【影片剪辑】，再单击 确定 按钮，即可进入元件编辑窗口。

（3）选择【文件】/【导入】/【导入到舞台】菜单命令，打开【导入】对话框，选择一个 GIF 动画，导入元件编辑区中。此时，时间轴上会在前几个帧单元格内出现黑点（关键帧）和灰色帧单元格，有多少这样的帧单元格，则表示动画有几帧，如图 9-7 所示。

（4）如果需要，应调整各帧的位置，使它们的中心与元件编辑窗口内的十字标记对齐。操作方法如下。

● 单击选中第 1 个关键帧，用鼠标拖曳图像，将该帧的图像中心（在用鼠标拖曳图像时，图像中心会出像一个小圆标记）与元件编辑窗口内的“十”字标记对齐。然后，按照上述方法，再将其他关键帧的图像中心与元件编辑窗口内的十字标记对齐。

● 如果要精确地将图像的中心与元件编辑窗口内的“十”字标记对齐，可选择【窗口】/【信息】菜单命令，打开【信息】面板，单击中心的小方块，如图 9-8 所示，再在【X】和【Y】文本框中分别输入“37.0”和“74.0”。然后按 Enter 键即可将一帧的图像位置调好。再按照相同的方法，将其他关键帧的图像中心与元件编辑窗口内的“十”字标记对齐。

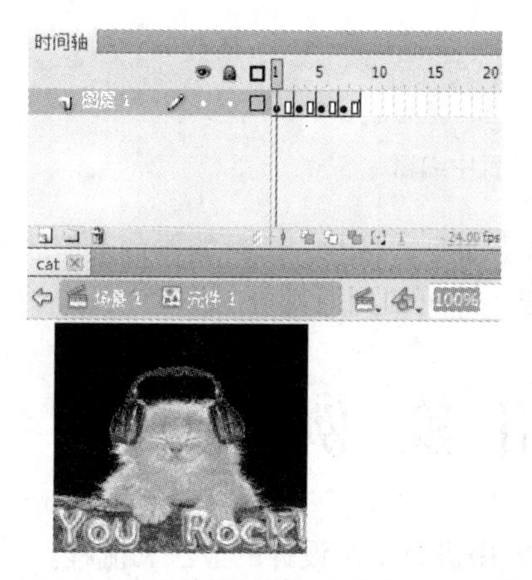

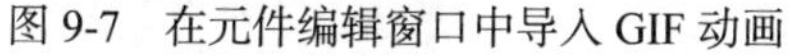
图 9-7 在元件编辑窗口中导入 GIF 动画

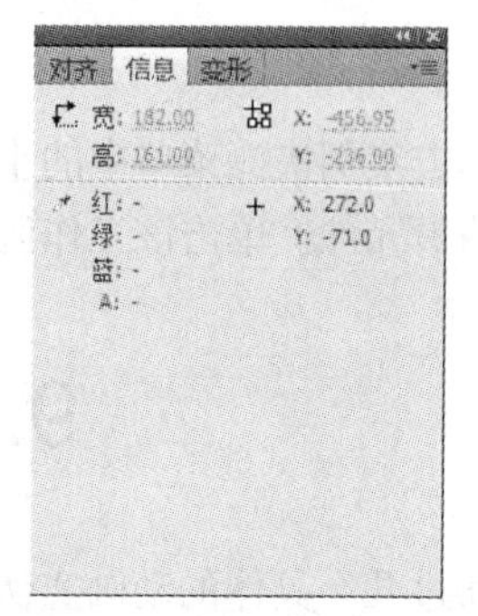

图 9-8 【信息】面板设置

（5）单击元件编辑窗口中的场景名称图标 场景 1，回到主场景。

3. 将舞台工作区的动画转换为图形元件或影片剪辑元件

（1）选取动画的所有帧，单击帧快捷菜单内的【复制帧】命令，将选中的所有帧复制到剪贴板中。

（2）选择【插入】/【新建元件】菜单命令，打开【创建新元件】对话框。

（3）在该对话框内输入元件名字（如“动画 1”），选择元件类型，再单击 确定 按钮。此时，【库】面板中增加了一个名为“动画 1”的元件，但它还是一个空元件，没有内容。同时，舞台工作区切换到元件编辑窗口。

（4）单击选中帧控制区域内第 1 帧，再单击鼠标右键，调出帧快捷菜单。单击该菜单中的【粘贴帧】命令，将剪贴板内的所有帧粘贴到元件编辑窗口内。

（5）单击元件编辑窗口中的场景名称图标 场景 1，回到主场景。

9.2.3 编辑元件

在创建了若干元件实例后，用户还可能需要编辑修改。元件经过编辑后，Flash 会自动更新它在影片中的所有实例。编辑元件可以采用许多方法，介绍如下。

（1）双击【库】面板中的一个元件，即可打开元件编辑窗口。在舞台工作区内，将鼠标指针移到要编辑的元件实例处，单击鼠标右键，调出实例快捷菜单，单击该菜单中的【编辑】命令，也可以调出元件编辑窗口。进行元件编辑后，单击元件编辑窗口中的场景名称图标 场景 1，回到主场景。

（2）在舞台工作区内，将鼠标指针移到要编辑的元件实例（如按钮元件实例）处，单击鼠标右键，调出实例快捷菜单，单击该菜单中的【在当前位置编辑】命令，此时，仍在原舞台工作区中，而且保留原工作区的其他对象（不可编辑，只供参考），如图 9-9 所示。进行元件编辑后，双击舞台工作区的空白处，即可退出编辑状态，回到原状态。双击舞台工作区内的元件实例也可以进入这种元件编辑状态。

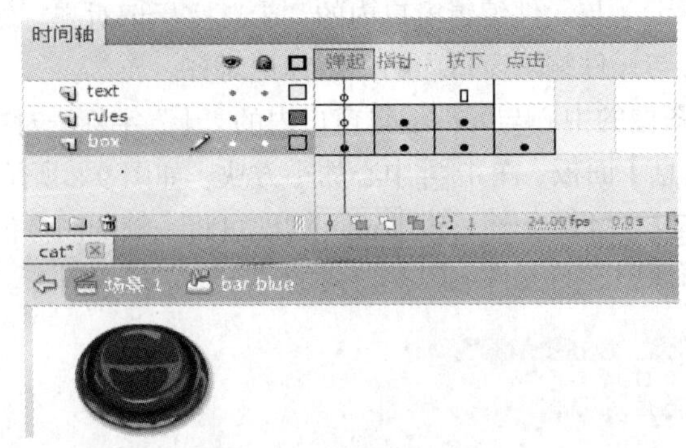

图 9-9　在当前位置中编辑

（3）单击实例快捷菜单中的【在新窗口中编辑】命令，打开一个新的舞台工作区窗口，可在该窗口内编辑元件。单击该工作区右上角的 × 按钮，即可回到原舞台工作区。

9.3 应 用 实 例

本节通过几个具体的动画实例说明在 Flash CS5 中进行动画设计的方法和流程。

9.3.1 弹跳彩球

“弹跳彩球”动画播放后，两个彩球上下跳跃，它们的阴影也随之变大变小，动画的背景是一幅国画图像。该动画播放中的两个画面如图 9-10 所示。“弹跳彩球”动画的制作过程如下。

图 9-10　“弹跳彩球”动画的两个画面

1. 制作彩球上下跳跃的动画

制作彩球上下跳跃的动画操作如下。

（1）单击舞台工作区【属性】面板内的【背景颜色】按钮，调出颜色板，设置舞台工作区的背景颜色为黄色。

（2）创建一个名称为【彩球】的影片剪辑元件，其内绘制一个彩球，如图 9-11 所示。然后，将【库】面板中的【彩球】元件拖曳到舞台工作区内的左上边。彩球在舞台工作区的精确位置，可以通过其【属性】面板内的【X】和【Y】文本框来调整，如图 9-12 所示。

（3）单击【图层 1】图层的第 1 帧，单击鼠标右键，调出其帧快捷菜单，再单击该菜单中的【创建补间动画】命令。

（4）单击【图层 1】图层的第 60 帧，按 F6 键，即可创建第 1～60 帧的动作动画。

（5）单击【图层 1】图层的第 30 帧，按 F6 键，使第 30 帧成为关键帧。再使用工具箱中的选

择工具 ，将第 30 帧中的彩球垂直移到舞台工作区内的下边（通过改变【属性】面板中【Y】文本框内的数值，可以保证彩球垂直移动）。这样，即完成了彩球从上移到下，又从下移到上的跳跃动画。

图 9-11　彩球

图 9-12　彩球的【属性】面板设置

（6）单击时间轴左下角的【插入图层】按钮 ，在【图层 1】图层的上边增加一个名称为【图层 2】的图层。

（7）单击时间轴左边图层控制区域的【图层 1】图层，选中【图层 1】图层中的所有帧，将鼠标指针移到时间轴右边的帧控制区域的【图层 1】图层处，单击鼠标右键，调出帧快捷菜单，单击该菜单中的【复制帧】命令，将【图层 1】图层的动画拷贝到剪贴板中。

（8）单击【图层 2】图层的第 1 帧，再单击鼠标右键，调出帧快捷菜单，单击该菜单中的【粘贴帧】命令，将剪贴板中的动画粘贴到【图层 2】图层的第 1～60 帧。如果【图层 2】图层的第 60 帧右边增加了一些多余的帧，可用鼠标拖曳选中这些多余的帧（还可以单击第 1 个多余的帧，再按住 Shift 键，单击选中最后 1 个多余的帧，从而选中所有多余的帧），然后单击鼠标右键，调出帧快捷菜单。单击菜单中的【清除帧】命令，将多余的帧删除。

（9）单击【图层 2】图层的第 1 帧，再单击选中舞台工作区中的彩球，将它水平移到右边（通过改变【属性】面板中【X】文本框内的数值，可以保证彩球水平移动）。按照同样的方法，将【图层 2】图层的第 60 帧和第 30 帧的彩球也水平移到右边。要求第 1 帧和第 60 帧的彩球位置应完全一样，第 30 帧彩球的坐标值应与第 60 帧彩球的 x 坐标值完全一样。这可以通过它们的【属性】面板中的【X】和【Y】文本框来调整。

2. 制作彩球阴影的动画和背景图像

制作彩球阴影的动画和背景图像操作如下。

（1）在【图层 1】图层的上边增加一个名字为【图层 3】的图层，然后将【图层 3】的图层拖曳到【图层 1】图层的下边。

（2）单击【图层 3】图层的第 1 帧，然后在舞台工作区的左下边绘制一个无轮廓线，填充色为灰色的椭圆。

（3）单击选中灰色的椭圆，再选择【修改】/【形状】/【柔化填充边缘】菜单命令，打开【柔化填充边缘】对话框进行设置，单击 确定 按钮，即可将灰色椭圆柔化。然后将灰色椭圆和柔化的边缘选中，组成组合。至此，彩球的阴影制作完毕。

（4）按照上边所述方法，制作彩球阴影由大变小（从第 1 帧到第 30 帧）和由小变大（从第 30 帧到第 60 帧）的动作动画。

（5）按照上述方法，在【图层 3】图层的上边增加一个名字为【图层 4】的图层。再将【图层 3】图层的阴影动画复制到【图层 4】的图层。然后调整阴影的位置，如图 9-13 所示。

（6）在【图层 1】图层下边添加一个名称为【背景图像】的图层，单击选中该图层的第 1 帧，导入一幅国画图像。单击选中该图层的第 60 帧，按F5键创建动画的背景图像。

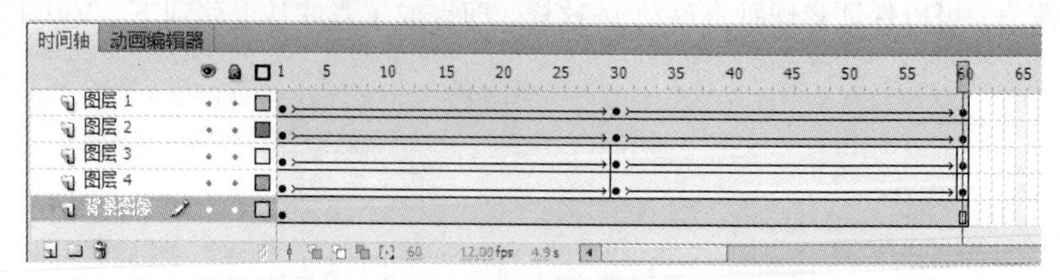

图 9-13　动画的时间轴

（7）调整各图层的上下位置。

至此，整个动画制作完毕，动画的时间轴如图 9-13 所示。

9.3.2　摆动小球

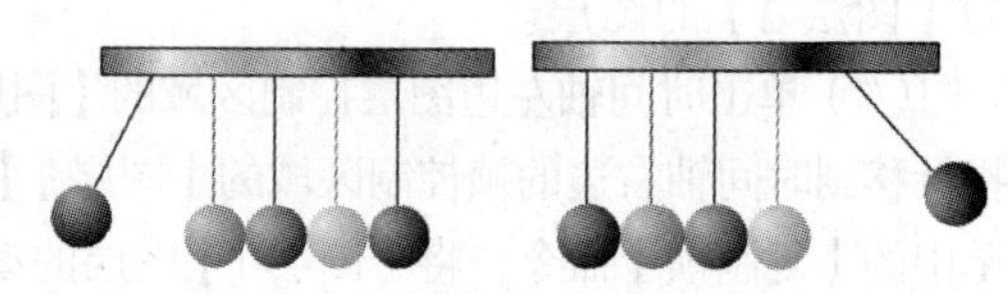

图 9-14　“摆动小球”动画效果

“摆动小球”动画是两个单摆小球来回摆动的动画。最左边的单摆小球摆起再回到原处后，撞击其他 3 个单摆小球，使最右边的单摆小球摆起，最右边的单摆小球回到原处后，又撞击其他 3 个单摆小球，使最左边的单摆小球再摆起。周而复始，不断运动。“摆动小球”动画播放后的两个画面如图 9-14 所示。“摆动小球”动画的制作过程如下。

（1）设置舞台工作区的大小为 500px × 300px，背景色为白色。

（2）选择【插入】/【新建元件】菜单命令，打开【创建新元件】对话框。在该对话框的【名称】文本框内输入元件的名字“单摆”。单击选中【影片剪辑】单选项，再单击 确定 按钮退出该对话框，同时舞台工作区切换到元件编辑窗口。

（3）绘制一个绿色的立体球和一条蓝色的垂直直线，并将它们组合制成单摆，如图 9-15 所示。单击元件编辑窗口中的场景名称 场景 1 或按钮，回到舞台工作区的主场景。

（4）在【图层 1】图层的第 1 帧绘制一个长条的矩形，作为单摆的横梁。它的轮廓线为蓝色，填充色为七彩渐变色。单击选中第 60 帧，按F5键，使第 1 帧到第 60 帧内容一样。

（5）在【图层 1】图层之下增加一个【图层 2】图层。单击【图层 2】图层的第 1 帧，再将【库】面板中的【单摆】影片剪辑元件拖曳到横梁的下边的偏左边处，形成【单摆】实例对象。使用工具箱内的任意变形工具，再单击【单摆】对象，然后适当调整它的大小。再用鼠标拖曳【单摆】对象的圆形中心标记，使它移到单摆线的顶端。

（6）创建【图层 2】图层中的第 1～30 帧的动作动画。此时，第 1 帧与第 30 帧的画面均如图 9-16 所示。使【图层 2】图层中的第 15 帧为关键帧，将该帧的【单摆】对象的圆形中心标记移到单摆线的顶端，以确定单摆的旋转中心。再旋转调整【单摆】对象到如图 9-17 所示的位置。

图 9-15　“单摆”图形

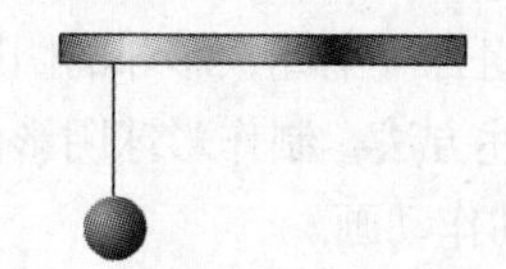

图 9-16　“单摆”对象和横梁图形

（7）单击【图层 2】图层的第 60 帧，按F5键，使【图层 2】图层的第 31～60 帧的内容与第 30 帧的内容一样。

（8）在【图层 2】图层之上增加一个【图层 3】图层。将【图层 2】图层第 1 帧的“单摆”对象复制到【图层 3】图层的第 1 帧。单击该图层的第 60 帧，按F5键，使【图层 3】图层第 1～60 帧的图像一样。

（9）单击【图层 3】图层的第 1 帧的“单摆”对象，两次按Ctrl+D组合键，复制两个“单摆”对象。然后使用对象的【属性】面板，精确调整它们的位置，使它们成为中间的 3 个“单摆”对象，如图 9-18 所示。最后利用【属性】面板调整这 3 个“单摆”对象的颜色。

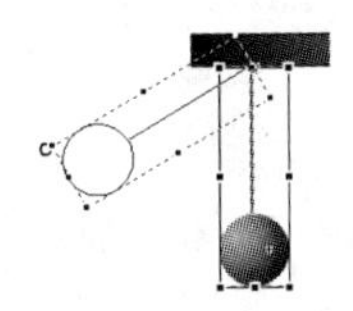

图 9-17　向左旋转“单摆”对象

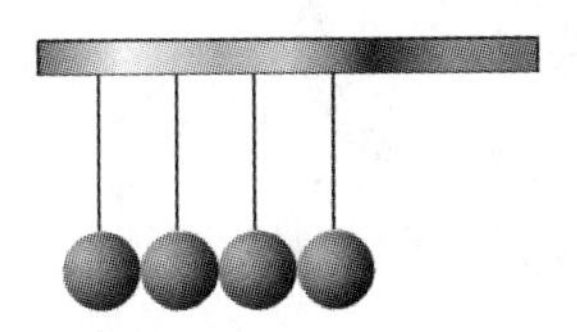

图 9-18　复制的“单摆”对象

（10）在【图层 3】图层之上增加一个【图层 4】图层。再将【图层 2】图层第 1 帧的【单摆】对象复制到【图层 4】图层的第 1 帧。然后调整该“单摆”对象的位置，使它成为最右边的“单摆”对象。

（11）单击【图层 4】图层的第 31 帧，按F6键，在第 31 帧插入一个关键帧。再创建第 31～60 帧的动作动画，然后单击【图层 4】图层的第 45 帧，按F6键，在第 45 帧创建一个关键帧。

（12）调整所有关键帧中的【单摆】对象的圆形中心标记到摆线的顶端。单击【图层 4】图层的第 45 帧，再将该帧的“单摆”对象向右上方旋转，如图 9-19 所示。

至此，整个动画制作完毕。动画的时间轴如图 9-20 所示。

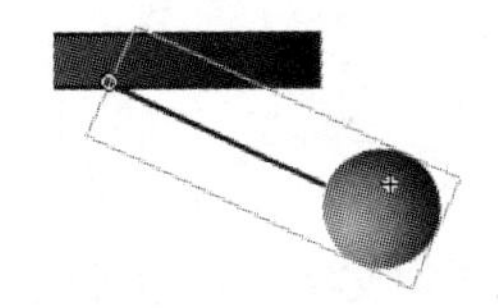

图 9-19　向右旋转“单摆”对象

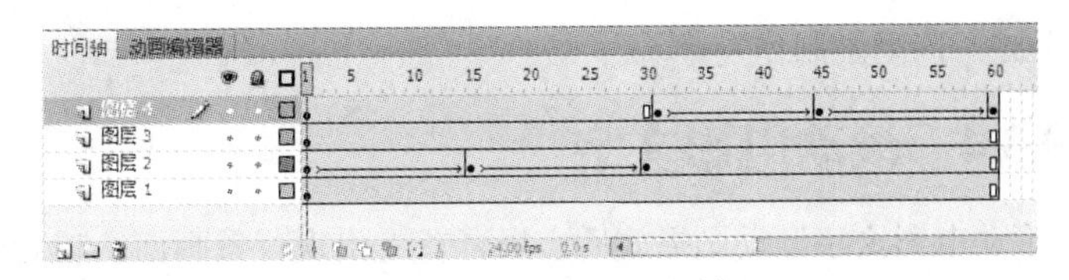

图 9-20　动画的时间轴

9.3.3　自转光环

“自转光环”动画播放后，两个自转的光环上下摆动，其中的两个画面如图 9-21 所示。“自转光环”动画的制作过程如下。

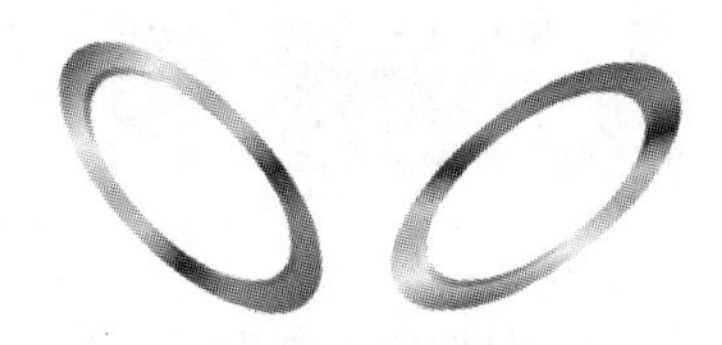

图 9-21　“自转光环”动画的两个画面

（1）选择【插入】/【新建元件】菜单命令，打开【创建新元件】对话框。在该对话框的【名称】文本框中输入元件的名称“光环”。选中【影片剪辑】单选项，再单击 确定 按钮退出该对话框，同时舞台工作区切换到“光环”影片剪辑元件编辑窗口。

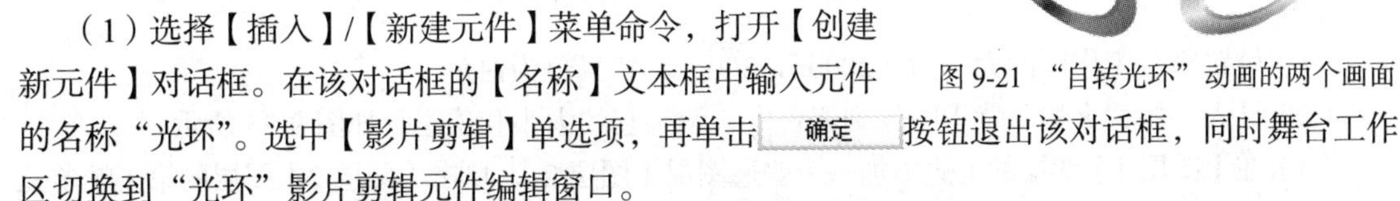

（2）绘制一个七彩光环图形，然后将七彩光环图形向外扩展 4 个像素，柔化边缘 4 个像素。

（3）单击元件编辑窗口中的场景名称 场景 1 或按钮，回到舞台工作区的主场景。此时，【库】面板中即创建了名称为“光环”的影片剪辑元件。

（4）选择【插入】/【新建元件】菜单命令，打开【创建新元件】对话框，在该对话框的【名称】文本框中输入元件的名字“顺时针自转光环”。选中【影片剪辑】单选项，再单击 确定 按钮退出该对话框，同时进入“顺时针自转光环”影片剪辑元件编辑窗口。

（5）将【库】面板中的“光环”影片剪辑元件拖曳到舞台工作区中，形成“光环”影片剪辑元件的实例，如图 9-22 所示。

（6）制作第 1～60 帧的动作动画。单击第 1 帧，在弹出的快捷菜单中选择【创建传统补间】，再在其【属性】面板，按照图 9-23 所示进行设置，使光环顺时针旋转 2 周。

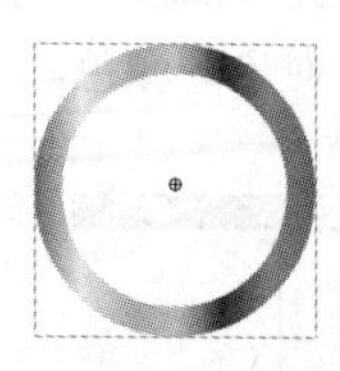

图 9-22 “光环”实例对象

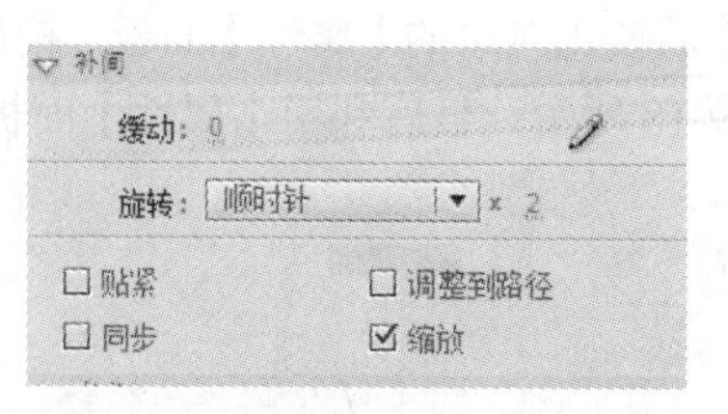

图 9-23 【属性】（帧）面板

（7）单击元件编辑窗口中的场景名称 场景 1 或 按钮，回到舞台工作区的主场景状态。此时，【库】面板中即创建了名称为“顺时针自转光环”的影片剪辑元件。

（8）创建一个名称为“摆动光环”的影片剪辑元件，将【库】面板中的“顺时针自转光环”影片剪辑元件拖曳到“摆动光环”影片剪辑元件的舞台工作区中。再使用工具箱中的任意变形工具 ，将“自转光环”影片剪辑实例在垂直方向调小。

（9）制作一个光环顺时针自转的同时又上下摆动的动画。该动画由读者自行完成。单击元件编辑窗口中的场景名称 场景 1 或 按钮，回到舞台工作区的主场景状态。

（10）将【库】面板中的“摆动光环”影片剪辑元件两次拖曳到舞台工作区中，形成元件的实例。

至此，该动画制作完毕。

9.3.4 滚动电影文字

“滚动电影文字”动画播放后，屏幕首先出现背景画面，随后出现图像文字“欢迎进入 Flash 的世界”从右边向左缓缓移动。文字的填充物不是固定的颜色或固定的图像，而是不断变化的图像，就像在文字中播放电影一样。该动画播放后的两个画面如图 9-24 所示。“滚动电影文字”动画的制作过程如下。

图 9-24 “滚动电影文字”动画的两个画面

（1）设置舞台工作区的大小为 1 200px × 300px，背景色为白色。

（2）导入一幅“火焰”背景图像到舞台中，调整它的大小和位置，如图 9-25 所示。

（3）在【图层 1】图层的上边增加一个普通图层【图层 2】，单击【图层 2】图层的第 1 帧单元格，导入 6 幅风景图像到【库】面板中，然后将它们拖曳到舞台中，再调整它们的大小与位置，使它们水平依次排列，如图 9-26 所示。最后，将这 6 幅图像组成组合。

图 9-25 “火焰”背景图像

图 9-26 导入的 6 幅风景图像

（4）在【图层 2】图层的上边增加一个普通图层【图层 3】，单击图层【图层 3】的第 1 帧单元格，在舞台工作区内输入字体为华文新魏、字号为 68、加粗、黑色的文字“欢迎进入 Flash 的世界”。将文字移动到 6 幅图像组合的右边，如图 9-27 所示。

图 9-27 移动“欢迎进入 Flash 的世界”文字

（5）单击【图层 3】图层中第 100 帧，按 F6 键创建关键帧。将第 100 帧的文字水平移到 6 幅图像组合的左边，然后制作【图层 3】图层中第 1～100 帧的动作动画。同时选中【图层 1】图层和【图层 2】图层的第 100 帧，按 F5 键创建普通帧，使【图层 1】图层和【图层 2】图层的第 1～100 帧均显示相同的内容。

（6）将鼠标指针移到【图层 3】图层的名称处，单击鼠标右键调出快捷菜单，再单击该菜单内的【遮罩层】命令，使【图层 3】图层成为遮罩图层，使【图层 2】图层成为被遮罩图层。同时，【图层 2】和【图层 3】图层被锁定。

至此，整个动画制作完毕。动画的时间轴如图 9-28 所示。

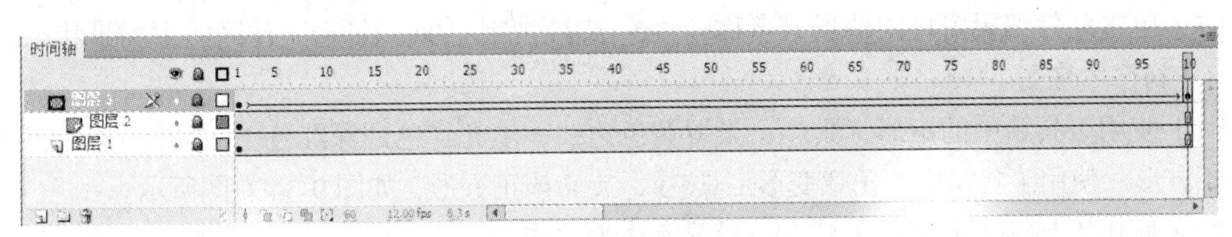

图 9-28 动画的时间轴

9.3.5 大红灯笼

“大红灯笼”动画播放后，屏幕显示如图 9-29 所示。两个大红灯笼挂在倒写“福”字的两旁，同时还可以看到灯笼中的蜡烛在不停地闪烁。“大红灯笼”动画的制作过程如下。

1. 创建“蜡烛”影片剪辑元件

（1）选择【插入】/【新建元件】菜单命令，打开【创建新元件】对话框，创建一个名为【蜡烛】的影片剪辑元件。单击 确定 按钮，进入“蜡烛”的编辑窗口。

（2）单击【图层 1】图层的第 1 帧，使用工具箱中的矩形工具，设置无轮廓线，填充色为浅红色到深红色的线性渐变，在舞台工作区中绘制一个长条矩形，如图 9-30 所示。

（3）使用工具箱中的椭圆工具，设置无轮廓线，填充色为白色到浅黄色再到红色的放射状渐变。在刚刚绘制的长条矩形上边，绘制一个椭圆形状，作为蜡烛的火苗初始图形，如图 9-31 所示。

图 9-29 “大红灯笼”动画

（4）单击【图层 1】图层的第 2 帧，按住 Shift 键再单击【图层 1】图层的第 5 帧，使【图层 1】图层的第 2～5 帧的所有帧都被选中，然后按 F6 键，在第 2～5 帧上创建关键帧。

（5）单击【图层 1】图层的第 2 帧，使用工具箱中的选择工具，将鼠标指针移动到椭圆蜡烛火苗图形的边缘处，当鼠标指针右下角出现一个小弧线时，拖曳鼠标改变蜡烛火苗图形的形状，如图 9-32 所示。

（6）通过上述方法将【图层 1】图层第 2～5 帧的蜡烛火苗图形都改变成不同的形状。

2. 制作“灯笼”影片剪辑元件

（1）选择【插入】/【新建元件】菜单命令，打开【创建新元件】对话框，创建一个名为【灯笼】的影片剪辑元件。单击 确定 按钮，进入【灯笼】的编辑窗口。

（2）单击【图层1】图层的第1帧，绘制一个灯笼图形。

（3）在【图层1】图层的下边新建一个图层【图层2】，单击【图层2】图层的第1帧。

（4）将“蜡烛”影片剪辑元件从【库】面板中拖曳到舞台工作区中成为实例对象，如图9-33所示，然后将“蜡烛”实例移到灯笼图形的中间偏下的位置处。

图9-30 矩形

图9-31 蜡烛火苗图形

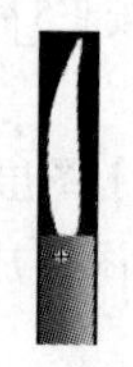

图9-32 改变火苗形状

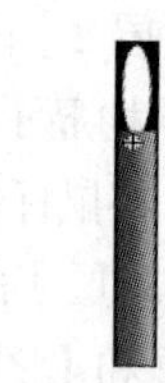

图9-33 “蜡烛”实例

（5）单击元件编辑窗口中的场景名称 场景1或按钮，回到舞台工作区的主场景状态。

3. 制作主场景

（1）使用工具箱中的矩形工具，设置黄色边线，填充红色到深红色。在舞台工作区中绘制一个正方形。使用工具箱中的任意变形工具，旋转该正方形，如图9-34左图所示。

（2）使用工具箱中的文本工具，设置字体为“华文行楷”、大小为“96”、粗体，在适当位置输入一个“福”字，并将它垂直翻转，如图9-34右图所示。

（3）使用工具箱中的线条工具，设置线条颜色为黄色，在如图9-29所示的适当位置绘制一条长直线。

图9-34 旋转后的正方形和加入“福”字

（4）将“灯笼”影片剪辑元件从【库】面板中拖曳到舞台工作区中成为实例对象，然后复制一个“灯笼”实例，将两个“灯笼”实例移动到适当位置。

至此，整个动画制作完成，最终效果如图9-29所示。

9.3.6 云中小鸟

“云中小鸟”动画播放后，一只小鸟在云中飞翔，一会儿从云中飞出，一会儿又飞入云中。动画播放中的两个画面如图9-35所示。“云中小鸟”动画的制作过程如下。

图9-35 “云中小鸟”动画的两个画面

1. 制作小鸟飞翔元件和云图图像

（1）选择【插入】/【新建元件】菜单命令，打开【创建新元件】对话框。在该对话框的【名称】文本框中输入元件的名字“飞翔的小鸟”，单击【影片剪辑】单选项，再单击 确定 按钮，退出该对话框，同时舞台工作区切换到“飞翔的小鸟”影片剪辑元件编辑窗口。

（2）选择【文件】/【导入】/【导入到舞台】菜单命令，打开【导入到库】对话框，利用该对话框将一个 GIF 格式的小鸟飞翔动画导入到舞台工作区中。

（3）单击元件编辑窗口中的场景名称 场景 1 或 按钮，回到舞台工作区的主场景状态。

（4）设置舞台工作区的大小为 600px × 300px，背景色为白色。然后选择【文件】/【导入】/【导入到舞台】菜单命令，打开【导入】对话框，利用该对话框导入一幅云图图像。

（5）使用工具箱内的任意变形工具 ，调整云图图像的大小，使它将整个舞台工作区覆盖。

（6）选中云图图像，选择【修改】/【分离】菜单命令，将选中的云图图像分离。然后使用工具箱中的套索工具 ，在云图中拖曳鼠标，创建一块选区，选中一块云图。

（7）选择【编辑】/【复制】菜单命令，将选中的云图复制到剪贴板中。

（8）将云图图像组成组合，再选择【编辑】/【粘贴到当前位置】菜单命令，将剪贴板中的云图图像粘贴到舞台工作区中，然后再将该云图图像组成组合。此时，舞台工作区中已有了两个对象。

（9）选择【修改】/【时间轴】/【分散到图层】菜单命令，即可自动添加两个新的图层【图层 2】和【图层 3】，同时将舞台工作区中的两个对象（整个云图图像和裁切出来的部分云图图像）分别放置到新建的【图层 2】和【图层 3】图层中。此时，【图层 1】图层第 1 帧为空关键帧。

（10）将【图层 3】图层拖曳到【图层 1】图层的下边。

2. 制作云中飞翔的小鸟

（1）单击【图层 1】图层的第 1 帧，将【库】面板中的“小鸟飞翔”影片剪辑元件拖曳到舞台工作区中。

（2）制作【图层 1】图层第 1～60 帧的动作动画。单击第 1 帧，在弹出的快捷菜单中选择【创建传统补间】，再在其【属性】面板，按照图 9-36 所示进行设置。

在【属性】（帧）面板中选中【调整到路径】和【贴紧】复选框，如图 9-36 所示。

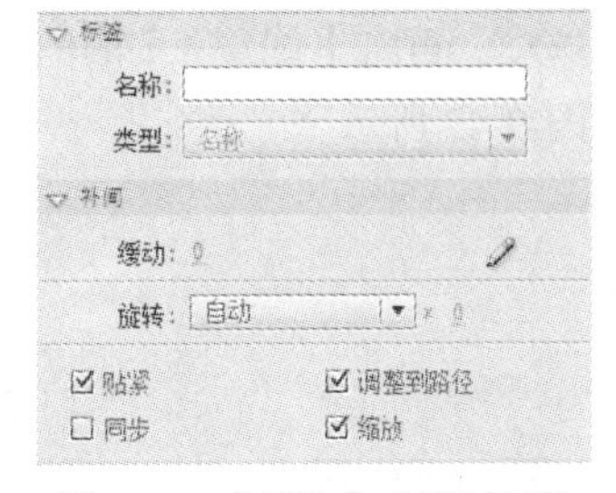

图 9-36 【属性】（帧）面板

（3）用鼠标右键单击【图层 1】图层，在弹出的快捷菜单中选择【创建传统运动引导层】，上边会增加一个引导图层【引导层：图层 1】。单击【引导层：图层 1】图层的第 60 帧，按 F5 键。

（4）单击引导图层的第 1 帧单元格，在舞台工作区内绘制路径曲线（引导线），如图 9-37 所示。

（5）用鼠标拖曳小鸟对象到引导线的起始端，使对象的中心十字与路径起始点重合，如图 9-37 所示。再单击选中结束帧，用鼠标拖曳圆球到引导线的结束端，使对象的中心十字与路径结束点重合。

（6）单击【图层 2】图层的第 60 帧和【图层 3】图层的第 60 帧，按 F5 键。

至此，整个动画制作完毕。动画的时间轴如图 9-38 所示。

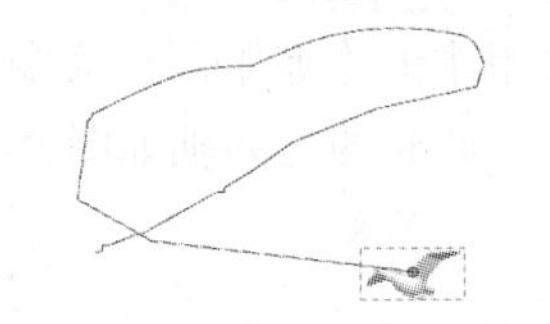
图 9-37　小鸟对象和引导线

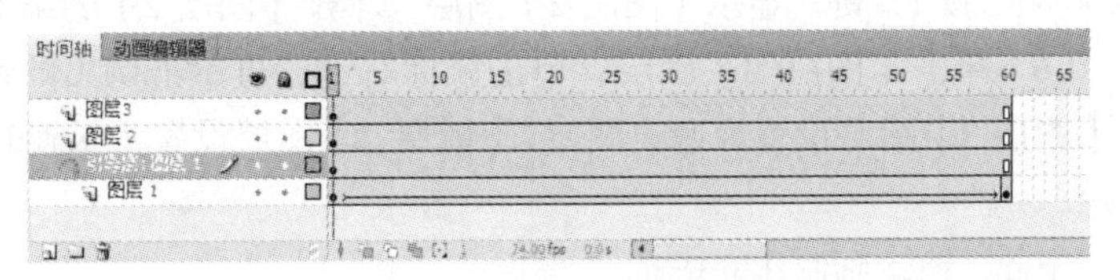

图 9-38　动画的时间轴

9.3.7 探照灯光

“探照灯光”动画是模拟探照灯光在黑夜中照射一幅建筑图像的情况。动画播放后的两个画面如图 9-39 所示。“探照灯光”动画的制作过程如下。

（1）在【图层 1】图层的第 1 帧导入一幅风景图像，并调整它的大小，使它与舞台工作区大小一样，如图 9-40 所示。为了保证图像的宽高比例不变，可选择【修改】/【文档】菜单命令，打开【文档设置】对话框，利用该对话框进行舞台工作区大小的调整。

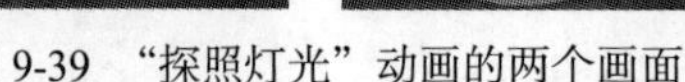

图 9-39 “探照灯光”动画的两个画面

图 9-40 风景图像

（2）在【图层 1】图层之上新增一个【图层 2】图层，再将【图层 1】图层的第 1 帧导入的图像复制到【图层 2】的第 1 帧，两幅图像的中心应该对齐、大小应一样。

（3）将【图层 2】图层隐藏，再单击选中【图层 1】图层中的图像，选择【修改】/【转换为元件】菜单命令，打开【转换为元件】对话框，再单击 确定 按钮，将建筑图像转换成名称为“图像 1”的影片剪辑元件的实例。

（4）在“图像 1”的影片剪辑实例的【属性】面板中，选择【颜色】下拉列表中的“亮度”选项，再将【图层 1】的图像调暗。此时调暗的风景图像如图 9-41 所示，【属性】面板设置如图 9-42 所示。

图 9-41 调暗的风景图像

图 9-42 图像 1 影片剪辑实例的【属性】面板

（5）在【图层 2】图层的上边创建一个【图层 3】图层，在该图层创建一个圆形图形移动并逐渐变大的动画（第 1 帧到第 15 帧、再到第 30 帧、第 45 帧，最后到第 60 帧）。单击【图层 1】的第 60 帧，按 F5 键；显示【图层 2】图层，单击【图层 2】的第 60 帧，按 F5 键。

（6）单击【图层 3】图层，单击鼠标右键，再单击调出的快捷菜单中的【遮罩层】命令，将【图层 3】图层设置为遮罩图层，【图层 2】图层设置为被遮罩图层。此时的时间轴如图 9-43 所示。

至此，该动画制作完毕。

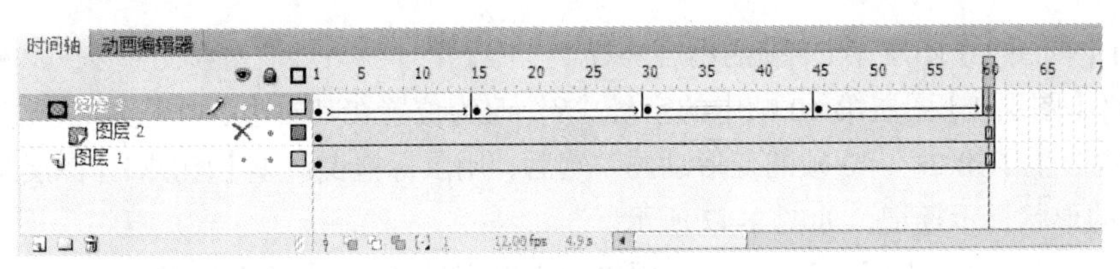

图 9-43　动画的时间轴

9.3.8　XYZ 变换

"XYZ 变换"动画播放后，屏幕上一个红色的字母"X"逐渐变形为蓝色的字母"Y"，接着蓝色的字母"Y"再逐渐变形为红色的字母"Z"。动画播放后的一帧画面如图 9-44 所示。"XYZ 变换"动画的制作过程如下。

图 9-44　"XYZ 变换"动画全部的帧画面

（1）使用工具箱内的文本工具 A，在其【属性】面板的【文本类型】下拉列表中选择"静态文本"选项，设置字体为"_sans"、"加粗"、颜色为"红色"、字号为"120"。然后，输入字母"X"。

（2）将字母"X"分离，然后单击【图层 1】图层第 20 帧，按 F6 键创建一个关键帧。

（3）单击【图层 1】图层第 20 帧，再在字母"X"的右边输入字体为"_sans"、"加粗"、颜色为"蓝色"、字号为"120"的字母"Y"。然后，将字母"Y"分离，将字母"X"删除。

（4）单击【图层 1】图层第 1 帧，再按住 Shift 键，单击【图层 1】图层第 20 帧，选中【图层 1】图层中两个关键帧和两个关键帧之间的所有帧。单击鼠标右键，在弹出的快捷菜单中选择【创建补间形状】选项，即可创建【图层 1】图层第 1～20 帧的变形动画。

（5）按 Enter 键后可看到字母"X"变形为字母"Y"的动画，但是会发现变化的过程不太理想，需要调整。单击【图层 1】图层第 1 帧，再按 5 次 Ctrl + Shift + H 组合键，显示出 5 个形状提示标记。如果没有形状提示标记显示出来，可选择【视图】/【显示形状提示】菜单命令，使该菜单命令的左边显示出对勾。

（6）用鼠标拖曳字母"X"上的形状提示标记到如图 9-45 所示的位置，此时形状提示标记还是红色的。

（7）单击【图层 1】图层第 20 帧，拖曳字母"Y"上的图形提示标记到图 9-46 所示的位置，为了能够将标记准确地移到对象的边缘处，可单击【对齐对象】按钮。此时，字母"Y"上的形状提示标记变为绿颜色，字母"X"上的图形提示标记变为黄颜色。

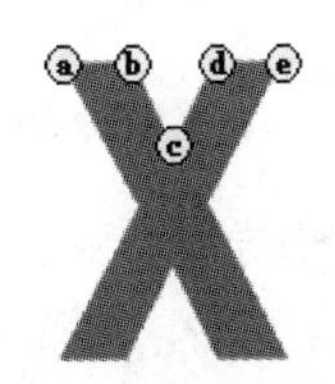

图 9-45　第 1 帧字母"X"上的形状提示标记

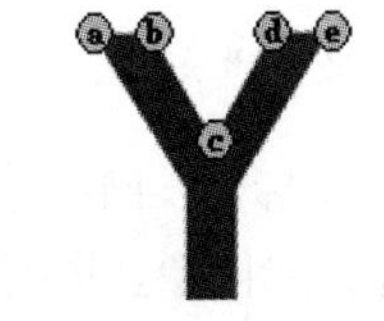

图 9-46　第 20 帧字母"Y"上的形状提示标记

（8）按 Enter 键后可看到字母"X"变形为字母"Y"的动画，这次变化效果较好。用户还可以调整图形提示标记的个数和位置，观察不同的变化效果。

（9）单击【图层 1】图层第 21 帧，按 F6 键创建一个关键帧。此时【图层 1】图层第 21 帧中的内容与【图层 1】图层第 20 帧的内容一样。

（10）单击【图层 1】图层第 40 帧，按 F6 键创建一个关键帧。此时【图层 1】图层第 40 帧中的内容与【图层1】图层第21帧的内容一样。

（11）将【图层1】图层第40帧中的字母“Y”改为位置在其右边、颜色为红色、分离的字母“Z”，因此也产生了第21～40帧的变形动画。然后，用鼠标拖曳调整【图层1】图层第21帧内字母“Y”上的形状提示标记，如图9-47所示。

（12）单击【图层1】图层第40帧，用鼠标拖曳字母“Z”上的图形提示标记到图9-48所示的位置。此时，字母“Y”上的图形提示标记变为黄颜色，字母“Z”上的形状提示标记变为绿颜色，如图9-48所示。

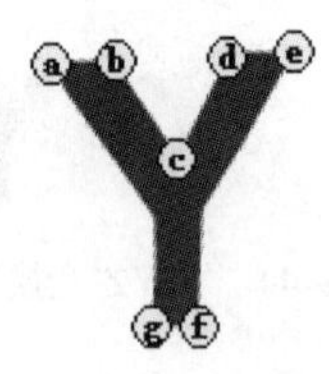

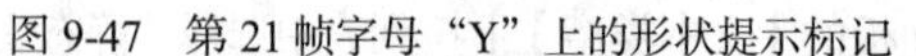

图9-47　第21帧字母“Y”上的形状提示标记

图9-48　第40帧字母“Z”上的形状提示标记

（13）按 Enter 键后可看到字母“X”变形为字母“Y”，再变形为字母“Z”的动画。用户还可以调整形状提示标记的个数和位置，观察不同的变化效果。

（14）单击【绘图纸外观】按钮，即可在时间轴上制作出一个连续的多帧选择区域，并将该区域内的所有帧所对应的对象同时显示在舞台上。用鼠标拖曳多帧选择区域的圆形控制柄，可调整多帧选择区域的范围。此时的画面如图9-44所示。

9.3.9　图片切换

“图片切换”动画播放后，屏幕首先显示一幅风景图像，随后另一幅风景图像慢慢从左上角向右下角展开显示，逐渐将第1幅风景图像覆盖，动画播放中的3幅画面如图9-49所示。随后，第2幅风景图像中心出现一个小圆逐渐变大，小圆内是第3幅风景图像，如图9-50所示。“图片切换”动画的制作过程如下。

（a）

（b）

（c）

图9-49　“图片切换”动画的3幅画面

图9-50　展示第3幅图像

（1）使舞台显示标尺、网格（水平和垂直间距均为18px）和引导线。

（2）导入一幅风景图像。将该图像调整为宽7个网格、高14个网格，如图9-49（a）所示。

（3）在【图层1】图层的上边增加一个图层【图层2】，单击【图层2】图层的第1帧，然后导入另一幅风景图像，也将该图像调整为宽7个网格、高14个网格，如图9-49（c）所示。调整该图位置与【图层1】中图像的位置和大小完全一样，覆盖图层1中的图像。

（4）在【图层2】图层的上边增加一个【图层3】图层，单击【图层3】图层的第1帧，然后绘制一个与位图图像大小相同的矩形图形，使它位于图像的左上角，如图9-51所示。

（5）创建【图层3】图层第1～30帧的动作动画，单击【图层3】图层第30帧，将黑色矩形移动到图像上，使它覆盖整个图像。

（6）单击【图层 3】图层，单击鼠标右键，选择调出的快捷菜单中的【遮罩层】命令，将【图层 3】图层设置为遮罩图层，而【图层 2】图层即成为【图层 3】图层的被遮罩图层，然后将所有图层锁定。

（7）在【图层 3】图层的上边增加一个【图层 4】图层，单击【图层 4】图层的第 30 帧，插入一个关键帧。然后再在该帧导入一幅风景图像，也将该图像调整为宽 14 个网格、高 9 个网格，调整该图的位置与大小，使它与【图层 3】图层中图像的位置和大小完全一样。

（8）在【图层 4】图层的上边增加一个【图层 5】图层，单击【图层 5】图层的第 30 帧，插入一个关键帧，然后单击选中该关键帧，在位图图像中心绘制一个黑色小椭圆图形，如图 9-52 所示。

图 9-51　绘制矩形图像

图 9-52　绘制椭圆形图像

（9）创建【图层 5】图层第 30～60 帧的动作动画。单击【图层 5】图层第 60 帧，将黑色椭圆形调整变大，使它覆盖整个图像。

（10）单击【图层 5】图层，单击鼠标右键，选择调出的快捷菜单中的【遮罩层】命令，将【图层 5】图层设置为遮罩图层，而【图层 4】图层即成为【图层 5】图层的被遮罩图层。

（11）单击【图层 3】图层的第 60 帧，按 F5 键，使该图层第 30～60 帧的内容一样。采用同样的方法，再将【图层 1】图层和【图层 2】图层的第 1～60 帧的内容一样。然后将所有图层锁定，此时动画的时间轴如图 9-53 所示。

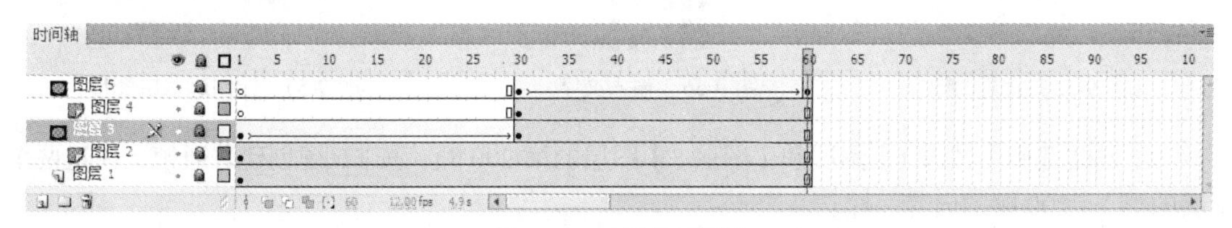

图 9-53　动画的时间轴

9.3.10　滚动文章

“滚动文章”动画播放后，屏幕显示背景图像，一篇文章由下向上在背景图像上移动。文章在向上移动时逐渐由半透明变得清晰，再由清晰逐渐消失。动画播放后的两个画面如图 9-54 所示。该动画的制作过程如下。

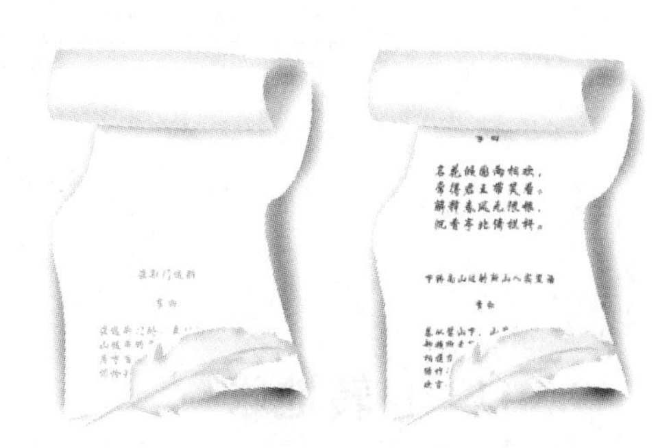

图 9-54　“滚动文章”动画的两个画面

（1）设置舞台工作区的大小为 300px × 400px，背景色为白色。

（2）在【图层 1】图层中导入一幅背景图像到舞台中，然后调整它的大小与位置，如图 9-55 所示。

（3）在【图层1】图层的上边增加一个【图层2】图层，单击选中【图层2】图层的第1帧单元格，在舞台工作区内输入文字，如图9-56所示。将文字移动到背景图像的下方并将其转换为“文章”图形元件的实例。

（4）创建【图层2】图层第1～200帧的动作动画，将【图层2】图层第200帧中的“文章”对象拖曳到背景图像的上方。

（5）选中【图层2】图层的第1帧中的“文章”实例对象，调出“文章”实例的【属性】面板，在该面板中的【色彩效果】\【样式】下拉列表中选择“Alpha”选项，在其右边的【Alpha】文本框中输入值为“0”。

（6）单击【图层2】图层的第100帧，按F6键创建关键帧。选中该帧中的“文章”实例，利用“文章”实例的【属性】面板设置【文章】实例的Alpha值为“100”。

（7）单击【图层2】图层的第200帧，选中该帧中的【文章】实例对象，打开【属性】面板，利用该面板调整【文章】实例的Alpha值为“0”。

（8）在【图层2】图层的上边增加一个【图层3】图层，单击【图层3】图层的第1帧，绘制如图9-57所示的图形，用来遮罩图层中的文章对象。将鼠标指针移到【图层3】图层的名称处，单击鼠标右键，调出快捷菜单，再单击【遮罩层】命令，使【图层3】图层成为遮罩图层，而【图层2】图层成为【图层3】图层的被遮罩图层。

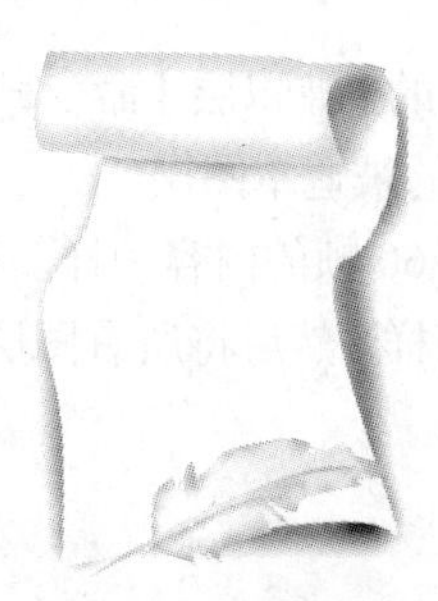

图9-55　背景图像

图9-56　输入文字

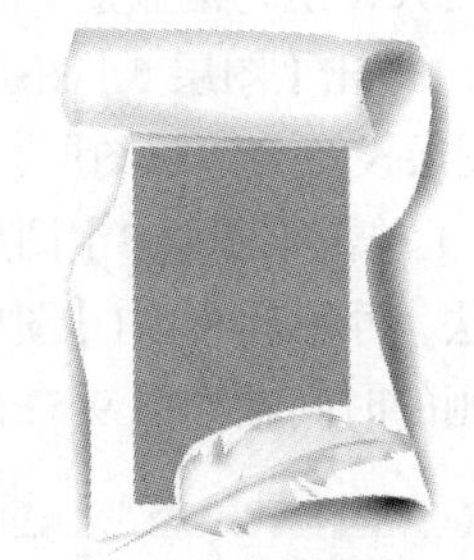

图9-57　绘制遮罩层图形

（9）同时选中【图层1】图层和【图层3】图层的第200帧，按F5键创建普通帧，使这两个图层的第1～200帧的内容一样。

至此，整个动画制作完毕。动画的时间轴如图9-58所示。

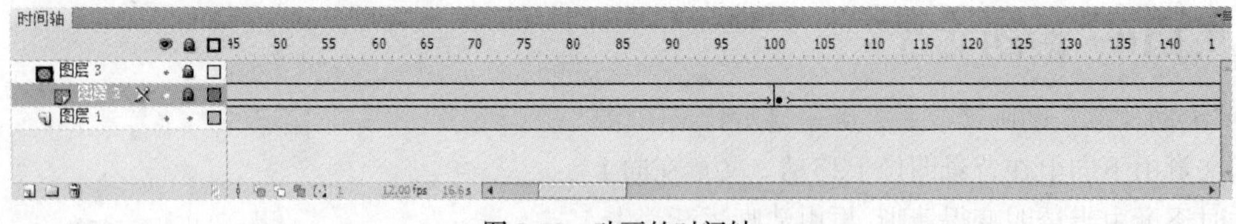

图9-58　动画的时间轴

9.3.11　自转地球

“自转地球”动画是一个半透明的地球不断自转，其中的两个画面如图9-59所示。“自转地球”动画的制作过程如下。

图9-59　“自转地球”动画的两个画面

（1）设置动画页面大小为 140px × 140px，背景色为白色。

（2）选择【插入】/【新建元件】菜单命令，打开【创建新元件】对话框，进入名称为“地球”的影片剪辑元件的编辑窗口。

（3）在舞台工作区内导入一幅地球展开图形（可以对 Windows 中的“时间和日期”软件的画面进行加工处理后获得），调整它的大小，如图 9-60 所示。将地球展开图形组成群组，再复制一份，移到原图形的右边，再将它们组成群组，如图 9-61 所示。

（4）单击元件编辑窗口中的场景名称 场景 1 或 按钮，回到舞台工作区的主场景状态。

（5）再进入名称为“透明自转地球”的影片剪辑元件编辑窗口，然后将【库】面板中“地球”的影片剪辑元件拖曳到舞台工作区中，形成“地球”影片剪辑元件的实例，再将它的颜色调整为蓝色。

（6）在【图层 1】图层的上边创建一个新的【图层 2】图层，单击选中【图层 2】图层的第 1 帧，绘制一个无轮廓线的黑色圆形图形，再将它组成群组。然后将黑色圆形图形移到地球展开图形的上边，注意圆形图形的大小应比地球展开图的高度上下高出 2 个像素，此时的舞台工作区如图 9-62 所示。

图 9-60　地球展开图形

图 9-61　组成群组后的两幅地球展开图形

图 9-62　圆形图形和地球展开图形

（7）单击【图层 2】图层的第 30 帧，按 F5 键，使第 2～30 帧的内容与第 1 帧的内容一样，均为黑色圆形图形。创建【图层 1】图层的第 1～30 帧的动作动画，第 30 帧的地球展开图形的位置如图 9-63 所示。

（8）将【图层 2】图层设置成遮罩图层，使【图层 1】图层成为【图层 2】图层的被遮罩图层，再在【图层 2】图层的上边增加一个新的【图层 3】图层。单击【图层 3】图层的第 1 帧，绘制一个红色的透明球，如图 9-64 所示，再将它组成群组。

（9）将它移到黑色圆形图形的上边，并调整它的大小和位置，使它与黑色圆形图形的大小与位置一样。单击【图层 3】图层的第 30 帧，按 F5 键，最后锁定所有图层。此时的时间轴如图 9-65 所示。

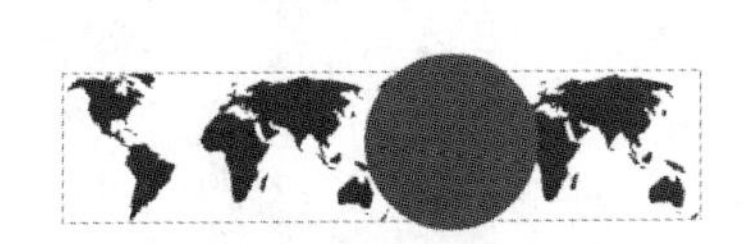

图 9-63　圆形图形和地球

图 9-64　红色的透明球

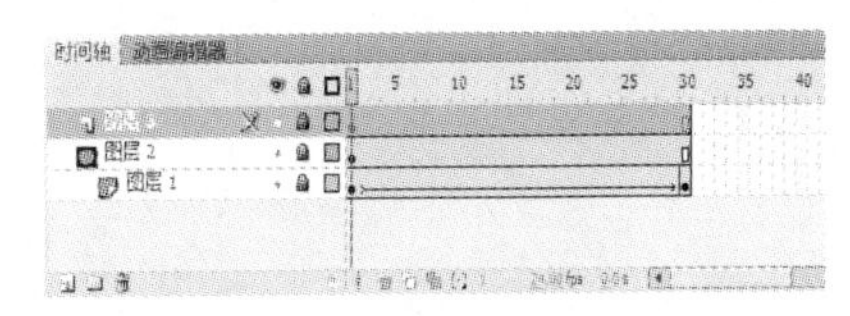

图 9-65　动画的时间轴

（10）将【图层 1】图层和【图层 2】图层复制到【图层 3】图层之上，再将复制的【图层 1】图层和【图层 2】图层更名为【图层 4】图层和【图层 5】图层，并删除多余的帧。此时的时间轴如图 9-66 所示。

（11）将【图层 5】图层第 1～30 帧中的地球展开图形水平翻转，然后将【图层 1】图层第 1 帧的地球展开图的位置调整成如图 9-67 左图所示，将【图层 5】图层第 30 帧的地球展开图的位置调整成如图 9-67 右图所示，使【图层 4】图层中的地球展开图从左向右移动，而【图层 5】图层中的地球展开图从右向左移动。

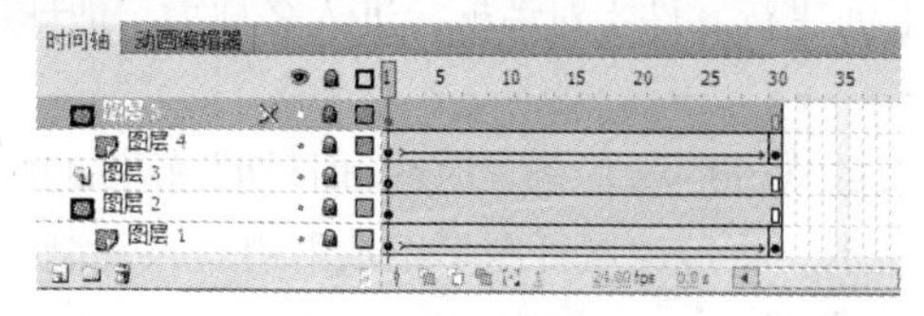

图 9-66 动画的时间轴

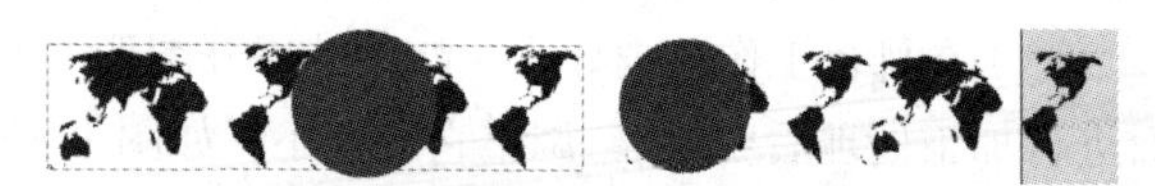

图 9-67 从右向左移动地球展开图像

（12）单击元件编辑窗口中的场景名称 场景 1 或 按钮，回到舞台工作区的主场景状态。单击【图层 1】图层的第 1 帧，再将【库】面板中的“自转地球”影片剪辑元件拖曳到舞台工作区中形成实例。

至此，整个动画制作完毕。

9.3.12 地球光环

“地球光环”动画播放后，一个不断旋转的光环围绕自转的地球转动。该动画播放后的两个画面如图 9-68 所示。“地球光环”动画的制作过程如下。

（1）设置动画页面的大小为 500px × 300px，背景色为白色，然后将该动画以名字“地球光环”保存。

（2）创建一个名字为“透明自转地球”的影片剪辑元件，制作的方法可参看第 9.3.11 小节“自转地球”。然后建立一个名字为“顺时针自转光环”的影片剪辑元件，制作的方法可参看第 9.3. 3 小节“自转光环”（它是一个自转的五彩光环）。

也可以选择【文件】/【导入】/【打开外部库】菜单命令，打开【打开外部库】对话框，利用该对话框将“自转光环”和“自转地球”实例的【库】面板打开。然后，将这两个【库】面板中的有关元件从它们的【库】面板中拖曳到当前动画的【库】面板中。

（3）用鼠标将【库】面板中的“透明自转地球”影片剪辑元件拖曳到舞台工作区中，形成相应的实例。

（4）在【图层 1】图层的上边增加一个【图层 1】图层，用鼠标将【库】面板中的“顺时针自转光环”影片剪辑元件拖曳到舞台工作区中，形成相应的实例，如图 9-69 所示。此时，“地球光环”Flash 文件的【库】面板如图 9-70 所示。

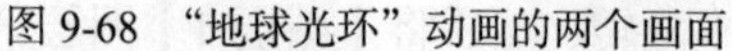

图 9-68 “地球光环”动画的两个画面

图 9-69 顺时针自转光环和自转地球对象

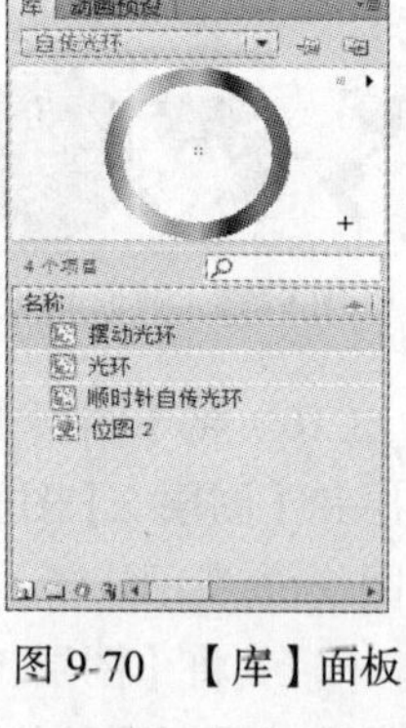

图 9-70 【库】面板

（5）使用选择工具，单击选中图 9-69 所示的光环，再使用工具栏中的任意变形工具，用鼠标拖曳控制柄，在垂直方向将它调小，在水平方向将它调大，如图 9-71 所示。

（6）单击【选项】栏中的 图标按钮，用鼠标拖曳控制柄，调整它的倾斜角度，如图 9-72 所示。

（7）在【图层 2】图层的上边增加一个【图层 3】图层，然后单击选中【图层 1】图层的第 1 帧单元格，单击鼠标右键，调出它的快捷菜单，再单击该菜单中的【复制帧】命令，将该帧的“透明自转地球”实例复制到剪贴板中。

（8）单击【图层 3】图层的第 1 帧单元格，单击鼠标右键，调出它的快捷菜单，再单击该菜单中的【粘贴帧】命令，将剪贴板中的“透明自转地球”实例粘贴到【图层 3】图层的第 1 帧。此时，舞台工作区中的画面如图 9-73 所示。

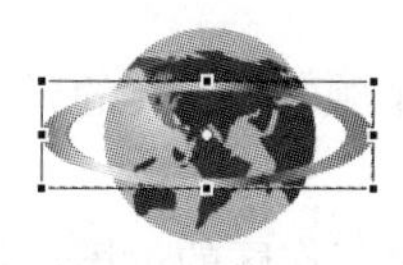

图 9-71　调整“自转光环”大小

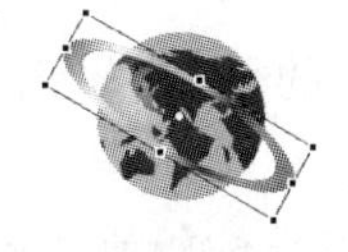

图 9-72　调整“自转光环”角度

图 9-73　复制“自转地球”

（9）在【图层 3】图层的上边增加一个【图层 4】图层。单击选中【图层 4】图层的第 1 帧单元格，绘制一个黑色的矩形，再将该矩形旋转一定角度，如图 9-74 所示。

（10）将【图层 4】图层设置成遮罩图层，【图层 3】图层即成为【图层 4】图层的被遮罩图层。再将所有图层锁定，此时动画的时间轴如图 9-75 所示。

图 9-74　遮罩层的图形

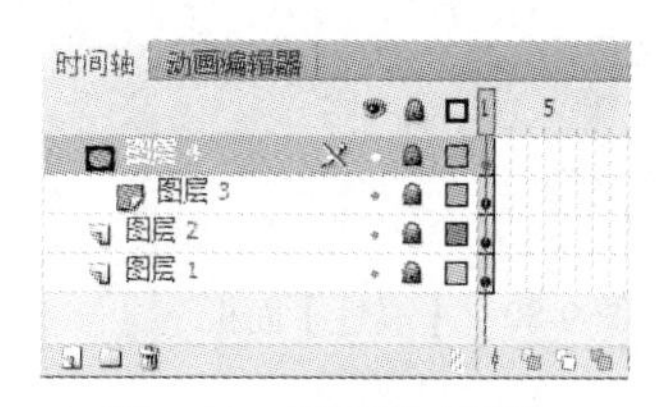

图 9-75　动画的时间轴

（11）播放动画，可以看到，该动画中的自转地球一半亮、一半暗，其原因是一半地球加了遮罩，另一半地球没加遮罩。要改进该动画可增加一个遮罩图层【图层 5】，给另外半边地球加遮罩，如图 9-76 所示。此时动画的时间轴如图 9-77 所示。

图 9-76　另一半地球遮罩层的图形轴

图 9-77　动画的时间

对于该动画也可以采用遮罩自转光环的方法，请读者自行完成。

9.3.13　3 种按钮

“3 种按钮”动画运行后，屏幕显示出 3 个按钮，它们分别为图像按钮、文字按钮和动画按钮，如图 9-78 所示。当鼠标经过和单击这些按钮时它们都会产生不同的变化，如图 9-79 所示。其中动画按钮是一个转动的风车动画，当鼠标经过该按钮时风车会加快转动，单击该按钮时风车停止转动。“3 种按钮”动画的制作方法如下。

图 9-78 “3 种按钮”动画效果

图 9-79 鼠标经过 3 个按钮时的图像

1. 制作动画按钮

（1）参考第 9.3.3 小节“自转光环”实例的方法，制作一个名称为“风车动画 1”的影片剪辑元件，它是一个顺时针自转的风车。在制作过程中设置风车顺时针旋转 1 周。其【属性】面板如图 9-80 所示。

（2）制作一个名称为“风车动画 2”的影片剪辑元件，它也是一个顺时针自转的风车。在制作过程中设置风车顺时针旋转 5 周。

（3）单击元件编辑窗口中的场景名称 场景 1或 按钮，回到舞台工作区的主场景状态。此时，【库】面板中即创建了“风车动画 1”和“风车动画 2”两个影片剪辑元件。

（4）选择【插入】/【新建元件】菜单命令，打开【创建新元件】对话框。单击【按钮】单选项，在【名称】文本框中输入“动画按钮”文字，如图 9-81 所示。然后，单击该对话框中的 确定 按钮，进入按钮元件的编辑状态。

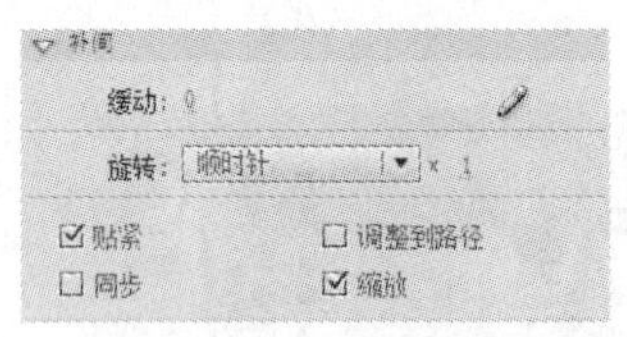

图 9-80 【属性】面板

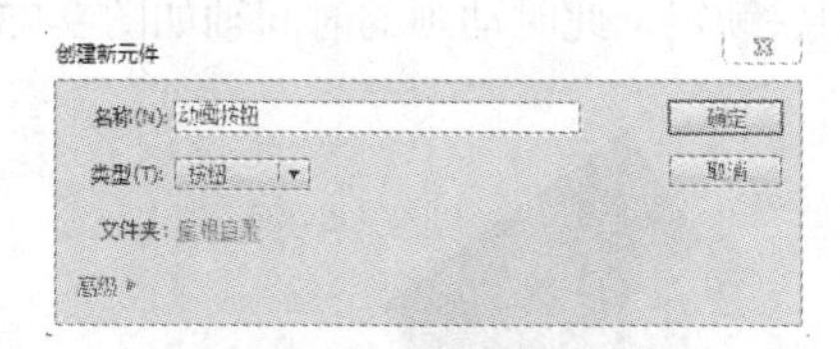

图 9-81 【创建新元件】对话框

（5）在按钮元件编辑窗口的【弹起】帧内导入【库】面板中的“风车动画 1”影片剪辑元件，如图 9-82 所示，将该动画移到舞台的中心。

图 9-82 “弹起”帧动画

（6）单击【指针经过】帧，按 F7 键创建一个空关键帧。导入【库】面板中的“风车动画 2”影片剪辑元件，将该实例移到舞台的中心。

（7）单击“按下”帧，按 F7 键创建一个空关键帧。导入【库】面板中的“风车”图形元件，将该图形移到舞台的中心。

（8）单击【点击】帧，按 F7 键创建一个空关键帧。在舞台的中央绘制一个任意颜色的矩形，该矩形大小可将【弹起】帧中的图像刚好覆盖。

2. 制作文字按钮

（1）选择【插入】/【新建元件】菜单命令，打开【创建新元件】对话框。单击【按钮】单选项，在【名称】文本框中输入【文字按钮】，然后单击该对话框中的 确定 按钮，进入按钮元件的编辑状态。

（2）单击“弹起”帧，按 F7 键创建一个空关键帧。在舞台的中心位置输入蓝色文字“文字按钮”，如图 9-83 所示。

（3）单击“指针经过”帧，按 F7 键创建一个空关键帧。在舞台的中心位置输入一个红色文字“文字按钮”，如图 9-84 所示。

（4）单击“按下”帧，按 F6 键插入一个关键帧。

（5）使用工具箱中的选择工具 ，单击“指针经过”帧，单击舞台

图 9-83 “弹起”帧图像

中的文字。然后，选择【插入】/【时间轴特效】/【效果】/【投影】命令，打开【投影】对话框，使用默认设置，单击 确定 按钮，即可完成文字阴影的制作。加入时间轴特效后的文字如图 9-85 所示。

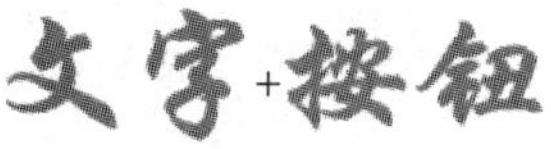

文字按钮

图 9-84 “按下”帧图像

图 9-85 “指针经过”帧图像

（6）单击【点击】帧，按 F7 键创建一个空关键帧。在舞台的中央绘制一个任意颜色的矩形，该矩形将“弹起”帧中的文字完全覆盖。

制作图像按钮的方法与文字按钮基本相同，只是按钮元件中各帧导入的是不同的图像。将【库】面板中的 3 个按钮分别拖曳到舞台工作区中，即可完成该实例的制作。

9.3.14 线条延伸

“线条延伸”动画运行后，上边一条线从左向右延伸，下边一条线从右向左延伸，左边一条线从下向上延伸，右边一条线从上向下延伸。在线条延伸的同时，一幅图像由小变大展现到舞台中，如图 9-86 所示。

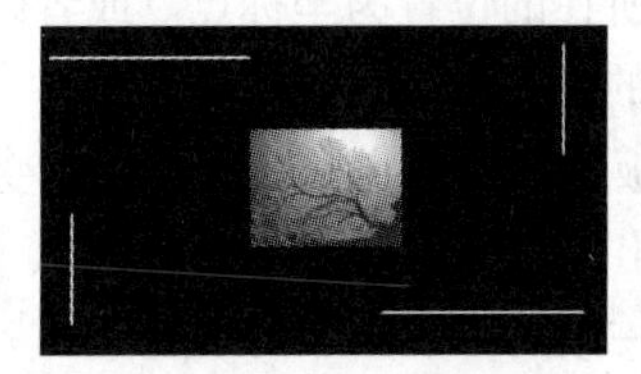

图 9-86 “线条延伸”动画播放后的两个画面

1. 制作左边和右边垂直延伸线动画

（1）选择【文件】/【新建】菜单命令，创建一个 Flash 文档。选择【修改】/【文档】菜单命令，打开【文档设置】对话框。利用该对话框，设置影片的尺寸为 500px× 400px，背景色为黑色。

（2）选择【视图】/【标尺】菜单命令，在舞台工作区中显示标尺。用鼠标从标尺向内拖曳，产生 4 条辅助线，如图 9-87 所示。

（3）使用工具箱中的线条工具按钮，在其【属性】面板中【笔触高度】文本框中输入线条的宽度为“2”，单击【笔触颜色】按钮，打开笔触的颜色板，利用该颜色板设置线条的颜色为白色。此时线条的【属性】面板如图 9-88 所示。

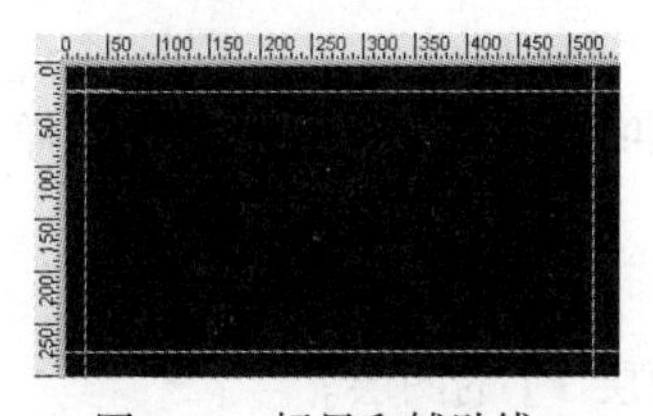

图 9-87 标尺和辅助线

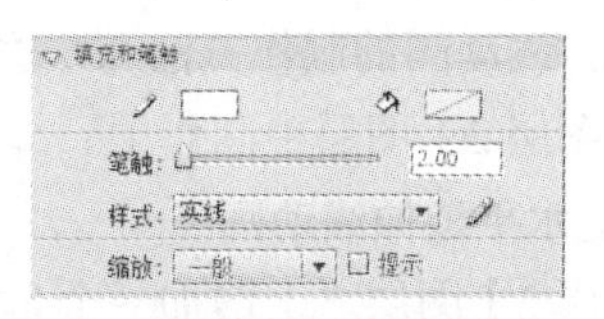

图 9-88 【属性】面板

（4）按住 Shift 键，同时用鼠标垂直拖曳，在舞台工作区的左下角绘制一条垂直的线条，如图 9-89 所示。

（5）使用工具箱中的选择工具，再用鼠标拖曳选中该线条。此时的【属性】面板如图 9-90

所示。可以看出，它的左下角增加了 4 个文本框，可用来精确设置选中对象的宽度、高度和坐标位置。

图 9-89　绘制垂直线条

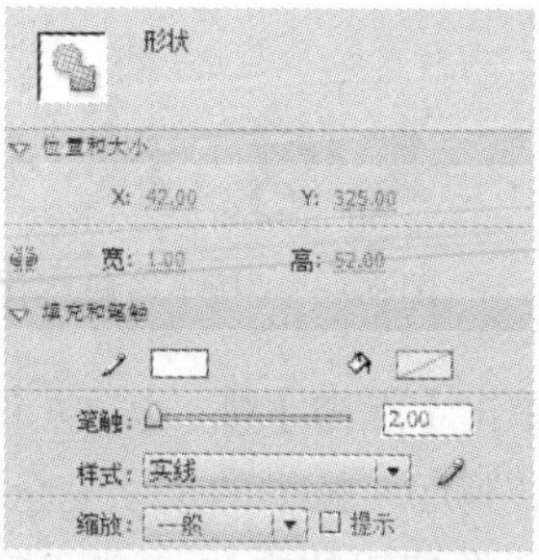

图 9-90　【属性】面板

（6）选择【修改】/【形状】/【将线条转换为填充】菜单命令，即可将线条转换为填充物，其目的是保证线条在变长时不会变粗。

（7）使用工具箱中的任意变形工具，再用鼠标将线条中的中心位置控制点（一个小圆形）拖曳到线条的下端，如图 9-91 所示。打开【信息】面板，单击该面板中的中心点，使中心点出现黑色小方形。此时的【信息】面板如图 9-92 所示。

上述操作的目的是，以选中对象的中心点所在的位置为坐标点。或者说，【X】和【Y】文本框中的坐标数据用来确定选中对象的中心点的坐标位置。

在经过上述操作后，选中的线条的【属性】面板的【Y】文本框数据会发生变化（【Y】为 290.8），这是因为改变了线条中线位置后造成的。可以看出，【属性】面板中的【宽】、【高】、【X】和【Y】文本框中的数据与【信息】面板中相应的数据是一致的，如图 9-93 所示。

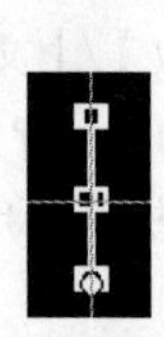

图 9-91　调整线条中心点位置

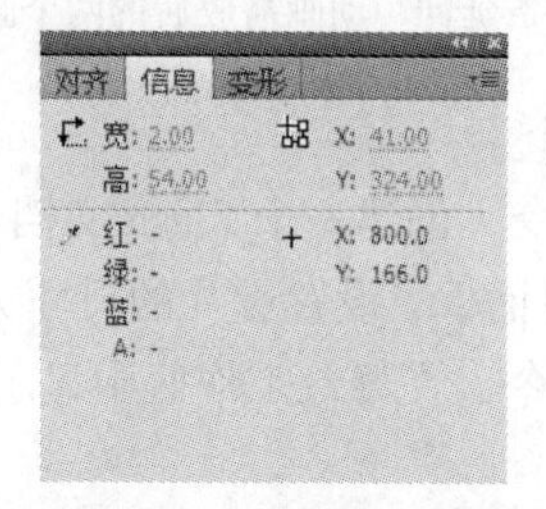

图 9-92　【信息】面板

图 9-93　【属性】面板中的宽和高文本框

（8）创建【图层 1】图层第 1～60 帧的动作动画。在选中【图层 1】图层第 60 帧的情况下，将【属性】面板或【信息】面板中【高】文本框中的数据改为“276.0”，即可将第 60 帧的线条长度改为 276.0，使线条长度增加。

右边垂直延伸线动画的制作方法与左边垂直延伸线动画的制作方法基本一样，读者可自行完成（在新建的【图层 2】图层中制作）。

2. 制作上边水平延伸线动画

（1）在【图层 2】图层之上增加一个名字为【图层 3】的图层。

（2）单击选中【图层 3】图层第 1 帧，使用工具箱中的线条工具，在舞台工作区的左上边绘制一条水平的白色线条，再将线条转换为填充物。该对象的宽度为 52.5，高度为 2（即线条的宽度），【X】为 10.5，【Y】为 27.3。将线条对象的中心点标记调整到线条的左端。

（3）在该图层创建第 1～60 帧的动作动画，同时打开【信息】面板，单击该面板中的左上角点。使左上角点出现黑色小方形。这样操作的原因是：以线条左端为坐标点，它在动画的整个过程中是不变的。

（4）在选中【图层 3】图层第 60 帧的情况下，将【属性】面板或【信息】面板中【宽】文本框中的数据改为“520.0”，即可将第 60 帧的线条长度改为“520.0”，使线条长度增加。此时的【信息】面板如图 9-94 所示，【属性】面板中左下角的 4 个文本框如图 9-95 所示。

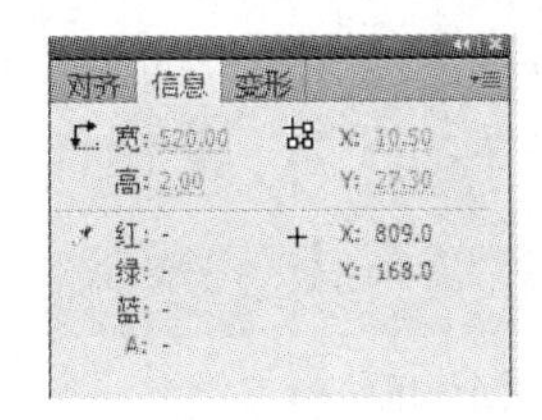

图 9-94　【信息】面板

图 9-95　【属性】面板中的宽和高文本框

3. 制作下边水平延伸线动画

下边水平延伸线动画的制作方法与前面 3 条延伸线动画的制作方法不太一样，其制作方法如下。

（1）在【图层 3】图层之上增加一个名字为【图层 4】的图层。

（2）单击选中【图层 1】图层的第 1 帧，使用工具箱中的线条工具 ，在舞台工作区的右下边绘制一条水平的白色线条。该对象的宽度为 52.5，高度为 2（即线条的宽度），【X】为 525，【Y】为 276.7，然后将线条转换为填充物。不调整线条对象的中心位置。

（3）创建该图层中第 1～60 帧的动作动画。

（4）单击选中【图层 4】图层的第 60 帧，将【信息】面板中的【宽】文本框中的数据改为“520”，【X】文本框中的数据改为“278”。如果需要调整水平线条的水平位置，可以按水平光标移动键。

4. 制作图像展现动画

（1）在【图层 4】图层之上新建一个【图层 5】图层，单击选中【图层 5】图层的第 1 帧。导入一幅位图图像，如图 9-96 所示。使用工具箱中的任意变形工具 ，将图像调小。

（2）创建【图层 5】图层第 1～60 帧的动作动画。将第 60 帧的图像调大。

至此，“线条延伸”动画制作完成。动画的时间轴如图 9-97 所示。

图 9-96　导入的位图图像

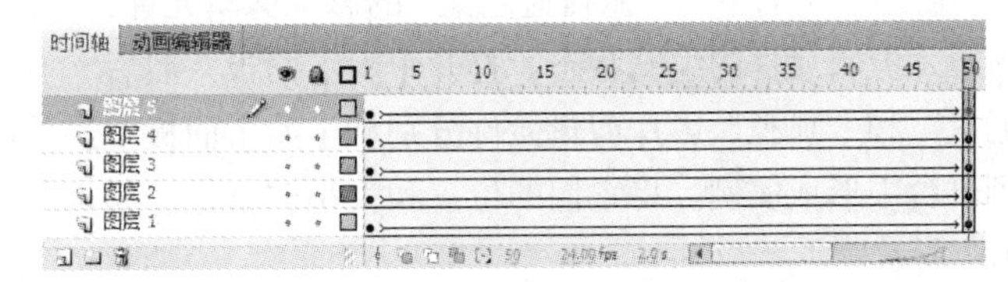

图 9-97　“线条延伸”动画的时间轴

9.3.15　趣味动画

“趣味动画”动画播放后，屏幕显示一幅背景图像，一只小狐狸追着一只小老鼠跑来跑去，同时还有一只老鹰在空中飞来飞去。该动画的两个画面如图 9-98 所示。“趣味动画”动画的制作过程如下。

1. 制作“狐狸追老鼠”和“鹰”影片剪辑元件

（1）设置动画页面的大小为 800px× 600px，背景色为白色。

（2）创建一个名字为“狐狸”的影片剪辑元件，进入该影片剪辑元件的编辑状态。选择【文件】/【导入】/【导入到舞台】菜单命令，打开【导入】对话框，利用该对话框导入一个名称为“小狐狸.gif”的 GIF 动画。此时，“狐狸”影片剪辑元件的时间轴如图 9-99 所示，“狐狸”影片剪辑元件各帧中的图像如图 9-100 所示。

图 9-98 “趣味动画”动画的两个画面

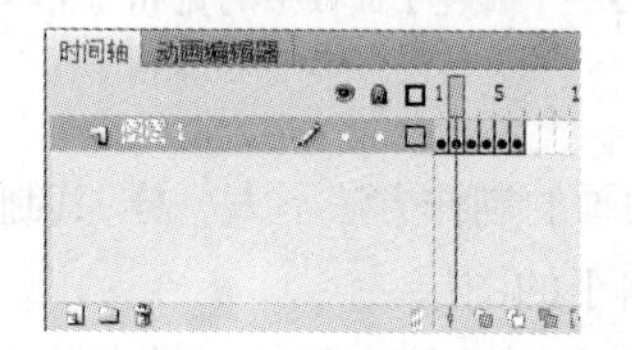

图 9-99 “狐狸”影片剪辑元件的时间轴

图 9-100 “狐狸”影片剪辑元件各帧的画面

（3）创建一个名字为“老鼠”的影片剪辑元件，进入该影片剪辑元件的编辑状态。导入一个名称为“小老鼠.gif”的 GIF 动画。此时，“老鼠”影片剪辑元件的时间轴如图 9-101 所示，“老鼠”影片剪辑元件各帧中的图像如图 9-102 所示。

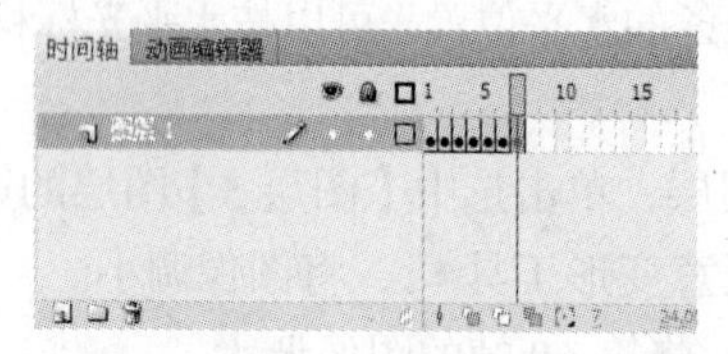

图 9-101 “老鼠”影片剪辑元件的时间轴

图 9-102 “老鼠”影片剪辑元件各帧的画面

（4）创建一个名字为“狐狸追老鼠”的影片剪辑元件，进入该影片剪辑元件的编辑状态。打开【库】面板，然后将“老鼠”和“狐狸”影片剪辑元件分别从【库】面板中拖曳到舞台中形成实例。将它们的位置和大小调整好，如图 9-103 所示。

图 9-103 “老鼠”影片剪辑元件的图像

（5）创建一个名字为“鹰”的影片剪辑元件，进入该影片剪辑元件的编辑状态。导入一个名称为“鹰.gif”的 GIF 动画。此时，“鹰”影片剪辑元件的时间轴如图 9-104 所示，“鹰”影片剪辑元件各帧中的图像如图 9-105 所示。

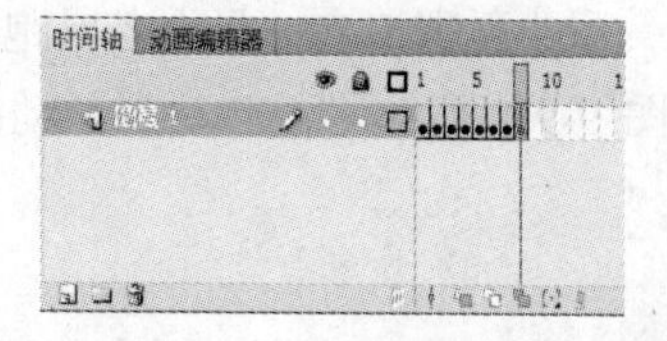

图 9-104 “鹰”影片剪辑元件的时间轴

图 9-105 “鹰”影片剪辑元件各帧的画面

2. 制作主场景动画

（1）单击元件编辑窗口中的 场景 1 或 按钮，回到舞台工作区的主场景。

（2）单击主场景【图层 1】图层的第 1 帧，导入一幅背景图像。调整背景图像的大小与舞台工作区相同，如图 9-98 所示。

（3）单击【图层 1】图层的第 100 帧，按F5键创建普通帧，使该图层第 1～100 帧的内容相同。

（4）在【图层 1】图层之上新建一个【图层 2】图层。单击选中该图层的第 1 帧，将“鹰”影片剪辑元件从“库”面板中拖曳到舞台工作区外部，并调整好它的位置和大小，如图 9-106 所示。

（5）创建【图层 2】图层第 1～50 帧的动作动画，然后将第 50 帧中的“鹰”影片实例拖曳移动到舞台中背景图像外部的左上角。

（6）单击【图层 2】图层的第 51 帧，按F6键创建一个关键帧。选中该帧中的“鹰”影片实例，选择【修改】/【变形】/【水平翻转】菜单命令，将“鹰”影片实例水平翻转，如图 9-107 所示。

（7）单击【图层 2】图层的第 100 帧，按F6键创建一个关键帧。创建第 1～100 帧的动作动画，然后将第 100 帧中的“鹰”影片实例拖曳到背景图像外部的右上角。

（8）在【图层 2】图层的上边新建一个【图层 3】图层，单击选中【图层 3】图层的第 1 帧。将“狐狸追老鼠”影片剪辑元件从【库】面板中拖曳到舞台中背景图像外部，并调整好它的位置和大小，如图 9-108 所示。

图 9-106 “鹰”实例

图 9-107 水平翻转“鹰”实例

图 9-108 “狐狸追老鼠”实例

（9）制作【图层 3】图层第 1～50 帧和第 51～100 帧的动作动画。动画制作完成后的效果是小狐狸追着一只小老鼠在画面中跑来跑去。

（10）在【图层 3】图层上边新建一个【图层 4】图层，单击选中【图层 4】图层的第 1 帧。使用工具箱中的矩形工具，设置不画边线，填充色为红色，在舞台工作区中绘制一个与背景图像大小相同的矩形，使该矩形覆盖背景图像。单击【图层 4】图层的第 100 帧，按F5键创建普通帧，使该图层中第 1～100 帧的内容相同。

（11）将鼠标指针移到【图层 4】图层的名称处，单击鼠标右键，弹出快捷菜单，选择【遮罩层】命令，使【图层 4】图层成为遮罩图层，【图层 3】图层成为被遮罩图层。

（12）用鼠标拖曳【图层 2】图层到【图层 4】图层遮罩下，使【图层 2】图层也成为被遮罩图层。这时，动画的时间轴如图 9-109 所示。

（13）选中【图层 1】图层中的背景图像，按Ctrl+C组合键复制图像。单击时间轴中的按钮，锁定所有图层，并将【图层 1】图层隐藏。

（14）在【图层 4】图层的上边新建一个【图层 5】图层，单击选中【图层 5】图层的第 1 帧。选择【编辑】/【粘贴到当前位置】菜单命令，将背景图像粘贴到【图层 5】图层中。

（15）将【图层 5】图层中的背景图像分离，然后使用工具箱中的套索工具，在工具箱中的【选项】栏内选中【多边形模式】。在舞台中选取出如图 9-110 所示的图像部分，按Ctrl+X组合键剪切选中的图像。

（16）选中【图层5】图层中剩余的图像将其删除，然后按Ctrl+Shift+V组合键，将剪切板中的图像粘贴到当前位置，如图9-110所示。

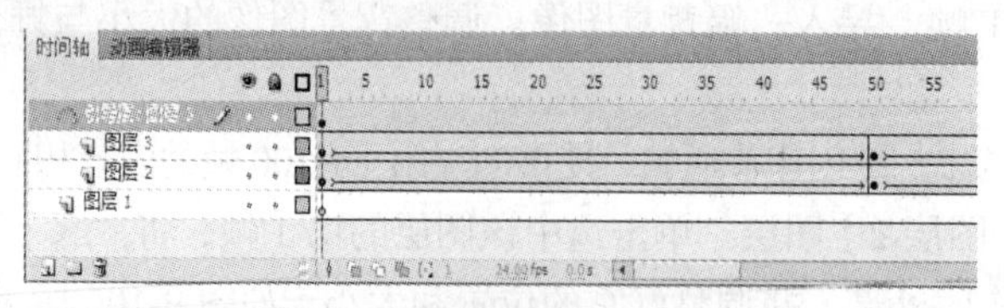

图9-109 动画的时间轴

图9-110 【图层1】图层中的图像

小 结

本章通过多个实例详细介绍了 Flash 动画的制作方法，通过这些事例的学习和操作，能够使读者对 Flash CS5 动画制作方法有一个最基本的掌握。

习 题

将本章9.3节应用实例中第1个例子“弹跳小球”中的小球运动轨迹改为一个小球是直线行进跳跃，一个小球是正弦行进跳跃。

第 10 章 图像编辑与抠图

简单编辑图像及把需要的图像从背景中抠选出来，是每一个网页美工设计者经常要做的工作，所以掌握简单的图像编辑及一些抠图技巧，是对网页美工设计者最基本的要求。本章主要介绍 Photoshop CS5 软件的界面窗口，文件的新建、打开与存储，图像的缩放显示，图像文件大小调整，图像裁剪，图像抠图，图像移动复制，图像变换、对齐、分布等知识内容。

【学习目标】

- 了解 Photoshop CS5 界面窗口、工具箱及控制面板的显示与隐藏操作。
- 掌握文件的新建、打开与存储操作。
- 掌握图像文件的显示控制操作。
- 掌握查看图像尺寸与图像文件大小的方法与调整设置方法。
- 掌握图像的各种裁剪操作。
- 掌握各种图像的抠图技巧。
- 掌握图像的移动与复制操作。
- 掌握图像的变换、对齐与分布操作。

10.1 Photoshop CS5 界面窗口

若计算机中安装了 Photoshop CS5，单击 Windows 桌面任务栏中的开始按钮，在弹出的菜单中依次选取【所有程序】/【Adobe Photoshop CS5】命令，即可启动该软件。

10.1.1 Photoshop CS5 界面窗口布局

启动 Photoshop CS5 软件之后，在工作区中打开一幅图像，其默认的界面窗口布局如图 10-1 所示。

Photoshop CS5 界面窗口按其功能可分为标题栏、菜单栏、属性栏、工具箱、状态栏、控制面板、工作区、图像窗口等几部分，下面介绍各部分的功能和作用。

1. 应用程序栏

应用程序栏是 Photoshop CS5 新增的选项按钮和工作区，主要包含【启动 Bridge】、【启动 Mini Bridge】、【查看额外内容】、【缩放级别】、【排列文档】、【工作区选择】等按钮。

2. 菜单栏

菜单栏中包括【文件】、【编辑】、【图像】、【图层】、【选择】、【滤镜】、【分析】、【3D】、【视图】、

【窗口】和【帮助】11 个菜单。单击任意一个菜单，将会弹出相应的下拉菜单，其中又包含若干个子命令，选取任意一个子命令即可实现相应的操作。

图 10-1　界面窗口布局

3. 工具箱

工具箱中包含有各种图形绘制和图像处理工具，如对图像进行选择、移动、绘制、编辑和查看的工具，在图像中输入文字的工具，更改前景色和背景色的工具等。

4. 属性栏

属性栏显示工具箱中当前选择工具按钮的参数和选项设置。在工具箱中选择不同的工具按钮，属性栏中显示的选项和参数也各不相同。

5. 控制面板

在 Photoshop CS5 中共提供了 19 种控制面板，利用这些控制面板可以对当前图像的色彩、大小显示、样式以及相关的操作等进行设置和控制。

6. 图像窗口

图像窗口是表现和创作作品的主要区域，图形的绘制和图像的处理都是在图像窗口内进行。Photoshop CS5 允许同时打开多个图像窗口，每创建或打开一个图像文件，工作区中就会增加一个图像窗口。

7. 状态栏

状态栏位于图像窗口的底部，显示图像的当前显示比例、文件大小等信息。在比例窗口中输入相应的数值，可以直接修改图像的显示比例。

8. 工作区

工作区是指 Photoshop CS5 工作界面中的大片灰色区域，工具箱、图像窗口和各种控制面板都处于工作区内。

为了获得较大的空间显示图像，在作图过程中可以将工具箱、控制面板和属性栏隐藏，以便将它们所占的空间用于图像窗口的显示。按键盘上的 Tab 键，可以将工作界面中的属性栏、工具箱和控制面板同时隐藏；再次按 Tab 键，可以使它们重新显示出来。

10.1.2　工具箱

工具箱的默认位置位于界面窗口的左侧，包含 Photoshop CS5 的各种图形绘制和图像处理工具，如对图像进行选择、移动、绘制、编辑和查看的工具，在图像中输入文字的工具，更改前景色和背景色的工具及不同编辑模式工具等。注意，将鼠标指针放置在工具箱上方的深灰色区域内，按下鼠标左键并拖曳即可移动工具箱在工作区中的位置。单击工具箱中最上方的按钮，可以将工具箱转换为单列或双列显示。

将鼠标指针移动到工具箱中的任一按钮上时，该按钮将凸出显示，如果鼠标指针在工具按钮上停留一段时间，其右下角会显示该工具的名称。单击工具箱中的任一工具按钮可将其选取。绝大多数工具按钮的右下角带有黑色的小三角形，表示该工具是个工具组，还有其他同类隐藏的工具。将鼠标指针放置在这样的按钮上按下鼠标左键不放或单击鼠标右键，即可将隐藏的工具显示出来，其中包含工具的名称和键盘快捷键，如图 10-2 所示。在展开工具组中的任意一个工具按钮上单击，即可将其选取。工具箱及其所有展开的工具按钮如图 10-3 所示。

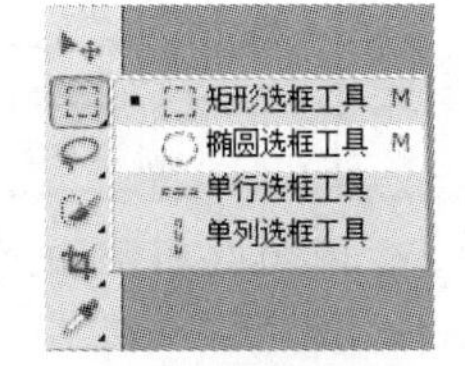

图 10-2　展开的工具组

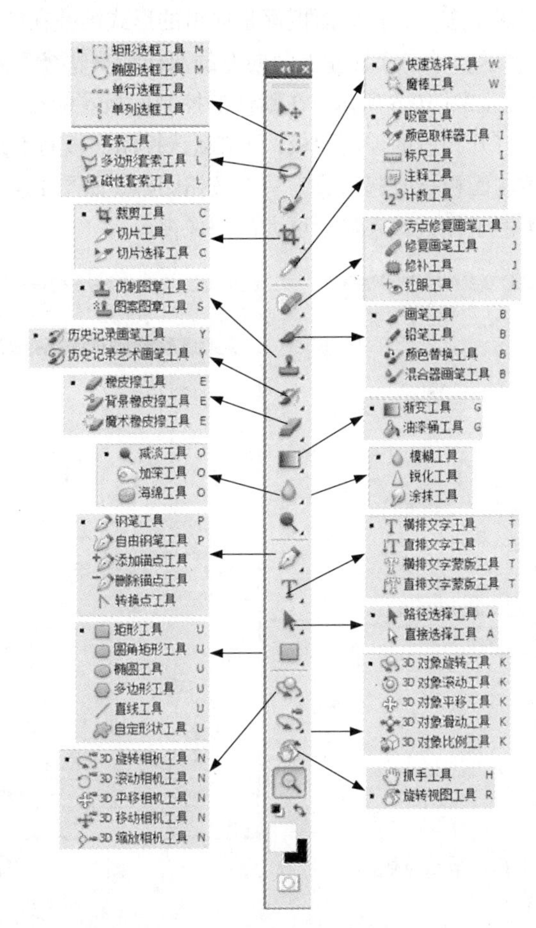

图 10-3　工具箱及所有展开的工具按钮

10.1.3　控制面板的显示与隐藏

在图像处理工作中，为了操作方便，经常需要调出某个控制面板，调整工作区中部分面板的位置或将其隐藏等。熟练掌握快速显示和隐藏常用控制面板的操作，可以有效地提高图像处理工作效率。

选择【窗口】菜单命令，将会弹出下拉菜单，该菜单中包含 Photoshop CS5 的所有控制面板的名称，如图 10-4 所示。其中，左侧带有✔符号的命令表示该控制面板已在工作区中显示，如【工具】、【颜色】、【选项】等，执行带有✔符号的命令可以隐藏相应的控制面板；左侧不带✔符号的命令表示该控制面板未在工作区中显示，如【动画】面板、【动作】面板等，选取不带✔符号的命令即可使其显示在工作区中，同时该命令左侧将显示✔符号。

控制面板显示在工作区之后，每一组控制面板都有两个以上的选项卡，如【颜色】面板上包含【颜色】、【色板】和【样式】3 个选项卡，单击【颜色】或【样式】选项卡，可以显示【颜色】或【样式】控制面板，这样可以快速地选择和应用需要的控制面板。反复按 Shift+Tab 组合键，可以将工作界面中的控制面板在隐藏和显示之间切换。

在默认状态下，控制面板都是以组的形式堆叠在绘图窗口的右侧，如图 10-5 所示；单击面板左上角向左的双向箭头◀◀，可以展开更多的控制面板，如图 10-6 所示；在默认的控制面板左侧有一些按钮，单击任意按钮可以打开相应的控制面板；单击默认控制面板右上角的双向箭头▶▶，可以将控制面板折叠起来成为一个按钮图标，如图 10-7 所示，这样可以用节省下来的工作区域来显示更大的图像窗口。

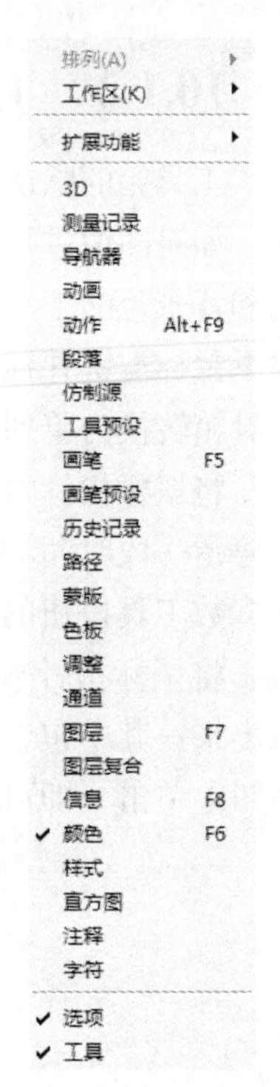

图 10-4 【窗口】菜单

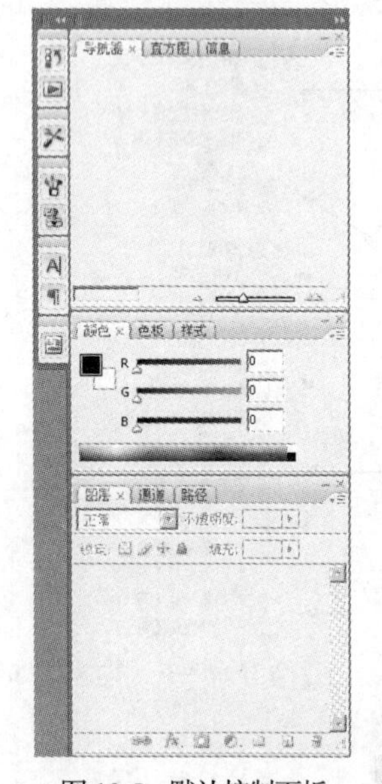

图 10-5 默认控制面板

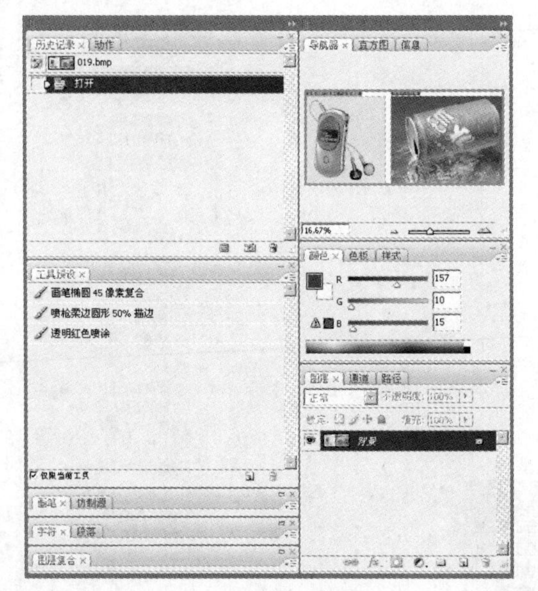

图 10-6 展开的控制面板

图 10-7 折叠后的控制面板

10.2 新建、打开与存储文件

几乎所有软件都有【新建】、【打开】和【存储】命令，Photoshop 也不例外。由于每一个软件的性质不同，其新建、打开及存储文件时的对话框也不相同。

10.2.1　新建文件

选择【文件】/【新建】菜单命令（快捷键为Ctrl+N），或按住Ctrl键在工作区中双击，会弹出如图 10-8 所示的【新建】对话框，在此对话框中可以设置新建文件的名称、尺寸、分辨率、颜色模式、背景内容、颜色配置文件等。单击 确定 按钮，即可新建一个图像文件。

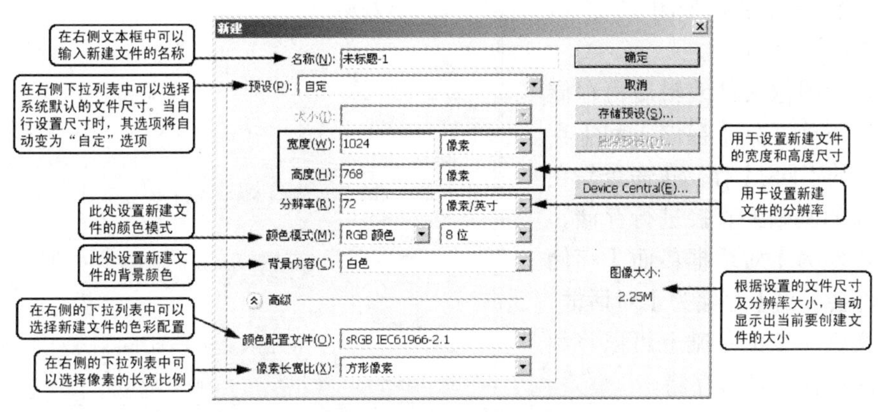

图 10-8　【新建】对话框

10.2.2　打开文件

选择【文件】/【打开】菜单命令（快捷键为Ctrl+O），或直接在工作区中双击，会弹出如图 10-9 所示的【打开】对话框，利用此对话框可以打开计算机中存储的 PSD、BMP、TIFF、JPEG、TGA、PNG 等多种格式的图像文件。在打开图像文件之前，首先要知道文件的名称、格式和存储路径，这样才能顺利地打开文件。

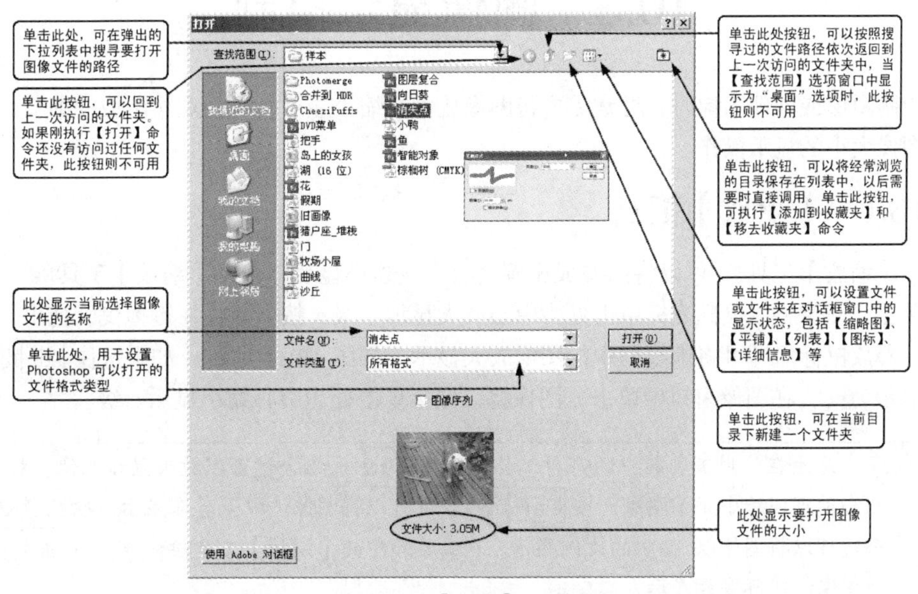

图 10-9　【打开】对话框

10.2.3 存储文件

在 Photoshop CS5 中，文件的存储主要包括【存储】和【存储为】两种方式。当新建的图像文件第一次存储时，【文件】菜单中的【存储】和【存储为】命令功能相同，都是将当前图像文件命名后存储，并且都会弹出如图 10-10 所示的【存储为】对话框。

将打开的图像文件编辑后再存储时，就应该正确区分【存储】和【存储为】命令的不同。【存储】命令是在覆盖原文件的基础上直接进行存储，不弹出【存储为】对话框；而【存储为】命令仍会弹出【存储为】对话框，它是在原文件不变的基础上可以将编辑后的文件重新命名另存储。

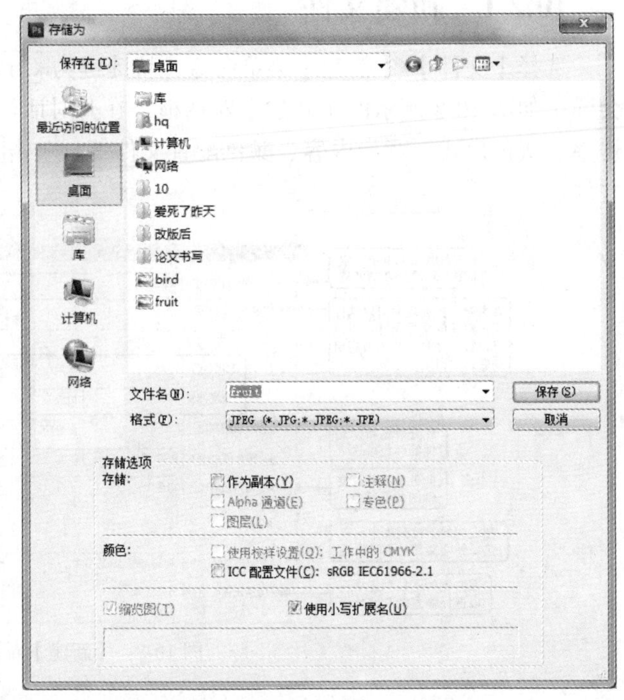

图 10-10 【存储为】对话框

要点提示

【存储】命令的快捷键为 Ctrl+S，【存储为】命令的快捷键为 Shift+Ctrl+S。在绘图过程中，一定要养成随时存盘的好习惯，以免因断电、死机等突发情况造成不必要的麻烦。

10.3 图像显示控制

在绘制图形或处理图像时，经常需要将图像放大或缩小显示，以便观察图像的细节。下面介绍一下图像大小的显示操作。

10.3.1 【缩放】工具

利用【缩放】工具可以将图像成比例地放大或缩小显示。选择【缩放】工具，在图像窗口中单击，图像将以鼠标光标单击处为中心放大显示一级；按下鼠标左键拖曳，拖出一个矩形虚线框，释放鼠标后即可将虚线框中的图像放大显示，如图 10-11 所示。如果按住 Alt 键，鼠标指针将显示为，在图像窗口中单击，图像将以鼠标单击处为中心缩小显示一级。

要点提示

无论在使用工具箱中的哪种工具时，按 Ctrl+ + 组合键可以放大显示图像，按 Ctrl+ − 组合键可以缩小显示图像，按 Ctrl+0 组合键可以将图像适配至屏幕显示，按 Ctrl+Alt+0 组合键可以将图像以 100%的比例显示。在工具箱中的【缩放】工具按钮上双击鼠标，可以使图像以实际像素显示。

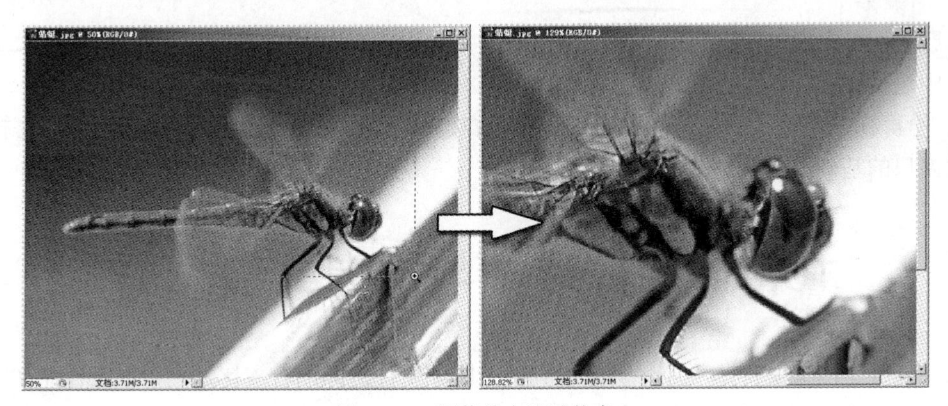

图 10-11　图像放大显示状态

10.3.2　【抓手】工具

图像放大显示后，如果图像无法在窗口中完全显示出来时，可以利用【抓手】工具在图像中按下鼠标左键拖曳，从而在不影响图像在图层中相对位置的前提下平移图像在窗口中的显示位置，以观察图像窗口中无法显示的图像，如图 10-12 所示。

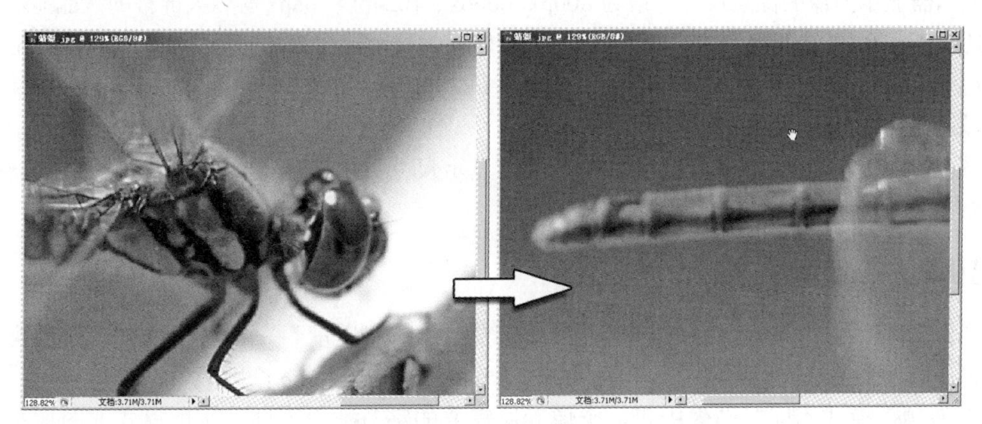

图 10-12　平移显示图像状态

在使用【抓手】工具时，按住 Ctrl 或 Alt 键可以暂时切换为【放大】或【缩小】工具；双击工具箱中的【抓手】工具按钮，可以将图像适配至屏幕显示。当使用工具箱中的其他工具时，按住空格键可以将当前工具暂时切换为【抓手】工具。

10.3.3　屏幕显示模式

Photoshop CS5 中提供了 3 种显示模式，分别为标准屏幕模式、带有菜单栏的全屏模式和全屏模式，如图 10-13 所示，通过应用程序栏中的按钮可以实现各个模式的切换。按 F 键可以在各种显示模式之间切换；在带有菜单栏的全屏模式和全屏模式下，按 Shift+F 组合键，可以切换是否显示菜单栏。

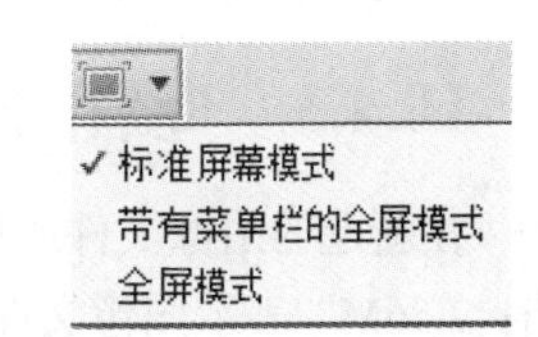

图 10-13　屏幕显示模式按钮

- 标准屏幕模式：这是系统默认的屏幕显示模式，即图像文件刚打开时的显示模式。
- 带有菜单栏的全屏模式：单击此按钮，可以切换到带有菜单栏的全屏模式，此时工作界面中的标题栏、状态栏以及除当前图像文件之外的其他图像窗口将全部隐藏，并且当前图像文件在工作区中居中显示。

- 全屏模式：单击此按钮，可以切换到全屏模式，此时工作界面在隐藏标题栏、状态栏和其他图像窗口的基础上，连菜单栏也一起隐藏。

10.4 图像尺寸与图像文件大小

图像尺寸与图像文件的大小，会影响到两个图像文件之间的合成比例关系以及作品在网站的发布问题。下面介绍图像尺寸与文件大小的调整方法。

10.4.1 图像尺寸

图像尺寸指的是图像文件的宽度和高度，根据图像不同的用途可以选择“像素”、“英寸”、“厘米”、“毫米”、“点”、“派卡”、“列”等为单位。例如，像素可以用于屏幕显示的度量，“英寸”、“厘米”可以用于图像文件打印输出尺寸的度量。

显示器显示图像的像素尺寸一般为800px×600px、1024px×768px等，大屏幕的液晶显示器的像素还要高。在Photoshop中，图像像素是直接转换为显示器像素的，当图像的分辨率比显示器的分辨率高时，图像显示的要比指定的尺寸大，如288像素/英寸、1×1英寸的图像在72像素/英寸的显示器上将显示为4×4英寸的大小。

图像在显示器上的尺寸与打印尺寸无关，显示尺寸只取决于图像的分辨率及显示器设置的分辨率。

10.4.2 图像文件大小

图像文件的大小由计算机存储的基本单位字节（Byte）来度量。一个字节由8个二进制位（bit）组成，所以一个字节的积数范围在十进制中为0～255，即2^8共256个数。

图像颜色模式不同，图像中每一个像素所需要的字节数也不同，灰度模式的图像每一个像素灰度由一个字节的数值表示；RGB颜色模式的图像每一个像素颜色由3个字节（即24位）组成的数值表示；CMYK颜色模式的图像每一个像素由4个字节（即32位）组成的数值表示。

一个具有300px×300px的图像，不同模式下文件的大小计算如下。

灰度图像：300 × 300 = 90000byte = 90KB

RGB图像：300 × 300 × 3 = 270000Byte = 270KB

CMYK图像：300 × 300 × 4 = 360000Byte = 360KB

10.4.3 查看图像文件大小

在新建的图像文件或打开的图像文件的左下角有一组数字，如图10-14所示。其中左侧的“文档：2.56M”表示图像文件的原始大小，也就是在选用TIFF格式无压缩进行存盘时所占用磁盘空间的大小；右侧的数字“27.0M”表示当前图像文件的虚拟操作大小，也就是包含图层和通道中图像的综合大小。这组数字读者一定要清楚，在处理图像和设计作品时通过这里可以随时查看图像文件的大小，以便决定该图像文件大小是否能满足设计的需要。

图 10-14　打开的图像文件

图像文件的大小以千字节（KB）、兆字节（MB）和吉字节（GB）为单位，它们之间的换算为 1MB = 1024KB、1GB = 1024MB。

单击右侧的▶按钮，弹出如图 10-15 所示的菜单，选择【文档尺寸】命令，▶按钮左侧将显示图像文件的尺寸，也就是图像的长、宽以及分辨率，如图 10-16 所示。

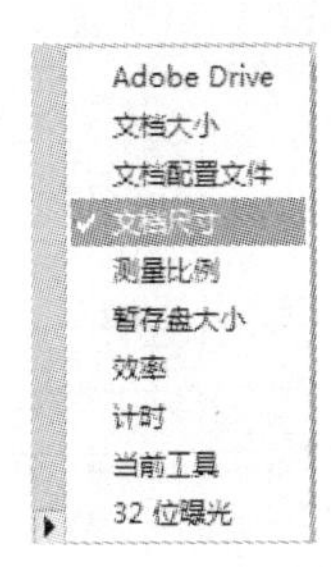

图 10-15　【文件信息】菜单

图 10-16　显示的长、宽数值以及分辨率

图像文件左下角的第一组数字“57.58%”，显示的是当前图像的显示百分比，读者可以通过直接修改这个数值来改变图像的显示比例。图像文件窗口显示比例的大小与图像文件大小以及尺寸大小是没有关系的，显示的大小影响的只是视觉效果，而不能决定图像文件打印输出后的大小。

10.4.4　调整图像文件大小

图像文件的大小是由文件尺寸（宽度、高度）和分辨率决定的。图像文件的宽度、高度或分辨率数值越大，图像文件也就越大。当图像的宽度、高度和分辨率无法符合设计要求时，可以通过改变图像的宽度、高度或分辨率来重新设置图像的大小。

（1）打开本章素材名为“插画.jpg”的文件，如图 10-17 所示。在图像左下角的状态栏中显示出了图像的大小为“1.28MB”。

（2）选择【图像】/【图像大小】菜单命令，弹出【图像大小】对话框，如图 10-18 所示。

（3）如果需要保持当前图像的像素宽度和高度比例，就需要勾选【约束比例】复选框。这样在更改像素的【宽度】和【高度】参数时，将按照比例同时进行改变，如图 10-19 所示。

（4）修改【宽度】和【高度】参数后，从【图像大小】对话框中【像素大小】后面可以看到修改后的图像大小为“1.20MB”，括号内的“1.28MB”表示图像的原始大小。在改变图像文件大小时，如图像由大变小，其图像质量不会降低；如图像由小变大，其图像质量将会下降。由于屏幕要求的分辨率是“72 像素/英寸”，所以需要将【分辨率】参数设置为“72”，如图 10-20 所示。

（5）将【分辨率】参数设置为“72”以后，可以发现在【图像大小】对话框中【文档大小】下面的【宽度】和【高度】并没有发生变化，变化的只是【像素大小】，所以调整图像的分辨率，并不会影响图像的输出尺寸，而影响的只是输出后图像的品质。单击 确定 按钮，即可完成图像大小的调整。

图 10-17　打开的文件

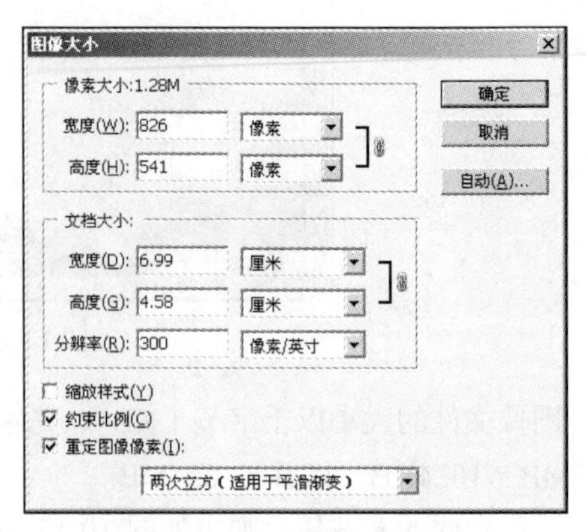

图 10-18　【图像大小】对话框

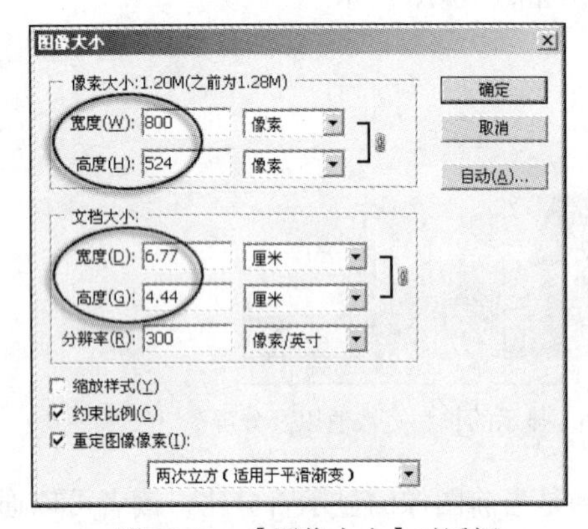

图 10-19　【图像大小】对话框

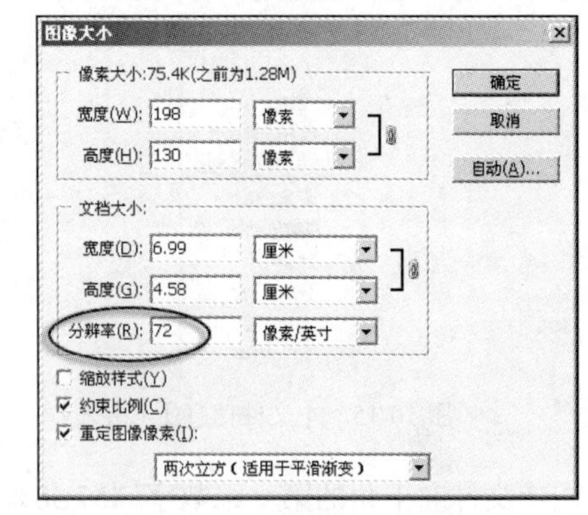

图 10-20　【图像大小】对话框

10.4.5　调整画布大小

在设计作品过程中，有时候需要增加或减小画布的尺寸来得到合适的版面，而利用【画布大小】命令，就可以根据需要来改善作品的版面尺寸。

利用【画布大小】命令可在当前图像文件的版面中增加或减小画布区域。此命令与【图像大小】命令不同，【画布大小】命令改变图像文件的尺寸后，原图像中每个像素的尺寸不发生变化，只是图像文件的版面增大或缩小了。而【图像大小】命令改变图像文件的尺寸后，原图像会被拉长或缩短，即图像中每个像素的尺寸都发生了变化。下面通过实例来介绍调整画布大小的操作。

（1）打开本章素材名为“主页.psd”的文件，如图 10-21 所示。

（2）将背景色设置为画面设计需要的颜色，此处设置的是黄色（Y:100）。

（3）选择【图像】/【画布大小】菜单命令，弹出【画布大小】对话框，如图 10-22 所示。

（4）单击【定位】选项相应的箭头，并修改【宽度】和【高度】参数。图 10-23 所示为增加的画布版面示意图。

图 10-21　打开的文件

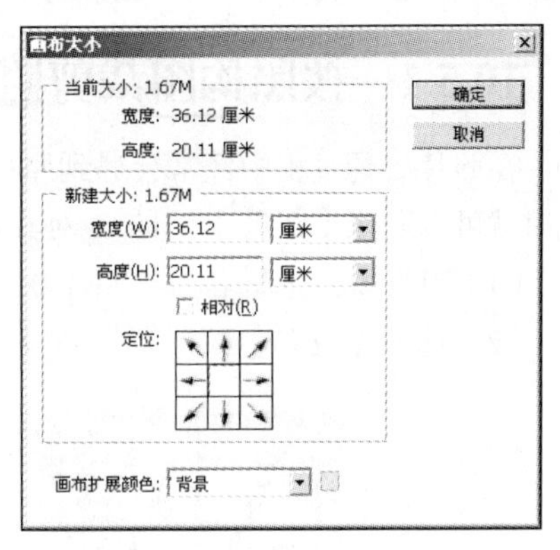

图 10-22　【画布大小】对话框

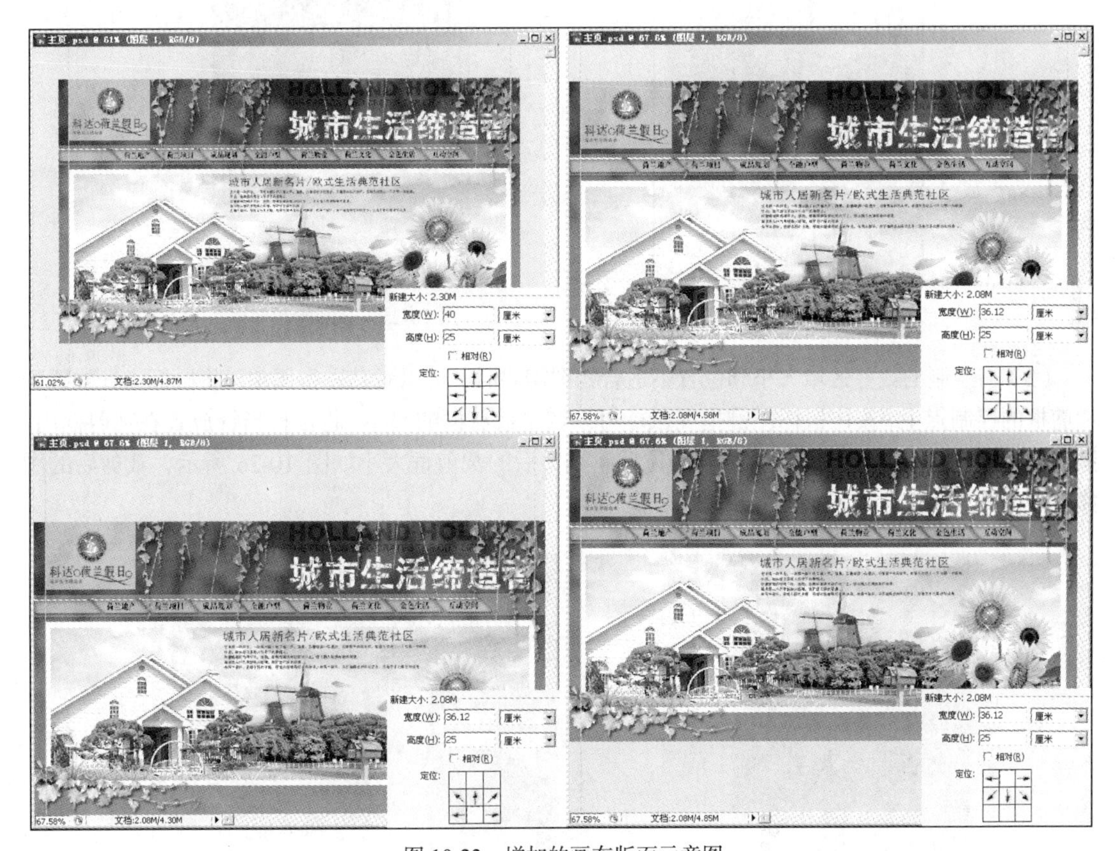

图 10-23　增加的画布版面示意图

（5）单击 确定 按钮，即可完成画布大小的调整。

10.5　图像裁剪

在图像处理过程中，利用【裁剪】工具或选择【图像】/【裁剪】或【裁切】菜单命令可将图像多余的区域裁剪掉，以改变图像的形态及大小。根据不同的图像处理及设计要求，其裁剪方法有多种，下面介绍几种常见图像的裁剪方法。

10.5.1 按照构图裁剪照片

在照片处理过程中经常会遇到照片中的主要景物太小，而周围不需要的多余空间较大的情况，此时就可以利用【裁剪】工具对其进行裁剪处理，使照片的主体更为突出。

（1）打开本章素材名为“照片 01.jpg”的文件，如图 10-24 所示。

（2）选择【裁剪】工具，在图像中绘制出如图 10-25 所示的裁剪框。

图 10-24　打开的文件

图 10-25　绘制的裁剪框

（3）当绘制的裁剪区域大小和位置不适合构图需要时，可以对其进行调整。将鼠标指针放置到裁剪框的控制点上，按住鼠标左键拖曳鼠标可以调整裁剪框的大小，将鼠标指针放置在裁剪框内，按住鼠标左键拖曳鼠标可移动裁剪框的位置，调整后的裁剪框大小如图 10-26 所示，裁剪后的图像文件如图 10-27 所示。

图 10-26　调整后的裁剪框

图 10-27　裁剪后的图像文件

（4）按 Shift+Ctrl+S 组合键将此文件命名为“裁剪练习 01.jpg”保存。

除用单击属性栏中的按钮来确认对图像的裁剪外，还可以将鼠标指针移动到裁剪框内双击鼠标或按 Enter 键来确认完成裁剪操作，单击属性栏中的按钮或按 Esc 键，可取消裁剪框。

10.5.2　旋转裁剪倾斜的照片

在拍摄或扫描照片时，可能会由于各种失误而导致图像中的主体物出现倾斜的现象，此时可以利用【裁剪】工具来旋转裁剪修整。

（1）打开本章素材名为“照片 02.jpg”的文件，如图 10-28 所示。

（2）选择【裁剪】工具，在图像中绘制一个裁剪框，先指定裁剪的大体位置，然后将鼠标指针移动到裁剪框外，当鼠标指针显示为旋转符号时按住左键并拖曳鼠标，将裁剪框旋转到与图像中的地平线位置平行，如图 10-29 所示。

图 10-28　打开的文件

图 10-29　绘制的裁剪框

（3）单击属性栏中的按钮，确认图片的裁剪操作。

（4）按 Shift+Ctrl+S 组合键将此文件另命名为“裁剪练习 02.jpg”保存。

10.5.3　度量矫正倾斜的照片

利用【标尺】工具，可以精确地测量出照片中水平线的倾斜角度后，再进行旋转矫正，这样可以得到更加理想的效果。

（1）打开本章素材名为“照片 03.jpg”的文件，如图 10-30 所示。图中海平面倾斜，左低右高，需要进行矫正。

（2）选择【标尺】工具，沿着海平线位置拖曳出如图 10-31 所示的度量线。

图 10-30　打开的文件

图 10-31　绘制的度量线

（3）选择【图像】/【图像旋转】/【任意角度】菜单命令，在弹出的【旋转画布】对话框中，海平面需要矫正的倾斜角度自动填写好了，如图 10-32 所示。

（4）单击 确定 按钮，倾斜的海平面即被矫正过来，如图 10-33 所示。

旋转画布

角度(A): 6.48 ⊙ 度(顺时针)(C) ○ 度(逆时针)(W) 确定 取消

图 10-32 【旋转画布】对话框

图 10-33 矫正后的画面

要点提示 图像周围的白色区域是图像在旋转角度过程中增加了画布的尺寸，增加部分显示的颜色为工具箱中的背景色。该图像还需要利用“裁剪”工具进行修直裁剪。

（5）选择【裁剪】工具，在图像中图像显示的区域绘制一个裁剪框，如图 10-34 所示。

（6）单击属性栏中的按钮，确认图片的裁剪操作，裁剪后的图像如图 10-35 所示。

图 10-34 绘制的裁剪框

图 10-35 裁剪后的图像

（7）按 Shift+Ctrl+S 组合键将此文件命名为“裁剪练习 03.jpg”保存。

10.5.4 统一尺寸的照片裁剪

在编排网页中大量图片的时候，经常会遇到在一个版面中放置多张相同大小图片的情况，很多人采取的方法是将所有图片移动到版面中后进行拉伸缩放得到相同大小的图片，利用此方法工作效率较低，同时图片在经过了多次拉伸缩放之后也会降低图片的质量。在开始排版之前如果先把所有的图片统一裁剪成相同的尺寸，不但能提高工作效率，还能保证图片的质量。

（1）打开本章素材名为“照片 04.jpg”～“照片 013.jpg”的文件，如图 10-36 所示。

图 10-36　打开的文件

（2）选择工具，根据排版时图片要求的尺寸，比如要求图片统一为 4cm×6cm，在属性栏进行设置，如图 10-37 所示。

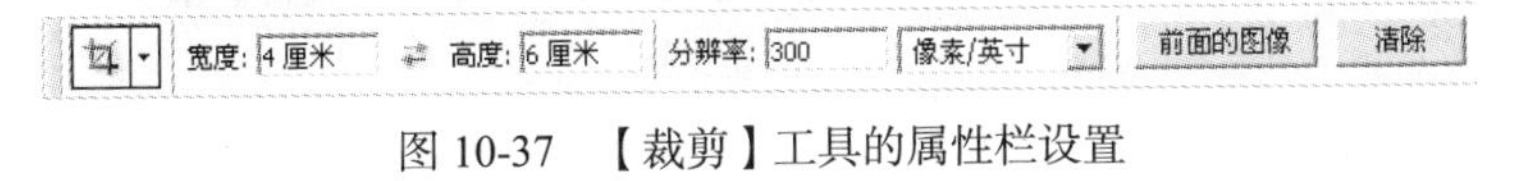

图 10-37　【裁剪】工具的属性栏设置

（3）根据设置的参数对打开的每一张照片进行裁剪，裁剪后会得到相同尺寸大小的照片。图 10-38 所示为新建文件并编排后的照片效果。

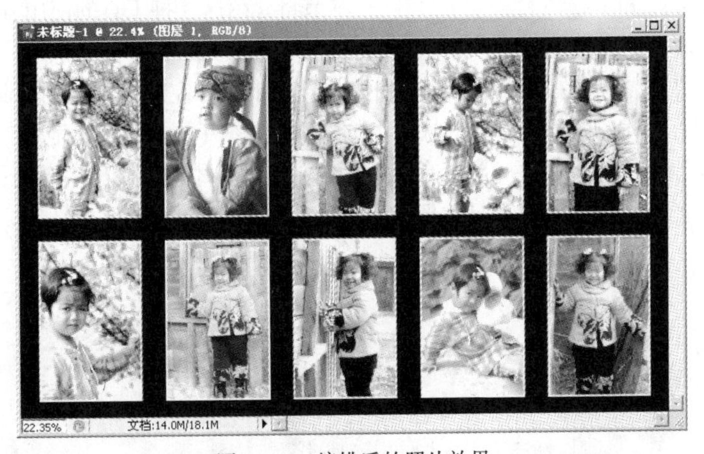

图 10-38　编排后的照片效果

（4）按Ctrl+S组合键将此文件命名为“裁剪练习 04.jpg”并保存。

10.6 图像抠图

把目标图像从背景中抠选出来，是图像处理工作者及网页美工设计人员经常要做的工作，灵活掌握一些抠图技巧，可以节省图像处理的时间，提高工作效率。

10.6.1 认识选区

在处理图像和绘制图形时，首先应该根据图像需要处理的位置和绘制图形的形状创建有效的可编辑选区。当创建了选区后，所有的操作只能对选区内的图像起作用，选区外的图像将不受任何影响。选区的形态是一些封闭的具有动感的虚线，使用不同的选区工具可以创建出不同形态的选区。图 10-39 所示为使用不同工具创建的选区。

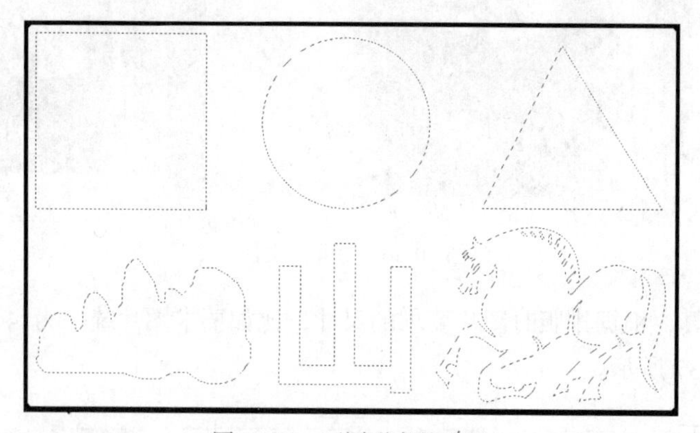

图 10-39 不同形态的选区

10.6.2 利用【套索】工具抠图

【套索】工具是一种使用灵活且形状自由的绘制选区的工具，该工具组包括【套索】工具、【多边形套索】工具和【磁性套索】工具，本节将介绍这 3 种工具的使用方法。

1. 利用【套索】工具抠图

选择【套索】工具，在图像轮廓边缘任意位置按下鼠标左键设置绘制的起点，拖曳鼠标到任意位置后释放鼠标左键，即可创建出形状自由的选区，如图 10-40 所示。套索工具的自由性很大，在利用套索工具绘制选区时，必须对鼠标有良好的控制能力，才能绘制出满意的选区，此工具一般用于修改已经存在的选区或绘制没有具体形状要求的选区。

图 10-40 利用【套索】工具绘制的选区

2. 利用【多边形套索】工具抠图

选择【多边形套索】工具，在图像轮廓边缘的任意位置单击，设置绘制的起点，拖曳鼠标到合适的位置，再次单击鼠标左键设置转折点，直到鼠标光标与最初设置的起点重合（此时鼠标光标的下面多了一个小圆圈），然后在重合点上单击鼠标左键，即可创建出选区，如图 10-41 所示。

3. 利用【磁性套索】工具抠图

选择【磁性套索】工具，在图像轮廓边缘单击，设置绘制的起点，然后沿图像的边缘拖曳鼠标，选区会自动吸附在图像中对比最强烈的边缘，如果选区的边缘没有吸附在需要的图像边缘，可以通过单击添加一个紧固点来确定要吸附的位置，再拖曳鼠标，直到鼠标指针与最初设置的起点重合时，单击即可创建选区，如图 10-42 所示。

图 10-41　【多边形套索】工具绘制的选区

图 10-42　利用【磁性套索】工具绘制的选区

10.6.3　利用【魔棒】工具抠图

【魔棒】工具组包括【魔棒】工具和【快速选择】工具，下面通过实例来介绍这两种工具的使用方法。

1. 利用【魔棒】工具抠图

（1）打开本章素材名为“童裤.jpg”的文件。

（2）将鼠标指针移动到【图层】面板中的“背景”层上双击鼠标左键，然后在弹出的【新建图层】对话框中单击 确定 按钮，将“背景”层转换为“图层 0”层。

（3）选择工具，激活属性栏中的按钮，设置 容差: 30 参数为“30”，勾选【连续】复选框，在画面中的背景上单击添加如图 10-43 所示的选区。

（4）继续在背景中单击，将背景全部选取，如图 10-44 所示。

图 10-43　添加的选区

图 10-44　选取背景

（5）选择【选择】/【修改】/【羽化】菜单命令，弹出【羽化选区】对话框，将【羽化半径】选项设置为“2px”，单击 确定 按钮。

（6）按 Delete 键删除背景，得到如图 10-45 所示的效果。

（7）按 Ctrl+D 组合键去除选区，然后选择【橡皮擦】工具，单击属性栏中的位置，在弹出的【画笔】参数设置面板中设置参数如图 10-46 所示。

图 10-45 删除背景效果

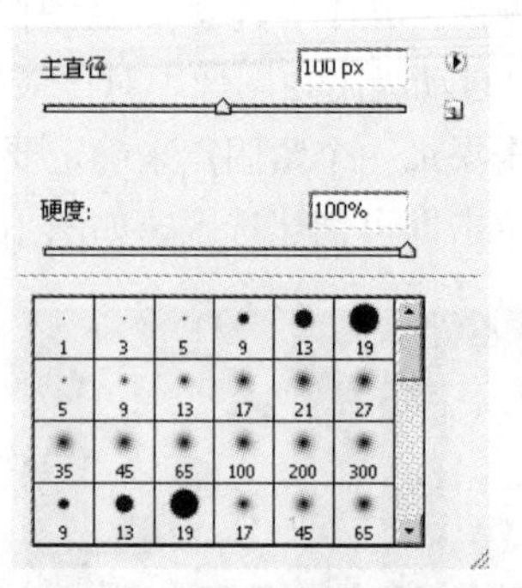

图 10-46 【画笔】面板

（8）利用【橡皮擦】工具将地板接缝擦除，擦除前后形态如图 10-47 所示。

图 10-47 擦除地板接缝前后形态

（9）选择【图层】/【修边】/【去边】菜单命令，弹出【去边】对话框，设置【宽度】参数为“2px”，单击 确定 按钮，完成抠图操作。

（10）按 Shift+Ctrl+S 组合键，将此文件另命名为“魔棒抠图.psd”保存。

2. 利用【快速选择】工具抠图

（1）打开本章素材名为“休闲毛衫.jpg”的文件。

（2）选择工具，然后单击属性栏中【画笔】选项右侧的图标，在弹出的【笔头设置】面板中设置选项参数如图 10-48 所示。

（3）用工具在背景中按住左键拖曳鼠标，创建选区如图 10-49 所示。

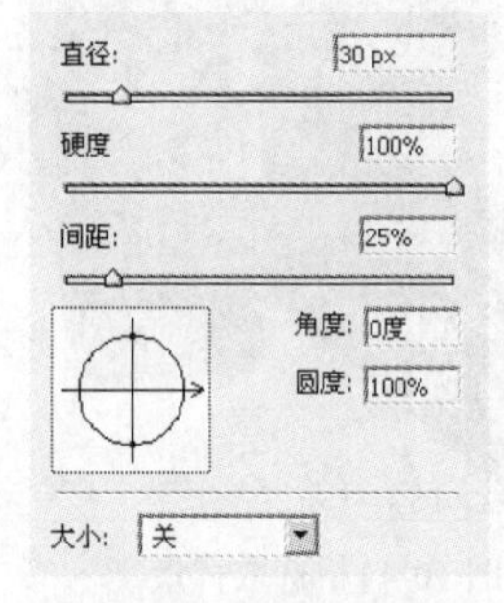

图 10-48 【画笔】面板

图 10-49 创建的选区

（4）继续在背景中拖曳鼠标，可以增加选择的范围，如图 10-50 所示。

（5）继续拖曳鼠标的位置，直至把背景全部选择，如图 10-51 所示。

图 10-50　增加的选区

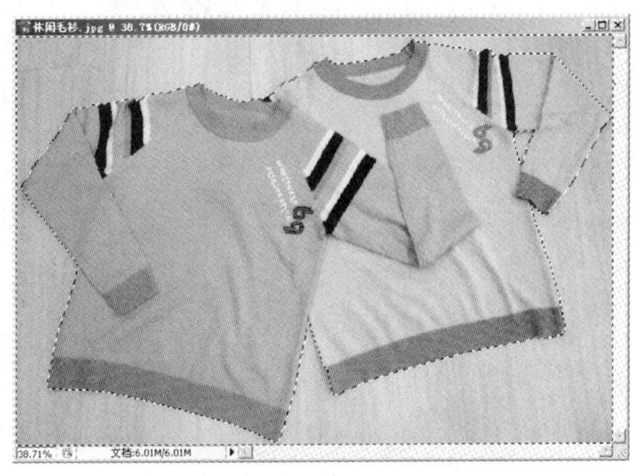

图 10-51　选取的背景

（6）双击【图层】面板中的“背景”层，在弹出的【新建图层】对话框中单击 确定 按钮，将“背景”层转换为“图层 0”层。

（7）选择【选择】/【修改】/【羽化】菜单命令，弹出【羽化选区】对话框，将【羽化半径】设置为“1px”，单击 确定 按钮。

（8）按 Delete 键删除背景，得到如图 10-52 所示的效果，按 Ctrl+D 组合键去除选区。

图 10-52　去除背景后效果

（9）按 Shift+Ctrl+S 组合键，将此文件命名为“快速选择抠图.jpg”保存。

10.6.4　利用【魔术橡皮擦】工具抠图

利用【魔术橡皮擦】工具可以迅速地去除指定颜色的图像背景，下面以实例的形式来介绍该工具的使用方法。

（1）打开本章素材名为“天空.jpg”和“人物 06.jpg”的文件，如图 10-53 所示。

图 10-53　打开的图片

（2）将“人物 06.jpg”文件设置为工作状态，选择【魔术橡皮擦】工具，设置属性栏中各选项及参数如图 10-54 所示。

容差: 50　☑ 消除锯齿　☐ 连续　☐ 对所有图层取样　不透明度: 100%

图 10-54　【魔术橡皮擦】工具属性栏设置

（3）在蓝色天空处单击鼠标左键将天空擦除，擦除后的效果如图 10-55 所示。

（4）利用【移动】工具，将“天空”图片移动复制到“人物 06.jpg”文件中生成“图层 1”，并将其调整到“图层 0”的下面，如图 10-56 所示。

图 10-55　擦除天空后效果

图 10-56　添加的天空

（5）利用【自由变换】命令将天空调整到铺满整个画面。

（6）将“图层 0”设置为工作层，选择【历史记录画笔】工具，将美女身上透明了的区域修复出来。在身体轮廓边缘位置要仔细地修复，如果不小心修复出了边缘位置的背景色，还可以利用【橡皮擦】工具再擦掉，修复完成的效果如图 10-57 所示。

此时画面中美女的颜色感觉有点灰暗，下面通过复制和设置图层来增强亮度对比度。

（7）复制“图层 0”为“图层 0 副本”层，设置【图层混合模式】为“柔光”模式，设置【不透明度】参数为“60%”，此时画面中的美女就感觉漂亮多了，如图 10-58 所示。

图 10-57　修复后的效果

图 10-58　调整亮度后的效果

（8）按 Shift+Ctrl+S 组合键，将此文件命名为“更换背景.psd”保存。

10.6.5　利用【路径】工具抠图

路径工具包括【钢笔】工具、【自由钢笔】工具、【添加锚点】工具、【删除锚点】工具、【转换点】工具、【路径选择】工具和【直接选择】工具。下面介绍各工具的使用方法。

1.【钢笔】工具

利用【钢笔】工具在图像中依次单击，可以创建直线路径；单击并拖曳鼠标可以创建平滑流畅的曲线路径。将鼠标指针移动到第一个锚点上，当笔尖旁出现小圆圈时单击可创建闭合路径。在未闭合路径之前按住 Ctrl 键在路径外单击，可完成开放路径的绘制。

在绘制直线路径时，按住 Shift 键，可以限制在 45° 角的倍数方向绘制路径。在绘制曲线路径时，确定锚点后，按住 Alt 键拖曳鼠标可以调整控制点。释放 Alt 键和鼠标左键，重新移动鼠标光标至合适的位置拖曳鼠标，可创建锐角曲线路径，如图 10-59 所示。

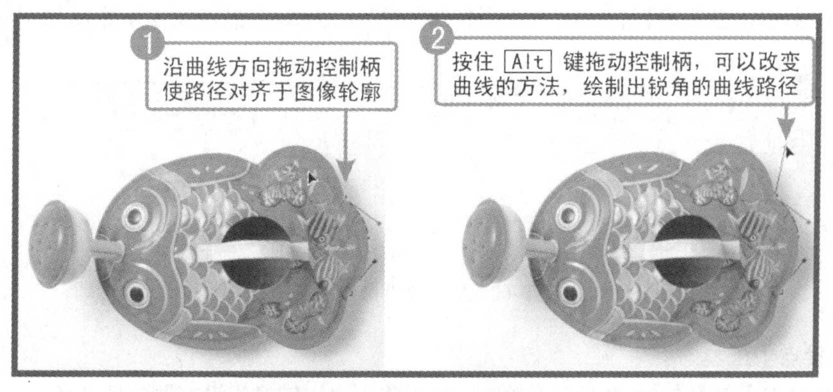

图 10-59　创建锐角曲线路径

2.【自由钢笔】工具

选择“自由钢笔”工具后，在图像中按下左键拖曳鼠标，沿着鼠标光标的移动轨迹将自动添加锚点生成路径。当鼠标光标回到起始位置时，右下角会出现一个小圆圈，此时释放鼠标左键即可创建闭合钢笔路径，如图 10-60 所示。

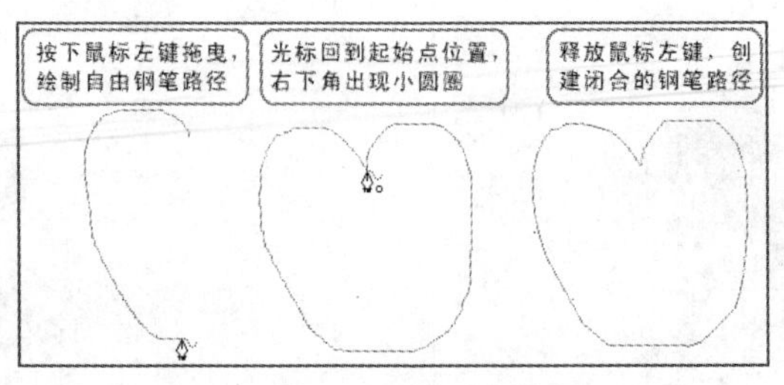

图 10-60　创建闭合钢笔路

鼠标指针回到起始位置之前，在任意位置释放鼠标左键可以绘制一条开放路径；按住 Ctrl 键释放鼠标左键，可以在当前位置和起点之间生成一段线段闭合路径。另外，在绘制路径的过程中，按住 Alt 键单击，可以绘制直线路径；拖曳鼠标可以绘制自由路径。

3.【添加锚点】工具

选择【添加锚点】工具后，将鼠标指针移动到要添加锚点的路径上，当鼠标指针显示为添加锚点符号时单击，即可在路径的单击处添加锚点，此时不会更改路径的形状。如果在单击的同时拖曳鼠标，可在路径的单击处添加锚点，并可以更改路径的形状。添加锚点操作示意图如图 10-61 所示。

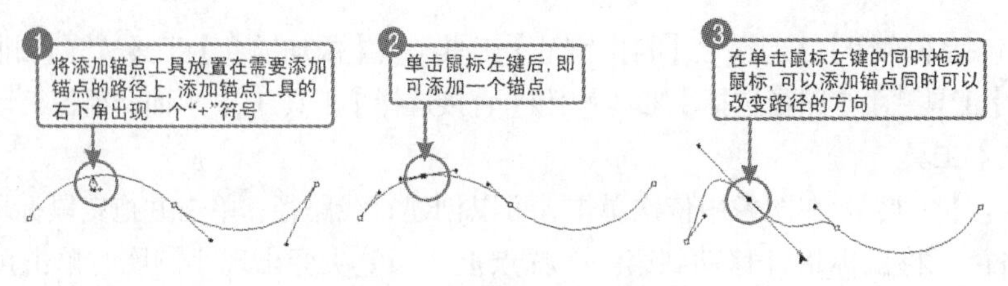

图 10-61　添加锚点操作示意图

4.【删除锚点】工具

选择【删除锚点】工具后，将鼠标光标移动到要删除的锚点上，当鼠标指针显示为删除锚点符号时单击，即可将路径上单击的锚点删除，此时路径的形状将重新调整，以适合其余的锚点。在路径的锚点上单击并拖曳鼠标，可重新调整路径的形状。删除锚点操作示意图如图 10-62 所示。

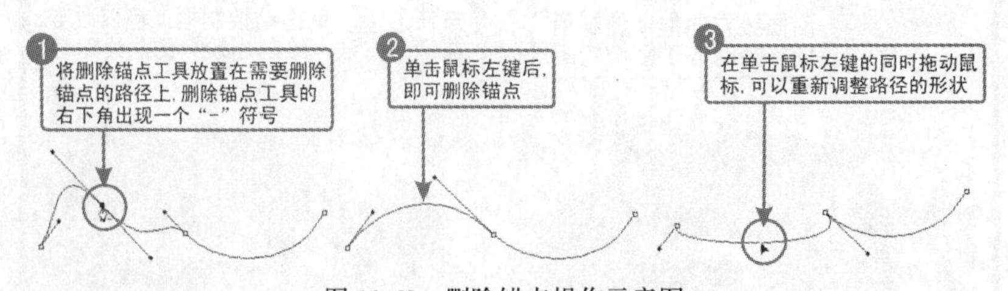

图 10-62　删除锚点操作示意图

5.【转换点】工具

利用【转换点】工具在平滑点上单击，可以将平滑点转换为没有调节柄的角点；当平滑点两侧显示调节柄时，拖曳鼠标调整调节柄的方向，使调节柄断开，可以将平滑点转换为带有调节柄的角点；在路径的角点上向外拖曳鼠标，可在锚点两侧出现两条调节柄，将角点转换为平滑点。按住 Alt 键在角点上拖曳鼠标，可以调整路径一侧的形状。利用【转换点】工具调整带调节柄的角点或平滑点一侧的控制点，可以调整锚点一侧的曲线路径的形状；按住 Ctrl 键调整平滑锚点一侧的控制点，可以同时调整平滑点两侧的路径形态。按住 Ctrl 键在锚点上拖曳鼠标，可以移动该锚点的位置。

6.【路径选择】工具

【路径选择】工具主要用于编辑整个路径，包括选择、移动、复制、变换、组合以及对齐、分布等。

7.【直接选择】工具

【直接选择】工具主要用于编辑路径中的锚点和线段。

（1）打开本章素材名为“羽绒服.jpg”的文件，如图 10-63 所示。

图 10-63　打开的文件

下面利用【路径】工具选取羽绒服。为了使操作更加便捷、选取的羽绒服更加精确，在选取操作之前可以先将图像窗口设置为满画布显示。

（2）连续按 3 次 F 键，将窗口切换成全屏模式显示，如图 10-64 所示。

图 10-64　全屏模式显示

按 Tab 键，可以将工具箱、控制面板和属性栏显示或隐藏；按 Shift+Tab 组合键，可以将控制面板显示或隐藏；连续按 F 键，窗口可以在标准模式、带菜单栏的全屏模式和全屏模式 3 种显示模式之间切换。

（3）连续按 3 次 Ctrl++组合键，将画面放大显示，如图 10-65 所示。

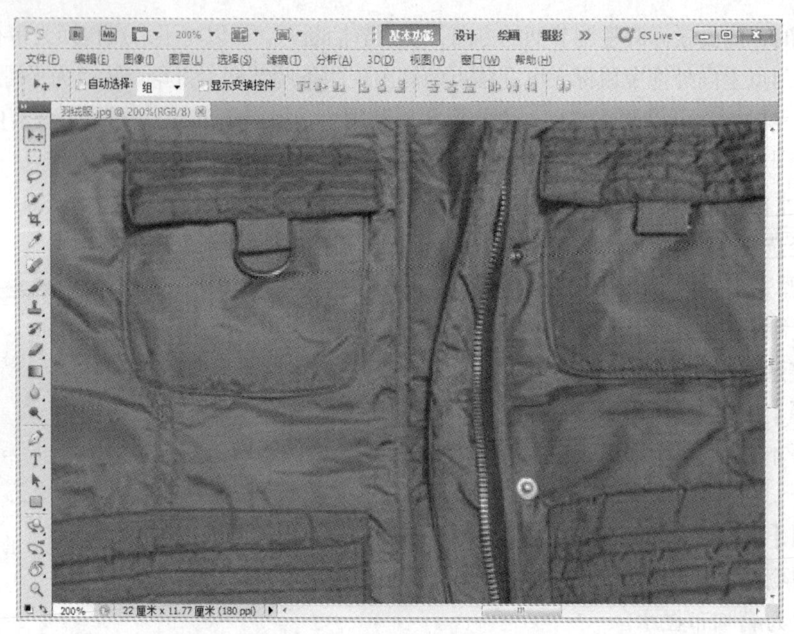

图 10-65　画面放大显示

（4）按住空格键，鼠标指针变为抓手形态，拖动鼠标，此时可以平移图像窗口的显示位置，如图 10-66 所示。

图 10-66　平移图像窗口的显示位置

（5）选择工具，激活属性栏中的按钮，然后将鼠标指针放置在羽绒服的边缘位置，单击鼠标左键添加第 1 个控制点，如图 10-67 所示。

（6）移动鼠标指针的位置，在图像结构转折处单击鼠标左键，添加第 2 个控制点，如图 10-68 所示。

图 10-67　添加第 1 个控制点

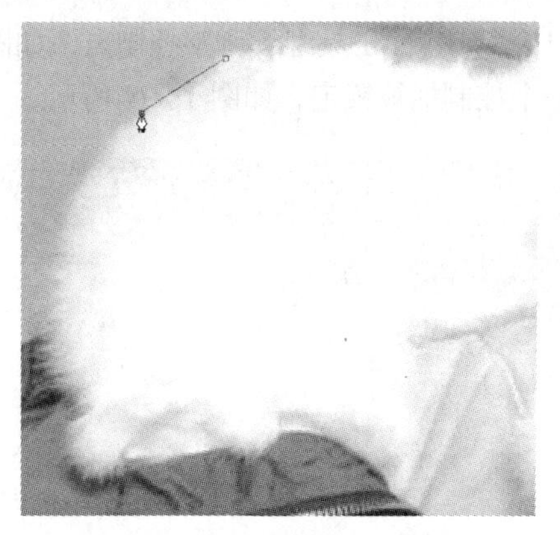

图 10-68　添加第 2 个控制

（7）用相同的操作方法，沿着服装的轮廓边缘依次添加控制点。

由于画面放大显示了，所以只能看到图像的局部，在添加路径控制点时，当绘制到窗口的边缘位置后就无法再继续添加了。此时可以按住空格键，平移图像窗口的显示位置后，再绘制路径即可。

（8）按住空格键，此时鼠标指针变为抓手形状。按住左键拖曳鼠标平移图像窗口的显示位置，如图 10-69 所示。

图 10-69　平移图像窗口的显示位置

（9）继续绘制路径，当路径的终点与起点重合时，在鼠标指针的右下角将出现一个圆形标志，如图 10-70 所示，此时单击鼠标左键即可将路径闭合。

（10）接下来利用【转换点】工具对路径进行圆滑调整。选取工具，将鼠标指针放置在路径的控制点上，按住鼠标左键拖曳，此时出现两条控制柄，如图 10-71 所示。

（11）拖曳鼠标调整控制柄，将路径调整平滑后释放鼠标左键。如果路径控制点添加的位置没有紧贴图像轮廓边缘，可以按住 Ctrl 键，将鼠标指针放置在控制点上拖曳，调整其位置，如图 10-72 所示。

（12）利用工具继续调整控制点，如图10-73所示，释放鼠标左键后再继续调整，此时另外的一个控制柄被锁定，如图10-74所示。

图10-70　路径闭合状态

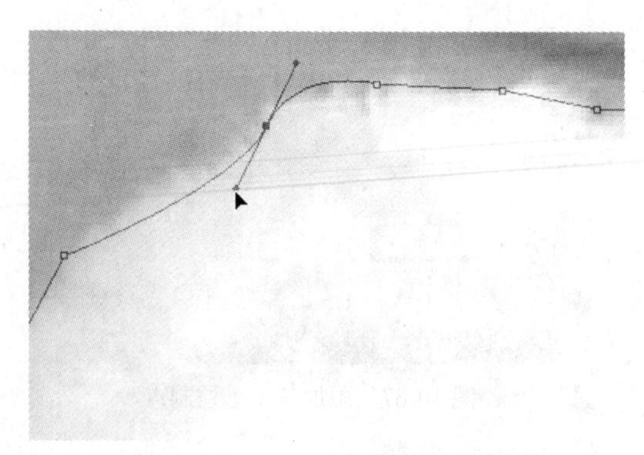

图10-71　出现两条控制柄

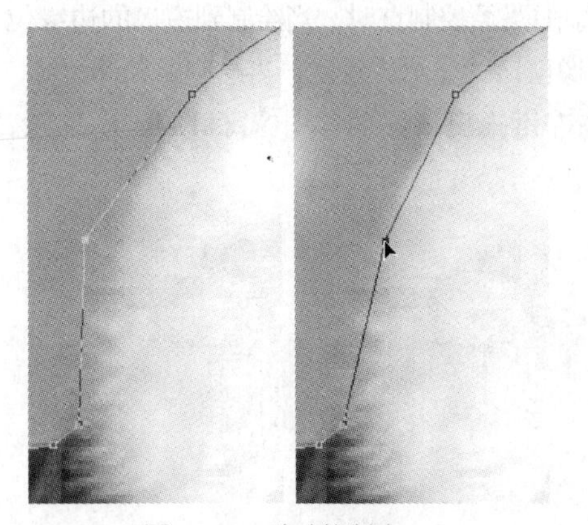

图10-72　移动控制点

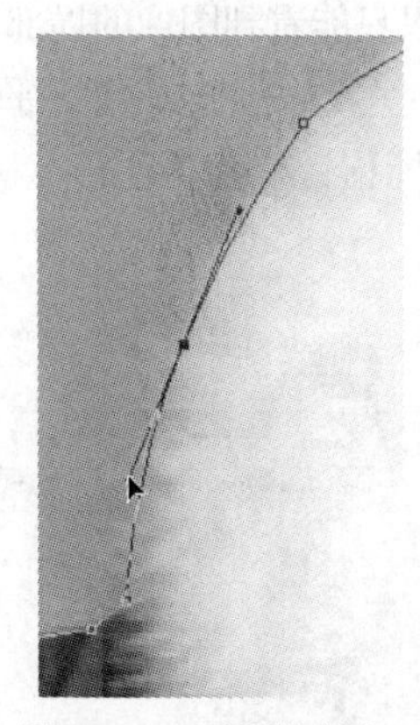

图10-73　调整控制点

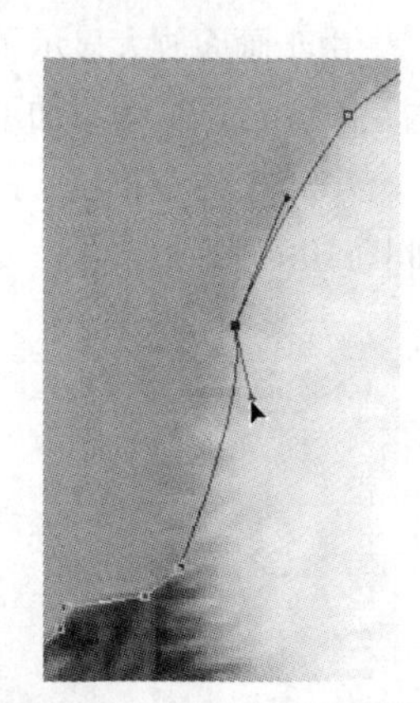

图10-74　被锁定的控制柄

（13）利用工具调整路径上的所有控制点，使路径紧贴羽绒服的轮廓边缘，如图10-75所示。

图10-75　调整完成的路径

（14）按Ctrl+Enter组合键，将路径转换成选区，如图10-76所示。

（15）按F键，将窗口切换为默认的标准显示状态，然后选择【视图】/【按屏幕大小缩放】菜单命令，使画面适合屏幕大小显示。

图 10-76　转换成选区

（16）选择【图层】/【新建】/【通过拷贝的图层】菜单命令，把选取的羽绒服通过拷贝生成“图层 1”。

（17）选择工具，单击“背景”层设置为工作层，然后按 Delete 键将“背景”层删除，得到如图 10-77 所示的透明背景效果。

图 10-77　去除背景后效果

（18）按 Shift+Ctrl+S 组合键，将此文件命名为“路径抠图.psd”保存。

10.7　图像移动与复制

【移动】工具是 Photoshop 中应用最频繁的工具，利用它可以在当前文件中移动或复制图像，也可以将图像由一个文件移动复制到另一个文件中，还可以对选择的图像进行变换、排列、对齐与分布等操作。

利用【移动】工具移动图像的方法非常简单，在要移动的图像内拖曳鼠标，即可移动图像的位置。在移动图像时，按住 Shift 键可以确保图像在水平、垂直或 45°角的倍数方向上移动；配合属性栏及键盘操作，还可以复制和变形图像。

10.7.1　在当前文件中移动图像

下面通过范例操作介绍图像在当前文件中的移动操作方法。

（1）打开素材文件名为“卡通.jpg”的文件，如图 10-78 所示。

（2）选取工具，在属性栏中将 容差: 50 参数设置为“50”，结合 Shift 键，在背景中的白色上单击，创建如图 10-79 所示的选区。执行【选择】/【反选】命令，将选区反选。

图 10-78　打开的文件

图 10-79　添加的选区

（3）选择工具，在选区内拖曳鼠标，释放鼠标左键后，图片即停留在移动后的位置，如图 10-80 所示。

利用【移动】工具在当前图像文件中移动图像分两种情况：一种是移动“背景”层选区内的图像，移动此类图像时，图像被移动位置后，原图像位置需要用颜色补充，因为背景层是不透明的图层，而此处所补充显示的颜色为工具箱中的背景颜色，如图 10-81 所示；另一种情况是移动“图层”中的图像，当移动此类图像时，可以不需要添加选区就可以移动图像的位置，但移动“图层”中图像的局部位置时，也是需要添加选区才能够移动的。

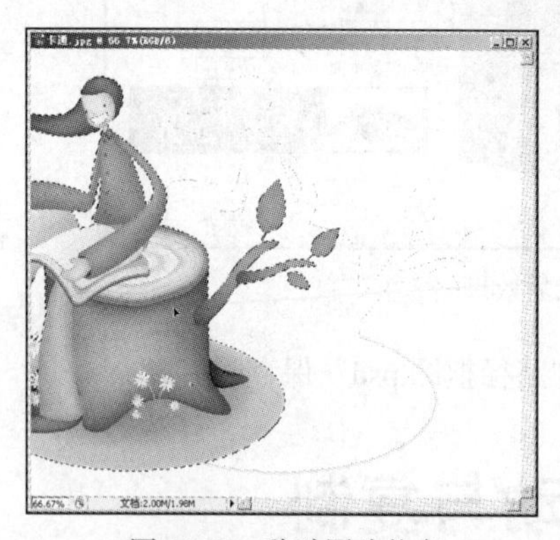

图 10-80　移动图片状态

图 10-81　显示的背景色

10.7.2　在两个文件之间移动复制图像

下面介绍在两个图像文件之间移动复制图像的操作方法。

（1）打开本章素材名为“卡通.jpg”和“卡通 01.jpg”的文件。

（2）利用工具将“卡通.jpg”文件中的卡通选取，利用工具，在选取的卡通图形内按住鼠标左键，然后向“卡通 01.jpg”文件中拖曳，如图 10-82 所示。

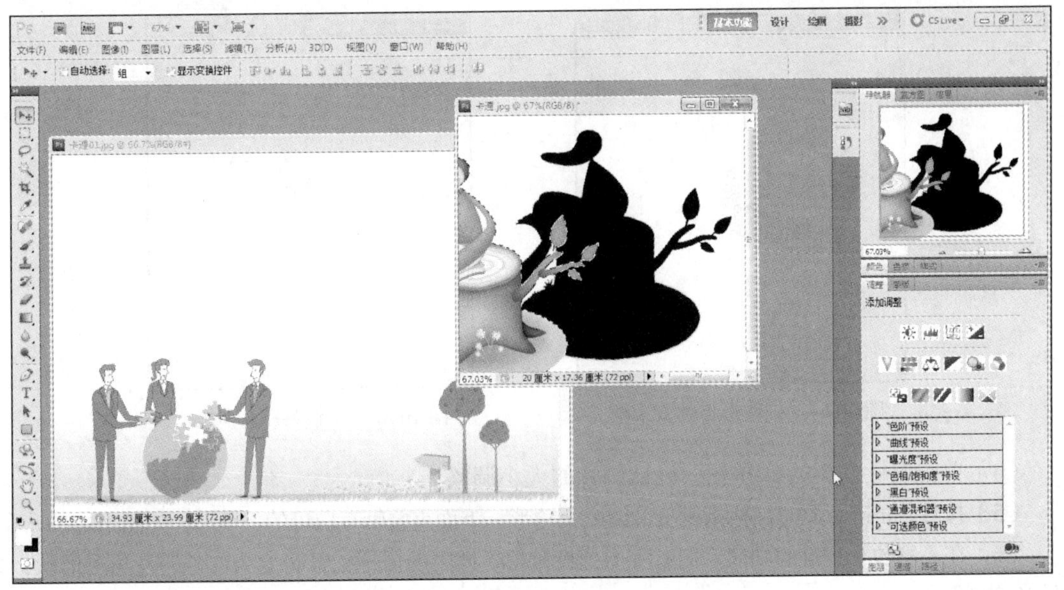

图 10-82　在两个文件之间移动复制图像状态

（3）当鼠标指针变为形状时释放鼠标左键，所选取的图片即被移动到另一个图像文件中，如图 10-83 所示。

图 10-83　复制到另一个文件中的图像

10.7.3　利用【移动】工具复制图像

利用【移动】工具移动图像时，如果先按住 Alt 键再拖曳鼠标，释放鼠标左键后即可将图像移动复制到指定位置。在按住 Alt 键移动复制图像时又分两种情况，一种是不添加选区直接复制图像，另一种是将图像添加选区后再移动复制。下面通过范例操作来介绍这两种情况复制图像的具体操作方法。

1．直接复制图像操作

（1）打开本章素材名为“叶子.psd”的文件。

（2）在属性栏中勾选 ☑显示变换控件 复选框，此时图片的周围将显示虚线形态的变换框，如图 10-84 所示。

（3）按住 Shift 键，将鼠标指针放置在变换框右上角的调节点上按下鼠标左键，虚线变换框将变为实线形态的变换框，然后向左下角拖曳鼠标指针调整图片大小，状态如图 10-85 所示。

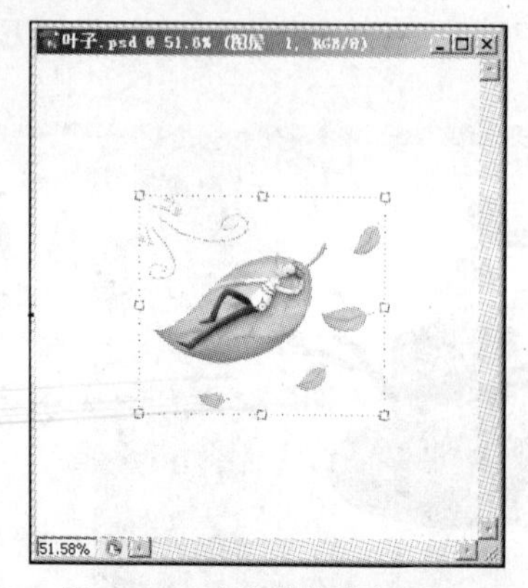

图 10-84 虚线形态的变形框

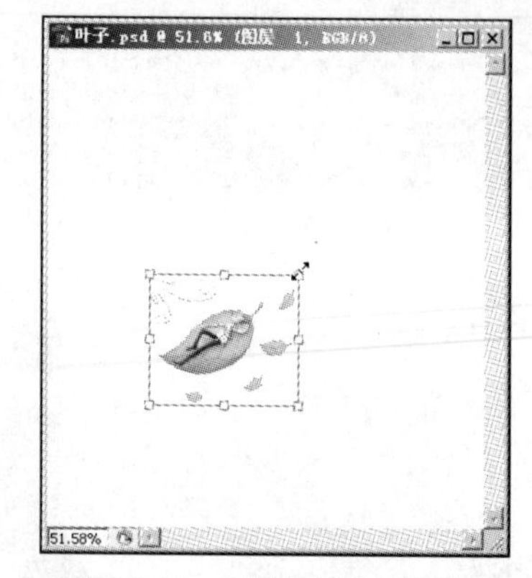

图 10-85 调整图片大小状态

（4）单击属性栏中的✓按钮，确认图片的大小调整。

（5）按住Alt键，此时鼠标指针变为黑色三角形，下面重叠带有白色的三角形，如图 10-86 所示。

（6）在不释放Alt键的同时，向右上方拖曳鼠标，此时的鼠标指针将变为白色的三角形形状，如图 10-87 所示。

图 10-86 按下Alt键状态

图 10-87 移动复制图片状态

（7）释放鼠标左键后，即可完成图片的移动复制操作，在【图层】面板中将自动生成“图层 1 副本”层，如图 10-88 所示。

（8）利用显示的虚线变形框，将图片缩小并旋转角度，如图 10-89 所示。单击属性栏中的✓按钮，确认图片调整。

（9）使用相同的移动复制操作，在画面中可以复制无数个图形，将属性栏中的「显示变换控件」勾选取消，最终效果如图 10-90 所示。

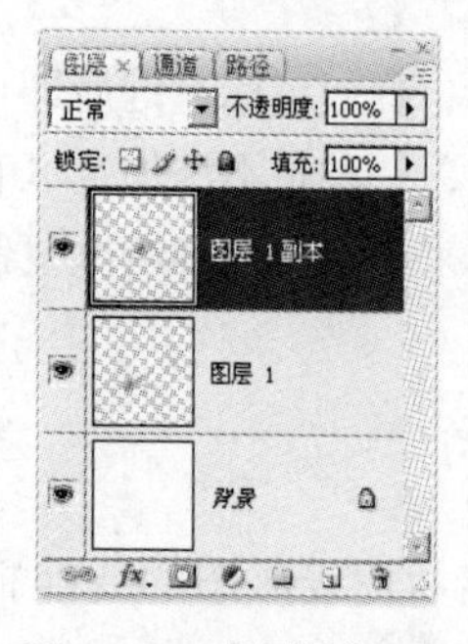

图 10-88 【图层】面板

图 10-89 调整图片

图 10-90 复制出的图片

（10）按Shift+Ctrl+S组合键，将当前文件命名为“移动复制练习 01.psd”保存。

上面介绍的利用【移动】工具结合 Alt 键复制图像的方法，复制出的图像在【图层】面板中会生成独立的图层；如果将图像添加选区后再复制，复制出的图像将不会生成独立的图层。

2. 添加选取复制图像操作

下面介绍添加选区时移动复制图像的操作方法。

（1）打开本章素材名为“叶子.psd”的文件。

（2）选择 工具，在属性栏中将 显示变换控件 勾选，然后将图片缩小，在变形框内拖曳鼠标，将图片移动到如图 10-91 所示的位置。

（3）单击属性栏中的 按钮，在属性栏中将 显示变换控件 勾选取消。

（4）按住 Ctrl 键，在【图层】面板中单击“图层 1”前面的缩览图，给图片添加选区，如图 10-92 所示。

图 10-91　图片放置的位置

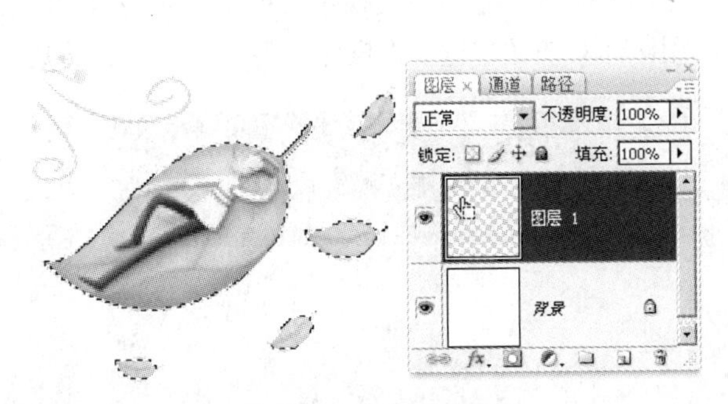

图 10-92　添加选区状态

（5）按住 Alt 键，将鼠标指针移动到选区内拖曳，移动复制选取的图片，状态如图 10-93 所示。

（6）释放鼠标左键后，选取的图片即被移动复制到指定的位置，且在【图层】面板中也不会产生新的图层。

（7）继续移动复制所选取的图片，在画面中排列复制出多个，然后按 Ctrl+D 组合键去除选区，移动复制出的图片如图 10-94 所示。

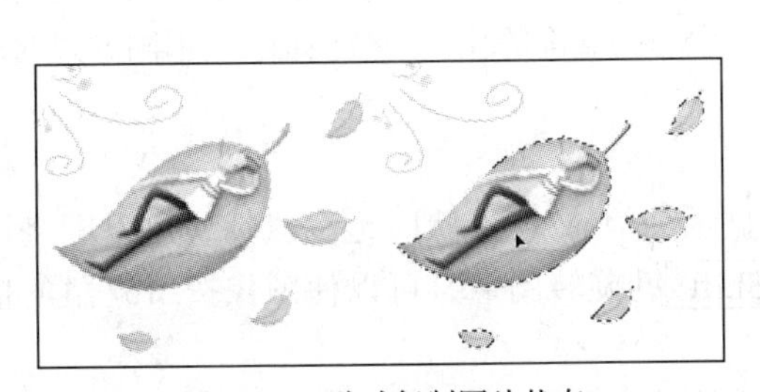

图 10-93　移动复制图片状态

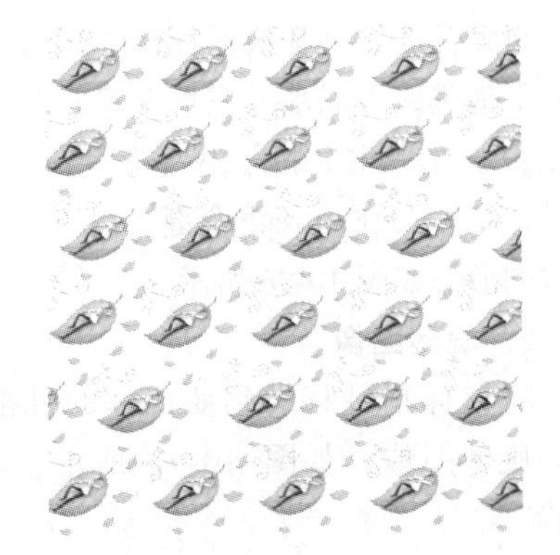

图 10-94　移动复制出的图片

（8）按 Shift+Ctrl+S 组合键，将当前文件命名为“移动复制练习 02.psd”并保存。

10.8 图像变换、对齐与分布

在图像处理过程中经常需要对图像进行变换操作，从而使图像的大小、方向、形状或透视符合作图要求。在 Photoshop CS5 中，变换图像的方法有两种，一种是直接利用【移动】工具变换图像，另一种是利用菜单命令变换图像。无论使用哪种方法，都可以得到相同的变换效果。

在使用【移动】工具变换图像时，若勾选属性栏中的 ☑显示变换控件，图像中将根据工作层（背景层除外）或选区内的图像显示变换框。在变换框的调节点上按住鼠标左键，变换框将由虚线变为实线，此时拖动变换框周围的调节点就可以对变换框内的图像进行变换。图像周围显示的虚线变换框和实线变换框形态如图 10-95 所示。

选择【编辑】/【自由变换】菜单命令，或选择【编辑】/【变换】菜单命令中的【缩放】、【旋转】或【斜切】等子命令，也可以对图像进行相应类型的变换操作。

选择【编辑】/【自由变换】菜单命令或将图像的虚线变换框转换为实线变换框之后，可以直接利用鼠标对图像进行变换操作，各种变换形态的具体操作如下。

图 10-95　虚线变换框和实线变换框

1. 缩放图像

将光标放置到变换框各边中间的调节点上，待光标显示为↔或↕形状时，按下鼠标左键左右或上下拖曳，可以水平或垂直缩放图像。将鼠标指针放置到变换框 4 个角的调节点上，待其显示为↘或↗形状时，按下左键拖曳鼠标，可以任意缩放图像；此时，按住 Shift 键可以等比例缩放图像；按住 Alt+Shift 组合键可以以变换框的调节中心为基准等比例缩放图像。以不同方式缩放图像时的形态如图 10-96 所示。

2. 旋转图像

将鼠标指针移动到变换框的外部，待其显示为↰或↶形状时拖曳鼠标，可以围绕调节中心旋转图像，如图 10-97 所示。若按住 Shift 键旋转图像，可以使图像按 15°角的倍数旋转。

在【编辑】/【变换】命令的子菜单中选取【旋转 180 度】、【旋转 90 度（顺时针）】、【旋转 90 度（逆时针）】、【水平翻转】或【垂直翻转】等命令，可以将图像旋转 180°、顺时针旋转 90°、逆时针旋转 90°、水平翻转或垂直翻转。

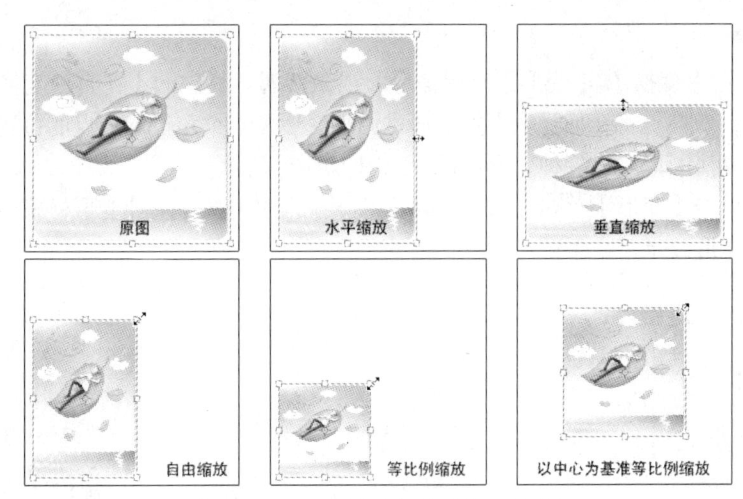

图 10-96　以不同方式缩放图像时的形态

3. 斜切图像

选择【编辑】/【变换】/【斜切】菜单命令，或按住 Ctrl+Shift 组合键调整变换框的调节点，可以将图像斜切变换，如图 10-98 所示。

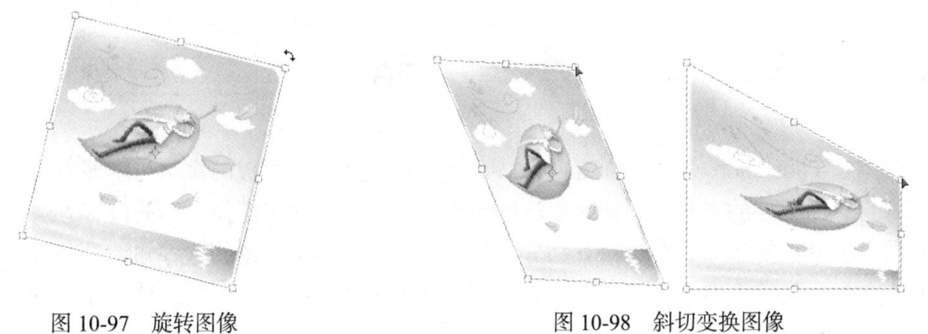

图 10-97　旋转图像

图 10-98　斜切变换图像

4. 扭曲图像

选择【编辑】/【变换】/【扭曲】菜单命令，或按住 Ctrl 键调整变换框的调节点，可以对图像进行扭曲变形，如图 10-99 所示。

5. 透视图像

选择【编辑】/【变换】/【透视】菜单命令，或按住 Ctrl+Alt+Shift 组合键调整变换框的调节点，可以使图像产生透视变形效果，如图 10-100 所示。

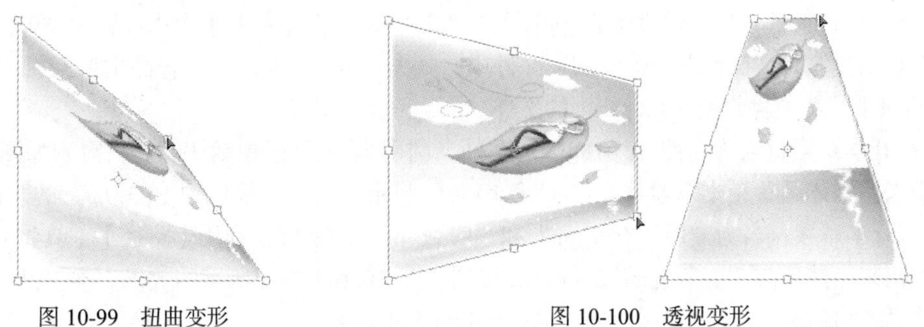

图 10-99　扭曲变形

图 10-100　透视变形

6. 变形图像

选择【编辑】/【变换】/【变形】菜单命令，或激活属性栏中的【在自由变换和变形模式之间切换】按钮，变换框将转换为变形框，通过调整变形框 4 个角上调节点的位置以及控制柄的长度和方向，可以使图像产生各种变形效果，如图 10-101 所示。

在属性栏中单击【变形】自定，在弹出的下拉列表中选择一种变形样式，还可以使图像产生各种相应的变形效果。

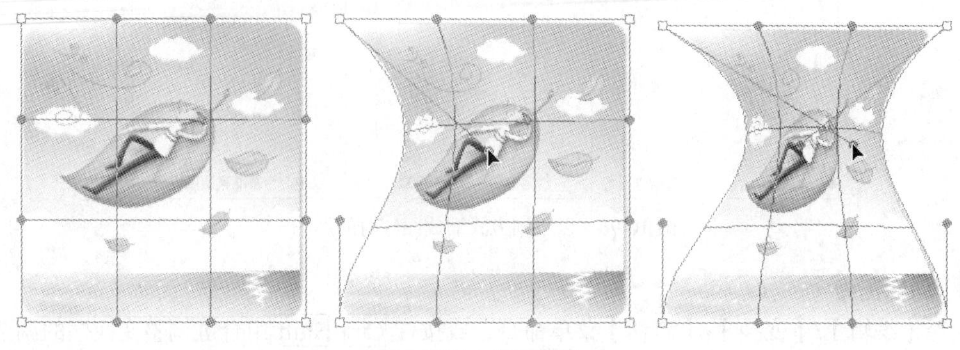

图 10-101　变形图像

小　结

本章介绍了 Photoshop CS5 界面窗口，认识了工具箱及控制面板的显示与隐藏方法，学习了新建、打开与存储文件的方法，图像的显示控制方法，图像尺寸与图像大小的设置方法，图像的裁剪、抠图、移动、复制、变换、对齐、分布等操作方法。本章介绍的这些知识是进行图像处理工作最基本和最重要的内容，希望读者能够理解并熟练掌握，以便为网页设计工作提供方便。

习　题

1. 新建【宽度】为“1024 像素”,【高度】为“768 像素”,【分辨率】为“72 像素/英寸”,【颜色模式】为“RGB 颜色”,【背景内容】为“白色”的新文件。然后给新建文件的【背景】层填充上“绿色（R:65,G:160,B:55）”后存储该文件，名称为“网站方案.psd”。本作品参见本章素材“作品\第 10 章”目录下名为“操作题 10-1.psd”的文件。

2. 打开本章素材名为“通栏报广.jpg”的文件，将该文件【宽度】大小设置为“980 像素”，然后将其移动复制到“操作题 10-1.psd”文件中，如图 10-102 所示。本作品本章素材“作品\第 10 章”目录下名为“操作题 10-2.psd”的文件。

3. 打开本章素材名为“照片 018.jpg”文件，利用工具透视裁切图片，得到如图 10-103 所示的效果。本作品参见本章素材“作品\第 10 章”目录下名为“操作题 10-3.jpg”的文件。

4. 打开本章素材名为“照片 019.jpg”和“底版.jpg”的文件，利用【路径】工具将儿童在背景中抠选出来，然后与“底版.jpg”文件合成得到如图 10-104 右图所示的效果。本作品参见本章素材“作品\第 10 章”目录下名为“操作题 10-4.jpg”的文件。

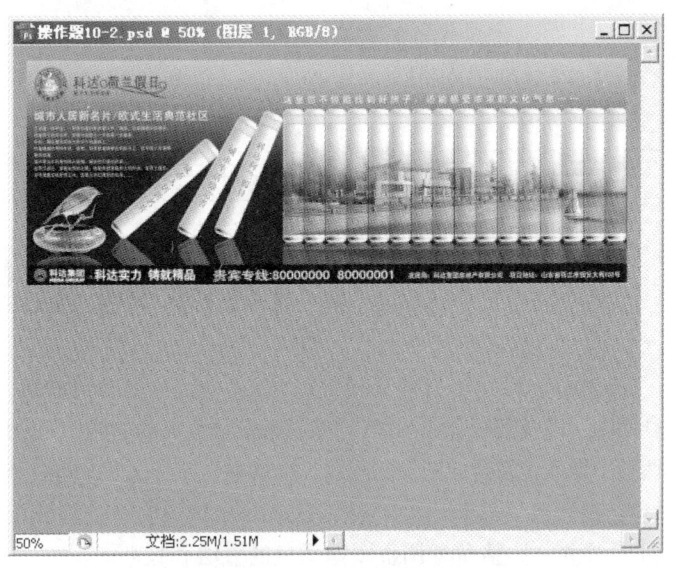

图 10-102　移动复制的图片

图 10-103　素材图片及透视裁切后的效果

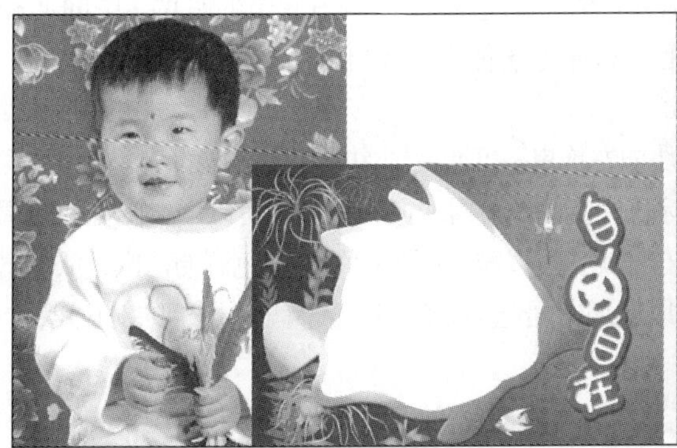

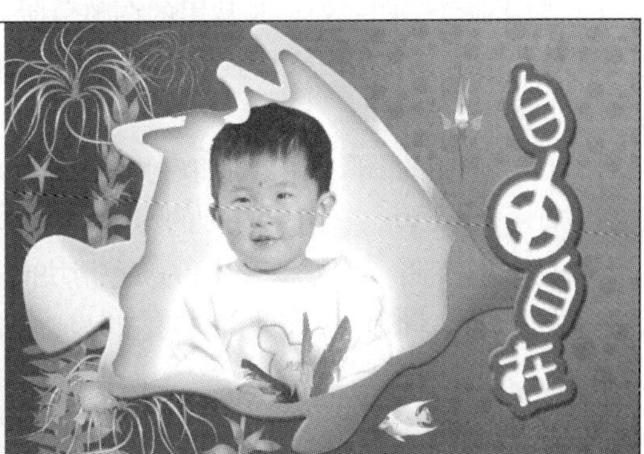

图 10-104　素材图片及合成后的效果

第 11 章 图像调整与合成

调整图像颜色、利用图层以及蒙版合成图像是 Photoshop 最强大的功能，无论是平面设计还是网页美编工作，都会遇到调整图像颜色及合成图像的问题，本章主要针对这 3 方面内容来介绍相关的知识。

【学习目标】

- 掌握利用各种图像颜色调整命令调整图像颜色的方法和技巧。
- 掌握各种修饰图像工具的应用。
- 掌握【图形】面板、图层样式应用。
- 掌握图像合成的方法和技巧。

11.1 图像色彩调整

在【图像】/【调整】菜单中包含 22 种调整图像颜色的命令，根据图像处理的需要，利用这些命令，可以把图像调整成各种颜色效果。下面介绍几个常用的颜色调整命令。

11.1.1 【色阶】命令

【色阶】命令是图像处理时常用的调整色阶对比的命令，它通过调整图像中的暗调、中间调和高光区域的色阶分布情况来增强图像的色阶对比。选择【图像】/【调整】/【色阶】菜单命令，将打开【色阶】对话框。

对于光线较暗的图像，用鼠标将右侧的白色滑块向左拖曳，可增大图像中高光区域的范围，使图像变亮，如图 11-1 所示。对于高亮度的图像，用鼠标将左侧的黑色滑块向右拖曳，可以增大图像中暗调的范围，使图像变暗。用鼠标将中间的灰色滑块向右拖曳，可以减少图像中的中间色调的范围，从而增大图像的对比度；同理，若将此滑块向左拖曳，可以增加中间色调的范围，从而减小图像的对比度。

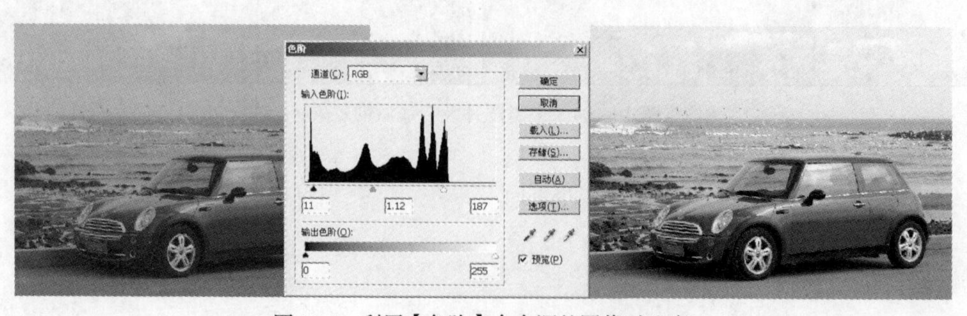

图 11-1 利用【色阶】命令调整图像对比度

11.1.2 【曲线】命令

利用【曲线】命令可以调整图像各个通道的明暗程度，从而更加精确地改变图像的颜色。选择【图像】/【调整】/【曲线】菜单命令，将打开【曲线】对话框。

对于因曝光不足而色调偏暗的 RGB 颜色图像，可以将曲线调整至上凸的形态，使图像变亮，如图 11-2 所示。

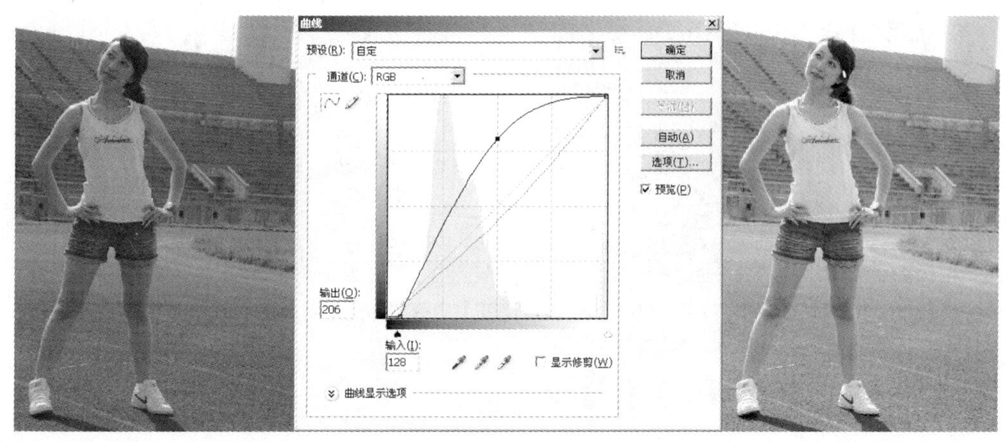

图 11-2　利用【曲线】命令调整图像亮度

对于因曝光过度而色调高亮的 RGB 颜色图像，可以将曲线调整至向下凹的形态，使图像的各色调区按比例减暗，从而使图像的色调变得更加饱和，如图 11-3 所示。

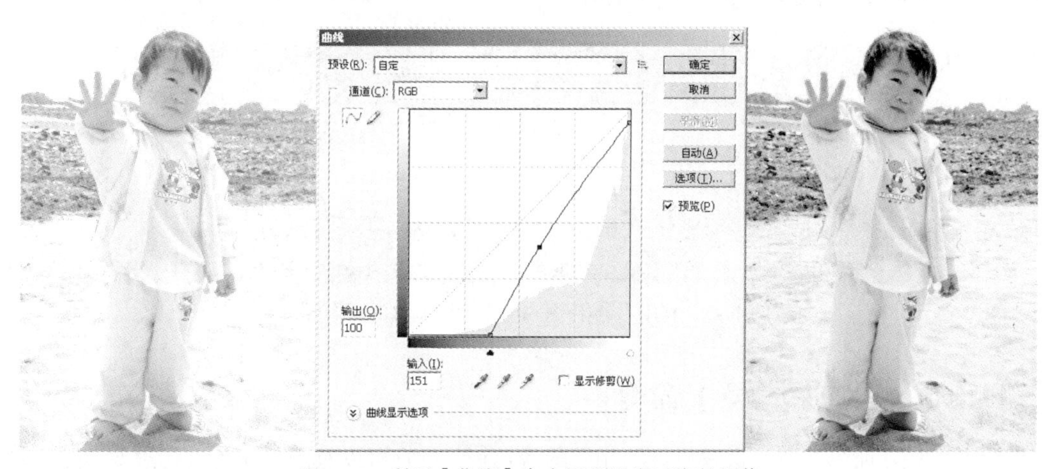

图 11-3　利用【曲线】命令调整曝光过度的图像

11.1.3 【色彩平衡】命令

【色彩平衡】命令是通过调整图像中各种颜色的混合量来改变整体色彩的。选择【图像】/【调整】/【色彩平衡】菜单命令，将打开【色彩平衡】对话框。在【色彩平衡】对话框中调整滑块的位置，可以控制图像中互补颜色的混合量；下方的【色调平衡】选项用于选择需要调整的色调范围；勾选【保持明度】选项，在调整图像色彩时可以保持画面亮度不变。

11.1.4 【亮度/对比度】命令

利用【亮度/对比度】命令可以增加偏灰图像的亮度和对比度。选择【图像】/【调整】/【亮度/对比度】菜单命令，将打开【亮度/对比度】对话框。与【色阶】和【曲线】命令不同，它只能对图像的整体亮度和对比度进行调整，对单个颜色通道不起作用。图 11-4 所示为利用【亮度/对比度】命令调整的效果。

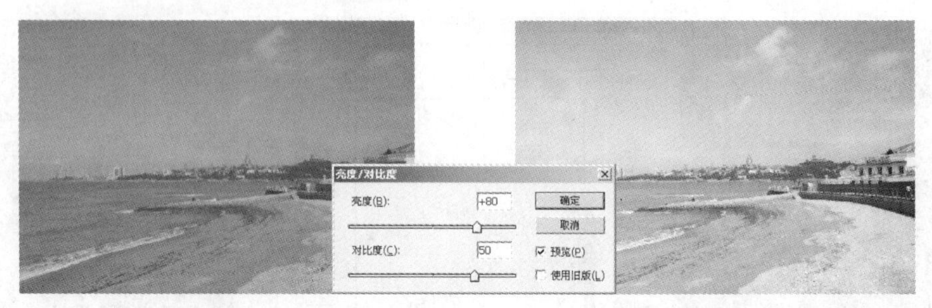

图 11-4　利用【亮度/对比度】命令调整图像对比度

11.1.5 【色相/饱和度】命令

利用【色相/饱和度】命令可以调整图像的色相、饱和度和亮度，它既可以作用于整个图像，也可以对指定的颜色单独调整。选择【图像】/【调整】/【色相/饱和度】菜单命令，将打开【色相/饱和度】对话框。当勾选【色相/饱和度】对话框中的【着色】复选框时，可以为图像重新上色，从而使图像产生单色调效果，如图 11-5 所示。

图 11-5　利用【色相/饱和度】命令调整的图像颜色

11.1.6 【照片滤镜】命令

【照片滤镜】命令类似于摄像机或照相机的滤色镜片，它可以对图像颜色进行过滤，使图像产生不同的滤色效果。选择【图像】/【调整】/【照片滤镜】菜单命令，将打开【照片滤镜】对话框。图 11-6 所示为利用【照片滤镜】命令调整的效果。

图 11-6　利用【照片滤镜】命令调整的效果

11.2 图像修饰

利用修复图像工具可以轻松修复破损或有缺陷的图像，如果想去除照片中多余的区域或修补不完整的区域，利用相应的修复工具也可以轻松地完成。修饰工具则是为照片处理各种特效比较快捷的工具，包括模糊、锐化、减淡、加深处理等。

11.2.1 图章工具

图章工具包括【仿制图章】工具和【图案图章】工具，【仿制图章】工具的功能是复制和修复图像，它通过在图像中按照设定的取样点来覆盖原图像或应用到其他图像中来完成图像的复制操作。【图案图章】工具的功能是快速地复制图案，使用的图案素材可以从属性栏中的【图案】选项面板中选择，也可以将自己喜欢的图像利用【编辑】/【定义图案】命令将其定义为图案后使用。下面介绍这两个工具的使用方法。

1.【仿制图章】工具

选择工具，按住Alt键，用鼠标在图像中的取样点位置单击（鼠标单击处的位置为复制图像的取样点），然后松开Alt键，将鼠标指针移动到需要修复的图像位置按住鼠标左键拖曳，即可对图像进行修复。如要在两个文件之间复制图像，两个图像文件的颜色模式必须相同，否则将不能执行复制操作。修复去除图像中电线前后对比效果如图 11-7 所示。

图 11-7　去除图像中电线前后对比效果

2.【图案图章】工具

选择工具后，在属性栏中根据需要设置相应的选项和参数，在图像中拖曳鼠标即可复制图案。如果想复制自定义图案，在准备的图像素材中利用【矩形选框】工具绘制要作为图案的选区，再选择【编辑】/【定义图案】菜单命令，即可把图像定义为图案，然后就可以利用该工具复制图案了。图 11-8 所示为使用此工具复制的图案效果。

图 11-8　复制的图案效果

11.2.2 修复工具

修复工具包括【污点修复画笔】工具、【修复画笔】工具、【修补】工具和【红眼】工具，这 4 种工具都可用来修复有缺陷的图像。

1.【污点修复画笔】工具

图 11-9　去除红痘前后的对比效果

利用【污点修复画笔】工具可以快速去除照片中的污点，尤其是对人物面部的疤痕、雀斑等小面积范围内的缺陷修复最为有效，其修复原理是在所修饰图像位置的周围自动取样，然后将其与所修复位置的图像融合，得到理想的颜色匹配效果。其使用方法非常简单，选择工具，在属性栏中设置合适的画笔大小和选项后，在图像的污点位置单击一下即可去除污点。图 11-9 所示为图像去除红痘前后的对比效果。

2.【修复画笔】工具

【修复画笔】工具与【污点修复画笔】工具的修复原理基本相似，都是将目标位置没有缺陷的图像与被修复位置的图像进行融合后得到理想的匹配效果。但使用【修复画笔】工具时需要先设置取样点，即按住 Alt 键，用鼠标在取样点位置单击（鼠标单击处的位置为复制图像的取样点），松开 Alt 键，然后在需要修复的图像位置按住鼠标左键拖曳，即可对图像中的缺陷进行修复，并使修复后的图像与取样点位置图像的纹理、光照、阴影和透明度相匹配，从而使修复后的图像不留痕迹地融入图像中。此工具对于较大面积的图像缺陷修复也非常有效。利用此工具去除图像上面的日期前后的对比效果如图 11-10 所示。

图 11-10　去除图像上面的日期前后的对比效果

3.【修补】工具

利用【修补】工具可以用图像中相似的区域或图案来修复有缺陷的部位或制作合成效果，与【修复画笔】工具一样，【修补】工具会将设定的样本纹理、光照和阴影与被修复图像区域进行混合后得到理想的效果。利用此工具去除照片中多余人物的前后对比效果如图 11-11 所示。

图 11-11　去除照片中多余人物的前后对比效果

4.　【红眼】工具

在夜晚或光线较暗的房间里拍摄人物照片时，由于视网膜的反光作用，往往会出现红眼效果。利用【红眼】工具可以迅速地修复这种红眼效果。其使用方法非常简单，选择工具，在属性栏中设置合适的【瞳孔大小】和【变暗量】选项后，在人物的红眼位置单击一下即可校正红眼。图 11-12 所示为去除红眼前后的对比效果。

图 11-12　去除红眼前后的对比效果

11.3　图　　层

图层是 Photoshop 中非常重要的内容，几乎所有图像的合成操作及图形的绘制都离不开图层的应用。本节将介绍有关图层的知识内容，其中包括图层的概念、图层面板、图层类型、图层样式、图层的基本操作、应用技巧等。

11.3.1　图层概念

图层就像一张透明的纸，透过图层透明区域可以清晰地看到下面图层中的图像，下面以一个简单的比喻来具体说明，这样对读者深入理解图层的概念会有帮助。例如，要在纸上绘制一幅儿童画，首先绘制出背景（这个背景是不透明的），然后在纸的上方添加一张完全透明的纸绘制草地，绘制完成后，在纸的上方再添加一张完全透明的纸绘制其余图形……依此类推，在绘制儿童画的每一部分之前，都要在纸的上方添加一张完全透明的纸，然后在添加的透明纸上绘制新的图形。绘制完成后，通过纸的透明区域可以看到下面的图形，从而得到一幅完整的作品。在这个绘制过程中，添加的每一张纸就是一个图层。图层原理说明图如图 11-13 所示。

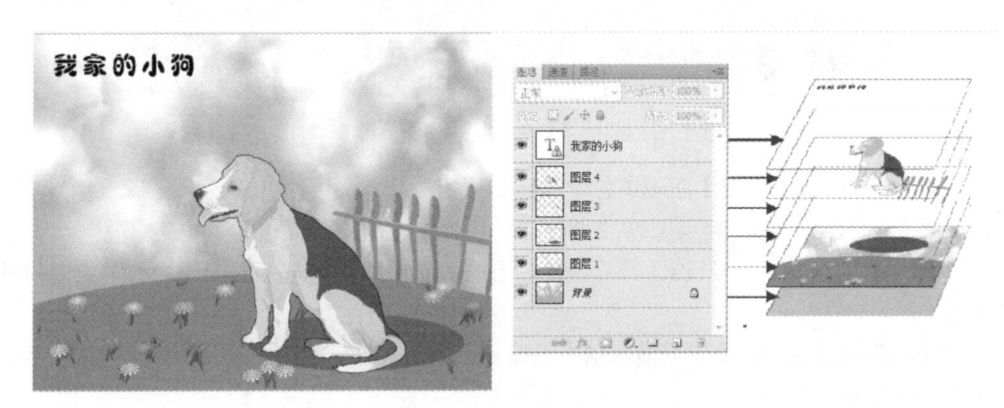

图 11-13　图层原理说明图

上面介绍了图层的概念，那么在绘制图形时为什么要建立图层呢？仍以上面的例子来说明。如果在一张纸上绘制儿童画，当全部绘制完成后，突然发现草地效果不太合适，这时候只能选择重新绘制这幅作品，因为对在一张纸上绘制的画面进行修改非常麻烦。而如果是分层绘制的，遇到这种情况就不必重新绘制了，只需找到绘制草地的透明纸（图层），将其删除，然后重新添加一张新纸（图层），绘制合适的草地放到刚才删除的纸（图层）的位置即可，这样可以大大节省绘图时间。另外，图层除了具有易修改的优点外，还可以在一个图层中随意拖动、复制和粘贴图形，并能对图层中的图形制作各种特效，而这些操作都不会影响其他图层中的图形。

11.3.2 图层面板

【图层】面板主要用来管理图像文件中的图层、图层组和图层效果，方便图像处理操作以及显示或隐藏当前文件中的图像，还可以进行图像不透明度、模式设置以及图层创建、锁定、复制、删除等操作。灵活掌握好【图层】面板的使用可以使设计者对图像的合成一目了然，并非常容易地来编辑和修改图像。

打开本章素材名为“图层面板说明图.psd”的文件，其画面效果及【图层】面板如图 11-14 所示。

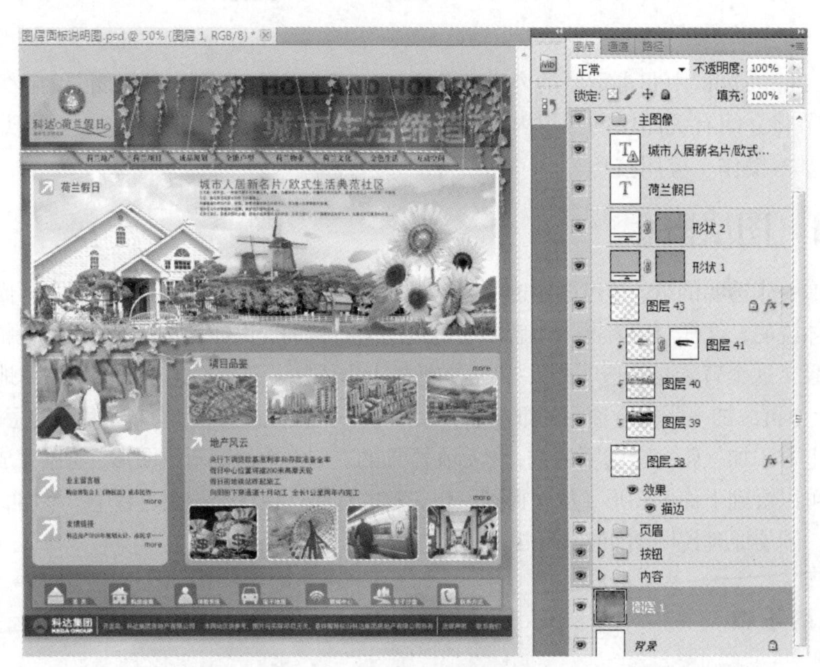

图 11-14 【图层】面板说明图

下面简要介绍一下【图层】面板中各个选项和按钮的功能。

- 【图层面板菜单】按钮：单击此按钮，可弹出【图层】面板的下拉菜单。
- 【图层混合模式】选项正常：设置当前图层中的图像与下面图层中的图像以何种模式进行混合。
- 【不透明度】选项：设置当前图层中图像的不透明程度。数值越小，图像越透明；数值越大，图像越不透明。
- 【锁定透明像素】按钮：可以使当前图层中的透明区域保持透明。
- 【锁定图像像素】按钮：在当前图层中不能进行图形绘制以及其他命令操作。
- 【锁定位置】按钮：可以将当前图层中的图像锁定不被移动。

- 【锁定全部】按钮：在当前图层中不能进行任何编辑修改操作。
- 【填充】选项：设置图层中图形填充颜色的不透明度。
- 【显示/隐藏图层】图标：表示此图层处于可见状态。如果单击此图标，图标中的眼睛被隐藏，表示此图层处于不可见状态。
- 图层缩览图：用于显示本图层的缩略图，它随着该图层中图像的变化而随时更新，以便用户在进行图像处理时参考。
- 图层名称：显示各图层的名称。
- 图层组：图层组是图层的组合，它的作用相当于 Windows 系统管理器中的文件夹，主要用于组织和管理图层。移动或复制图层时，图层组中的内容可以同时被移动或复制。单击面板底部的按钮或选择【图层】/【新建】/【图层组】菜单命令，即可在【图层】面板中创建序列图层组。
- 【剪贴蒙版】图标：选择【图层】/【创建剪贴蒙版】菜单命令，当前图层将与下面的图层相结合建立剪贴蒙版，当前图层的前面出现剪贴蒙版图标，其下的图层即为剪贴蒙版图层。

在【图层】面板底部有 7 个按钮，其功能分别如下。

- 【链接图层】按钮：通过链接两个或多个图层，可以一起移动链接图层中的内容，也可以对链接图层执行对齐与分布、合并图层等操作。
- 【添加图层样式】按钮 fx.：可以对当前图层中的图像添加各种样式效果。
- 【添加图层蒙版】按钮：可以给图层添加蒙版。如果先在图像中创建适当的选区，再单击此按钮，可以根据选区范围在当前图层上创建图层蒙版。
- 【创建新的填充或调整图层】按钮：可在当前图层上添加一个调整图层，对当前图层下边的图层进行色调、明暗等颜色效果调整。
- 【创建新组】按钮：可以在【图层】面板中创建一个新的序列。序列类似于文件夹，以便于图层的管理和查询。
- 【创建新的图层】按钮：可在当前图层上创建新图层。
- 【删除图层】按钮：可将当前图层删除。

11.3.3　图层类型

在【图层】面板中包含多种图层类型，每种类型的图层都有不同的功能和用途，利用不同的类型可以创建不同的效果，它们在【图层】面板中的显示状态也不同。下面介绍常用图层类型的功能。

- 背景图层：背景图层相当于绘画中最下方不透明的纸。在 Photoshop 中，一个图像文件中只有一个背景图层，它可以与普通图层进行相互转换，但无法交换堆叠次序。如果当前图层为背景图层，选择【图层】/【新建】/【背景图层】菜单命令，或在【图层】面板的背景图层上双击鼠标，便可以将背景图层转换为普通图层。
- 普通图层：普通图层相当于一张完全透明的纸，是 Photoshop 中最基本的图层类型。单击【图层】面板底部的按钮，或选择【图层】/【新建】/【图层】菜单命令，即可在【图层】面板中新建一个普通图层。
- 填充图层和调整图层：用来控制图像颜色、色调、亮度、饱和度等的辅助图层。单击【图层】面板底部的按钮，在弹出的下拉列表中选择任意一个选项，即可创建填充或调整图层。
- 效果图层：【图层】面板中的图层应用图层效果（如阴影、投影、发光、斜面和浮雕、描边等）后，右侧会出现一个 fx（效果层）图标，此时，这一图层就是效果图层。注意，背景图层不能转换为效果图层。单击【图层】面板底部的 fx. 按钮，在弹出的下拉列表中选择任意一个选项，即可创建效果图层。

● 形状图层：使用工具箱中的矢量图形工具在文件中创建图形后，【图层】面板会自动生成形状图层。当选择【图层】/【栅格化】/【形状】菜单命令后，形状图层将被转换为普通图层。

● 蒙版图层：在图像中，图层蒙版中颜色的变化使其所在图层的相应位置产生透明效果。其中，该图层中与蒙版的白色部分相对应的图像不产生透明效果，与蒙版的黑色部分相对应的图像完全透明，与蒙版的灰色部分相对应的图像根据其灰度产生相应程度的透明。

● 文本图层：在文件中创建文字后，【图层】面板会自动生成文本层，其缩览图显示为 T 图标。当对输入的文字进行变形后，文本图层将显示为变形文本图层，其缩览图显示为图标。

11.3.4 图层操作

在图像处理过程中，任何操作都是基于图层进行的，通过对图层添加图层样式、设置混合模式等可以制作出丰富多彩的图像效果。本小节将介绍图层的基本操作命令。

1. 新建图层

新建图层的方法有如下两种。

- 选择【图层】/【新建】菜单命令。
- 单击【图层】面板底部的按钮。

2. 复制图层

复制图层的方法有如下3种。

- 选择【图层】/【复制图层】命令可以复制当前选择的图层。
- 在【图层】面板中将鼠标指针放置在要复制的图层上，按下鼠标左键向下拖曳至按钮上释放，也可将图层复制并生成一个“副本”层。
- 按 Ctrl+j 组合键可快速复制当前图层。

3. 删除图层

删除图层的方法有如下3种。

- 选择【图层】/【删除】/【图层】菜单命令，可以将当前选择的图层删除。
- 拖曳要删除的图层至按钮上或选择图层后单击按钮，可将图层删除。
- 如果选取工具并直接按 Delete 键，可以快速地把工作层删除。

4. 图层的堆叠顺序

图层的叠放顺序对作品的效果有着直接的影响，因此，在作品绘制过程中，必须准确调整各图层在画面中的叠放顺序，其调整方法有以下两种。

● 菜单法：选择【图层】/【排列】菜单命令，将弹出【排列】子菜单。执行其中的相应命令，可以调整图层的位置。

● 手动法：在【图层】面板中要调整叠放顺序的图层上按下鼠标左键，然后向上或向下拖曳鼠标，此时【图层】面板中会有一线框跟随鼠标移动，当线框调整至要移动的位置后释放鼠标，当前图层即会调整至释放鼠标的图层位置。

5. 对齐和分布图层

使用图层的对齐和分布命令，可以以当前工作图层中的图像为依据，对【图层】面板中所有与当前工作图层同时选取或链接的图层进行对齐与分布操作。

● 图层的对齐：当【图层】面板中至少有两个同时被选取或链接的图层，且背景图层不处于链接状态时，图层的对齐命令才可用。选择【图层】/【对齐】菜单命令，在弹出的子菜单中执行相应的命令，可以将图层中的图像对齐。

- 图层的分布：在【图层】面板中至少有 3 个同时被选取或链接的图层，且背景图层不处于链接状态时，图层的分布命令才可用。选择【图层】/【分布链接图层】菜单命令，在弹出的子菜单中执行相应的命令，可以将图层中的图像分布。

6. 链接图层

在【图层】面板中选择要链接的多个图层，然后选择【图层】/【链接图层】菜单命令，或单击面板底部的 按钮，可以将选择的图层创建为链接图层，每个链接图层右侧都显示一个 图标。此时若用【移动】工具移动或变换图像，就可以对所有链接图层中的图像一起调整。

在【图层】面板中选择一个链接图层，然后选择【图层】/【选择链接图层】菜单命令，可以将所有与之链接的图层全部选择；再选择【图层】/【取消图层链接】菜单命令或单击【图层】面板底部的 按钮，可以解除它们的链接关系。

7. 合并图层

在存储图像文件时，图层太多将会增加图像文件所占的磁盘空间，所以当图形绘制完成后，可以将一些不必单独存在的图层合并，以减少图像文件的大小。合并图层的常用命令有【向下合并】、【合并可见图层】和【拼合图像】，各命令的功能分别如下。

- 选择【图层】/【向下合并】菜单命令，可以将当前工作图层与其下面的图层合并。在【图层】面板中，如果有与当前图层链接的图层，此命令将显示为【合并链接图层】，执行此命令可以将所有链接的图层合并到当前工作图层中。如果当前图层是序列图层，执行此命令可以将当前序列中的所有图层合并。
- 选择【图层】/【合并可见图层】菜单命令，可以将【图层】面板中所有的可见图层合并，并生成背景图层。
- 选择【图层】/【拼合图像】菜单命令，可以将【图层】面板中的所有图层拼合，拼合后的图层生成为背景图层。

8. 栅格化图层

对于包含矢量数据和生成的数据图层，如文字图层、形状图层、矢量蒙版、填充图层等，不能使用绘画工具或滤镜命令等直接在这种类型的图层中进行编辑操作，只有将其栅格化才能使用。对于栅格化命令操作方法，有以下两种。

- 在【图层】面板中选择要栅格化的图层，然后选择【图层】/【栅格化】菜单命令中的任意命令，或在此图层上单击鼠标右键，在弹出的快捷菜单中选择相应的【栅格化】命令，即可将选择的图层栅格化。
- 选择【图层】/【栅格化】/【所有图层】菜单命令，可将【图层】面板中所有包含矢量数据或生成数据的图层栅格化。

11.4 图 层 样 式

Photoshop 中提供了多种图层样式，利用这些样式可以给图形或图像添加类似投影、发光、渐变颜色、描边等各种类型的效果，利用图层样式尤其是在网页按钮的制作中更能发挥出其强大的功能。下面分别介绍【图层样式】对话框及其在网页按钮制作中的使用方法。

11.4.1 图层样式

选择【图层】/【图层样式】/【混合选项】菜单命令，弹出【图层样式】对话框，如图 11-15 所示。在此对话框中，可以为图层添加投影、内阴影、外发光、内发光、斜面和浮雕等多种效果。

【图层样式】对话框的左侧是【样式】选项区，用于选择要添加的样式类型；右侧是参数设置区，用于设置各种样式的参数及选项。

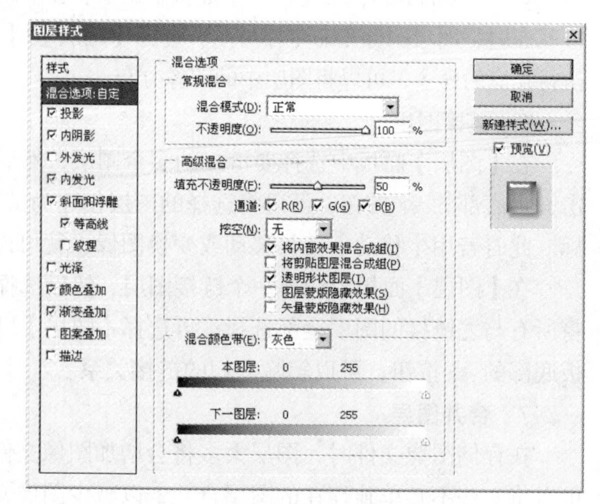

图 11-15 【图层样式】对话框

1.【投影】

通过【投影】选项的设置可以为工作层中的图像添加投影效果，并可以在右侧的参数设置区中设置投影的颜色、与下层图像的混合模式、不透明度、是否使用全局光、光线的投射角度、投影与图像的距离、投影的扩散程度、投影大小等，并可以设置投影的等高线样式和杂色数量。利用此选项添加的效果对比如图 11-16 所示。

2.【内阴影】

通过【内阴影】选项的设置可以在工作层中的图像边缘向内添加阴影，从而使图像产生凹陷效果。在右侧的参数设置区中可以设置阴影的颜色、混合模式、不透明度、光源照射的角度、阴影的距离和大小等参数。利用此选项添加的效果对比如图 11-17 所示。

图 11-16 投影效果

图 11-17 内阴影效果

3.【外发光】

通过【外发光】选项的设置可以在工作层中图像的外边缘添加发光效果。在右侧的参数设置区中可以设置外发光的混合模式、不透明度、添加的杂色数量、发光颜色（或渐变色）、外发光的扩展程度、大小和品质等参数。利用此选项添加的效果对比如图 11-18 所示。

4.【内发光】

此选项的功能与【外发光】选项的相似，只是此选项可以在图像边缘的内部产生发光效果，利用此选项添加的效果对比如图 11-19 所示。

5.【斜面和浮雕】

通过【斜面和浮雕】选项的设置可以使工作层中的图像或文字产生各种样式的斜面浮雕效果。同时选择【纹理】选项，然后在【图案】选项面板中选择应用于浮雕效果的图案，还可以使图形产生各种纹理效果。利用此选项添加的效果对比如图 11-20 所示。

6.【光泽】

通过【光泽】选项的设置可以根据工作层中图像的形状应用各种光影效果，从而使图像产生平滑过渡的光泽效果。选择此项后，可以在右侧的参数设置区中设置光泽的颜色、混合模式、不透明度、光线角度、距离和大小等参数。利用此选项添加的效果对比如图 11-21 所示。

图 11-18　外发光效果

图 11-19　内发光效果

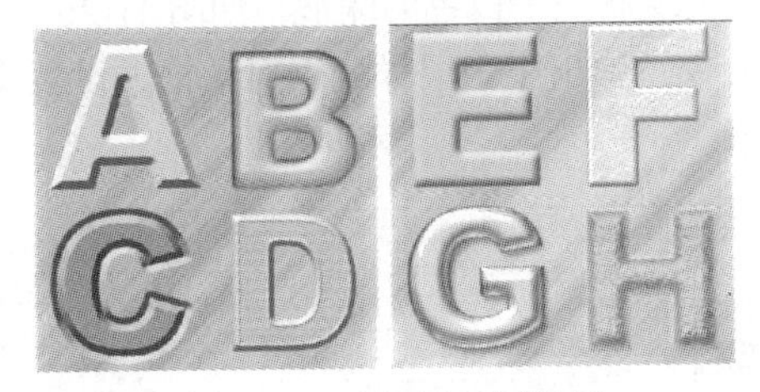

图 11-20　斜面和浮雕效果

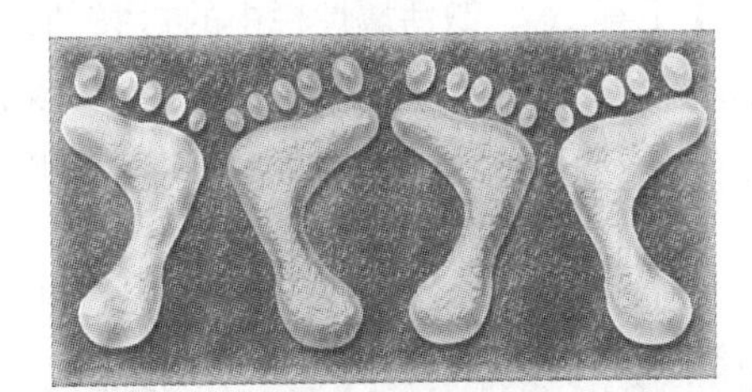

图 11-21　光泽效果

7.【颜色叠加】

【颜色叠加】样式可以在工作层上方覆盖一种颜色，并通过设置不同的颜色、混合模式和不透明度使图像产生类似于纯色填充层的特殊效果，效果对比如图 11-22 所示。

8.【渐变叠加】

【渐变叠加】样式可以在工作层的上方覆盖一种渐变叠加颜色，使图像产生渐变填充层的效果，效果对比如图 11-23 所示。

图 11-22　颜色叠加效果

图 11-23　渐变叠加效果

9.【图案叠加】

【图案叠加】样式可以在工作层的上方覆盖不同的图案效果，从而使工作层中的图像产生图案填充层的特殊效果，效果对比如图 11-24 所示。

10.【描边】

通过【描边】选项的设置可以为工作层中的内容添加描边效果，描绘的边缘可以是一种颜色、渐变色或图案，效果对比如图 11-25 所示。

图 11-24　图案叠加效果

图 11-25　描边效果

11.4.2　制作网页按钮

网页中各页面之间的链接都是通过单击按钮来实现的，下面利用【图层样式】命令来学习简单的圆形按钮的制作。

（1）按 Ctrl+O 组合键，将本章素材名为“蓝布.jpg”的图片打开。

（2）在【图层】面板中单击 按钮新建“图层 1”，将工具箱中的前景色设置为白色，选取【椭圆】工具 ，激活属性栏中的 按钮，按住 Shift 键绘制一个白色的圆形，如图 11-26 所示。

（3）选择【图层】/【图层样式】/【投影】菜单命令，弹出【图层样式】对话框，设置【投影】颜色为黑色，其他选项及参数设置如图 11-27 所示。

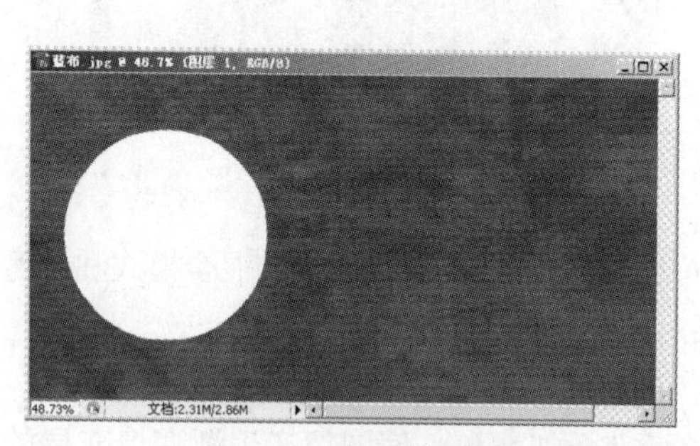

图 11-26　绘制的圆形

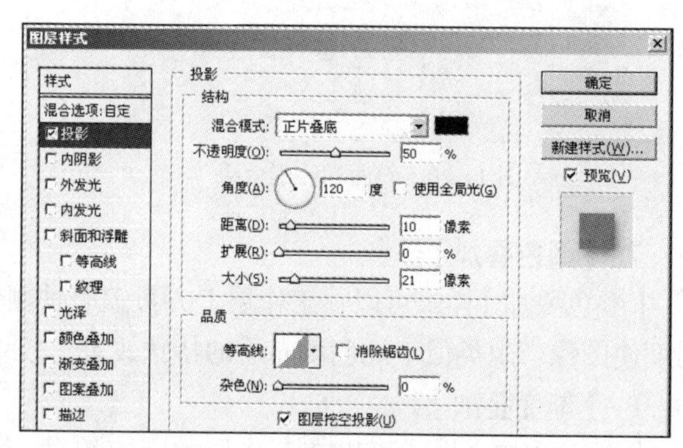

图 11-27　【图层样式】对话框

（4）在【图层样式】对话框中单击【等高线】右侧的 按钮，弹出【等高线编辑器】对话框，将对话框中的直线调整至如图 11-28 所示的形态，单击 确定 按钮。

（5）勾选【内发光】复选框，并设置选项和参数如图 11-29 所示。

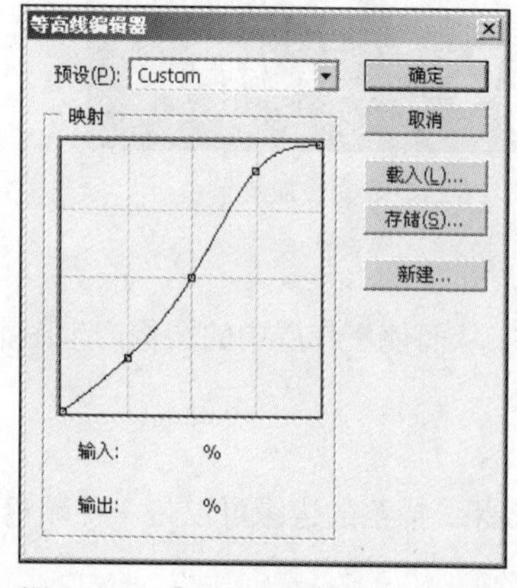

图 11-28　【等高线编辑器】对话框

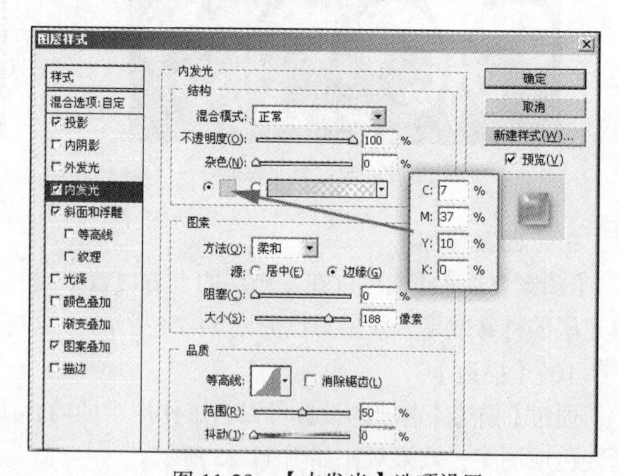

图 11-29　【内发光】选项设置

（6）在【图层样式】对话框中再分别设置其他选项和参数，如图 11-30 所示。

（7）单击 确定 按钮，添加图层样式后的图形效果如图 11-31 所示。

（8）在【图层】面板中复制“图层 1”为“图层 1 副本”，然后将复制的图形水平向右移动位置。

（9）在【图层】面板中“图层 1 副本”层下方的“内发光”样式层上双击鼠标左键，在弹出的【图层样式】对话框中将【内发光】的颜色设置为浅绿色(C:44,M:6,Y:36,K:0)。

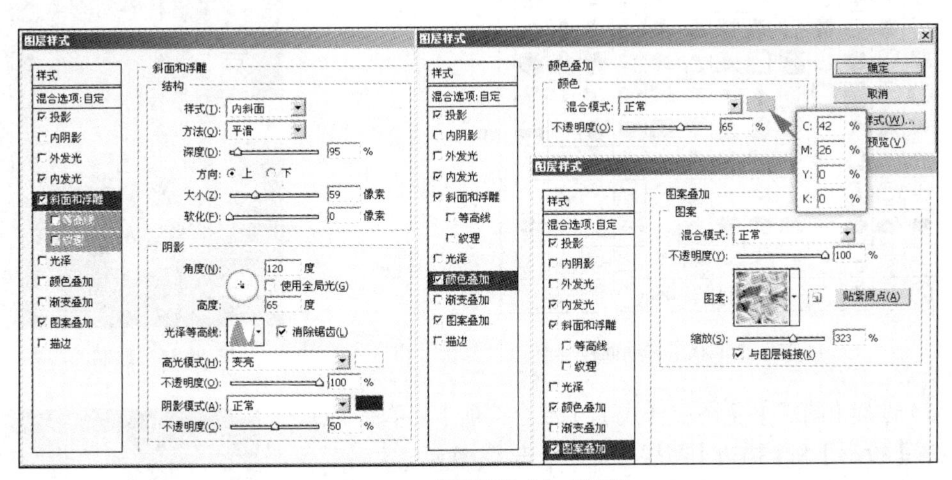

图 11-30　【图层样式】对话框

（10）在【图层样式】对话框左侧的窗口中单击【颜色叠加】选项，在右侧的窗口中将其颜色设置为黄色(C:8,M:0 Y:50 K:0)，其他选项及参数保持不变，然后单击 确定 按钮，修改图层样式后的图形效果如图 11-32 所示。

图 11-31　添加图层样式后的形效果

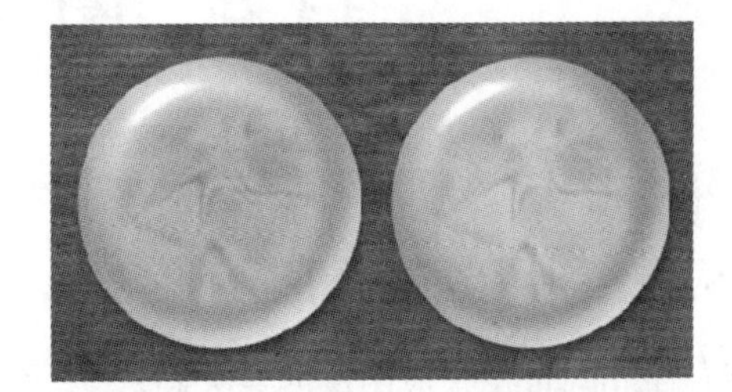

图 11-32　修改图层样式后的图形效果

（11）在【图层】面板中复制“图层 1 副本”为“图层 1 副本 2”，使用相同的颜色修改方法，修改按钮的颜色为紫红色，如图 11-33 所示。

（12）利用 T 工具分别在按钮中输入如图 11-34 所示的文字，在【图层】面板中，将文字层的【不透明度】参数设置为“70%”。

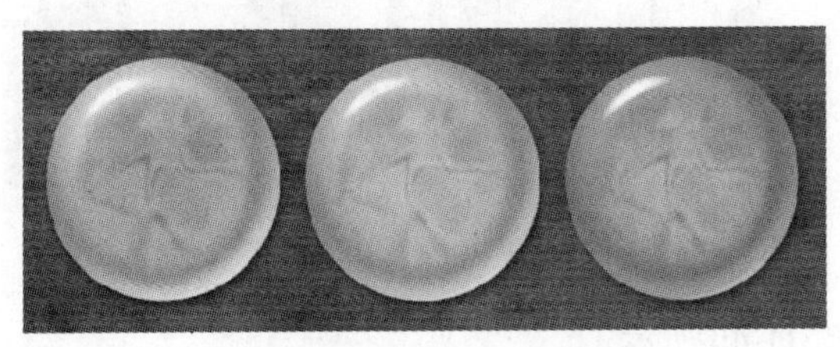

图 11-33　修改颜色后的效果

图 11-34　输入的文字

（13）选取工具，激活属性栏中的按钮，单击【形状】选项右侧的按钮，在弹出的【形状】选项面板中单击右上角的按钮。在弹出的下拉菜单中选择【全部】命令，然后在弹出的【Adobe Photoshop】提示对话框中单击 确定 按钮。

（14）在【形状】选项面板中选择如图 11-35 所示的箭头形状，新建“图层 3”，绘制出如图 11-36 所示的箭头形状。

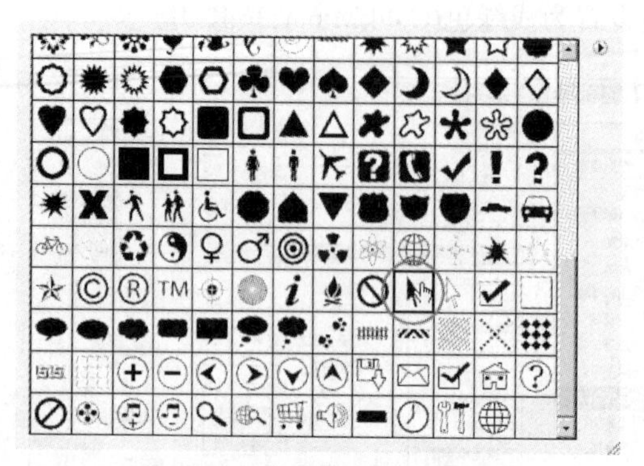

图 11-35 【形状】选项面板

图 11-36 绘制的箭头

（15）选择【图层】/【图层样式】/【混合选项】菜单命令，分别设置【投影】和【描边】图层样式，单击 确定 按钮，制作完成的按钮效果如图 11-37 所示。

（16）按 Ctrl+S 组合键将此文件命名为“按钮.psd”保存。

图 11-37 制作完成的按钮效果

11.5 图 像 合 成

Photoshop 具有强大的图像合成功能，本节通过 3 个简单的实例介绍 Photoshop 的合成技术。

11.5.1 利用蒙版合成图像

蒙版是 Photoshop 合成图像的一大利器，运用好蒙版可以将两张或两张以上的图像进行各种移花接木效果的合成。

（1）打开本章素材名为“照片 10.jpg”、“照片 11.jpg”和“相册.psd”的文件。

（2）将“照片 10.jpg”和“照片 11.jpg”图片移动复制到“相册.psd”文件中，如图 11-38 所示。

（3）按住 Ctrl 键，单击“图层 2”的图层缩览图将其载入选区，如图 11-39 所示。

图 11-38 复制到“相册.psd”文件中图像

（4）选择【图层】/【图层蒙版】/【显示选区】菜单命令，为“图层 5”添加蒙版，如图 11-40 所示。

图 11-39　载入选区状态

图 11-40　添加的蒙版

（5）单击“图层 5”图层缩览图与蒙版之间的图标，将蒙版与图层的链接解除。

（6）单击“图层 5”的图层缩览图，将其设置为工作状态，选择【编辑】/【自由变换】菜单命令，将图片按照蒙版区域稍微缩小一下，如图 11-41 所示。

图 11-41　缩小图片状态

（7）按 Enter 键确定大小调整，然后将“图层 4”设置为工作层。

（8）按住 Ctrl 键，单击“图层 1”的图层缩览图将其载入选区。

（9）选择【图层】/【图层蒙版】/【显示选区】菜单命令，为“图层 4”添加蒙版，得到如图 11-42 所示的效果。

（10）在【图层】面板中，将“图层 3”拖曳到顶层，然后将“图层 1”和“图层 2”删除。

（11）将“图层 5”设置为工作层，选择【图层】/【图层样式】/【描边】菜单命令，在弹出的【图层样式】对话框中设置【大小】参数为“7”，【颜色】为白色，然后单击 确定 按钮。描边后的图片效果如图 11-43 所示。

图 11-42　添加蒙版后的效果

图 11-43　描边后的图片效果

（12）按 Shift+Ctrl+S 组合键，将此文件命名为“蒙版合成图像.psd”保存。

11.5.2 无缝拼接全景风景画

摄影爱好者面对美好的风景而没有一个长镜头的话，就很难拍下全景风景，如果能掌握 Photoshop 中的【文件】/【自动】/【Photomerge】命令的应用，就可以分块来拍摄美好的风景，然后再利用【Photomerge】命令将多幅照片合并到一起，得到无缝拼合的全景风景画。下面介绍利用该命令拼合全景风景画的方法。

（1）打开本章素材名为“八大关_01.jpg”～“八大关_05.jpg”的图片。

（2）选择【文件】/【自动】/【Photomerge】菜单命令，弹出【照片合并】对话框，单击 添加打开的文件(F) 按钮，将打开的图片添加至对话框中，如图 11-44 所示。

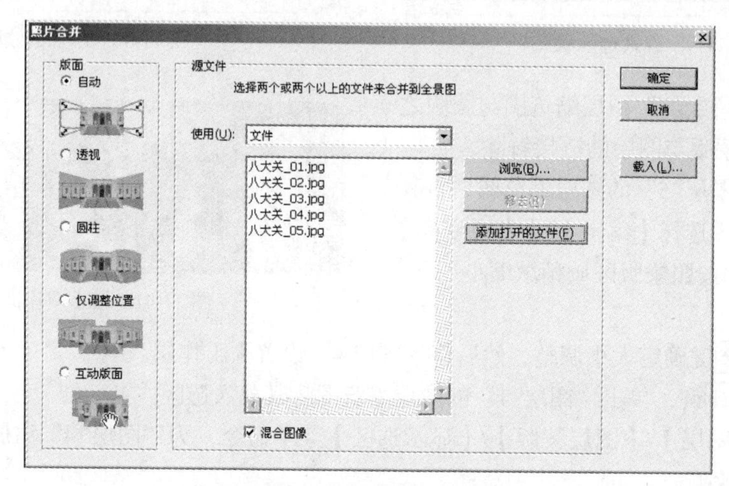

图 11-44 【照片合并】对话框

单击 添加打开的文件(F) 按钮后，系统会将当前打开的所有的“*.JPG”格式的图片都加入，如果有不需要的图片文件，可选中图片文件名称，然后单击 移去(R) 按钮将其移除即可。

（3）单击 确定 按钮，稍等片刻，系统将按照照片的景物状况自动合成，合成后的效果如图 11-45 所示。

图 11-45 合成后的效果

（4）利用 工具将画面裁剪一下，得到如图 11-46 所示的效果。

图 11-46 裁剪后的画面

（5）按Ctrl+S组合键，将此文件命名为“全景.jpg”保存。

11.5.3　利用图层制作线纹效果

在网页中我们经常会看到一些很细的底纹线，这种线如果利用直线工具绘制无法保持线的清晰度，如果利用图层特殊的中性色性质就可以做到，下面来学习其制作方法。

（1）打开本章素材名为“照片 06-7.jpg”的文件，如图 11-47 所示。

（2）选择【文件】/【新建】菜单命令，在【新建】对话框中设置参数如图 11-48 所示，单击 确定 按钮新建文件。

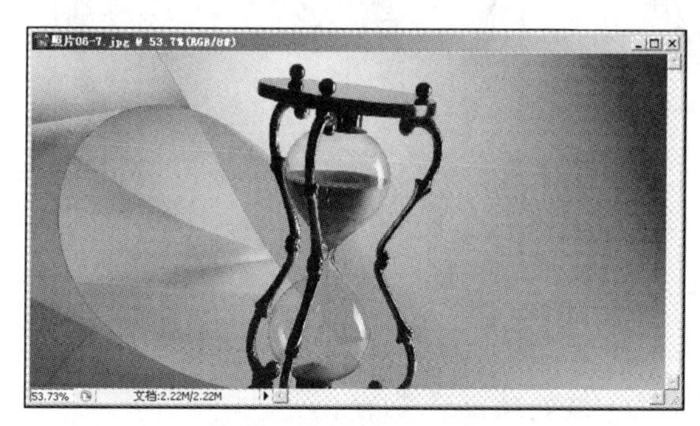

图 11-47　打开的图片

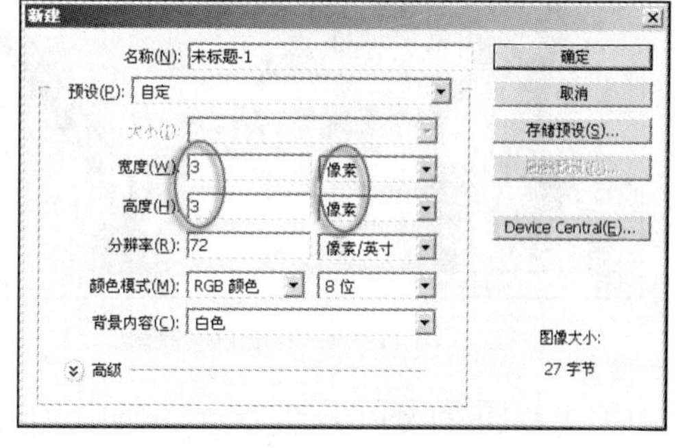

图 11-48　【新建】对话框

（3）按Ctrl+O组合键，将新建的小文件按照屏幕大小显示。

（4）按D键，将前景色设置为黑色。选择【铅笔】工具，设置主直径大小为“1 px”的笔头，然后在新建文件中绘制如图 11-49 所示的黑色方点。

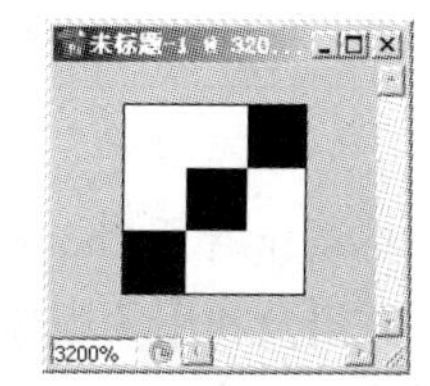

图 11-49　绘制的黑色方点

（5）选择【编辑】/【定义图案】菜单命令，在弹出的【图案名称】对话框中直接单击 确定 按钮，将黑色方点定义为图案，然后将“未标题-1”文件关闭。

（6）确认“照片 06-7”为工作文件，选择【图层】/【新建】/【图层】菜单命令，在弹出的【新建图层】对话框中设置选项如图 11-50 所示。单击 确定 按钮，创建中性色图层。

（7）选择【编辑】/【填充】菜单命令，弹出【填充】对话框，设置刚才定义的图案，如图 11-51 所示。

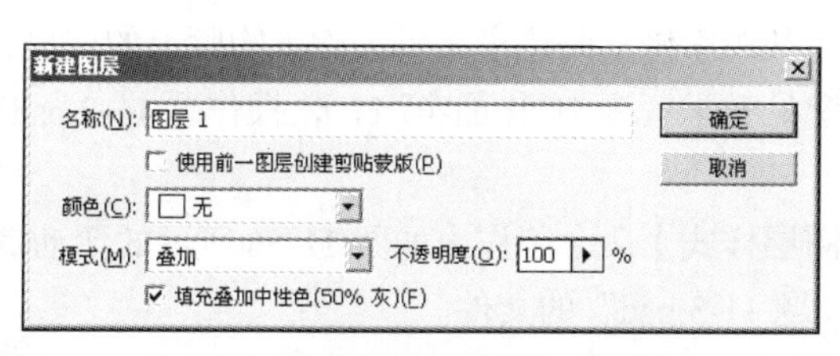

图 11-50　【新建图层】对话框

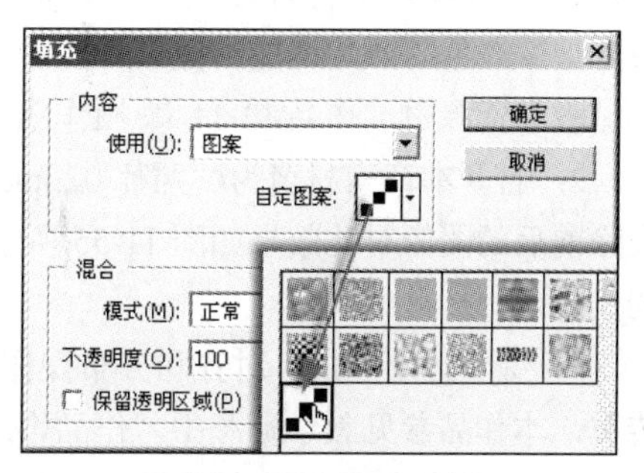

图 11-51　设置图案

（8）单击 确定 按钮，在中性色图层中填充得到的线纹理效果如图 11-52 所示。

填充纹理线后，读者所看到的效果可能不是线，这是显示问题，此时通过放大或缩小一下图像窗口的显示比例，就可看到线的效果。

（9）单击【图层】面板下面的按钮，为中性色图层添加蒙版。

（10）选择工具，利用黑色就可以编辑蒙版控制中性色图层的作用范围，编辑后的效果如图 11-53 所示。

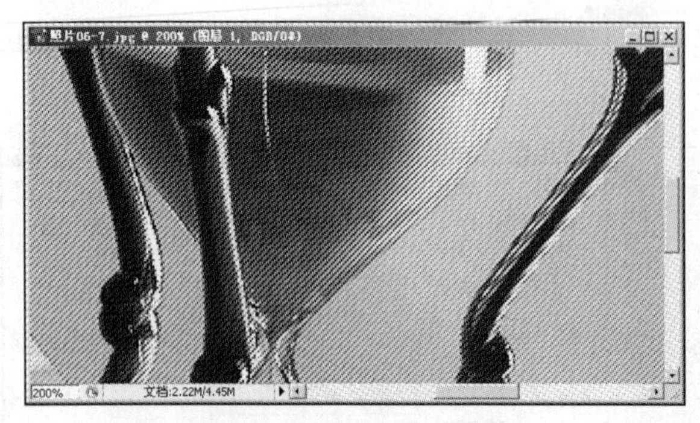

图 11-52　填充的线效果

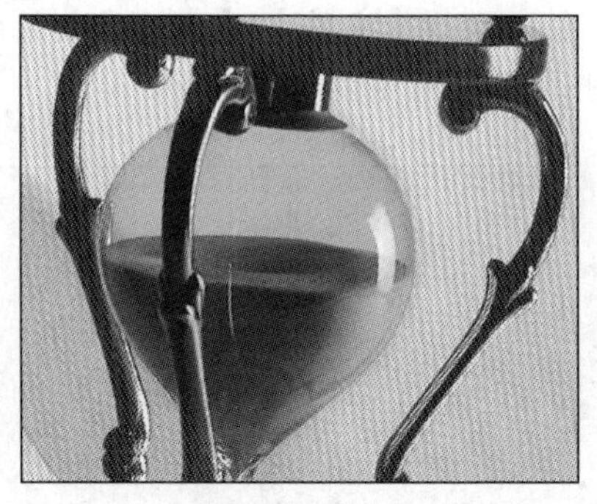

图 11-53　通过编辑蒙版后的线效果

（11）按 Shift+Ctrl+S 组合键，将此文件命名为"线效果.psd"保存。

小　结

本章介绍了 Photoshop CS5 中常用的 6 种调整图像颜色的命令、6 种图像修饰工具、图层、图层样式以及利用蒙版合成图像的技巧等内容。这些命令和功能都是图像处理与合成操作中非常重要的内容，几乎任何图像的合成都离不开图层和蒙版的应用，希望读者能认真学习本章介绍的这些内容，以便使网页设计中的图像颜色更加漂亮，效果更加绚丽。

习　题

1. 打开本章素材名为"照片 01.jpg"的文件，利用【色彩平衡】、【曲线】和【色相/饱和度】命令把偏红色的照片调整出健康红润的皮肤颜色，调整前后的对比效果如图 11-54 所示。本作品参见教学资源中"作品\第 11 章\操作题 11-1.psd"的文件。

2. 打开本章素材名为"照片 02.jpg"的文件，利用【修复画笔】工具去除人物脸上的瑕斑，去除前后的图像对比效果如图 11-55 所示。本作品参见教学资源中"作品\第 11 章\操作题 11-2.psd"的文件。

3. 综合运用图层、对齐和分布操作，结合【图层样式】命令制作出如图 11-56 所示的活动宣传单。本作品参见教学资源中"作品\第 11 章\操作题 11-3.psd"的文件。

4. 打开本章素材名为"照片 03.jpg"和"照片 04.jpg"的文件，利用蒙版将两幅照片进行拼接，拼接后的效果如图 11-57 所示。本作品参见教学资源中"作品\第 11 章\操作题 11-4.psd"的文件。

图 11-54　图片素材及调整颜色后的效果

图 11-55　图片素材及去除瑕斑后的效果

图 11-56　设计完成的活动宣传单

图 11-57　两幅照片拼接后的效果

第12章 网站美工设计及后台修改

本章通过一个房地产项目的网站主页设计实例，介绍网站主页版面设计的流程和方法。在本章最后还安排了切片和存储网页图片的有关知识内容，其中包括切片的类型、创建切片、编辑切片、存储网页图片等操作方法。

【学习目标】

- 了解网站主页设计。
- 了解和掌握利用切片工具优化图片的方法。
- 了解和掌握网页图片的存储方法。

12.1 网站主页版面设计

网页在开始制作和发布之前，如果先使用 Photoshop 设计出其版面结构，然后使用相关的网页制作软件制作并发布，那么就可以在保证网页美观漂亮的前提下节省很多制作时间。

12.1.1 设计主图像

本节在 Photoshop CS5 软件中将网页中用到的图片素材合成，先来设计网页中的主图像。

（1）启动 Photoshop CS5，新建【宽度】为“38 厘米”,【高度】为“16 厘米”,【分辨率】为“120 像素/英寸”,【颜色模式】为“RGB 颜色”,【背景内容】为“背景色（C:75,M:60,Y:65,K:15）”的文件。

（2）新建“图层 1”，利用工具绘制矩形选区，然后利用工具为选区自上向下填充由蓝色（C:58,M:18,Y:12）到白色的线性渐变色，如图 12-1 所示。

（3）选择【图层】/【图层样式】/【描边】菜单命令，在【描边】面板中设置【位置】为“内部”,【大小】为“17 像素”，为矩形选区描绘白色边缘，效果如图 12-2 所示。

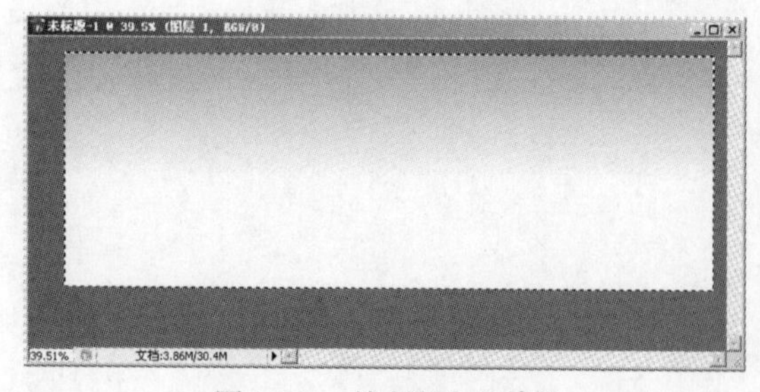

图 12-1 填充渐变色效果

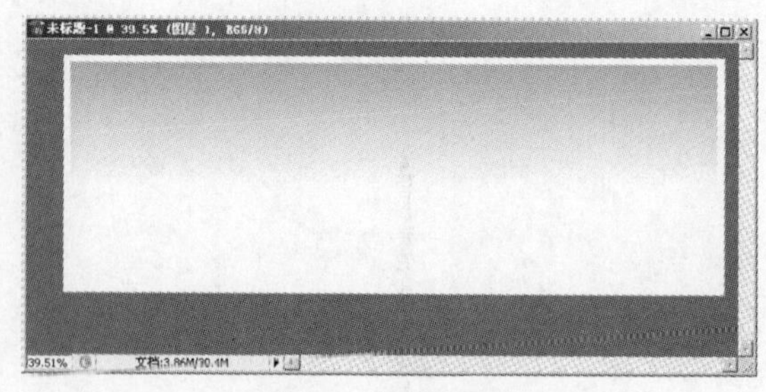

图 12-2 描边效果

（4）将本章素材名为“天空.jpg”的图片文件打开，然后移动复制到新建的文件中，并调整至如图 12-3 所示的大小及位置。

（5）将“图层 2”的【图层混合模式】设置为“滤色”，然后选择【图层】/【创建剪贴蒙版】菜单命令，将天空图片与下方的矩形制作为蒙版图层，效果如图 12-4 所示。

图 12-3　复制到文件中的天空图片

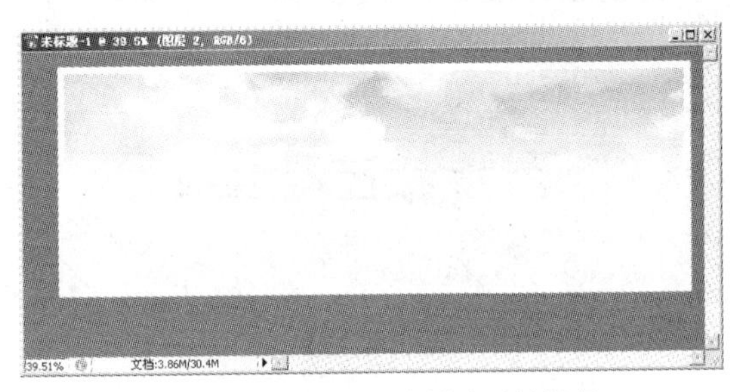

图 12-4　执行混合模式后的效果

（6）将本章素材名为“草地.jpg”的图片文件打开，将草地选择后移动复制到新建的文件中，并调整至如图 12-5 所示的大小及位置。

（7）选择【图层】/【创建剪贴蒙版】菜单命令，将草地图片与下方的矩形制作为蒙版图层，效果如图 12-6 所示。

图 12-5　复制到文件中的草地

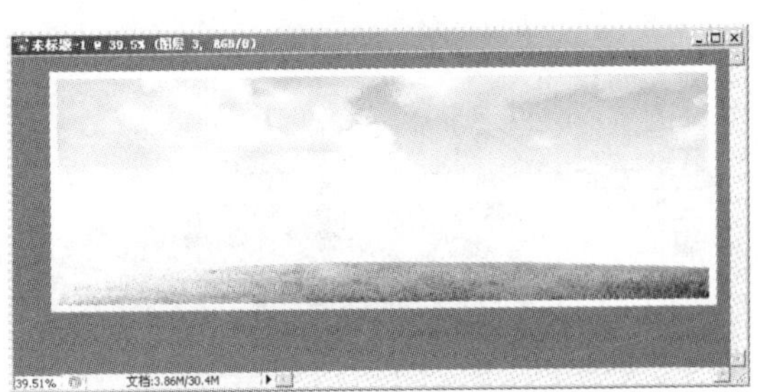

图 12-6　创建剪贴蒙版后的效果

（8）将本章素材名为“路面.psd”的文件打开，然后移动复制到新建的文件中，并调整至如图 12-7 所示的大小及位置。

（9）选择【图层】/【创建剪贴蒙版】菜单命令，将路面图片与下方的矩形制作为蒙版图层，然后在【图层】面板中单击 按钮，为其添加图层蒙版，并利用 工具在路面图像的边缘绘制黑色编辑蒙版，制作出如图 12-8 所示的效果。

图 12-7　复制到文件中的路面

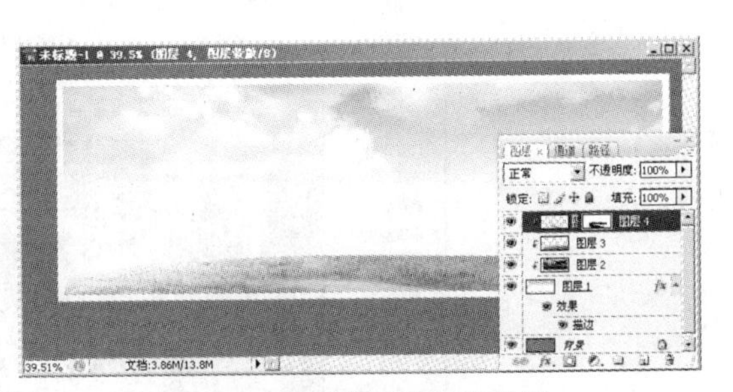

图 12-8　编辑蒙版后的效果

（10）将本章素材名为“房子与树.psd”的文件打开，移动复制到新建的文件中后分别调整图像的大小及位置，然后依次选择【图层】/【创建剪贴蒙版】菜单命令，制作出如图 12-9 所示的效果。

（11）将本章素材名为“风车.jpg”的文件打开，移动复制到新建的文件中后调整图像的大小及位置，然后制作蒙版图层，并将“图层 8”调整至“图层 5”的下方，如图 12-10 所示。

图 12-9 复制到文件中的图片

图 12-10 复制到文件中的风车图片

（12）为“图层 8”添加图层蒙版，然后制作出如图 12-11 所示的效果。

（13）将本章素材名为“向日葵.psd”的文件打开，移动复制到新建的文件中后分别调整图像的大小及位置，然后将生成的两个图层调整至所有图层的上方。

（14）将“向日葵”图像所在的“图层 9”设置为工作层，然后选择【图层】/【创建剪贴蒙版】菜单命令，制作出如图 12-12 所示的效果。

图 12-11 编辑蒙版后的效果

图 12-12 创建剪贴蒙版后的效果

（15）将“叶子”图像所在的“图层 10”设置为工作层，然后选择【图层】/【图层样式】/【投影】菜单命令为其添加投影效果，各选项参数设置及添加后的效果如图 12-13 所示。

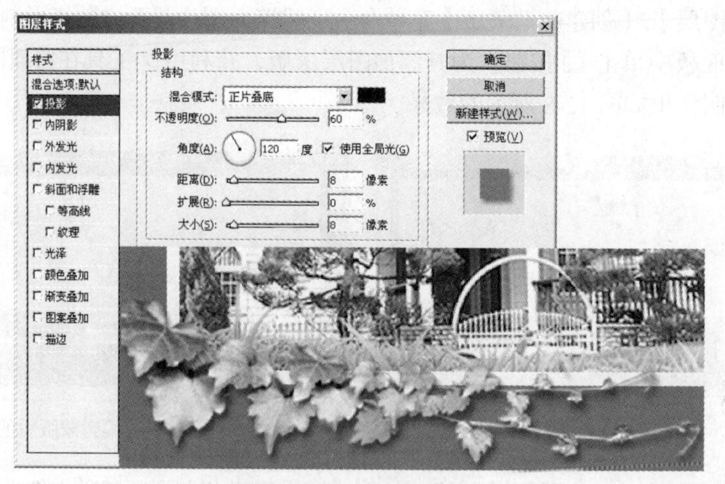

图 12-13 添加的投影效果

（16）利用T工具在画面上方的中间位置依次输入如图 12-14 所示的文字。

至此，主图像合成完毕，整体效果如图 12-15 所示。

图 12-14　输入的文字

图 12-15　设计的主图像

下面将图层群组，以便于图层的管理。在设计比较大的作品时，要灵活运用此操作。

（17）在【图层】面板中将除“背景”层外的其他图层同时选择，选择【图层】/【新建】/【从图层建立组】菜单命令，在弹出的【从图层新建组】对话框中将【名称】设置为“主图像”，然后单击 确定 按钮，将选择的图层建立为一个组。

（18）按 Ctrl + S 组合键，将此文件命名为“主图像.psd”保存。

12.1.2　设计网站背景

下面来设计网站的背景。

（1）启动 Photoshop CS5，新建【宽度】为“1024 像素”，【高度】为“1121 像素”，【分辨率】为“72 像素/英寸”，【颜色模式】为“RGB 颜色”，【背景内容】为“白色”的文件。

本例设计的作品最终要应用于网络，因此在设置页面的大小时，新建了【宽度】为“1024”像素（即全屏显示时的宽度）的文件，页面的【高度】可根据实际情况设置，本例设置的【高度】为“1121 像素”。原则上不要超过“768 像素”的 3 倍。

（2）利用工具为背景自上向下填充如图 12-16 所示的由黑色到深绿色（C:80,M:50,Y:100,K:20）的线性渐变色，然后选择工具，设置合适的笔头大小后在画面的下方绘制绿色（C:65,M:25,Y:100,K:0），效果如图 12-17 所示。

图 12-16 填充渐变色效果

图 12-17 绘制的颜色

（3）将本章素材名为“树叶.jpg”的文件打开，将“树叶”图像选择后，移动复制到新建的文件中，并调整至如图 12-18 所示的大小。

（4）利用工具将下方的树叶选择，选择【图层】/【新建】/【通过拷贝的图层】菜单命令，将选区内的图像通过复制生成新的图层，然后将其移动到画面的右上角位置，如图 12-19 所示。

图 12-18 添加的树叶

图 12-19 复制的树叶

（5）利用工具结合【图层】/【新建】/【通过拷贝的图层】命令、【编辑】/【自由变换】命令及移动复制操作，依次对树叶图像进行调整，然后将“图层 1”删除，最终效果如图 12-20 所示。

（6）在【图层】面板中将除“背景”外的所有图层同时选择并合并，然后将合并后的图层命名为“图层 1”，再选择【滤镜】/【模糊】/【高斯模糊】菜单命令，在弹出的【高斯模糊】对话框中将【半径】的参数设置为“9px”，单击 确定 按钮，效果如图 12-21 所示。

图 12-20 复制的树叶

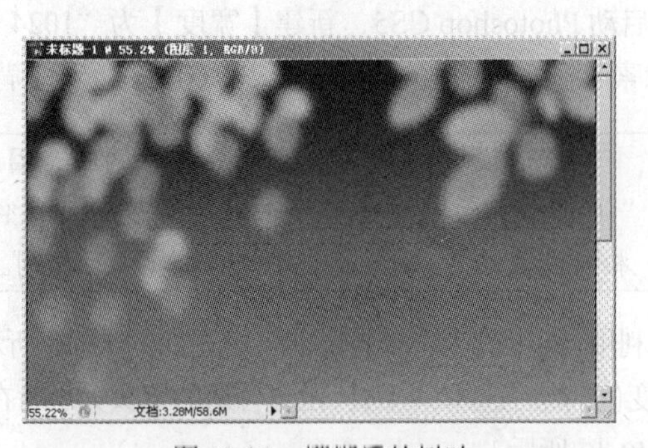
图 12-21 模糊后的树叶

（7）将“图层 1”的【不透明度】设置为“30%”，完成背景的设计。

下面将前面设计的主图像移动复制的新建的文件中调整至如图 12-22 所示的位置。

图 12-22　主图像在版面中的位置

由于新建的页面宽度为全屏显示的尺寸，但在实际情况下【宽度】的两边要留出 20px 左右的区域，以确保设计的内容能全部显示，因此，在调整主图像的大小之前，要先在页面中添加参考线。

12.1.3　设计页眉

下面来设计网站中的页眉。

（1）接上例。新建图层，然后利用工具在画面的左上角绘制出如图 12-23 所示的白色图形。

（2）将白色图形的【不透明度】设置为“60%”，然后将本章素材名为“荷兰假日标志.psd”的文件打开，并移动复制到新建的文件中，调整至合适的大小后放置到如图 12-24 所示的位置。

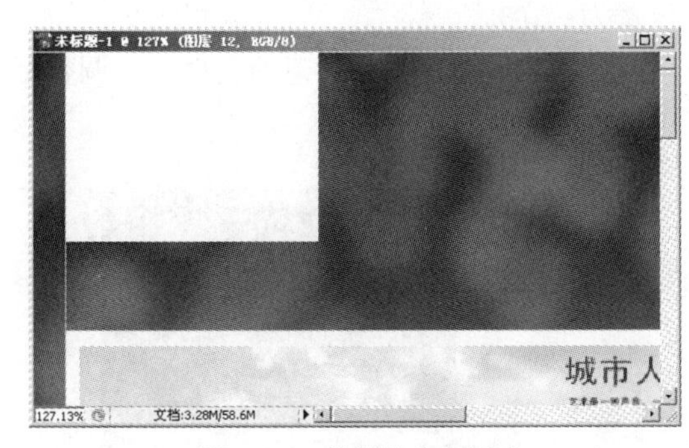

图 12-23　绘制的白色图形

图 12-24　添加的标志

（3）利用工具，在新建的图层上绘制出如图 12-25 所示的白色线形，然后利用工具对其下方进行擦除，效果如图 12-26 所示。

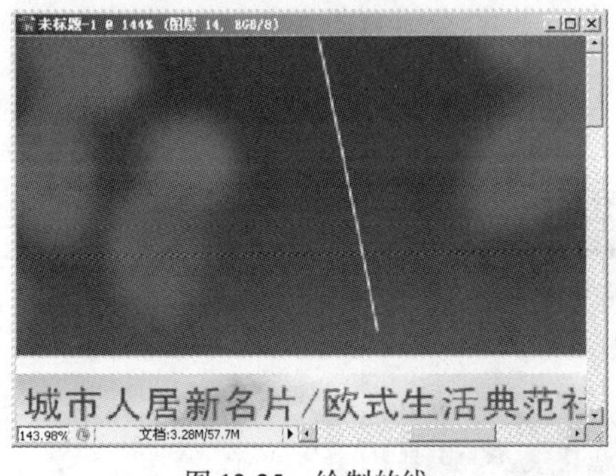

图 12-25　绘制的线

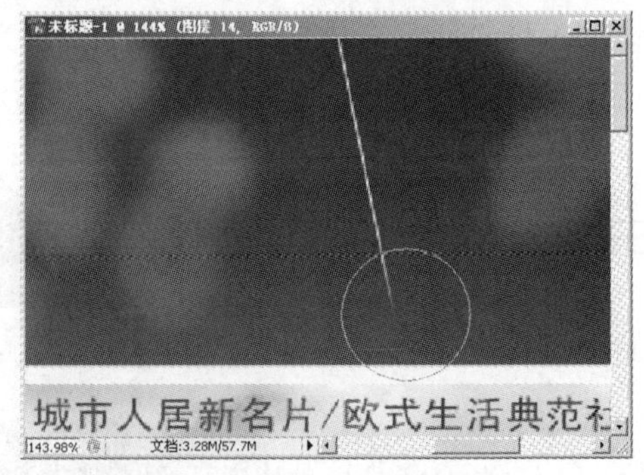

图 12-26　擦除线状态

（4）用与步骤（3）相同的方法依次绘制出如图 12-27 所示的线形。

（5）将本章素材名为“破碎的文字.psd”的文件打开，然后将其移动复制到新建的文件中，锁定透明像素后为其填充白色。

图 12-27　绘制的线

（6）将文字调整至合适的大小后放置到如图 12-28 所示的位置，然后将图层的【图层混合模式】设置为“叠加”，效果如图 12-29 所示。

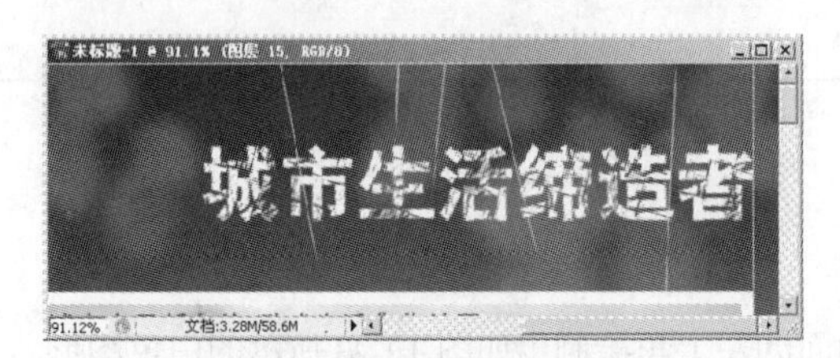

图 12-28　添加的文字

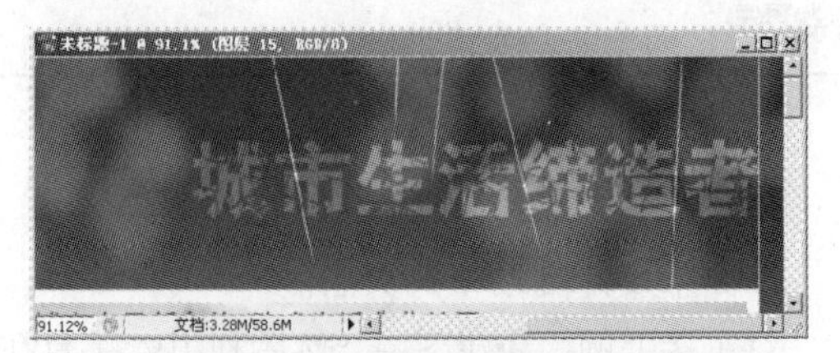

图 12-29　设置图层混合模式后效果

（7）利用 T 工具依次在“破碎的文字”上方输入如图 12-30 所示的黑色文字，然后将文字层的【图层混合模式】设置为“柔光”，【不透明度】设置为“70%”。

（8）将本章素材名为“叶子.psd”的文件打开，然后将其移动复制到新建的文件中，调整至合适的大小后放置到如图 12-31 所示的位置。

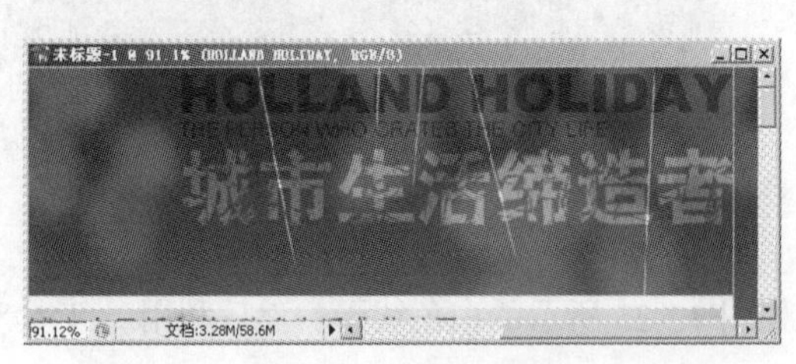

图 12-30　输入的文字

图 12-31　添加的叶子

（9）选择【图层】/【图层样式】/【投影】菜单命令，为叶子图像添加默认参数设置的投影效果，然后依次复制图像，并制作出如图 12-32 所示的效果。

（10）将除“背景”层、“图层 1”层和“主图像”组外的所有图层同时选择，然后选择【图层】/【新建】/【从图层建立组】菜单命令，将选择的图层建立一个名称为“页眉”的组。

图 12-32　添加的投影

12.1.4　编排主要内容

下面来设计主页中的主要展示内容。

（1）接上例。将“图层 1”设置为工作层，然后新建图层。

（2）选择工具，并激活属性栏中的按钮，将半径: 15 px 的参数设置为“15 px”，然后绘制出如图 12-33 所示的绿色（C:42,M:0,K:0,Y:96）圆角矩形。

（3）选择【图层】/【图层样式】/【描边】菜单命令，在【描边】面板中将【位置】设置为“居中”，【大小】设置为“2”像素，为圆角矩形描绘“深灰色（C:70,M:65,Y:60,K:15）”边缘。

（4）新建图层，然后在绿色圆角矩形的右侧绘制出如图 12-24 所示的白色圆角矩形。

图 12-33　绘制的绿色图形

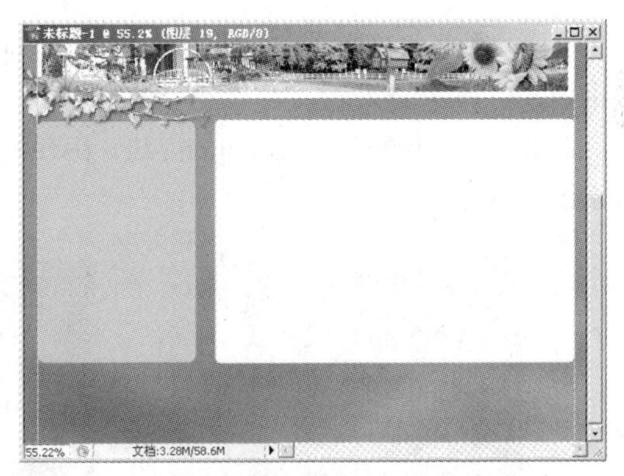

图 12-34　绘制的白色图形

（5）利用【拷贝图层样式】命令和【粘贴图层样式】命令将绿色圆角矩形的描边样式复制到白色圆角矩形上，然后将白色图形的【不透明度】设置为“40%”。

（6）将本章素材名为“人物.jpg”的文件打开，并移动复制到新建的文件中，调整大小后放置到绿色圆角矩形上，然后选择【图层】/【图层样式】/【描边】菜单命令，在【描边】面板中将【位置】设置为“内部”，【大小】设置为“2”像素，为其描绘“白色”边缘，如图 12-35 所示。

（7）新建图层，利用工具绘制出如图 12-36 所示的“橘红色（C:5,M:50,Y:93,K:0）”圆角矩形。

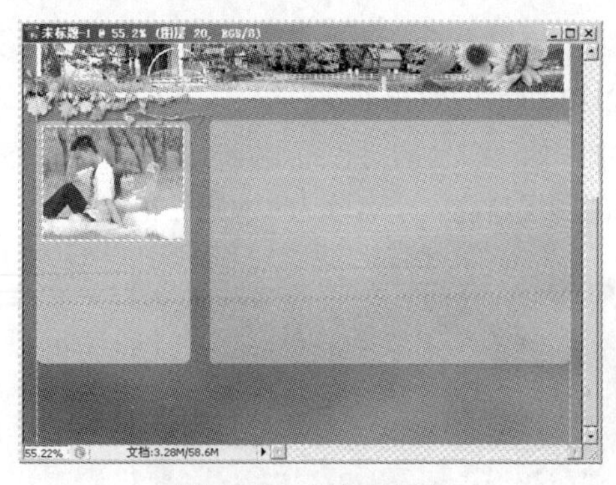

图 12-35　添加的图片

图 12-36　绘制的图形

（8）选择工具，并激活属性栏中的按钮，然后在【自定形状】选项面板中选择如图 12-37 所示的箭头形状。

（9）确认前景色为白色，在如图 12-38 所示的位置绘制白色箭头图形，然后利用工具将绘制的箭头图形选择。

（10）利用【自由变换】命令将箭头图形调整至如图 12-39 所示的形态，然后按 Enter 键确认。

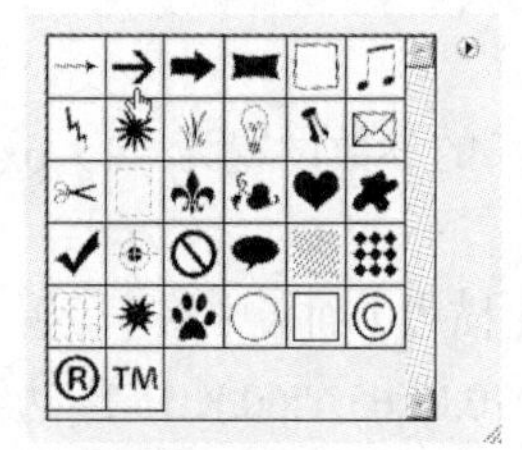

图 12-37　选取箭头

图 12-38　绘制的箭头

图 12-39　调整角度

（11）用移动复制操作，将白色箭头图形向下移动复制，然后利用工具在其右侧依次输入如图 12-40 所示的文字。

（12）用与步骤 7～11 相同的方法，在右侧的白色圆角矩形上依次绘制并输入如图 12-41 所示的图形及文字。

图 12-40　输入的文字

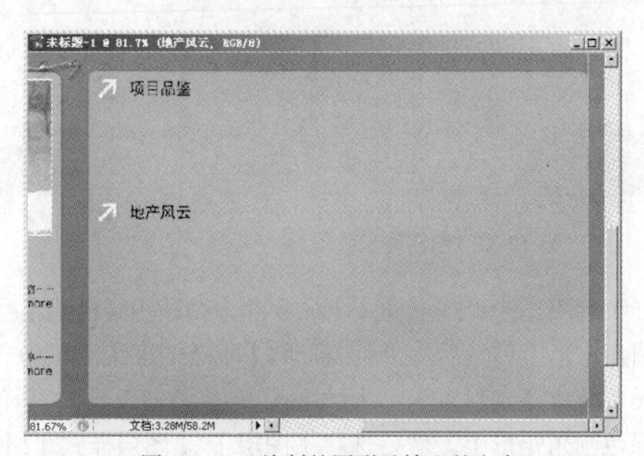

图 12-41　绘制的图形及输入的文字

（13）新建图层，利用工具及移动复制操作依次复制出如图 12-42 所示的白色圆角矩形。

（14）将本章素材名为“素材 01.psd”的文件打开，然后将“图层 4”中的图像移动复制到新建的文件中，并调整至如图 12-43 所示的大小及位置。

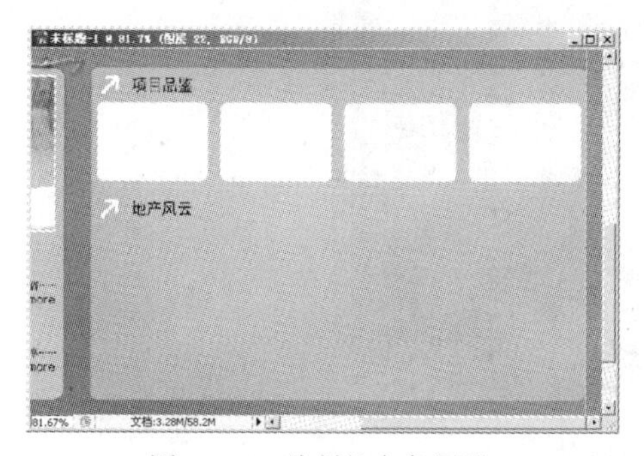

图 12-42　绘制的白色图形

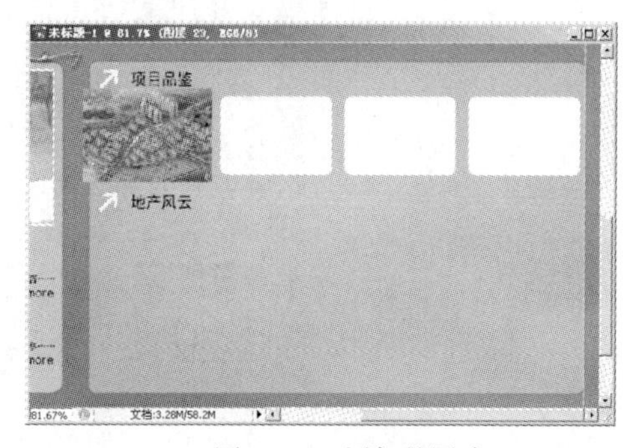

图 12-43　添加的图片

（15）选择【图层】/【创建剪贴蒙版】菜单命令，效果如图 12-44 所示。

（16）用与步骤（14）～（15）相同的方法，将“素材 01.psd”文件中其他 3 个图层中的图像移动复制到新建的文件中，制作出如图 12-45 所示的效果。

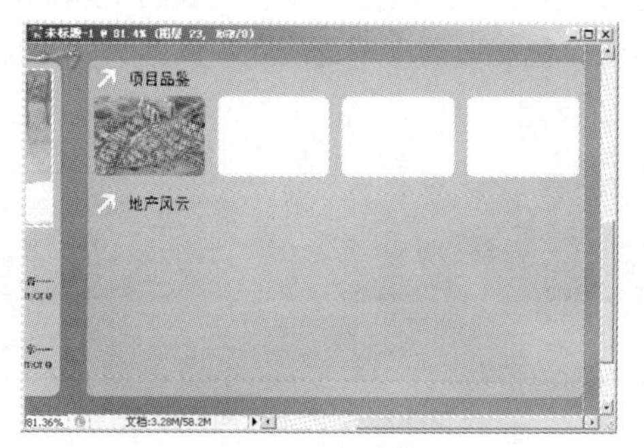

图 12-44　创建剪贴蒙版效果

图 12-45　添加的图片

（17）利用【拷贝图层样式】命令和【粘贴图层样式】命令将人物图像上的描边样式复制到白色圆角矩形上，效果如图 12-46 所示。

（18）用与步骤（13）～（17）相同的方法，制作出下排的图像，打开的素材文件为本章素材名为“素材 02.psd”的文件，效果如图 12-47 所示。

图 12-46　添加的描边效果

图 12-47　添加的图片

（19）利用 T 工具在图像的上方依次输入如图 12-48 所示的文字。

（20）将除“背景”层、“图层 1”层、“主图像”组和“页眉”组外的所有图层同时选择，然后选择【图层】/【新建】/【从图层建立组】菜单命令，将选择的图层建立一个名称为“内容”的组。

图 12-48　输入的文字

12.1.5　设计按钮及页脚

最后来设计主页中的按钮及页脚。

（1）接上例。新建图层，利用工具绘制矩形选区，然后为其填充“白色”，如图 12-49 所示。

（2）按 Ctrl+D 组合键取消对选区的选择，然后将白色图形的【不透明度】设置为“20%”，效果如图 12-50 所示。

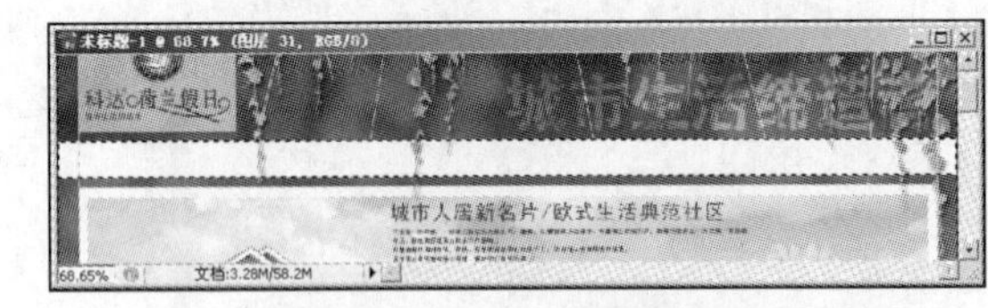

图 12-49　绘制的白色图形　　图 12-50　降低不透明度效果

（3）新建图层，利用工具绘制出如图 12-51 所示的白色矩形，然后利用工具在其右上角位置绘制选区，并按 Delete 键删除，效果如图 12-52 所示。

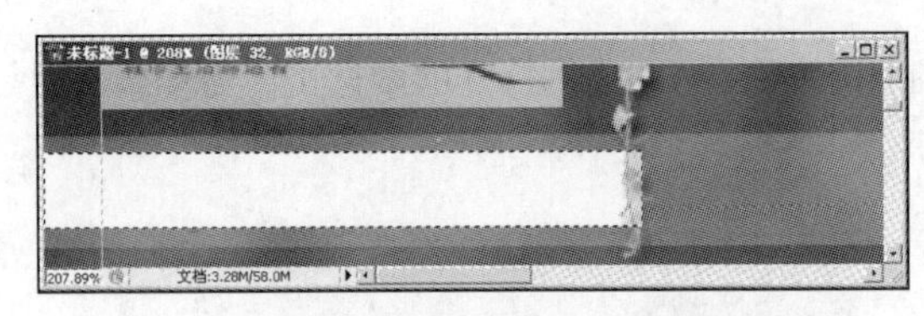

图 12-51　绘制的白色图形

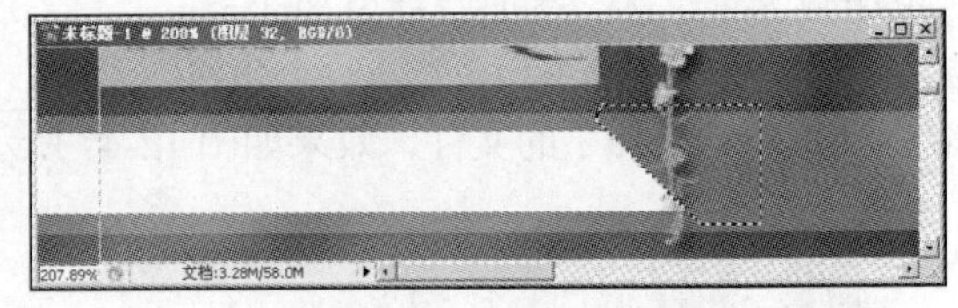

图 12-52　删除后形态

（4）继续利用工具绘制选区并按 Delete 键删除，效果如图 12-53 所示。再绘制出如图 12-54 所示的选区，将右侧的图像选择。

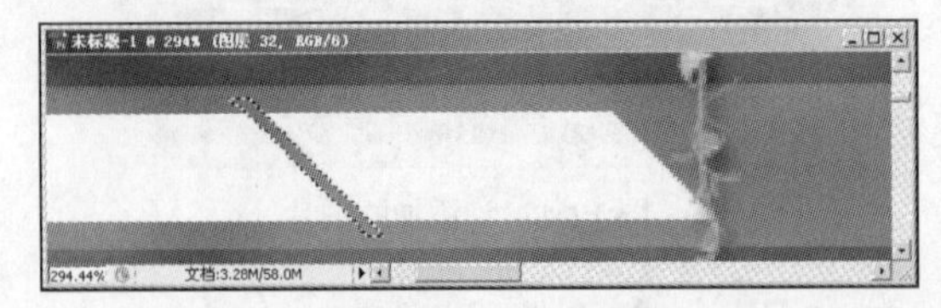

图 12-53　删除后形态

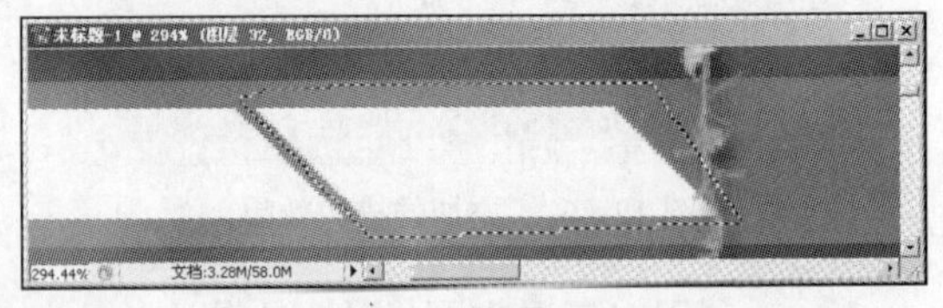

图 12-54　添加的选区

（5）用移动复制操作依次向右移动复制图像，然后按 Ctrl+D 组合键取消对选区的选择，效果如图 12-55 所示。

图 12-55　复制出的图形

（6）选择【图层】/【图层样式】菜单命令为图形添加图层样式，各选项参数设置及生成的按钮效果如图 12-56 所示。

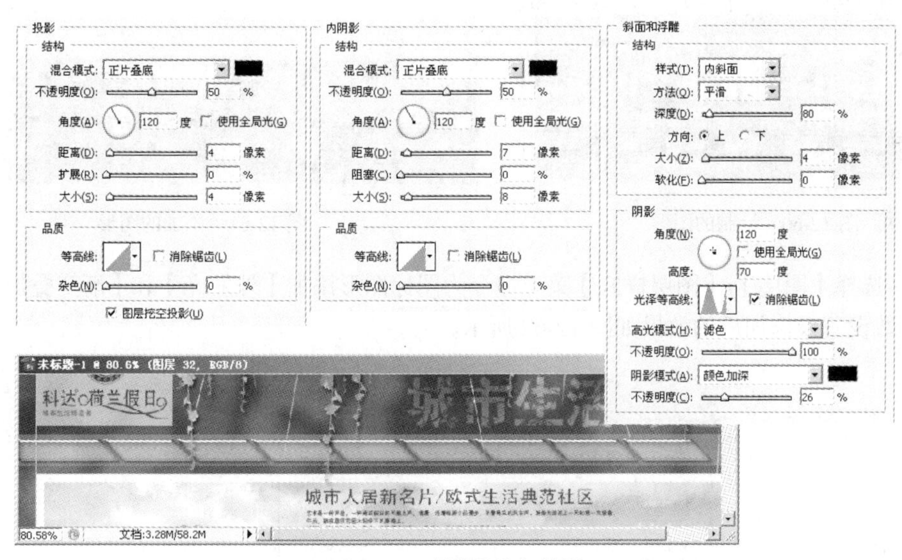

图 12-56　制作的按钮效果

（7）利用T工具依次在按钮图形上输入如图 12-57 所示的黑色文字。

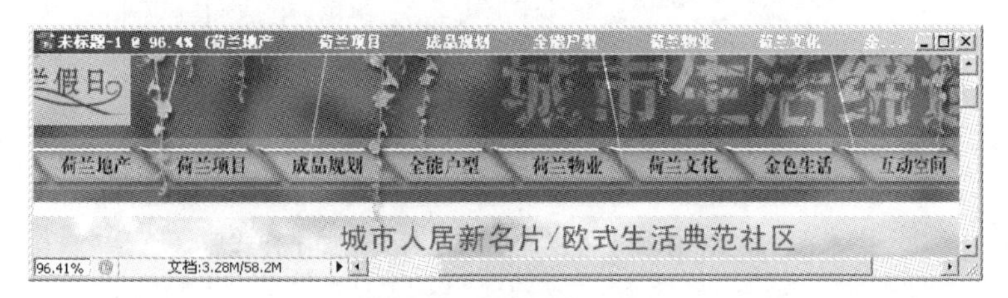

图 12-57　添加的文字

（8）将按钮下方的白色矩形所在的层设置为工作层，然后为其添加投影样式，参数设置如图 12-58 所示。

（9）将添加投影样式后的图层复制为副本层，然后将其向下移动到如图 12-59 所示的位置。

（10）新建图层，利用、和工具及移动复制操作依次绘制出如图 12-60 所示的黑色图形，然后将图层的【不透明度】设置为“40%”。

（11）将本章素材名为“图标.psd”的文件打开，然后将各图标图形移动复制到新建的文件中，调整至合适的大小后放置到如图 12-61 所示的位置。

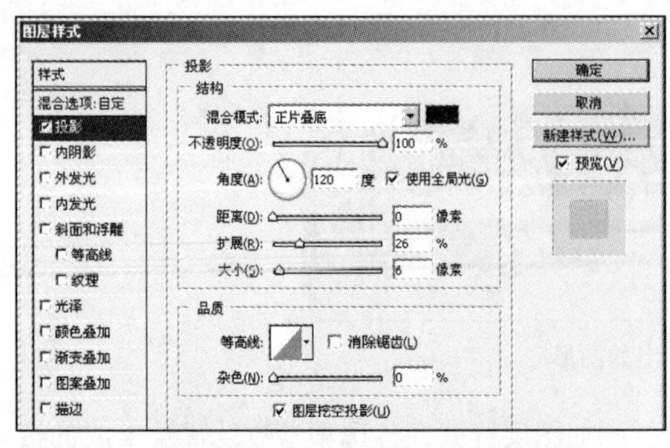

图 12-58　【图层样式】对话框

图 12-59　添加投影后效果

图 12-60　绘制的图形

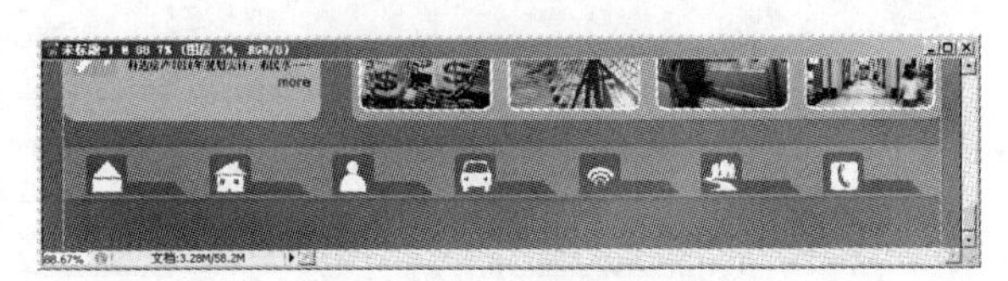

图 12-61　添加的图形

（12）选择【图层】/【图层样式】菜单命令为图标图形添加【外发光】和【渐变叠加】样式，各选项参数设置及添加后的效果如图 12-62 所示。

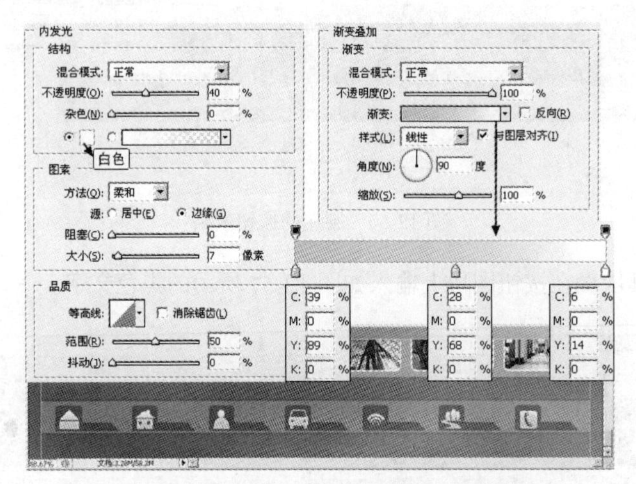

图 12-62　添加【外发光】和【渐变叠加】样式后

（13）将本章素材名为“科达集团标志.psd”的文件打开，并移动复制到新建的文件中，调整至合适的大小后放置到画面的左下角位置，然后利用 T 工具依次输入如图 12-63 所示的文字。

图 12-63　添加的标志及文字

（14）将除“背景”层、“图层 1”层和各图层组外的其他图层同时选择，然后选择【图层】/【新建】/【从图层建立组】菜单命令，将选择的图层建立一个名称为“按钮”的组。

至此，网站设计完成，整体效果如图 12-64 所示。按 Ctrl+S 组合键将此文件命名为“网站主页.psd”保存。

图 12-64　主页整体效果

12.2　图 像 切 片

根据网站设计的要求，用于网页的图片与普通图片不同，网页图片要求在保证图片质量的前提下，要尽量减小图像文件的大小，从而减少图片在网页中打开显示的时间。

利用 Photoshop 提供的图像切片功能，可以把设计好的网页版面按照不同的功能划分为各个大小不同的矩形区域，当优化保存网页图片时，各个切片将作为独立的文件保存，这样进行优化过的图片，在网页上显示时可以提高图片的显示速度。本节将介绍有关切片的知识内容。

12.2.1　切片的类型

图像的切片分为以下 3 种类型。

- 用户切片：用【切片】工具创建的切片为用户切片，切片的四周以实线表示。
- 基于图层的切片：选择【图层】/【新建基于图层的切片】菜单命令创建的切片为基于图层的切片。
- 自动切片：在创建用户切片和基于图层的切片时，图像中剩余的区域将自动添加切片，称为自动切片，其四周以虚线表示。

12.2.2 创建切片

图像切片的创建方法有以下 3 种。

1. 用切片工具创建切片

将“网站主页.psd”的文件打开，在工具箱中选择【切片】工具，在画面中按下鼠标左键拖曳，释放鼠标后即可绘制出如图 12-65 所示的切片。

2. 基于参考线创建切片

如果图像文件中按照切片的位置需要添加了参考线，在工具箱中选择了 工具后单击属性栏中的 基于参考线的切片 按钮，即可根据参考线添加切片，如图 12-66 所示。

图 12-65 创建的切片

图 12-66 创建的基于参考线的切片

3. 基于图层创建切片

对于 PSD 格式分层的图像来说，可以根据图层来创建切片，创建的切片会包含图层中所有的图像内容，如果移动该图层或编辑其内容时，切片将自动跟随图层中的内容一起进行调整。在【图层】面板中选择需要创建切片的图层，如图 12-67 所示。选择【图层】/【新建基于图层的切片】菜单命令，即可完成切片的创建，如图 12-68 所示。

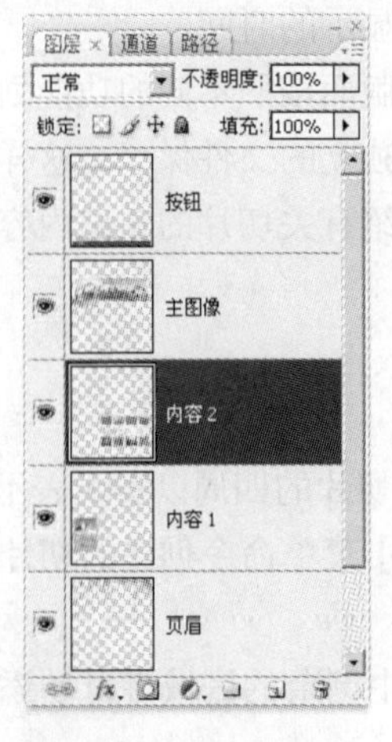

图 12-67 选择图层

图 12-68 创建的基于图层的切片

12.2.3　编辑切片

下面来介绍切片的各种编辑操作。

1. 选择切片

选择【切片选择】工具，直接在自动切片区域单击，即可把切片选择。

2. 调整切片

在被选择的切片四周会显示控制点，直接拖动控制点即可改变切片区域大小。

3. 删除切片

直接按【Delete】键，即可把选择的切片删除，选择【视图】/【清除切片】菜单命令，可以删除图像中的所有切片。

4. 划分切片

利用切片选择工具先选择需要划分的切片，如图 12-69 所示，单击属性栏中的 划分... 按钮，在弹出的【划分切片】面板中设置好划分切片的方式及个数，如图 12-70 所示。单击 确定 按钮，即可得到如图 12-71 所示的划分切片。

图 12-69　选择切片

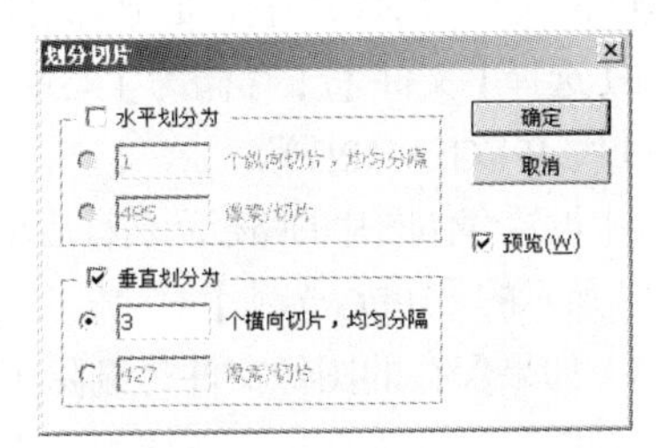

图 12-70　【划分切片】面板

5. 转换切片

由于自动切片和基于图层的切片会跟随着内容的变换而发生变换或自动更新，所以有时需要将自动切片和基于图层的切片转换为用户切片。转换方法为：选择【切片选择】工具，在切片区域内单击鼠标右键，在弹出的快捷菜单中执行【提升到用户切片】命令，即可将自动切片和基于图层的切片转换成用户切片。

6. 查看编辑切片

选择【切片选择】工具，直接在切片内双击鼠标左键，即可打开如图 12-72 所示的【切片选项】对话框。

图 12-71　划分的切片

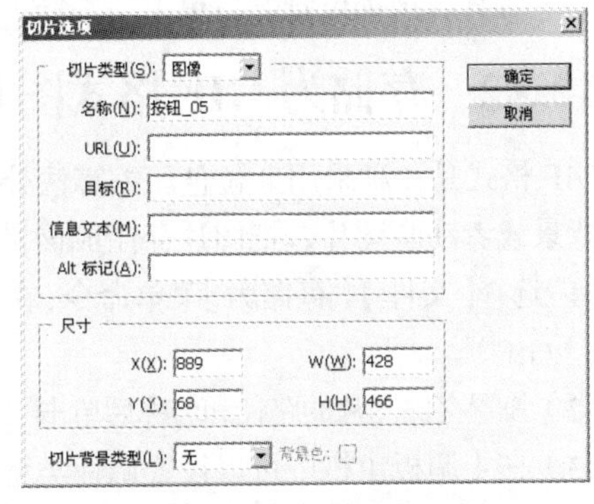

图 12-72　【切片选项】对话框

在【切片类型】下拉列表中一般选择“图像”选项，如果切片中包含有纯色的HTML文本，则应该设置“无图像”选项，这样优化输出后的切片则不包含图像数据，可以提供更快的下载速度。在【尺寸】参数设置区中可以按照精确的数值来设置切片的大小。

7. 隐藏、显示和清除切片

当图像文件中创建了切片后，选择【视图】/【显示】/【切片】菜单命令，则可以把切片隐藏，再次执行该命令可以把切片显示。选择【视图】/【清除切片】菜单命令，则可以把切片在图像文件中清除。

12.3 存储网页图片

在 Photoshop 中用于存储为网页图片的方法有两种，一种是不保留添加到文件中的任何有关 Web 特性图片的普通存储，另一种是存储有关 Web 特性图片的优化存储。

12.3.1 存储为 JPG 格式图片

JPG 格式是一种图片存储质量较高且压缩量也较大的格式，把图片存储成该格式的操作方法如下。

（1）选择【文件】/【存储为】菜单命令，在弹出的【存储为】对话框中设置【格式】为“JPEG（*. JPG; *. JPEG; *. JPE）”。

（2）设置存储图片的路径和名称后单击 保存(S) 按钮，弹出如图 12-73 所示的【JPEG 选项】对话框。

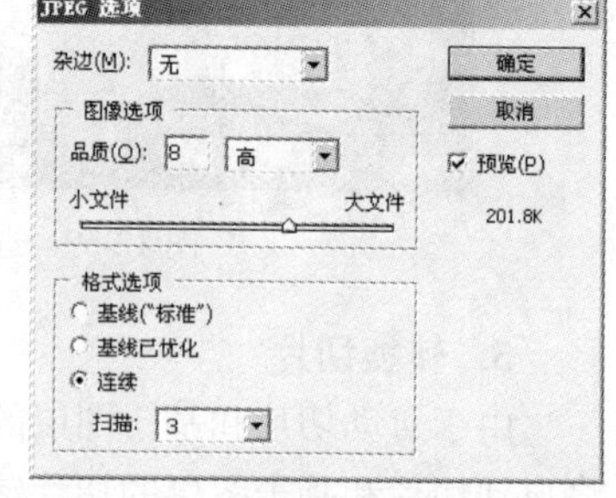

图 12-73 【JPEG 选项】对话框

（3）如果保存的图像文件是删除了“背景”层而包含有透明区域的图层，在【杂边】下拉列表中可以设置用于填充图像透明图层区域的背景色。

（4）【图像选项】栏中的【品质】一般设置为“中”，这样可以在保证图片质量的前提下同时以较小的文件存储图片。

（5）【格式选项】栏中包含 3 个选项，可以根据情况进行选择设置。

- 【基线(“标准”)】: 大多数 Web 浏览器都识别的格式。
- 【基线已优化】: 图片以优化的颜色和较小的文件存储。
- 【连续】: 设置此选项并指定“扫描次数”，图片在网页上下载的过程中会显示一系列越来越详细的扫描。

（6）所有选项都设置好后单击 确定 按钮，即可完成 JPG 格式图片的存储。

12.3.2 存储为 GIF 格式图片

GIF 格式是一种采用 8 位色压缩算法处理图像的图片格式，最多显示 256 色，可以保留图片透明背景或者动画图片，把图片存储成该格式的操作方法如下。

（1）选择【文件】/【存储为】菜单命令，在弹出的【存储为】对话框中设置【格式】为“CompuServe GIF（*.GIF）”。

（2）设置存储图片的路径和名称后单击 保存(S) 按钮，弹出如图 12-74 所示的【索引颜色】对话框。

（3）在【调板】栏中可以设置调板类型、颜色、强制等选项，如果没有特殊要求，一般按照默认选项进行设置。

（4）如果保存的图像文件是删除了“背景”层而包含有透明区域的图层，在【杂边】下拉列表中可以设置用于填充图像透明图层区域的背景色。

（5）单击 确定 按钮，弹出如图 12-75 所示的【GIF 选项】对话框，可以按照不同的要求进行设置。

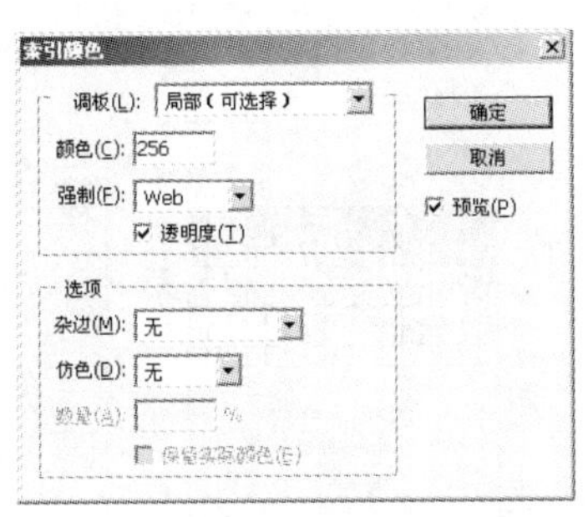

图 12-74　【索引颜色】对话框

图 12-75　【GIF 选项】对话框

- 【正常】：选择此选项，图片在网页上下载完毕后才能在浏览器中显示图片。
- 【交错】：选择此选项，图片在网页上下载过程中浏览器上先显示低分辨滤的图片，能提高下载时间，但会增大文件的大小。

（6）单击 确定 按钮，即可完成 GIF 格式图片的存储。

12.3.3　优化存储网页图片

选择【文件】/【存储为 Web 和设备所用格式】菜单命令，弹出如图 12-76 所示的对话框。

图 12-76　【存储为 Web 和设备所用格式】对话框

- 查看优化效果：对话框左上角为查看优化图片的 4 个选项卡。单击【原稿】选项卡，显示的是图片未进行优化的原始效果；单击【优化】选项卡，显示的是图片优化后的效果；单击【双联】选项卡，可以同时显示图片的原稿和优化后的效果；单击【四联】选项卡，可以同时显示图片的原稿和 3 个版本的优化效果。

- 查看图像的工具：在对话框左侧有 6 个工具按钮，分别用于查看图像的不同部分、放大或缩小视图、选择切片、设置颜色、隐藏和显示切片标记。
- 优化设置：对话框的右侧为进行优化设置的区域。在【预设】下拉列表中可以根据对图片质量的要求设置不同的优化格式。不同的优化格式，其下的优化设置选项也会不同。图 12-77 所示分别为设置“GIF”格式和“JPEG”格式所显示的不同优化设置选项。

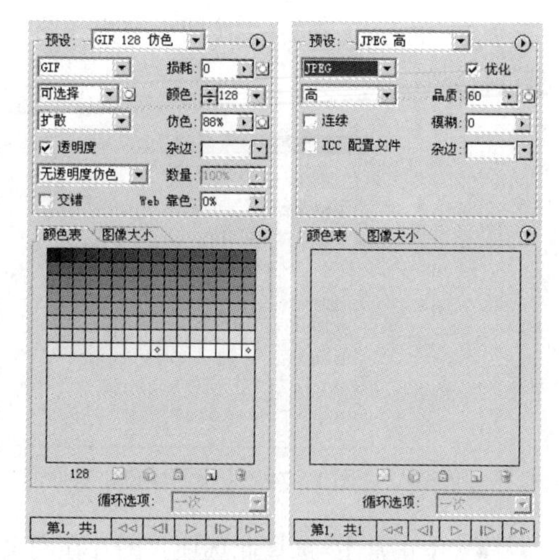

图 12-77　优化设置选项

对于“GIF”格式的图片来说，可以适当设置“损耗”和减小“颜色”数量来得到较小的文件，一般设置步超过“10”的损耗值即可；对于“JPEG”格式的图片来说，可以适当降低图像的“品质”来得到较小的文件，一般设置为“40”左右即可。如果图像文件是删除了“背景”层而包含有透明区域的图层，在【杂边】下拉列表中可以设置用于填充图像透明图层区域的背景色。

- 【图像大小】选项卡：单击该选项卡，可以根据需要自定义输出图像的大小。
- 查看图像下载时间：在对话框的左下角显示了当前优化状态下图像文件的大小及下载该图片时所需要的下载时间。

所有选项设置完成后，可以通过浏览器查看效果。在【存储为 Web 和设备所用格式】对话框左下角设置好【缩放级别】选项后单击右边的按钮即可在浏览器中浏览该图像效果，如图 12-78 所示。

图 12-78　在浏览器中浏览图像效果

关闭该浏览器，单击 存储 按钮，弹出【将优化结果存储为】对话框，如果在【保存类型】列表中设置“HTML 和图像（*.html）”选项，文件存储后会把所有的切片图像文件保存并同时生成一个“*.html”网页文件；如果设置“仅限图像（*.jpg）”选项，则只会把所有的切片图像文件保存，而不生成“*.html”网页文件；如果设置“仅限 HTML（*.html）”选项，则保存一个“*.html”网页文件，而不保存切片图像。

小　　结

本章通过一个网站主页版面的设计，介绍了如何利用 Photoshop CS5 来处理图像、合成图像、制作按钮及编排网页的版面。存储网页图片也是本章重点要掌握的内容，如果熟练掌握了切片的创建、编辑、存储网页图片等内容，就可以直接利用 Photoshop 优化图像且生成 HTML 文件，这样也就节省了在其他网页制作软件中优化输出图像的工作。

习　　题

1. 根据本章网站主页版面设计的学习，自己动手设计出如图 12-79 所示的网页，所用素材为本章素材名为“网页素材.psd”的文件。本作品参见教学资源中“作品\第 12 章”目录下名为“操作题 12-1.psd”的文件。

2. 打开本章素材名为“网页.jpg”的图片。利用工具给网页划分切片，然后优化存储为“网页.html”格式的网页文件，存储的切片及“网页.html”格式的网页文件效果如图 12-80 所示。

图 12-79　设计的网页

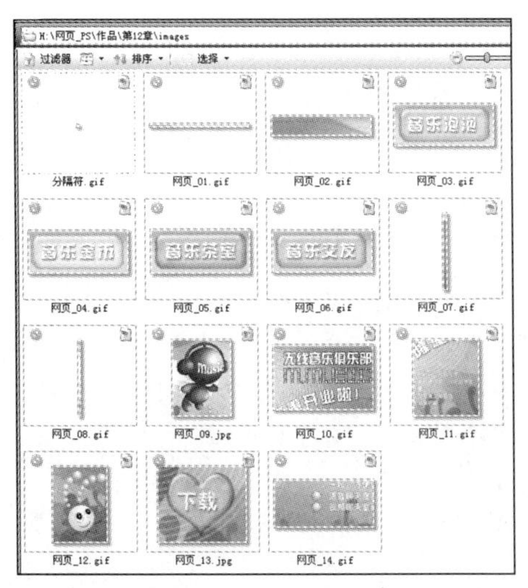

图 12-80　存储的切片及“网页.html”格式的网页文件效果

小 结

习 题